生物质新材料研发与制备技术丛书

李坚　郭明辉　主编

木质纳米环境净化功能材料制备技术

高杏　郭明辉　著

化学工业出版社

·北京·

内容简介

《木质纳米环境净化功能材料制备技术》以木质资源的可持续发展和高值转化新型功能性材料为主线，全面阐述了高值化利用木材的基础理论与原理、主要方法以及制备木质纳米功能材料的关键技术与机制，注重与多学科领域涉及的前沿科学问题进行交叉论述，其中以木质基碳点和木材仿生催化剂在环境净化方面的研究为特色。

本书可供国内高等院校相关专业的师生及科研院所木材科学与技术、化学工程、材料工程、环境科学与工程等领域的科研人员参考。

图书在版编目（CIP）数据

木质纳米环境净化功能材料制备技术/高杏，郭明辉著. —北京：化学工业出版社，2005.6

（生物质新材料研发与制备技术丛书/李坚，郭明辉主编）

ISBN 978-7-122-42232-3

Ⅰ. ①木… Ⅱ. ①高…②郭… Ⅲ. ①木质复合材料-纳米材料-环境自净-材料制备-研究 Ⅳ. ①TB333.2

中国版本图书馆 CIP 数据核字（2022）第 171217 号

责任编辑：邢 涛　　文字编辑：姚子丽 师明远
责任校对：张茜越　　装帧设计：韩 飞

出版发行：化学工业出版社（北京市东城区青年湖南街 13 号 邮政编码 100011）
印 装：北京科印技术咨询服务有限公司数码印刷分部
710mm×1000mm 1/16 印张 19 字数 360 千字 2023 年 5 月北京第 1 版第 1 次印刷

购书咨询：010-64518888　　售后服务：010-64518899
网 址：http://www.cip.com.cn
凡购买本书，如有缺损质量问题，本社销售中心负责调换。

定 价：158.00 元

前言

林业是国民经济的重要组成部分之一，具有与其他行业不同的特点与功能。随着化学工业技术的迅速发展，林业工程的研究范畴也得到了扩展，整体特点为多学科交叉、外延以及向新领域的渗透。木材是一种可再生的生物资源，木质资源的高效利用和可持续发展极其重要，直接关系到我国国民经济、环境和社会的各个方面。本书的特点就是林业工程与现代化工的完美融合和相互促进，包括研究木质资源的开发利用、木质纳米材料加工理论与技术等方面。

本书共 7 章，主要内容包括三部分：一是木材纳米技术的新应用，涉及木材纳米技术的概述、发展历史及其在工业领域的最新进展，包括纸浆和纸、木质纳米复合材料、木质纳米涂料、木材纳米防腐剂等的制备技术与应用研究，尤其是在能源和传感器等领域的最新研究进展；二是利用木质成分制备功能材料的关键技术，首先对木材的化学成分进行了较全面的介绍，接着阐述了木材的绿色高效预处理技术，包括微波辐射、超临界流体、离子液体等方面，还涉及由纤维素、半纤维素和木质素衍生各种功能材料的关键技术和最新进展，尤其是木质基碳点研究，包括先进的绿色化学制备技术、发光功能以及环境净化功能的研究进展，这部分是本书的特色和重点之一；三是木材仿生技术，涉及仿生材料设计的基本原则、木材的微纳米结构以及木材结构的调控技术等，包括脱木素、自上而下组装策略、致密化和填充等，还涉及木材仿生与智能响应材料的制备技术、研究进展和应用前景等，包括多孔材料、复合材料和透明木材等新材料及其在信号和传感、生物医学、能源等领域的应用研究，其中以木材模板技术为重点，包括纳米氧化物材料在吸附、光催化制氢、能量储存、药物载体、传感器等方面的应用进展，尤其是木材仿生催化剂的制备技术、木材模板技术对催化剂形貌、结构、性能以及环境净化功能的调控和机制研究，这部分也是本书的特色和重点之一。

本书的内容经过了几年时间的积累，得到了国家自然科学基金“木材/g-C_3N_4 多尺度遗态结构的形式与光致净化机制”（编号：31971587）的资助。在编写过程中得到了研究团队许多本科生和研究生的支持，包括全书的插图绘制与书稿整理等工作，在此对团队成员的付出表示感谢！

由于经验、学识和水平有限，书中不足之处恳请读者和同行批评指正！

编著者

2022 年 3 月 1 日

目录

1 环境净化

随着人类生活水平的逐步提高和工业化的迅速发展，人们对工业发展、技术进步和利润的追求有时超过了对环境的关注，导致越来越多的有害污染物进入环境。自然资源的污染导致 21 世纪的人类面临着十分严峻的环境问题，一方面必须遵守法律法规以确保环境的清洁，另一方面去除环境污染物已成为现代工业过程可持续发展的主要问题和关键因素，这就是现在迫切需要矿化、消除、转化和减少水生环境与大气环境中的污染物分子的原因。

1.1 水污染净化

水对人类生活的各个方面都有广泛的影响，包括且不仅限于人类健康、食品、能源和经济[1]。由于全世界人口增长的竞争需求（根据联合国的平均预测，从 2018 年到 2050 年，全球人口将增加约 29 亿），世界对粮食的需求将不断增加，对淡水资源的需求越来越大。此外，世界对能源的需求主要是化石燃料，例如石油、天然气和煤炭，这些矿物燃料将很快被耗尽。快速的工业化和化石燃料的过度燃烧导致二氧化碳（CO_2）的浓度持续增加，而 CO_2 是大气中的主要温室气体，这是最严重的问题之一。作为温室气体，人为产生的 CO_2 排放已对全球气候产生了重大影响，由于气候的变化，在未来的二十年中，与水有关的问题预计会进一步加剧，因此，人类所依赖的淡水资源受到了人口增长和气候变化的威胁。此外，除了供水和卫生条件差对环境、经济和社会的影响，淡水的供应对于儿童和贫困人口的安全也至关重要。据不完全统计，目前全世界有超过 10 亿人无法获得安全的水资源，而在未来的几十年中，水供应量将减少三分之一。

多年来，水质恶化的主要原因包括人口增长、人为活动、计划外的城市化、快速的工业化发展以及对自然水资源的过度利用等。值得庆幸的是，由于当前的环境战略，人们越来越意识到水污染对人类影响的重要性，这促使科学研究朝着经济可行和环境友好的方向发展，这些过程能够从水中去除污染物，同时保护受影响人群的健康[2]。地表/地下水源的污染是淡水供应减少的一个重要原因，世界各地海水入侵、土壤侵蚀、藻华、清洁剂、化肥、农药、合成染料、化学药品以及重金属等对地下水的污染正在加剧，这些现实或潜在的环境问题已经引起了各国科学家的重视[3,4]。

1.1.1 染料废水的危害及处理

合成颜料或染料已被广泛应用于纺织品、纸张和皮革等行业，因此，与这些行业相关的重要难点之一是染料废水的处理。我国是染料生产大国，各种染料产量已达 90 万吨，染料产量占世界的 60%左右，近年来，社会的不断发展推动着化学工业的快速发展，其中纺织染料工业在织物预处理、染色、印花和整理等各工序中排放的染料废水混合物是最难处理的工业废水之一，在工业废水排放中占据了极大的比例[5]。

1.1.1.1 染料废水的特点

(1) 排放量大

染料废水的排放量很大，据欧洲统计，织物和排放废水的质量比是 (1∶150)～(1∶200)，我国约为 (1∶200)～(1∶400)。我国纺织工业废水在全国工业废水排放量排名中居第六位，其中 80%属染料废水。

(2) 组分复杂

染料废水中的污染物浓度极高，化学成分十分复杂。据估计，在染料生产中有 90%的无机原料和 10%～30%的有机原料会转移到水中，因此含有大量的有机物和无机盐，而其中的有机物绝大部分是以苯、萘、蒽、醌等芳香基团作为母体，这些难以生化降解的有机物具有很强的污染性，化学需氧量 (COD) 高达每升数十万毫克，进一步增加了处理难度。

(3) 色泽度高

由于人们对五彩缤纷的色彩需求越来越高，在印染工业中往往根据不同的纤维原料和产品需要使用不同上色率的染料、不同浓度的染液、助剂和各种染色方法，致使染色废水带有浓重的颜色，以及大量未反应的染料、颜料 (涂料)、浆料以及助剂等，这些用正常的生化方法很难去除。此外，染料废水的颜色深度严重影响了水质与水体的外观，有色水影响了阳光的传播，不利于水生生物的生长。

(4) pH 值变化大

染料废水多呈酸性，也有的呈碱性，导致水质的 pH 值变化很大，水温变化很大。

(5) 毒性大

染料物质以及生产过程中所产生的中间分子、副产品和未反应的许多原料（如卤化物、硝基物、氨基物、苯胺、酚类等系列有机物以及氯化钠、硫酸钠、硫化物等一些无机盐）往往含有极性基团，甚至含有高浓度致癌和致畸的有机化合物和重金属等，因此染料废水的毒性大，一般 COD 可达 1000～73000mg/L。

(6) 治理困难

人们不断开发了各类品种的染料，并且根据生活需求使染料性能逐渐朝着抗光解、抗氧化以及抗生物降解等方向发展，使得染料废水越来越难以治理。一般的水处理技术，绝大多数采用的是生物-物理治理方法，但是只能达到基本排放要求，虽然在一定程度上降低了色泽度并将有机物质分解成较小物质，但是人们仍然很难控制分解成什么样的产物，因此无法保证对环境不产生危害。此外，经济原因也是染料废水治理困难的一个原因，现行治理方法占地面积大，因此投资多、治理费用昂贵。据估计，废水治理后达到二级排放标准的治理费用基本与城市自来水价格相当。如果要达到废水回用要求，治理费用则更高，因此实际运作起来相当困难。

1.1.1.2 染料废水的危害

各式各样的染料产品给人们的生活带来了绚丽多彩的颜色，同时也不可避免地产生了大量的染料废水，一旦排放到水体环境中，会导致对自然水体的污染，主要危害可以总结如下[6]：

(1) 染料的高色泽度

染料废水中的染料能吸收光线，降低水体的透明度，会造成视觉上的污染；同时染料能大量消耗水中的氧，造成水体缺氧，会影响水生生物和微生物生长，破坏水体自净。

(2) 染料的复杂成分

染料中有机物含量高、成分复杂，虽然一般的酸、碱、盐等物质相对无害，但它们对环境仍有一定影响。近年来，许多含氮、磷的化合物以及肥皂等大量用于洗净剂与洗涤剂，尿素也常用于印染各道工序，致使废水中总磷、总氮含量增高，排放后使水体富营养化。

(3) 染料的高毒性

染料中有害物质（如生物毒性较大的“三致”有机芳香族化合物，其中包括苯环上的氢被卤素、硝基、氨基取代以后生成的芳香族卤化物、芳香族硝基化合物、芳香族胺类化合物以及联苯等多苯环取代化合物）含量高。在日本曾经发生过重金属汞污染造成的“水俣病”等公害事件，主要原因是染料废水中存在的铬、铅、汞、砷、锌等的盐类无法生物降解，它们在自然环境中能长期存在，并且会通过食物链不断传递，在人体内积累。

我国的水污染现状非常严峻[3]，其中，水体污染物中的有机染料在水中的含量虽然相对不高，但是它们难降解，如果不加处理直接排放会通过一系列的化学反应产生更严重的污染[4]，将会对日益紧张的饮用水源造成极大的威胁。因此对废水的处理，不但可减轻或避免环境污染，保护人们的身体健康，还可以对处理后的水加以回收利用，做到节约水资源，走可持续发展道路，其意义深远重大。

1.1.1.3 染料废水的处理

为了解决染料废水对环境和公共卫生的影响可能带来的风险，应避免排放未经处理的废水。研究人员正在考虑寻找适当的策略来克服水污染问题。在许多国家/地区，生活废水已通过各种常规废水处理技术进行了处理，包括物理法中应用最多的吸附法、生物法以及化学法中比较有代表性的混凝法、电解法和氧化法等方法，它们不同程度地控制和减少水污染[7-9]。

(1) 吸附法

吸附法的优点是方便、简单，因此被广泛应用，物理降污的主要过程是将活性炭、黏土、粉煤灰、煤渣和硅藻泥等物质的粉末或颗粒与废水混合，或让废水通过由其颗粒状物组成的滤床，主要利用了这些材料多孔、与有害物质接触面积大、具有吸附性的特点，使废水中的污染物质被吸附在其表面上或被过滤除去。目前国外最常用的吸附剂是活性炭（多半用于三级处理），它通常用于从水中去除各种污染物，例如染料和重金属。研究人员发现，活性炭具有较高的吸附能力，其吸附率、生化需氧量（BOD）去除率、COD去除率分别达93%、92%和63%，但若废水$BOD_5>200mg/L$，则采用这种方法是不经济的。然而，由于其较高的成本，有时使其在废水处理中的应用受到限制，同时，它还存在其他问题，例如吸附剂再生能力低、吸附容量小或需用不同的策略处置报废吸附剂，因此活性炭吸附法一般用于水量较少的深度废水处理，达到脱色和解毒的目的，然后再用其他废水处理技术对其进行进一步处理。2012年，我国在吸附材料领域取得了重大突破，如经过微波处理的活性炭复合型吸附材料，可以极大提高吸收容量，吸附法的效率大大提高，进一步扩大了吸附法的应用范围。

（2）生物法

生物法主要利用微生物和化学成分对于氧的喜厌，通过控制氧环境来进行废水处理。20 世纪 70 年代以来，我国对染料废水主要以生物处理技术为主，比例占 80%以上，尤以好氧法占绝大多数，好氧法主要是建立多氧环境，好氧菌对于废水中残留的小分子物质进行氧化分解，达到降污处理的目的，这种方法对 BOD 去除效果明显，一般可达 80%左右，但色度和 COD 去除率不高，出水难以达标。此外，好氧法的高运行费用及高处理难度历来是废水处理领域没有解决好的一个难题，因此染料废水的厌氧法开始受到人们的重视，厌氧法主要是建立少氧环境，使部分有机物降解，同时厌氧菌还能将水中的大分子分解成小分子。在实际运用中常常将厌氧法和好氧法联合使用，形成厌氧-好氧法，对于高浓度的染料废水具有很好的降污处理效果。

（3）混凝法

混凝法主要包括混凝沉淀法和混凝气浮法，其对于废水中的分散染料等疏水性染料的处理降污效果最好，因而也被广泛使用。它是在水中加入相应的混凝剂（绝大多数以铝盐或铁盐为主，其中碱式氯化铝的架桥吸附性能较好，而硫酸亚铁的价格最低），使疏水性的成分凝结沉降，从而达到废水处理的目的。这种废水处理法的优点是工艺流程简单、操作管理方便、设备投入成本小、所占场地面积小，在去除有机物和脱色方面表现良好，但是缺点也很明显，包括运行费用较高、泥渣量多且脱水困难、对亲水性染料处理效果差。

（4）电解法

电解法对处理含酸性染料的染料废水有较好的效果，脱色率为 50%～70%，但对颜色深、COD_{Cr}高的废水处理效果较差。对染料的电化学性能研究表明，各类染料在电解处理时其 COD_{Cr} 去除率的大小顺序为：硫化染料和还原染料＞酸性染料和活性染料＞中性染料和直接染料＞阳离子染料。

（5）氧化法

绝大多数废水处理方法的缺点是操作和维护成本高、有毒污泥的产生以及处理过程复杂，并且据报道废水中这些污染物的去除不完全。与上述处理技术相比，废水中的许多有机物分子的化学成分在氧化后，其分子结构都会发生转变，深度氧化技术正是利用这一特性进行废水处理的。在高温高压或者加入某种催化剂的情况下，加入强氧化性的自由基 OH·，与废水中的大分子有机物进行氧化反应，打散分子结构，使其变成小分子化合物，达到去除有害物质的目的，而且与其他废水处理技术的兼容程度较高，可以实现多种废水处理技术同时应用。深度氧化法中常用的氧化方法有光催化氧化法、臭氧氧化法和芬顿（Fenton）法等。相比之下，光催化氧化技术被认为是废水处理中更好的替代方法，因为它具有便利性、易于操作和设计简单的特点。在1.1.2节中，我们将讨论这种用于解决染料废水环境污染问题的高级氧化方法。

1.1.2 光催化技术

基于光、光敏剂和/或光催化剂组合使用的光催化技术被广泛使用。通过查阅文献发现，在过去十年中，光催化技术的各种应用主要是在污染修复领域[10]、绿色化学合成[11]和太阳能转换[12]。尤其是对于含有少量难处理有机物的废水，该技术工艺更具优势[13]，包括：①完全氧化；②无废物处理问题；③成本低；④仅需要温和的温度和压力条件。关于光催化氧化过程的重要信息，包括反应和机理、单个化合物的降解、不同光催化剂的比较以及光催化在纯化和净化中的用途等方面。在非均相光催化系统中，光诱导的分子转化或反应发生在催化剂表面。异质光催化氧化的一般化学计量可写为：

$$C_xH_yX_z+\left(x+\frac{y-z}{4}\right)O_2\xrightarrow{h\nu}xCO_2+zH^++zX^-+\left(\frac{y-z}{2}\right)H_2O \tag{1-1}$$

1.1.2.1 光催化剂

可以在光的存在下促进反应并且在整个反应中不被消耗的固体称为光催化剂，一般都是半导体[14]。性能好的光催化剂[15-18]的特点包括：①具有光活性；②能够利用可见光和/或近紫外光；③具有生物和化学惰性；④具有光稳定性(即不易受到光腐蚀)；⑤价格低廉；⑥无毒。为了使半导体具有光化学活性，光生价带空穴的氧化还原电势必须足够正以产生可以氧化有机污染物的OH·自由基，并且光生导带电子的氧化还原电势必须足够负，才能将吸附的O_2还原为超氧化物。当分子吸收光时会引起电子跃迁，随后获得分子的激发态。重要的是要认识到激发态与相应的基态不仅在能量与含量方面不同，而且在电子分布方面也不同。因此，不能将激发态视为“热”基态分子，而应该将其视为一种本质上新的化学物质。表1-1清楚地表明了这一点，该表以甲醛为例，比较了甲醛的基态和最低激发态的一些特性[19]。

表1-1 甲醛的基态和最低激发态性质的比较

	基态	最低激发态
项目	$H_2C{=}O$（平面结构式）	$H_2C{-}O$（(−)、(+)标注的锥形结构式）
能量	0	+76kcal·mol^{-1}❶

❶ 1cal=4.18J。下同。

续表

项目	基态	最低激发态
几何结构	平面的	锥体的
磁性	反磁性的	顺磁性的
偶极矩	2.3D	1.3D
r_{CO}	1.22Å❶	1.31Å
ν_{CO}	$1745cm^{-1}$	$1180cm^{-1}$
寿命	∞	$<10^{-3}s$

1.1.2.2 光催化机理

要了解光催化过程的机制，我们需要了解光化学的一些基本概念[20]，特别是光催化反应中经常涉及的光诱导电子转移过程。具有适当能量光子的光激发促进分子从其基态到电子激发态转变，如图 1-1 所示[20]。

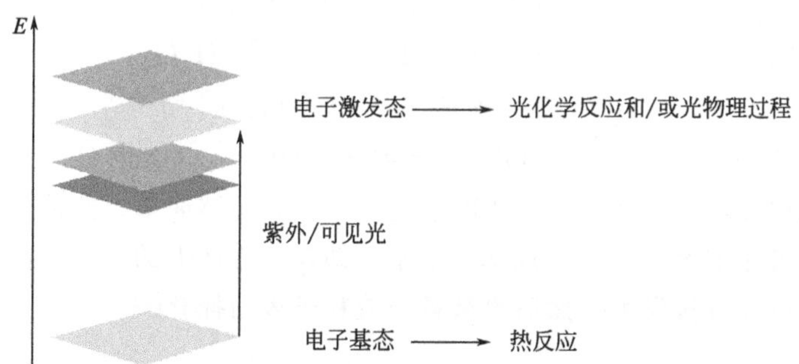

图 1-1 具有适当能量光子的光激发促进分子从其基态到电子激发态转变

这是一种具有自身化学和物理性质的新化学物质，光激发为化学和物理学开辟了新的维度[20]

下面以 TiO_2 作为光催化剂来描述光催化的机理：光催化的起始步骤是通过足够高能量的辐射（$\lambda<\lambda_{min}$）激发半导体（TiO_2）以产生电子-空穴对。研究人员认为，当水在纯 TiO_2 表面上离解时，会形成两个不同的羟基，各种实验证据证明了 OH · 为主要的氧化物种，这其中包括：①ESR（电子自旋共振）检测到 OH · 为最丰富的自由基种类；②光催化表面羟基化用于有机降解的必要性；③动力学同位素效应证明了 OH · 形成步骤的动力学重要性；④形成高度羟基化的反应中间体。反应过程可以描述如下。

❶ 1Å=0.1nm。

激发：
$$TiO_2 \xrightarrow{h\nu > 3.2eV} e^- + h^+ \tag{1-2}$$
逆反应：
$$e^- + h^+ \longrightarrow 热 \tag{1-3}$$
诱捕：
$$Ti^{IV}(OH^-/H_2O) + h^+ \longrightarrow Ti^{IV}\text{-}OH\cdot \tag{1-4}$$
$$Ti^{IV}\text{-}OH\cdot \longrightarrow Ti^{IV}(OH^-/H_2O) + h^+ \tag{1-5}$$
$$Ti^{IV} + e^- \longrightarrow Ti^{III} \tag{1-6}$$
$$Ti^{III} + O_2 \longrightarrow Ti^{IV}\text{-}O_2^- \tag{1-7}$$

吸附有机污染物（S）和光生中间体（Q_j）：
$$site + S \rightleftharpoons S_{ads} \tag{1-8}$$
$$site + Q_j \rightleftharpoons Q_{j\,ads} \tag{1-9}$$

羟基自由基攻击初始有机污染物产生中间体：
$$Ti^{IV}\text{-}OH\cdot + S_{ads} \longrightarrow Ti^{IV} + Q_{j\,ads} \tag{1-10}$$
$$Ti^{IV}\text{-}OH\cdot + S \longrightarrow Ti^{IV} + Q_j \tag{1-11}$$

羟基自由基攻击中间体产生其他中间体：
$$Ti^{IV}\text{-}OH\cdot + Q_{j\,ads} \xrightarrow{k_{Q_{j\,ads}}} Ti^{IV} + Q_{j+1\,ads} \tag{1-12}$$
$$Ti^{IV}\text{-}OH\cdot + Q_j \xrightarrow{k_{Q_j}} Ti^{IV} + Q_{j+1} \tag{1-13}$$

其他反应：
$$e^- + Ti^{IV}\text{-}O_2^-\cdot + 2H^+ \rightleftharpoons Ti^{IV}(H_2O_2) \tag{1-14}$$
$$Ti^{IV}\text{-}O_2^-\cdot + H^+ \rightleftharpoons Ti^{IV}(HO_2\cdot) \tag{1-15}$$
$$Ti^{IV}(H_2O_2) + Ti^{IV}\text{-}OH\cdot \rightleftharpoons Ti^{IV}(HO_2\cdot) + Ti^{IV}(H_2O) \tag{1-16}$$

以上过程合理地描述了光催化降解机理，并且足够简单。其他类型的反应机理中，氧化可通过表面结合的羟基自由基（即粒子表面上的空穴）间接发生，也可通过价带空穴直接发生，然后再被粒子或粒子表面捕获[21]。

1.1.2.3 光催化影响因素

（1）光强和波长

紫外光提供了光催化剂的电子从价带转移到导带所需的光子，而光子的能量与其波长有关，光催化过程的总能量输入取决于光强。因此，强度和波长的影响都很重要。研究人员在自然光下研究了锐钛矿型 TiO_2 上三氯乙烯和氯仿的光催化降解，他们观察到，在一天的中午时间段（11：00～13：00），初始分解速率是恒定的。这可能是由于在这一时期，光强度的变化相对较小。这些作者提到，在加利福尼亚，对于一个晴朗的“沙漠”天空，一天中 6h 的总散射阳光只有10%的变化。此外，较短波长（254nm）的辐射比以 350nm 为中心的辐射能够更有效地促进降解，并且达到最佳速率所需要的催化剂的负载量相比在 350nm 处更低。有学者发现，较短的波长会导致 4-氯苯酚的降解率较高，并形成少量的中间体，这与较短的波长与更大的光子能量有关。在使用太阳光降解的情况下，据观察，若没有盐，检测到的中间体的数量可以忽略不计。在人工光的情况下产生的中间体也取决于强度和波长，较低的波长可以提供更高的速率，这可能是由于它们携带更高的能量，因此，需要人们更系统地研究波长的影响。

（2）吸附作用

一些证据表明，底物的降解发生在光催化剂的表面，其降解速率与吸附底物的浓度有关，因此，底物的吸附程度可能是一个重要因素。一些研究人员观察到，染料在 TiO_2 上的吸附是决定降解速率的重要因素。就对羟基苯甲酸（PHBA）的降解而言，吸附率与光催化降解率有直接关系，随着吸附率的增加，降解率也随之增加。此外，水杨酸的吸附表现为在 TiO_2 表面呈亮黄色，在光照下，黄色逐渐变为深棕色。这清楚地表明，吸附和反应发生在表面，然后在反应完成时对表面进行脱色。总之，根据现有的信息，可以合理地得出结论：物质的降解取决于该物质在 TiO_2 上的吸附，吸附强烈的物质，降解速度更快。

（3）pH 值

pH 值可能影响光催化剂上的表面电荷，也影响底物的电离状态，从而影响其吸附效果。此外，工业废水可能是碱性的或酸性的，因此需要考虑这种 pH 值效应。有研究人员研究了 pH 值对锐钛矿型 TiO_2 降解 2,4-二氯苯酚的影响，结果表明，在碱性溶液中，其降解率略大于中性和酸性溶液，并且中间体形成较少。这可能是由于溶液 pH 值对 2,4-二氯苯酚在水中分解的影响，可能会改变其在光催化剂上的反应性和分布。此外，他们还研究了 pH 值对 2,4,6-三氯苯酚（TCP）光催化降解的影响，由于 OH· 自由基浓度的增加，以及解离的氯酚阴离子的存在，其在碱性溶液中的降解率较大。有学者研究了 pH 值对纺织染料 Black 5 降解速率的影响，他们观察到在酸性环境下，由于吸附量的增加，降解速率降低，特别是 pH 值在 1～3 之间，由于染料对 TiO_2 表面的覆盖，导致辐射吸收减少，从而降低了 OH· 的产量。当 pH 值高于 6 时，他们观察到降解速率降低，在 pH＝9 时最小，反映了磺酸和乙基磺酸阴离子很难接近带负电的表面。当 pH 值高于 9 时观察到降解速率增加，可以解释为是由于 OH· 自由基在催化剂表面上的增加。

综上所述，pH 值的变化对染料降解过程有不同的影响，随着吸附量的变化，pH 值的增加或减少会影响其降解速率。一般来说，在零电荷点（零电点，ZPC）附近吸附量最大，此时染料的降解速率也最大。就弱酸性物质而言，随着吸附量的增加，染料的降解速率在较低的 pH 值下增加。同样，一些物质在碱性环境下会发生水解，生成高浓度的 OH· 自由基，导致染料的降解速率增加。主要的原因是，物质在一定的 pH 值范围内解离或形成了自由基，然后再被吸附。

(4) 表面积的影响

由于光催化降解过程受底物对催化剂的吸附影响，因此表面积的影响是至关重要的[22]。如前所述，相比金红石型 TiO_2，锐钛矿型表现出更高的光催化活性，这是因为锐钛矿型 TiO_2 具有较大的比表面积，因此降低了光生电子和空穴的复合，如 Degussa P-25 TiO_2。随着粒径的减小，比表面积增大，随着吸附过程的进行，降解速率也增大。研究人员表明，比表面积为 $600m^2 \cdot g^{-1}$ 的 TiO_2 气凝胶比比表面积为 $55m^2 \cdot g^{-1}$ 的商业 Degussa P-25 TiO_2 表现出更大的活性。在研究水中氯代烃的光降解时，发现 Degussa P-25 TiO_2 比 Aldrich TiO_2 活性更高，这是因为 Degussa P-25 TiO_2 的比表面积是 Aldrich TiO_2 的五倍。有学者用溶胶-凝胶法分别制备了比表面积为 $162m^2 \cdot g^{-1}$ 和 $300m^2 \cdot g^{-1}$ 的 TiO_2，而后者表现出较高的光活性，因为它们具有较高的比表面积。此外，有学者研究了粒径对亚甲基蓝（MB）光降解的影响，结果表明，随着 TiO_2 粒径的减小，MB 的光降解速率也相应增加。

(5) 反应温度

由于太阳辐射含有相当大的红外（IR）因子，喷流的温度可能会升高，因此，研究温度的影响是很重要的。一方面，随着反应温度的升高，除电子-空穴对的光生反应外，体系中所有反应的速率都增加了；另一方面，增加反应温度会降低溶液中氧的溶解度，较低浓度的溶解氧将导致电子从光催化剂表面逸出的速率降低。就苯酚的光降解而言，有研究人员发现，在使用太阳光辐射时，温度的影响可以忽略不计。有学者使用负载在光纤上的 TiO_2 研究了温度对 4-氯苯酚光降解的影响，他们观察到在 10～60℃范围内的线性相关性。有学者研究了在 pH 值为 3 和 8.5 时温度对 4-硝基苯酚光降解的影响，他们发现温度在 20～50℃范围内对速率常数 k_0 的影响是线性的，在酸性环境中观察到的负温度依赖性归因于放热吸附，因此，该过程显然不是很依赖于温度。此外，氧的存在对催化剂表面保持较高的光生 OH·自由基浓度很重要，然而，升高温度会降低氧气的溶解度，因此会降低催化剂表面的光生 OH·自由基浓度。

(6) 阴离子

除污染物外，工业废水还包含不同浓度的不同盐，所述盐通常在光降解的条件下被离子化，因此阴离子或阳离子可能对光降解速率有影响。阴离子例如氯离子、硫酸根、磷酸根、碳酸根和碳酸氢根在工业废水中很常见，这些离子会影响降解物种的吸附，充当 OH·清除剂，并可能吸收紫外光。研究人员研究了阴离子对乙醇和 2-丙醇光降解的影响，氯化钠的存在由于其对吸附的影响而大大降低了降解速率，另一个可能性是氯离子通过以下反应充当紫外光的清除剂：

$$OH\cdot + Cl^- \longrightarrow Cl\cdot + OH^- \tag{1-17}$$

他们发现 $NaNO_3$ 存在的影响可以忽略不计，而通过 Na_2SO_4 添加的硫酸根离子由于底物的吸附减少而降低了降解速率，一旦引入磷酸根阴离子，光催化活性就会受到明显的抑制。有学者研究了氯仿和其他有机分子在 TiO_2 悬浮液中的光降解，他们发现，阴离子（如 Cl^- 和 ClO_3^-）在低 pH 值下会显著降低催化剂的光效率，在这种情况下，它们可能被吸附在带正电的 TiO_2 表面上。然而，它们在高 pH 值时的影响可以忽略不计。在这种情况下，pH 值和阴离子有各自的影响，这两个因素的同时变化产生了混合效应。有学者发现碳酸氢盐的存在对三氯乙烯光降解有不利影响，且硫酸盐、磷酸盐和硝酸盐会降低降解速率，因为它们会降低底物的吸附量。通常，氯化物对吸附具有更大的影响，并且氯离子吸收紫外线，因此在存在氯化物的情况下，光降解速率预计会大大降低。碳酸盐和碳酸氢盐对降解速率的影响最大，这是因为吸附量的减少以及它们与 OH·反应。如上所述，在物质吸附较弱的情况下，氯化物的作用是明显的，而在物质吸附强烈的情况下，碳酸盐和碳酸氢盐的作用是主要的。

（7）阳离子

各种阳离子在工业废水中很常见，它们可能对光降解速率有正或负的影响。许多研究人员报告了矛盾的结果，因此，需要进行系统的研究来描述各种阳离子的作用。有学者研究了 Fe^{3+} 和 Cu^{2+} 等过渡金属离子对苯酚光降解的影响，他们发现，随着铁离子浓度的逐渐增加，苯酚的去除量迅速增加，并且在 $4.8mmol \cdot dm^{-3}$ 附近达到最大值。但是，过量的铁离子又阻碍了催化作用，当添加 $20mmol \cdot dm^{-3}$ 铁离子时，苯酚的去除率从 26%降至 15%。有学者研究了 Fe^{3+}、Fe^{2+} 和 Ag^- 对水溶液多晶 TiO_2 分散体中苯酚光降解的影响，他们观察到，在氧和 Fe^{3+}（$[Fe^{3+}]=5\times10^{-4}mol \cdot dm^{-3}$）的存在下获得了 TiO_2（锐钛矿型）的最大光反应性，这与 Fe^{2+} 的作用相似，在氧和 Ag^+（$[Ag^+]=1\times10^{-4}mol \cdot dm^{-3}$）的存在下，锐钛矿型 TiO_2 光活性明显增强。因此，阳离子的存在通常对光降解速率有不利的影响，仅有的例外是 Fe、Ag 和 Cu 的离子。不利影响可能是由于相关的阴离子和盐对底物吸附的影响，另外，需要进行深入研究以确定低浓度阳离子存在的影响。

（8）重复使用催化剂

研究人员表明，在太阳光下，对于三氯乙烯和氯仿的光降解，将锐钛矿型 TiO_2 催化剂过滤并重复使用几次后，催化剂活性没有明显变化。在使用硝基苯进行降解实验的情况下，发现使用过滤后的催化剂其降解情况也显示了相同的结果，但是，如果进料液中存在盐，则盐会吸附在光催化剂上，从而降低其活性。用水简单洗涤即可恢复活性，再次与盐接触会再次受到影响。

以上对光催化技术进行了较为详细的阐述，还分析了吸附作用，并且得出结论，易于吸附的物质会以更快的速率降解，表明该反应是表面现象；同时对阴离子和阳离子存在的影响进行了详细的分析，并讨论了温度和 pH 值的影响，可以得出结论，pH 值可能会影响催化剂的表面电荷与底物的电离状态，因此需要调节 pH 值；此外，了解了溶解盐对光降解的抑制作用是必不可少的；最后，光源的性质和催化剂的性质也影响了操作的成本。

1.2 大气污染净化

大气污染已经成为全球性环境问题，由社会日益工业化引起的包括 NO_x、SO_2、非甲烷挥发性有机化合物、直径小于 2.5μm（PM2.5）的颗粒物及其次级产品的排放仍然是一个尚未解决的空气污染问题。最具危害性的化合物之一是氮氧化物（NO_x）。NO_x 被认为是大气污染物的主要组成部分，其来源包括化石燃料燃烧和生物质燃烧以及发电厂、工厂和汽车的排放。它们显著影响全球的气候变化，并成为造成臭氧层的消耗、温室效应、酸雨、光化学烟雾和 PM2.5 污染的主要原因。为了应对 NO_x 的严重危害，世界各国政府已经制定了越来越严格的立法和政策来控制 NO_x 的排放。作为近几十年来的主要空气污染物，NO_x 引起了科学家的极大关注[23-29]。

1.2.1 氮氧化物的危害及处理

氮氧化物（NO_x）指的是只由氮、氧两种元素组成的化合物，包括一氧化二氮（N_2O）、一氧化氮（NO）、二氧化氮（NO_2）、三氧化二氮（N_2O_3）、四氧化二氮（N_2O_4）和五氧化二氮（N_2O_5）等。它们来自固定源排放和移动源排放，包括煤炭高温燃烧和火力发电厂、工业炉、汽车和船舶等废气排放，包含 N_2O、NO 和 NO_2 等，其中 NO 和 NO_2 所占比例最大。煤炭在中国的能源供给中起着举足轻重的作用，同样也是 NO_x 的最大来源，占中国 NO_x 排放总量的 67%[30]。在所有燃煤行业中，火力发电厂的 NO_x 排放量最大，其 NO_x 排放标准为 $100mg \cdot m^{-3}$。从图 1-2 可以看出，来自移动源的 NO_x 排放量占产生的所有 NO_x 的近一半，大量的 NO_x 排放到空气中对人类健康、环境和生态系统有许多不利影响[31]。

1.2.1.1 氮氧化物的危害

氮氧化物及其衍生物对人类健康和生态环境都具有广泛的影响[34]。为了更好地了解 NO_x 影响人体健康和环境的潜在机制，我们回顾一下氮氧化物及其衍生物可能在大气中发生的化学反应。图 1-3 说明了几种可能的循环[35]，硝酸根自由基（$NO_3\cdot$）是最活跃的氧化剂，它们通常在夜间形成，它们非常不稳定

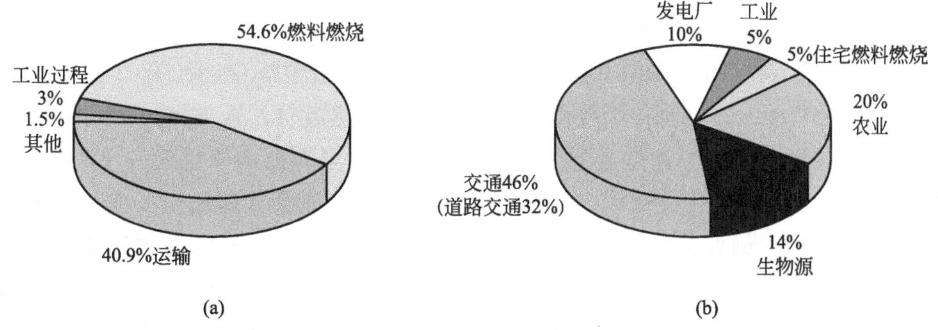

图 1-2 美国（a）和欧洲国家（b）按源类别划分的氮氧化物排放量[32,33]

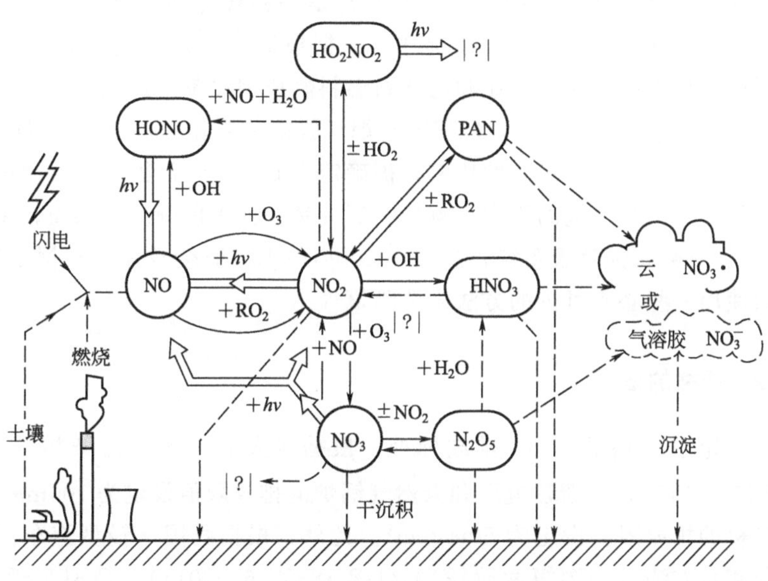

图 1-3 大气中氮氧化物的化学转化[35]

并且具有极强的反应性。

自然界中的硝酸主要由雷雨天生成的一氧化氮或微生物生命活动放出的二氧化氮形成。硝酸三水合物在形成臭氧空洞中起关键作用，在这种情况下，地面臭氧不会直接排放到大气中，而是通过在阳光和/或热量存在下氮氧化物与挥发性有机化合物之间的化学相互作用产生的[36]。N_2O_5 可以在受污染的区域中形成，并与水反应生成硝酸（HNO_3）。

固定源、机动车尾气、化石燃料废气和化学溶剂的排放是 NO_x 和挥发性有机化合物（VOC）的主要来源，短期暴露在 NO_x 的环境中会导致呼吸道疾病，包括宿主防御系统受损、肺部炎症增加以及肺功能下降。同样，来自 NO_x 污染和酸雨的微小颗粒能有效地渗透到肺部，并引起呼吸道疾病，如支气管炎、肺气肿等，并加剧了人类的心脏病问题。

N_2O 是一种气体，其每个分子对温室效应的影响比 CO_2 高 300 倍，当 N_2O 分子扩散到大气中时，它会在大气中停留一百多年，然后自然被破坏。$300nL \cdot L^{-1}$ 的一氧化二氮（N_2O）浓度会导致到达地球大气顶层表面的能量为 $0.1W \cdot m^{-2}$（太阳常数）[37]。此外，NO_x 与常见的有机物甚至臭氧会立即发生反应，形成各种有毒的产物，例如硝酸根、硝基芳烃和亚硝胺，NO_x 和 SO_2 与大气中的其他物质反应，会导致酸雨。科学家已经研究并发现了 17 世纪工业和酸性污染对人类和植被造成的影响，但是，“酸雨”一词最早于 1872 年出现，当时罗伯特·安格斯·史密斯（Robert Angus Smith）出版了一本名为《酸雨》的书。

大气环境中另一种无机物氨气（NH_3）是一种被低估的气态污染物，它被认为是雾霾和 PM 2.5 最重要的前提之一。据报道，NH_3 的排放源是多种多样的，包括但不限于畜牧业、农业和与化石燃料燃烧相关单位。其中，汽车和燃煤电厂（coal-fired power plants，CFPPs）烟气脱硝装置排放的 NH_3，即 NH_3 泄漏，在城市地区占了至关重要的比例，被确定为城市大气污染的主要诱因，应首先解决。除了对大气环境的不利影响外，氨气是一种无色刺激性物质，浓度高于 $300\mu L \cdot L^{-1}$ 时会腐蚀呼吸系统，高于 $10000\mu L \cdot L^{-1}$ 时会致命。根据上述内容，同样必须使用一些必不可少的方法来清除氨气。

1.2.1.2 严格的法规

中国制定了严格的 NO_x 排放标准，根据《火电厂大气污染物排放标准》（GB 13223—2011），将新建电厂和天然气锅炉的排放限值设定为 $100mg/m^3$，天然气涡轮机的排放限值设定为 $50mg/m^3$。此外，根据我国《轻型汽车污染物排放限值及测量方法（中国第六阶段）》（GB 18352.6—2016），轻型车辆的 NO_x 排放限值分别于 2020 年和 2023 年设定为 $60mg \cdot km^{-1}$ 和 $35mg \cdot km^{-1}$。在美国，切向燃烧锅炉的 NO_x 排放量要求不超过 $553.5mg \cdot m^{-3}$，壁挂炉的 NO_x 排放量要求不超过 $615mg \cdot m^{-3}$（美国，《清洁空气法》，第 407 条，2004 年）。以上法规的实施为满足改善空气质量不断增长的需求以及为控制源自固定源和汽车的 NO_x 排放创造了强大的动力[37]。

1.2.1.3 NO_x 排放限制

由于政府施加的限制，开发了许多减少 NO_x 的方法，燃烧控制和燃烧后处理是已开发出的用于对抗 NO_x 排放的两种方法，前者通过更改和修改燃烧条件，例如燃料再燃烧、烟气再循环（FGR）等，可以有效减少燃烧过程中产生

的 NO_x 量；在燃烧后处理技术中，为了平衡治理成本、降解效率和实际工作条件，以 NH_3 作为还原剂的氨选择性催化还原（NH_3-SCR）已被证明是最有效的方法，并且已成为全世界处理固定油和燃煤电厂烟道气的首选方法，甚至可以达到 90%的 NO_x 转化率[38]。选择性催化还原（SCR）主要是指在氨气存在下，以 NH_3 为还原剂的 NO_x 反应，生成无污染的 N_2 和 H_2O，其核心是催化剂[39]。

1.2.2 选择性还原脱硝技术

包括选择性催化还原（SCR）、选择性非催化还原（SNCR）和非选择性催化还原（NSCR）在内的几种脱硝技术可用于减少 NO_x[40]。当前，使用 NH_3 作为还原剂的 SCR 工艺已经在商业上应用在固定源燃烧单元中，仅在美国，就已经实施了 1000 多种 SCR 系统来减少工业锅炉、加热器、钢铁厂以及化工厂等的 NO_x 排放[41]。同时对于移动源而言，SCR 系统已越来越多地应用于柴油车辆。NH_3-SCR 过程主要包含以下反应[42]：

$$4NO+4NH_3+O_2 \longrightarrow 4N_2+6H_2O \tag{1-18}$$

$$2NO_2+4NH_3+O_2 \longrightarrow 3N_2+6H_2O \tag{1-19}$$

$$4NH_3+2NO+2NO_2 \longrightarrow 4N_2+6H_2O \tag{1-20}$$

$$6NO+4NH_3 \longrightarrow 5N_2+6H_2O \tag{1-21}$$

$$6NO_2+8NH_3 \longrightarrow 7N_2+12H_2O \tag{1-22}$$

反应式（1-18）被定义为 NO 和 NH_3 化学计量相同的“标准 SCR”反应，反应式（1-20）被定义为“快速 SCR”反应，因为它的反应效率比 200℃以上的反应式（1-18）快至少 10 倍[43]。催化剂是 SCR 技术的核心，可有效和选择性地将 NO_x 转化为 N_2。因此，从节能和无二次污染物的观点出发，越来越多的研究人员致力于开发新颖、性能优异的低温 SCR 催化剂。目前，用 TiO_2 负载的 V_2O_5（V_2O_5/TiO_2）是工业上普遍的 SCR 催化剂，为了提高机械稳定性和耐化学性，通常用氧化钨（WO_3）或氧化钼（MoO_3）促进该体系，该催化剂的最佳工作温度为 300～400℃。

1.2.2.1 SCR 催化反应路径

公认的 SCR 反应路径可以描述如下：吸附的 NH_y 物种按照 Langmuir-Hinshelwood（L-H，朗缪尔·欣谢尔伍德）机理与吸附的亚硝酸盐/硝酸盐反应，或按照 Eley-Rideal（E-R，埃利·里德尔）机理直接与气态 NO 反应生成 NH_y-NO_x 中间体，该中间体随后分解为 N_2 和 H_2O[44]。如图 1-4 所示，N. Y. Topsøe 等人提出

了在 V_2O_5/TiO_2 催化剂上含有酸环和氧化还原环的反应机理[45]：

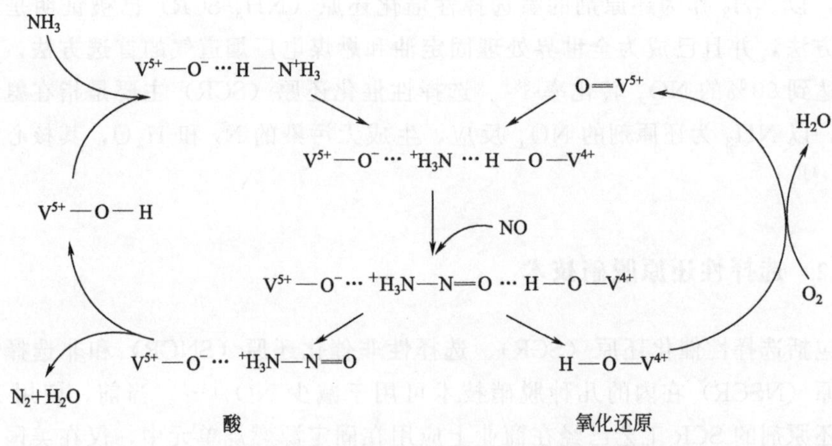

图 1-4 在 V_2O_5/TiO_2 催化剂上 SCR 反应的催化循环[45]

在这种机制下，NH_3 吸附在 V^{5+}—OH 位的布朗斯特酸位上，并且 NH_3 的活化在 V^{5+}═O 基团上进行。此活化过程涉及将氢从 NH_3 分子转移到钒物种，以及将 V^{5+}═O 还原为 V^{4+}—OH。活化的 NH_3 络合物可以与气态 NO 反应，形成能够分解为 N_2 和 H_2O 的中间体，活性的 V^{5+}═O 基团通过 O_2 氧化成具有还原性的 V^{4+}—OH 部位而再生。通过密度泛函理论（DFT）计算，L. Arnarson 等人[46]提出了在 VO_x/TiO_2（001）催化剂模型上“标准 SCR”与“快速 SCR”结合的反应机理（图 1-5）。

提到的两个循环包括 NO 活化循环和“快速 SCR”循环，它们具有相同的还原部分，但分别使用 NO＋O_2 和 NO_2 进行再氧化过程。他们指出，低温下水的形成和脱附速率是“标准 SCR”反应的决定性因素。NO_2 与还原的位点反应，导致低温下的“快速 SCR”反应速率更高。在较高的温度下，两个反应的速率是相同的，因为共同的还原部分是速率决定步骤。通过结合实验和 DFT 计算，有学者[47]证明了在 VO_x/TiO_2 催化剂上，聚合钒基物质比单体钒基物质具有更好的 NH_3-SCR 活性，因为聚合结构不仅缩短了氧化还原部位再生的反应路径，而且降低了催化循环的反应障碍（图 1-6）。

由于 VOOH 基团和相邻的 V═O 基团之间形成了氢键，所以聚合的钒基改善了 VOOH 中间体的热稳定性和寿命，这允许 VOOH 中间体和 NO 之间发生无障碍反应，氧化还原位点的再生和 HNO_2 分子的形成在此步骤中完成。但是，单体钒基物质上氧化还原位点的再生需要更长的反应路径。在许多金属氧化物催化剂体系上，SCR 反应在低温下遵循 L-H 机理，而在高温下遵循 E-R 机理。例如，在 300℃以下时，在 MoO_3 掺杂的 $CeAlO_x$ 催化剂上，吸附的 NH_4^+ 和 NH_3

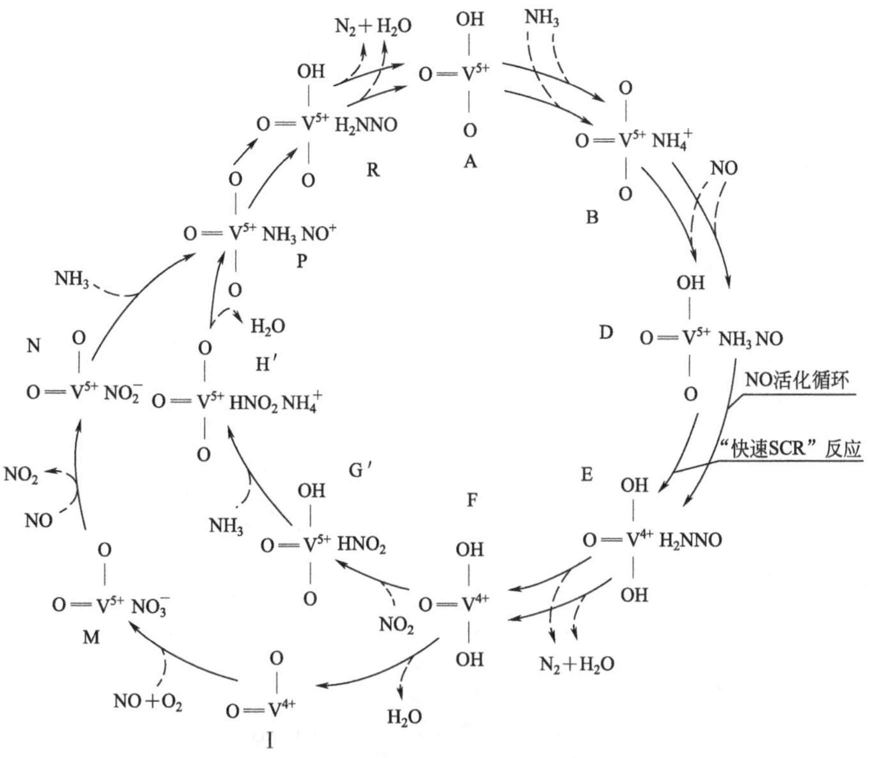

图 1-5 关于 VO_x/TiO_2 (001) 模型的拟议反应机理[46]

物种可与吸附的单齿硝酸盐和双齿硝酸盐反应（L-H 机理），NH_3 氧化脱氢制得的 NH_2 中间体和残留的吸附 NH_3 物质可与气态 NO 反应，在 300℃以上形成 N_2 和 H_2O（E-R 机理）[48]。与此同时，学者们在 $FeTiO_x$、Ce-W-Sb、CuO_x/WO_x-ZrO_2 和 CeO_2/TiO_2-ZrO_2（硫酸盐）催化剂上也提出了类似的路径。

1.2.2.2 低温 SCR 催化剂最新技术

V_2O_5/TiO_2 催化剂是一种成熟且典型的 SCR 催化剂，其具有高的反硝化效率并且已经商业化了很长时间。但是，这种催化剂仍然存在一些问题，例如高温下 N_2 的选择性低以及反应温度在 300～400℃较窄的范围之间；烟气中的二氧化硫可以轻易转化为三氧化硫，从而使催化剂失活；传统的基于 V 的催化剂由于烟囱气体中存在碱金属/碱土金属、磷和重金属而逐渐中毒失活等。另外，氧化钒是有毒的，很容易引起二次污染和其他环境问题。

在原始催化剂的基础上，新型 V_2O_5/TiO_2 催化剂（加入 WO_3 和 MoO_2 作为促进剂）已经解决了一些问题，但是仍然存在一些挑战，例如低温下的催化活

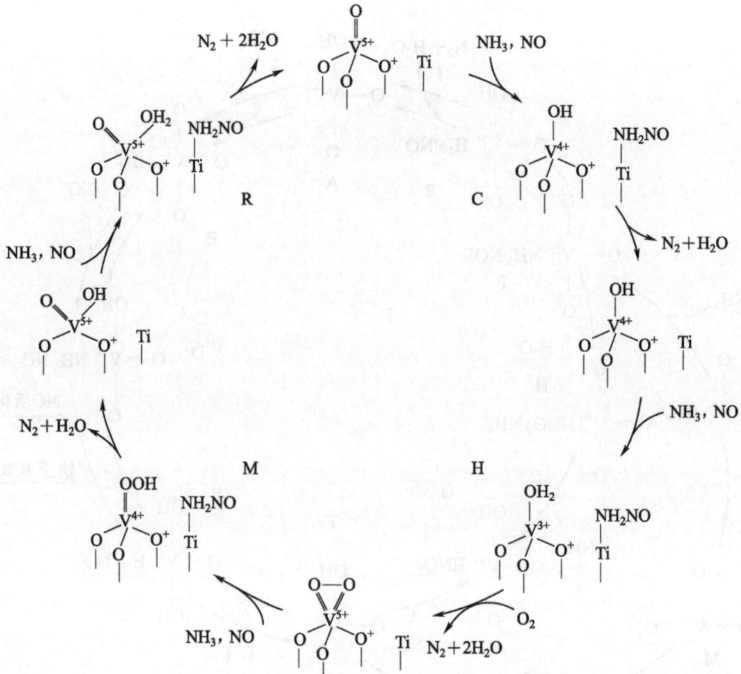

(a)

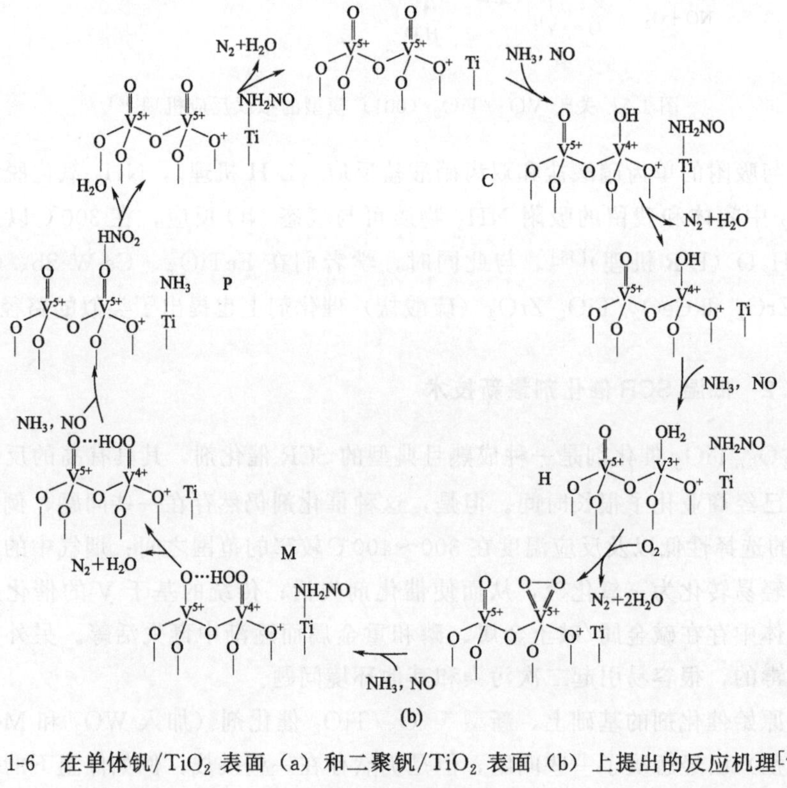

(b)

图 1-6 在单体钒/TiO_2 表面（a）和二聚钒/TiO_2 表面（b）上提出的反应机理[47]

性低和改进后的催化剂性能差。此外，在中国已建成的热电厂中，在空气预热器和省煤器之间没有脱硝装置，这使得处理后的烟气温度降低。为了满足常规催化剂的使用条件，必须加热烟道气，这增加了烟道气处理的成本。作为烟道气排放的另一主要来源，工业燃烧锅炉和工业炉具有较低的烟道气排放温度，这使得现有的 SCR 催化剂难以满足使用要求。由于低温 SCR 催化剂的工作温度范围为150～300℃或更低，反应器位置在除尘脱硫装置的后面，可有效避免粉尘和高浓度 SO_2 对催化剂的毒害作用。因此，随着越来越严格的 NO_x 排放标准，低温（LT）SCR 催化剂的研究和开发尤为重要。

迄今为止，国内外已经报道了许多关于开发新颖 SCR 催化剂的优秀论文，这些催化剂集中在 LT 催化剂，包括 Mn 基催化剂、Ce 基催化剂、含稀土催化剂以及复合氧化物催化剂等，主要集中在结构性能相关性、活性位点的性质以及催化剂的反应机理上。从学术和工业角度来看，新型 SCR 催化剂应具有以下特征。

① 广阔的操作范围。具有宽温度范围的催化剂可适用于各种工作条件，例如，LT SCR 催化剂可以安放在电厂的电沉淀和脱硫装置后面，以最大限度地减少粉尘中 SO_2 和有毒金属的中毒。LT SCR 催化剂也可广泛用于 LT 脱硝工艺中，例如工业锅炉的废气后处理和城市固体废物的焚烧。此外，具有宽工作温度范围的催化剂是从柴油机中去除 NO_x 的先决条件，这是由于柴油颗粒过滤器（diesel particulate filter，DPF）系统的再生过程会提高废气温度，这需要卓越的高温（HT）活性和催化剂的稳定性。

② 在低温下具有较高的 SO_2/H_2O 耐受性。在实际运行条件下，发电厂烟道气和车辆废气中存在 H_2O 和 SO_2 会导致 $(NH_4)_2SO_4/NH_4HSO_4$ 和金属硫酸盐的沉积。由于硫酸盐的分解温度较高（>300℃），因此应开发可耐受 LT SO_2/H_2O 的催化剂，该催化剂可有效抑制硫酸盐的形成或在低温下促进硫酸盐的分解。

③ 高度耐碱/重金属/P/HCl 的能力。电厂烟气中碱金属/重金属的沉积不仅降低了酸位的数量/强度，而且降低了活性成分的氧化还原性能。化石燃料和生物质燃料燃烧后残留在烟道气中的磷会损害催化剂的氧化还原位。市政和工业废物燃烧产生的氯源（HCl）在一定条件下会与重金属反应生成低沸点的金属氯化物，从而加剧了重金属的挥发，导致重金属在飞灰上的富集，增加飞灰的毒性。因此，为了满足各种复杂的工作条件，必须保护酸/氧化还原位免受这些影响。

④ 高温（HT）水热稳定性强。柴油发动机的 HT 废气中 H_2O 的存在很容易破坏催化剂的形态和结构，从而导致催化剂失活。

催化是化学中一个非常重要的领域，催化的目的是改变（通常是增加）化学反应的速率。这一目标是在一种额外物质的存在下进行反应来实现的，该物质提供了一个涉及更小活化能的不同途径。光化学不是一个领域，而是化学的一个新维度。光吸收促进分子从其基态（即参与常见化学反应的物质）进入激发态，由于激发态与基态相比具有额外的能量，一般来说，激发态比基态“更具反应性”。由于具有不同的电子结构，激发态实际上是一种新的化学物质，具有自己的特定性质，包括能量含量、键长、空间结构、电荷分布、酸碱性质以及氧化和还原电位。在某些情况下，光激发会导致键断裂或导致分子分解的其他不可逆过程。然而，在某些情况下，光激发只会增加暗反应的速率。尽管光被消耗了，并且光化学反应的机制与催化反应的机制完全不同，但在这种情况下，我们可以说，形式上，光起着催化剂的作用。

催化和光化学从另一个角度正式联系起来，有时分子不能吸收光，因此它们不能利用其电子激发态的特殊反应性。在这种情况下，仍然可以通过使用光敏剂来利用光激发，光敏剂是一种不被消耗，并允许反应快速发生的物质。原则上，光敏剂也可以被视为光化学反应的催化剂。催化作用和光化学之间的根本区别涉及化学平衡，催化剂对化学平衡没有影响，因为它只能影响过渡态的能量，而光可以增加吸收物质的自由能，从而可以影响化学平衡。在这些系统中，当光激发关闭时，系统可以回到（通常在很短的时间内）原始平衡，或者它可以被引导，有时通过使用催化剂，并通过其他反应途径获得有价值的产品。该策略最重要的应用是将太阳能转化为化学能，因为它发生在光敏水分解过程中，在该过程中，催化剂发挥非常重要的作用。

目前，学者们已经提出合理的设计策略开发更有前途的 SCR 催化剂。在此，有关 SCR 催化剂新颖的设计策略总结如下。

① 强酸度和优异的氧化还原性能是活性温度范围宽的 SCR 催化剂的两个关键因素。LT 活性主要取决于氧化还原性质，而 HT 活性与酸度有关。改善的氧化还原特性有助于形成活性 NH_2 或气态 NO_2 中间体，这使 SCR 反应分别遵循 E-R 机理或“快速 SCR”。SCR 催化剂表面丰富的酸性位点与较强的酸度有利于 NH_4^+（布朗斯特酸位）和 NH_3（路易斯酸位）的吸附，这是形成 NH_2 物种或随后与活性亚硝酸盐/硝酸盐反应的先决条件。因此，强酸度和出色的氧化还原特性对于宽温度范围是必不可少的。

② 科学家们提出了一些改善金属氧化物催化剂的酸度和氧化还原性能的有效策略，例如过渡金属和稀土金属的改性或掺杂、优化制备方法、创建新颖的纳米结构、调节形貌和暴露特定的晶面等。金属氧化物催化剂通常以 VO_x、MnO_x、CeO_2、Fe_2O_3 或 CuO 为主要催化剂，而 WO_3、TiO_2、ZrO_2、SnO_2、NbO_x、NiO、Co_3O_4、SmO_x、Cr_2O_3、La_2O_3、PrO_x、HoO_x 和 EuO_x 等作为促进者。在三元氧化物催化剂上产生双重氧化还原循环可有效地促进电子转移并促进 NO/NH_3 的吸附/活化。通过使用金属有机框架材料（metal organic framework，MOF）或层状双金属氢氧化物（layered double hydroxide，LDH）作为前体并构建固溶体催化剂，可以获得高度分散的金属氧化物复合材料。设计一些特定的纳米结构，例如纳米管、纳米球、纳米针或核-壳结构，可能会增加酸位/活性氧种类的数量并促进活性物质的形成。选择性暴露活性成分（如 MnO_x 和 Fe_2O_3 以及 TiO_2 和 CeO_2 载体）的特定表面也可以改善氧化还原/酸性和金属与载体之间的相互作用。此外，用特定的酸或含氧/氮的基团对载体进行酸化或官能化也可以显著改善酸性和活性组分与载体之间的相互作用。

③ 学者们总结了一些提高催化剂对 SO_2 耐受性的策略，例如：减少 SO_2 的吸附/氧化、在硫酸盐物种共存下提高活性中间物种的吸附、构建牺牲位点以保护活性位点、促进硫酸盐的分解并探索具有良好 SCR 活性的耐 SO_2 的化合物。

④ 有两种提高 SCR 催化剂耐碱性的有效策略：一种是使用强酸性载体，因为碱离子会优先与酸性载体发生相互作用，从而保护了活性位点；另一种是设计一种具有分离的催化活性位点和碱捕获位点的复合材料。

⑤ 几何构型、孔结构和传质/传热性能对整体催化剂的高 SCR 性能至关重要。为了增强流体动力学特性并减少质量/热传递限制，在开发新颖的金属丝网/泡沫基材上的多孔化合物的原位生长技术的同时，致力于优化挤出和修补涂料技术的工艺变量。

在上述预期要求的基础上，开发出具有宽温度范围、良好的 LT SO_2 耐受性、耐碱/重金属/P/HCl 或 H_2O 性能以及传质/传热性能的环保型 SCR 催化剂在学术界和工业界具有重要意义。

参考文献

[1] 夏斌．环境污染第三方治理面临的问题及对策［J］．当代经济，2016（19）：7-9.

[2] 李庚辰，王月亭，贾利云．我国环境污染概况及环境保护浅见［J］．科技风，2019（36）：94.

[3] 韩晓刚，黄廷林．我国突发性水污染事件统计分析［J］．水资源保护，2010，26（1）：84-86.

[4] Zhang K M，Wen Z G. Review and challenges of policies of environmental protection and sustainable development in China［J］. Journal of Environmental Management，2008，88（4）：1249-1261.

[5] Kapteijn F，Stegenga S，Dekker N J J，et al. Alternatives to noble metal catalysts for automotive exhaust purification［J］. Cheminform，1993，16（2）：273-287.

[6] Chen J，Zhan Y，Zhu J，et al. The synergetic mechanism between copper species and ceria in NO abatement over Cu/CeO_2 catalysts ［J］. Applied Catalysis A：General，2010，377（1-2）：121-127.

[7] 路静，唐谋生，李丕学．港口环境污染治理技术［M］．北京：海洋出版社，2007.

[8] 周克元．水污染控制技术的现状及其新技术动向［J］．环境科学研究，1987（4）：73-80.

[9] 中国大百科全书总委员会《环境科学》委员会姜椿芳，梅益总 . 中国大百科全书：环境科学 [M]. 北京：中国大百科全书出版社，1992.

[10] Serpone N, Emeline A V. Semiconductor photocatalysis-past, present and future outlook [J]. Journal of Physical Chemistry Letters, 2012, 3 (5): 673-677.

[11] Albini A. Photochemistry: past, present and future [M]. Berlin: Springer, 2016.

[12] Balzani V, Bergamini G, Ceroni P. Light: A very peculiar reactant and product [J]. Angew Chem Int Ed Engl, 2015, 54 (39): 11320-11337.

[13] 唐玉朝，钱振型，钱中良，等 . TiO_2 薄膜光催化剂的制备及其活性 [J]. 环境科学学报，2005: 22 (3).

[14] Molina C B, Pizarro A H, Casas J A, et al. Aqueous-phase hydrodechlorination of chlorophenols with pillared clays-supported Pt, Pd and Rh catalysts [J]. Applied Catalysis B: Environmental, 2014, 148-149: 330-338.

[15] Li Z, Wang X, Zhang J, et al. Preparation of Z-scheme $WO_3(H_2O)_{0.333}/Ag_3PO_4$ composites with enhanced photocatalytic activity and durability [J]. Chinese Journal of Catalysis, 2019, 40 (3): 326-334.

[16] Roh H S, Jun K W, Baek S C, et al. A highly active and stable catalyst for carbon dioxide reforming of methane: $Ni/Ce\text{-}ZrO_2/\theta\text{-}Al_2O_3$ [J]. Catalysis Letters, 2002, 81 (3-4): 147-151.

[17] Xian J, Li D, Chen J, et al. TiO_2 nanotube array graphene CdS quantum dots composite film in Z-scheme with enhanced photoactivity and photostability [J]. ACS Applied Materials & Interfaces, 2014, 6 (15): 13157-13166.

[18] Xu X, Ray R, Gu Y, et al. Electrophoretic analysis and purification of fluorescent single-walled carbon nanotube fragments [J]. Journal of the American Chemical Society, 2004, 126 (40): 12736-12737.

[19] Balzani V, Bergamini G, Ceroni P. Photochemistry and photocatalysis [J]. Rendiconti Lincei, 2017, 28 (1): 125-142.

[20] Balzani V, Ceroni P, Juris A. Photochemistry and photophysics: concepts, research, applications [M]. Hoboken: John Wiley & Sons, 2014.

[21] 颜世博，张成亮，郑传柯 . 光催化材料的发展概论 [J]. 山东陶瓷，2008, 31 (005): 28-33.

[22] Nolan M, Parker S C, Watson G W. The electronic structure of oxygen vacancy defects at the low index surfaces of ceria [J]. Surface Science, 2005, 595 (1-3): 223-232.

[23] Nakatsuji T, Miyamoto A. Removal technology for nitorogen oxides and sulfur oxides from exhaust gases [J]. Catalysis Today, 1991, 10 (1): 21-31.

[24] 王军民，骆广生，朱慎林 . NO_x 对大气的污染与燃油的脱氮技术 [J]. 环境保护，1997, 1 (2): 12-14.

[25] Yuan H, Liu E, Shen J, et al. Characteristics and origins of heavy metals in sediments from Ximen Co Lake during summer monsoon season, a deep lake on the eastern Tibetan Plateau [J]. Journal of Geochemical Exploration, 2014, 136: 76-83.

[26] 叶代启，梁红 . 大气污染治理中的催化技术 [J]. 工业催化，1999 (5): 3-8.

[27] Mou X, Zhang B, Li Y, et al. Rod-shaped Fe_2O_3 as an efficient catalyst for the selective reduction of nitrogen oxide by ammonia [J]. Angewandte Chemie International Edition, 2012, 51 (12): 2989-2993.

[28] Ma J, Xu X, Zhao C, et al. A review of atmospheric chemistry research in China: Photochem-

ical smog, haze pollution, and gas-aerosol interactions [J] . Advances in Atmospheric Sciences, 2012, 29 (5) : 1006-1026.

[29] Wen G, Yang D, Jiang Z. A new resonance Rayleigh scattering spectral method for determination of O_3 with victoria blue B [J] . Spectrochimica Acta Part A: Molecular and Biomolecular Spectroscopy, 2014, 117: 170-174.

[30] Liu C, Wang H, Zhang Z, et al. The latest research progress of NH_3-SCR in the SO_2 resistance of the catalyst in low temperatures for selective catalytic reduction of NO_x [J] . Catalysts, 2020, 10 (9) : 1034.

[31] Boningari T, Smirniotis P G. Impact of nitrogen oxides on the environment and human health: Mn-based materials for the NO_x abatement [J] . Current Opinion in Chemical Engineering, 2016, 13: 133-141.

[32] Roy S, Baiker A. NO_x storage-reduction catalysis: from mechanism and materials properties to storage-reduction performance [J] . Chemical Reviews, 2009, 109 (9) : 4054-4091.

[33] Miriam S. Diffuse lung disorders: A comprehensive clinical-radiological overview [M] . Berlin: Springer Science & Business Media, 2012.

[34] Bosch H, Janssen F. Formation and control of nitrogen oxides [J] . Catalysis Today, 1988, 2: 369-379.

[35] Lawrence K W, Norman C P, Yung T H. Advanced air and noise pollution control [M] . Berlin: Springer Science & Business Media, 2007.

[36] Andrew F, Rick R, David C H. Friedland/Relyea Environmental Science for AP [M] . New York: Macmillan, 2011.

[37] Han L, Cai S, Gao M, et al. Selective catalytic reduction of NO_x with NH_3 by using novel catalysts: State of the art and future prospects [J] . Chemical Reviews, 2019, 119 (19) : 10916-10976.

[38] Liu C, Shi J W, Gao C, et al. Manganese oxide-based catalysts for low-temperature selective catalytic reduction of NO_x with NH_3: A review [J] . Applied Catalysis A: General, 2016, 522: 54-69.

[39] Busca G, Lietti L, Ramis G, et al. Chemical and mechanistic aspects of the selective catalytic reduction of NO_x by ammonia over oxide catalysts: A review [J] . Applied Catalysis B: Enviromental, 1998, 18 (1-2) : 1-36.

[40] Zhang R, Liu N, Lei Z, et al. Selective transformation of various nitrogen-containing exhaust gases toward N_2 over zeolite catalysts [J] . Chemical Reviews, 2016, 116: 3658-3721.

[41] Sorrels J L, Randall D D, Schaffiner K S, et al. Selective catalytic reduction [J] . EPA Air Pollution Control Cost Manual, 2019, 7.

[42] Prvulescu V I, Grange P, Delmon B. Catalytic removal of NO [J] . Catalysis Today, 1998, 46 (4) : 233-316.

[43] Koebel M, Elsener M, Madia G. Reaction pathways in the selective catalytic reduction process with NO and NO_2 at low temperatures [J] . Industrial & Engineering Chemistry Research, 2001, 40: 52-59.

[44] Busca G, Lietti L, Ramis G, et al. Chemical and mechanistic aspects of the selective catalytic reduction of NO_x by ammonia over oxide catalysts: A review [J] . Applied Catalysis B: Environmental, 1998, 18 (1-2) : 1-36.

[45] Topsøe N Y, Dumesic J A, Topsoe H. Vanadia-titania catalysts for selective catalytic reduction of nitric-oxide by ammonia. I. I. Studies of active sites and formulation of catalytic cycles [J]. Journal of Catalysis, 1995, 151 (1): 241-252.

[46] Arnarson L, Falsig H, Rasmussen S B, et al. A complete reaction mechanism for standard and fast selective catalytic reduction of nitrogen oxides on low coverage VO_x/TiO_2 (001) catalysts [J]. Journal of Catalysis, 2017, 346: 188-197.

[47] He G, Lian Z, Yu Y, et al. Polymeric vanadyl species determine the low-temperature activity of V-based catalysts for the SCR of NO_x with NH_3 [J]. Science Advances, 2018, 4 (11): 4637.

[48] Li X, Li Y. Molybdenum modified $CeAlO_x$ catalyst for the selective catalytic reduction of NO with NH_3 [J]. Journal of Molecular Catalysis A: Chemical, 2014, 386: 69-77.

2

循环经济中的木材

近年来，循环经济的概念受到学者们的关注，循环经济的一个关键点是废物材料的价值化，并将经济增长从有限资源转向废物流。在这其中，木材废料是最大的废料流之一，在循环经济中，其已被广泛视为一种潜在的宝贵资源[1]。例如在英国，木材回收部门根据木材废料的来源、化学和物理成分、污染程度以及潜在的最终用途将其分类为四个等级：A、B、C 和 D[2]。其中，A 级木材废料被认为是包装业产生的清洁木材废料；B 级木材废料则来自包括建筑和拆除活动以及家具、体育用品制造在内的工业活动；C 级木材废料包括 A 级和 B 级的混合物，以及经过处理和涂层的木材，其中包括含有黏合剂的工程木（如胶合板等）；D 级木材废料很危险，因为它需要铜（Ⅱ）、铬（Ⅲ）和砷（Ⅴ）防腐剂或煤焦油防腐剂处理，这些防腐剂通常用于非住宅应用，需要用其来延长使用寿命。C 级和 D 级木材废料被归类为危险废料，最终被填埋或焚化。建筑和拆除部门是最大的木材废料生产商之一，约占英国总废木（$2.3\times10^6 t\cdot a^{-1}$）的 45%～50%。该部门产生的木材废料通常被分类为 C 级，其成分高度混杂，并且含有大量的材料和化学污染物，降低了木材质量并显著限制了其回收利用。材料污染可能包括玻璃、石头、沙子、塑料和/或其他异物。这种类型的污染物相对容易处理，并且大多数可以通过机械分离方法（例如筛分和磁分离）从木材废料中清除。此外，为了延长木材的使用寿命，会添加化学试剂，这些试剂主要用作木材防腐剂，可通过提供机械强度和防止虫害来延长木材的使用寿命，然而这样会使木材废料受到严重污染。颜料、油漆和表面涂料是木材废料中化学污染的其他主要来源，这大大增加了木材中重金属的浓度[3]。

回收低等级（即 C 级）木材废料，将这些废物流从垃圾填埋场转移出去并作为可持续生物能源应用在废物转化为能源（WtE）项目，已经成为 C 级木材废料越来越普遍的最终用途[4]。但是，为了回收能源而燃烧C级木材废料需要使用符合废物焚烧指令（WID）的专门锅炉。与标准的工业生物质锅炉相比，这些锅炉更大且更昂贵，需要更高的资本投入。除重金属污染外，木材废料通常还具有较高的氮含量，因为存在多种工程木材，如胶合板、中密度板和刨花板，它们全部包含黏合剂和甲醛树脂（用来结合纤维）。高氮含量以及其他污染物（例如污渍和涂层塑料层压板）的存在，会使木材废料在燃烧过程中产生较高的NO_x、SO_x、二噁英和挥发性有机化合物（VOCs）排放。此外，木材废料中重金属的存在会产生飞灰和底灰，这些飞灰和底灰会与重金属集中在一起，从而无法有效利用灰分（例如土壤改良剂），其中一些金属还能够随着烟气一起逃逸[5]。

由于许多国家对利用废物流和控制所产生燃料的质量以及提高燃烧作业的质量和安全性提出了更高的要求，因此评估木材废料的组成变得越来越重要。例如，在瑞典进行的一项为期9年的研究调查了木材废料的质量，并得出结论，他们认为仅仅使用筛分不足以减少木材废料中存在的化学污染，这就显现了开发一种净化木材废料策略的必要性。

最近，M. Huron等人[6]通过建筑和拆除活动，研究了各种木材废料是否适合燃烧设施。这项研究基于法国最新的立法，该立法限制了燃烧前生物质中污染物的授权含量，并以此作为指导。他们得出的结论是，当考虑木材废料样品的平均成分时，没有一个调查的样品符合重金属、氮和氯含量的法律规定，该研究还强调了需要进行去污处理以提高木材废料质量的必要性。此外，使用木质纤维素生物质生产生物燃料和可再生化学品，作为食品作物的可持续替代品已经引起学者们的广泛关注。但是，迄今为止，与其他可再生技术（例如太阳能和风能）相比，大规模部署木质纤维素预处理技术面临着严峻的技术经济挑战，这使得它们在石油精炼方面极具挑战性。

原料成本被认为是乙醇最低销售价格（MESP）的主要贡献因素之一，一项研究[7]比较了从柳枝稷生产生物乙醇六种不同的预处理技术，结果表明，在柳枝稷的成本为69美元·t^{-1}的情况下，所有六种预处理技术的原料成本占MESP的45%～53%。力士研究公司（Lux Research Inc）的最新报告[8]比较了六个主要的纤维素乙醇在线项目的MESP，这些项目使用了三种不同的预处理技术（酸处理、碱处理和蒸汽爆炸）和六种纤维素原料，并显示原料成本占MESP的40%。因此，降低原料成本被认为是纤维素乙醇实现成本均等的“关键步骤”。常规生物质原料面临的障碍应该被视为木材废料生产商探索除能源回收之外的增值废木潜力的机会。

2.1 木材工业化的环境问题

人类消耗的自然资源可分为两类：可再生资源和不可再生资源。可再生资源主要指能够通过自然力以某一增长率保持或增加蕴藏量的自然资源，组成部分包括不同类型的木质生物质：树木、灌木植物和草等。而不可再生的自然资源是指经人类开发利用后，在相当长的时期内不可能再生的自然资源。如今，人们使用的技术专注于不可再生自然资源的利用，包括石油、煤炭和矿石等，然而，这类资源的大量使用会严重破坏环境，导致淡水量减少、土壤肥力下降以及对大气和其他自然物体的污染。目前，各种木材加工工业和家庭产生的木材废料已成为环境真正的灾难[9]。

木材废料管理对于提高可持续性标准很重要，这里的木材废料主要来自生产、使用或处置木制品时产生的木材残留物（包括木屑、刨花板、饰面板和两种或多种的组合等）。据报道，每年世界范围内，有8%～50%的木质材料在被应用于各种用途后而成为废料，这些木材废料虽然可以回收利用，但经常被倾倒在垃圾填埋场中，有的情况是通过露天燃烧或在燃烧室中燃烧而造成空气污染。在这些废料的可重复使用方面，经过研究人员四十年的研究和开发，最终生产出了天花板、地板、墙壁和办公室隔板、家具、体育装备、橱柜、公告板和台式机电脑等产品。其中，亚洲的木材废料消耗量增长了17%，同时还带动了马来西亚、印度尼西亚和泰国的木材废料生产。目前，木材加工商可以为不同类型的家用产品和商业应用（例如家具、建筑物、卡车车身、体育运动装备、纸浆和纸张等）定制不同形状和尺寸的原木，而木材废料则是这些木材加工业（如锯木厂、木板厂、胶合板厂、建筑构件厂、刨花板厂、家具厂、文娱用品厂、体育用品厂和各种手工业）的主要副产品，这些行业以实体木材的形式产生的木材废料占45%～52%。因此，有效利用木材废料可以最大限度地减少对环境、生态和人类的不利影响。

人类在生产和生活中丢弃的废物使自然生态系统失去平衡，并且有可能在不久的将来引起全球性的环境灾难。学者们认为，解决该环境问题的方法之一是创造生态安全的“绿色”技术，即废物处理、开发并回收利用。世界上绝大多数的废物都存储在垃圾场中，这些垃圾场是自发的或专门组织的“垃圾填埋场”，这些垃圾填埋场占据着广阔的土地，包括肥沃的土地，如果将它们进行燃烧会产生污染性气体，因此，可以通过热解法对垃圾进行处理。据拥有城市固体废物焚烧技术的专门公司称，采用热解法燃烧1000kg城市固体废物时，可获得相当于燃烧250kg燃料油的热能。热解产生的可燃气、油和固形炭等产品可通过多种方式回收利用，其能源回收性好，对环境污染小，并且可获得很高的经济效益[10,11]。

废物热利用的负面影响是导致严重的空气污染以及形成致癌物质等。在某些国家或地区，燃烧废物时排放到大气中的二氧化氮和呋喃，规定每 $1m^3$ 的含量不能超过 $0.1\times10^{-9}g$。因此，由于这些限制，与热方法相比，有必要寻找对环境具有较小负面影响的废物处理技术。根据生态组织的说法，燃烧利用技术“不仅燃烧垃圾，而且燃烧真正的钱”，而另一种方法是回收再利用废物资源，包括对其进行分类，据专家估计，超过 60%的城市废物是潜在的二次原料，可以进行回收再利用，另外 30%是可以转化为堆肥的有机废物，这样，人们就可以从自然中获取资源。尽管为了保护环境，人们花费了巨额的费用，包括制定相关法律和实施教育工作，但仍然不可能改变现状。在俄罗斯，每年因环境污染造成的损失估计为 150 万亿卢布；在美国，环境污染造成的损失占国民生产总值的 3%～5%。同时，国内外经验丰富的学者们都认为，及时的自然保护投资比社会用于弥补造成的损害所消耗的费用要少很多，这就是为什么开发和使用低废物资源节约技术非常重要的原因[12,13]。

显然，环境保护最有效的方式是创造新的资源节约技术，因此有必要对提供高品质产品的资源节约型工艺进行投资。资源节约技术是通过适宜的技术手段将固体废物减量化（包括减少固体废物的数量、体积、种类以及有害成分等，从源头上直接减少或减轻固体废物对环境和人体的危害）并最大限度地合理开发和利用资源和能源，涉及包括建立可持续闭环材料循环和能源流动的最佳工艺方案。但是，很多国家并没有针对所有产品都开发了合理利用资源的工业技术，因为它们没有为此目的创造经济和法律前提。在国民经济中，使用资源节约技术必然会成为改善自然环境和减少生态破坏的决定因素。近年来，由于有机原材料储备的减少，生物质的化学和生物技术加工问题受到了人们的密切关注。与有机原材料的化石来源相比，每年在地球上会形成大量的木质纤维素生物质，而在 21 世纪，木材、农作物和煤炭（均源自植物）等将是有机原料的主要类型，世界勘探的石油储量大约等于地球上的木质纤维素生物质储量，然而，石油资源很快就要被耗尽了，而作为可再生资源的木质纤维素生物质储量却可以保持不变，在不久的将来，我们有望从石化生产转向木质纤维素生物质的生化和化学加工。

2.2 木质纤维素废料作为能源和燃料的可持续原料

木材是主要的天然循环材料，科学高效地处理木材废料将减少废物污染，并能够有效地将木材的特性利用起来。导致木材废料难以回收的主要因素之一是这些废料通常以材料混合物的形式存在，难以分离。从这些废物中，只能获得少量的可回收材料，并且回收它们的方法仅限于拆除。许多研究人员已经将木材废料进行高值化利用以开发新材料，例如他们将木质纤维素生物质转化为能源，并开发了诸如热转化技术和化学转化技术，其中，热转化技术包括直接燃烧以产生电能，气化以将木质生物质分解为气体，以及热解以产生气体、炭和液体；化学转化包括厌氧消化，并利用细菌将木质生物质分解为沼气，然后进行发酵以生产酒精。由于具备许多优势，利用纳米技术将木材废料转化成新型木质功能性材料变得越来越重要，学者们对综合利用此类可再生能源——木材废料的兴趣与日俱增，导致人们对木材废料回收再加工进行高值化利用方面进行了深入研究。

生物能源主要包括植物、动物和微生物直接或间接提供的各种能源和动力，但主要是植物利用太阳能所制造的各种有机质中所固定的化学能（图 2-1）[14]。生物燃料是运输部门的潜在替代品，因为它们可以在世界上任何有生物质的地方生产，确保能源供应环保，有助于森林农业及其相关产业的可持续发展。例如，由于气候条件适宜以及林业和农业地域广阔，拉丁美洲具有生产生物燃料的巨大潜力。在巴西，栽培的甘蔗中大约有 50%用于生物燃料生产（从 2008 年的 4.4Mha 到 2017 年的 8Mha）。目前，液体生物燃料约占全球运输能源的 3%，到 2050 年，市场规模可能会大幅增长至 27%[15]。

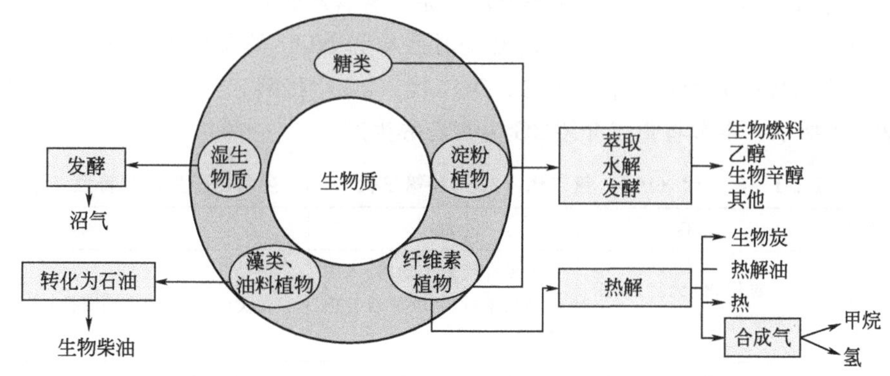

图 2-1 来自木质纤维素生物质的不同类型的生物燃料产品

液体生物燃料根据用于生产的生物质类型分为第一代（1G）、第二代（2G）和第三代（3G）。其中，第一代生物燃料由富含糖类、淀粉和（或）脂肪的可食用生物质生产；第二代生物燃料涉及木质纤维素生物质（LCB）或来自第一代生物质的非食用废物；第三代生物燃料由水生生物（如藻类）生产。其中，第二代生物燃料尤其具有挑战性，因为这种生物质包含了三个主要成分（即纤维素、半纤维素和木质素）的复杂基质，必须对其进行解构以获得具有可接受产量的产品。此外，与2G生物燃料相比，1G和3G生物燃料需要的土地、水和养分更少，因此它们不与食物竞争，它们的商业化和生产成本允许大规模生产生物燃料[16]。

木质纤维素废料被认为是生产可持续生物燃料的理想生物质原料，是一种低成本资源，在拉丁美洲和亚洲等一些地区大量供应。木质纤维素废料管理目前是一个非常普遍的问题，很多国家正在采取各种环境政策来管理不同来源（农业、森林、木材工业化和市政修整）所产生的木质纤维素生物质废料。化学工业对可再生能源的兴趣正在显著增长，特别是对生物燃料和化学产品的需求不断增加，因此，木质纤维素生物质废料更容易被工业利用。一种特定类型生物质的价值取决于其成分的化学和物理特性，而以生物质废料作为原料可以减少当地石油的进口以及对它们的依赖，这有利于新兴经济体的市场化。预计到2030年，LCB将生产出20%的运输燃料和25%的化学品[17]。

2.2.1 以生产2G生物乙醇为研究案例

在过去十年中，全球对使用和生产生物燃料来替代化石燃料的兴趣显著增加，原因是这些燃料的成本以及对环境的负面影响都很低[18]。绿色乙醇是目前使用的一种生物燃料，它的使用减少了温室气体的排放，对环境无害，可以节约能源。与汽油不同，乙醇属于醇类燃料，是一种含氧燃料，能提供额外的氧，使燃料燃烧更加充分，因此可以降低燃烧时微粒和 NO_x 的排放[19]。从糖平台获得的生物乙醇可分为第一代（1G）、第二代（2G）和第三代（3G）生物乙醇，如表2-1所示，本节将重点介绍2G生物乙醇生产。

表2-1 第一代（1G）、第二代（2G）和第三代（3G）生物乙醇生产的特性

项目	1G	2G	3G
原料	农作物(大豆油、玉米淀粉或甘蔗)	木质纤维素生物质(不同种类的木材、甘蔗渣或甘蔗秸秆)	藻类(微藻类或大型藻类)
过程	提取、酶水解或发酵	酸预处理、酶水解或发酵	酸/酶水解或发酵
优势	流程的简单性(已经可用)	不与食物竞争	缓解资源短缺 不与食物竞争 最终对环境的影响要小得多 低木质素含量
主要缺陷	与食物竞争	原材料的顽固性	发展规模较小

大多数生物乙醇生产厂依赖糖和淀粉基础原料，例如美国的玉米，巴西的甘蔗以及欧洲的小麦、甜菜和大麦等。第一代生物乙醇通常使用淀粉或糖基作物，

如大麦、甘蔗、玉米、小麦和甜高粱，通过提取糖的简单发酵生产。尽管在全球范围内，1G 生物乙醇商业化已经取得了成功，但它仍面临一些限制，例如粮食与燃料的争论（例如使用适合粮食生产的土地同时也可用于生物能源作物生产，此外，糖也被视为人类食物）、原料成本高以及对环境的影响、对生物多样性的负面影响以及与某些地区稀缺水资源的竞争。这些限制因素刺激了对替代原料（如木质纤维素生物质）的生物乙醇生产的深入研究，也称为 2G 生物乙醇生产。

2G 生物乙醇生产的机制包括预处理、酶糖化和发酵[20]。预处理促进了生物质的分馏，并提高了随后的酶水解产量，而不同的酶会导致纤维素聚合物分解成葡萄糖单体。随后，使用酵母（通常为酿酒酵母）进行发酵以生产生物乙醇。目前，生物乙醇生产的常用策略是单独水解和发酵（SHF）以及同步水解和发酵(SSF)[21]。在预处理阶段，酶糖化和发酵分别进行，其优点是每个阶段都可以在其最佳条件下进行。然而，它的缺点是会产生抑制产物，即水解的葡萄糖和发酵的乙醇，这限制了实现糖和乙醇的高浓度，使得木质纤维素乙醇的商业化成本更高[22]。因此，对于大规模开发并生产 2G 生物乙醇需要进行额外的研究和优化，如图 2-2 所示。

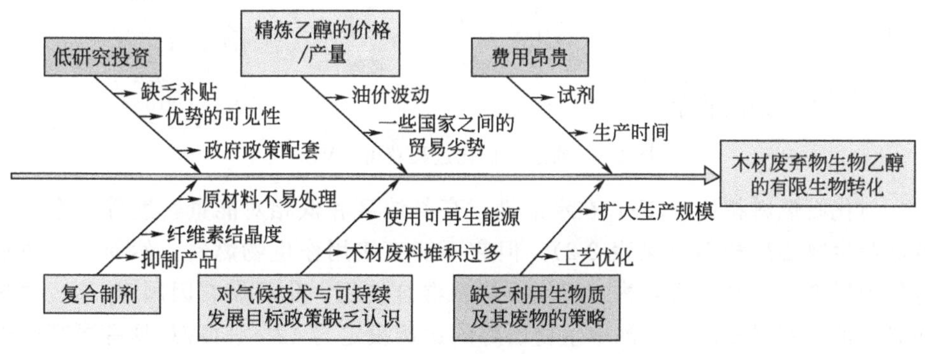

图 2-2 生物乙醇的发展

由于其结构的特点，木质纤维素材料的水解比淀粉更困难[23]。其一，木质素为纤维素微纤维形成保护屏障，使纤维素难以水解为葡萄糖；其二，木质素和半纤维素之间的联系阻碍了这些最终产物降解为戊糖和己糖。出于这两个原因，LCB 需要优化预处理过程，以去除木质素，并通过糖化将纤维素解聚成单糖，以便发酵微生物产生最大量的生物乙醇。作为生产生物乙醇的原材料，木材存在具有纤维素晶体结构、木质素含量高和分馏要求高等复杂性问题。此外，软木废料含有疏水性树脂，这可能会影响原料结构和分馏机制，因此，预处理要求很高且成本高[24]。

2.2.2 以GVL的生产流程为研究案例

在糖平台中，第一阶段是用于去除木质素的生物质分馏，随后可以将糖类化合物部分水解（葡萄糖在碱性条件下异构化为果糖）以获得已糖和戊糖（主要是葡萄糖和木糖），它们脱水并再水合为乙酰丙酸（LA），这被认为是一种平台分子。然后通过氢化和随后的脱水获得 γ-戊内酯（GVL），导致环化。整个过程由具有不同表面酸度的均相或非均相催化剂催化，因为它们具有更高的选择性和可回收性，从生物质到GVL的完整路径见图2-3。

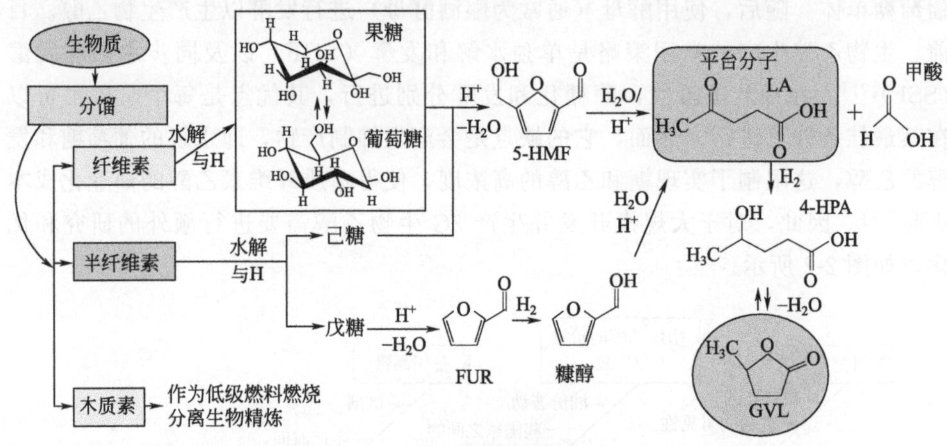

图2-3　通过酸催化过程获得GVL[25]

与化石燃料相比，GVL在水溶性、高氧浓度和低相对能量密度等几个特性方面与生物乙醇相似（见表2-2），但它不能直接用作生物燃料。然而，它更适合作为燃料添加剂（含氧物）与化石燃料混合使用，化石燃料因国家/地区法规而异，例如在阿根廷，汽油中生物乙醇的比例设定为12%。GVL具有更高的能量含量和更低的蒸气压（这会导致储存中挥发性有机化合物的排放量更低），因此，GVL用作燃料添加剂时可能比生物乙醇更好[26]。GVL的生产成本可能更低，因为它不像乙醇那样与水形成共沸物，这使得它们在使用前更容易纯化。此外，经验证，通过在生物柴油和化石柴油的混合物中加入低浓度的GVL，与传统柴油相比，虽然动力和燃料消耗的表现相似，但废气中的总碳氢化合物（THC）、CO排放量和烟气浓度显著降低[27]。

表2-2　乙醇、GVL与化石柴油和生物柴油的比较[27]

参数	生物乙醇	GVL	柴油(2-D)	生物柴油
MW/(g·mol^{-1})	46.06	100.12		
折射率(40℃)	1.3538	1.4254		

续表

参数	生物乙醇	GVL	柴油(2-D)	生物柴油
碳/%(质量分数)	52.2	60	87	77
氢/%(质量分数)	13.1	8	13	12
氧/%(质量分数)	34.7	32	0	11
沸点/℃	78	207		
熔点/℃	−114	−31		
闪点/℃	13	96	66	120～130
密度/($g \cdot mL^{-1}$)	0.789	1.05	0.82	0.86～0.90
蒸气压/kPa(25℃)	7.916	0.65		
运动黏度(40℃)/($mm^2 \cdot s^{-1}$)	1.056	2.1		
在水中的溶解度/%	混相	100		
静态介电常数(25℃)	24.35	36.47		
辛烷值	108.6	95.4		
十六烷值	5	<10	55	45～51
能量密度/($MJ \cdot L^{-1}$)	23.4～26.8	35		
ΔH_{vap}/($kJ \cdot mol^{-1}$)	42.590	54.8		
ΔH_{Coliq}/($kJ \cdot mol^{-1}$)	−1367.6	−2649.6		
LD_{50}(大鼠口服)/($mg \cdot kg^{-1}$)	7060	8800		

2.3 对木质纤维素废料的经济与环境关注

木质纤维素废料的价格可能是决定生物炼制平台中生产过程和最终产品的关键因素。农业、工业废料的价值可能高于 110 美元 · t^{-1}，森林废料的价值可能高于 123 美元 · t^{-1}。对于固体生物燃料，市场价格取决于每个地区。颗粒市场价格可能在 125 美元 · t^{-1}～170 美元 · t^{-1}之间变化[28]，而生物炭的最低销售价格（MSP）为 1044 美元。此外，木质纤维素残留物会产生污染、占用大量土地，会引起火灾并危害人类健康。

可持续的木质纤维素生物质的可持续利用包括生物质的整体使用、减少产生的废料、试剂（催化剂、溶剂等）的再利用等。生物精炼厂从生物质分馏成溶解的木质素、半纤维素和固体底物开始，进行生物质分馏，称为预处理，用于提高糖类化合物的反应性和可及性，并在结构上稍做修改以增加糖产量[29]。生物质转化为化学品和材料涉及了分离、提取和化学转化[30]，而转化过程中使用的几种试剂（溶剂、催化剂等）需要事先进行分析和评估。当前的工艺经济性必须得到改善，例如预处理步骤，这些步骤是能源密集型的，并且在酸或碱中和和酶分离过程中会产生大量废料。此外，使用无机酸（如硫酸）的分馏通常会降解所有木质纤维素成分，导致那些富含糠醛和混合有机酸（有机羧酸和有机磺酸等）的固体材料难以处理，由于酵母生长受到抑制而导致后续发酵存在问题。从这个意义上说，使用多相催化作为酶促途径的补充加工方法，对纤维素衍生糖的水相加工受到学者们的青睐。因此，催化剂开发应侧重于使用定制的多孔固体作为高面积载体，以提高反应物对活性酸或碱基团的可及性。催化剂应具有可调节的疏水性、宽 pH 值范围内的水热稳定性、有效的功能化以及在反应过程中对原位浸出的抵抗力[31]。将在固体催化剂上发生的催化反应与其他反应相结合可更好地应用于纤维素水解。

以木质纤维素废料作为可持续原料生产高价值产品的最新技术表明，生物精炼厂平台的实施是一种可持续的生产战略，其前景广阔。生物精炼厂的发展需要政府政策、合格劳动力、优势可见性、生物燃料组合以及各部门（研究人员、政府、大学、投资者和社会）之间的合作。考虑到能源、经济和环境因素，目前 2G 生物乙醇和 GLV 的生产工艺很有前景。然而，从木质纤维素残留物中生产生物化合物的相关研究投资较低，为了使大规模 2G 生物乙醇或 GVL 生产实现盈利，相关研究必须涵盖多个方面，包括预处理和后续处理的最佳组合，提高所获得产品和副产品的回收率，降低能源消耗以及减少水、试剂、酶和酵母的使用等。

参考文献

[1] Abouelela A R, Tan S Y, Kelsall G H, et al. Toward a circular economy: Decontamination and valorization of postconsumer waste wood using the ionoSolv process [J]. ACS Sustainable Chemistry and Engineering, 2020, 8 (38): 14441-14461.

[2] Wood Recycler Association. Writing Waste Wood Fire Prevention Plans (FPPs) [M]; Worcestershire, UK, 2018.

[3] Krook J, Martensson A, Eklund M. Sources of heavy metal contamination in Swedish wood waste used for combustion [J]. Waste Management, 2006, 26 (2): 158-166.

[4] Knauf M. Waste hierarchy revisited-an evaluation of waste wood recycling in the context of EU energy policy and the European market [J]. Forest Policy Econ, 2015, 54 (1): 58-60.

[5] Nzihou A, Stanmore B. The fate of heavy metals during combustion and gasification of contaminated biomass-A brief review [J]. Journal of Hazardous Materials, 2013, 256-257 (7): 56-66.

[6] Huron M, Oukala S, Lardiere J, et al. An extensive characterization of various treated waste wood for assessment of suitability with combustion process [J]. Fuel, 2017, 202: 118-128.

[7] Tao L, Aden A, Elander R T, et al. Process and technoeconomic analysis of leading pretreatment technologies for lignocellulosic ethanol production using switchgrass [J]. Bioresource Technology, 2011, 102 (24): 11105-11114.

[8] Yu Y S, Giles B, Oh V. State of the market report-uncovering the cost of cellulosic ethanol production [J]. Luxresearch: Boston, MA, USA, 2016.

[9] Morachevskii A G, Kozin L F, Volkov S V. Sovremennaya energetika i ekologiya. Problemy i perspektivy (Modern power engineering and ecology: Problems and prospects) [J]. Russian Journal of Applied Chemistry, 2007, 80 (11): 1951-1952.

[10] Kiss I, Alexa V, Sárosi J. Biomass from wood processing industries as an economically viable and environmentally friendly solution [J]. Analecta Technica Szegedinensia, 2016, 10 (2): 1-6.

[11] Piersa P, Unyay H, Szufa S, et al. An extensive review and comparison of modern biomass torrefaction reactors vs. biomass pyrolysis—Part 1 [J]. 2022, 15 (6): 1-34.

[12] Krutov S M, Voznyakovskii A P, Gordin A A, et al. Environmental problems of wood biomass processing [J]. Waste processing lignin. Russian Journal of General Chemistry, 2015, 85 (13): 2898-2907.

[13] Tu W L, Ou C M, Guo G L, et al. Surfactant as an additive for producing cellulosic sugar from wood residue [J]. Bio Resources, 2019 (3): 7332-7343.

[14] Clauser N M, González G, Mendieta C M, et al. Biomass waste as sustainable raw material for energy and fuels [J]. Sustainability, 2021, 13 (2): 794.

[15] International Energy Agency. Technology roadmap: biofuels for transport [C]. Paris: IEA, 2011.

[16] Bhatt S M, Bal J S. Bioprocessing perspective in biorefineries: from current status to practical implementation [M]. CRC Press, 2012.

[17] Yan K, Yang Y, Chai J, et al. Catalytic reactions of gamma-valerolactone: A platform to fuels and value-added chemicals [J]. Applied Catalysis B Environmental, 2015, 179: 292-304.

[18] Lin L, Voet E, Huppes G. Biorefining of lignocellulosic feedstock-Technical, economic and environmental considerations [J]. Bioresource Technology, 2010, 101 (13): 5023-5032.

[19] Prasad S, Singh A, Joshi H C. Ethanol as an alternative fuel from agricultural, industrial and urban residues [J]. Resources Conservation and Recycling, 2007, 50 (1): 1-39.

[20] Mendes C, Vergara P, Carbajo J M, et al. Bioconversion of pine stumps to ethanol: Pretreatment and simultaneous saccharification and fermentation [J]. Holzforschung, 2020, 74: 212-216.

[21] Balat M. Production of bioethanol from lignocellulosic materials via the biochemical pathway: A review [J]. Energy Conversion and Management, 2011, 52 (2): 858-875.

[22] Neves P V, Pitarelo A P, Ramos L P. Production of cellulosic ethanol from sugarcane bagasse by steam explosion: Effect of extractives content, acid catalysis and different fermentation technologies [J]. Bioresource Technology, 2016, 208: 184-194.

[23] Das P, Stoffel R B, Area M C, et al. Effects of one-step alkaline and two-step alkaline/dilute acid and alkaline/steam explosion pretreatments on the structure of isolated pine lignin [J]. Biomass Bioenergy, 2019, 120: 350-358.

[24] Rosales-Calderon O, Arantes V. A review on commercial-scale high-value products that can be produced alongside cellulosic ethanol [J]. Biotechnology for Biofuels, 2019, 12 (1): 240.

[25] Climent M J, Corma A, Iborra S. Conversion of biomass platform molecules into fuel additives and liquid hydrocarbon fuels [J]. Cheminform, 2014, 16 (2): 516-547.

[26] Horváth I T, Mehdi H, Fábos V, et al. γ-Valerolactone: a sustainable liquid for energy and carbon-based chemicals [J]. Green Chemistry, 2008, 10(2): 238-242.

[27] Bereczky Á, Lukács K, Farkas M, et al. Effect of γ-valerolactone blending on engine performance, combustion characteristics and exhaust emissions in a diesel engine [J]. Natural Resources, 2014, 5(5): 177-191.

[28] Clauser N M, Gutiérrez S, Area M C, et al. Techno-economic assessment of carboxylic acids, furfural, and pellet production in a pine sawdust biorefinery [J]. Biofuels Bioprod. Biorefin., 2018, 12(6): 997-1012.

[29] Zhao X, Li S, Wu R, et al. Organosolv fractionating pre-treatment of lignocellulosic biomass for efficient enzymatic saccharification: Chemistry, kinetics and substrate structures [J]. Biofuels, Bioproducts and Biorefining, 2017, 11: 567-590.

[30] Matsakas L, Raghavendran V, Yakimenko O, et al. Lignin-first biomass fractionation using a hybrid organosolv-Steam explosion pretreatment technology improves the saccharification and fermentability of spruce biomass [J]. Bioresource Technology, 2019, 273: 521-528.

[31] Wilson K, Lee A F. Catalyst design for biorefining [J]. Philosophical Transactions of the Royal Society A: Mathematical, Physical and Engineering Sciences, 2016, 374(2061): 20150081.

3

纳米技术在木材中的新应用

纳米技术（nanotechnology）是用单个原子、分子制造物质的科学技术，研究结构尺寸在1nm～100nm范围内材料的性质和应用，旨在开发具有重要功能、物理和化学特性的新型改良材料，研究的内容涉及现代科技的广阔领域，如化学、生物学、物理学、材料科学和工程学。纳米技术不仅是一种技术促进手段，也可以成为实现国民经济增长的动力。例如，马来西亚的林产品工业在2019年贡献了大约225亿令吉（RM）的出口价值，从马来西亚出口的木材产品包括锯木、贴面、胶合板和模塑，马来西亚的木材工业有机会充分利用纳米技术的优势。因此，必须支持和重视将纳米技术应用于木材工业，以便使现有木材产品实现多样化并增加其价值，最终将促进这一领域的经济增长[1]。

3.1 木材纳米技术简介

众所周知，木材在这么多年的文明中起着至关重要的作用，因为它已经成为各种木制品开发的来源。木制品在社会上长期以家具、纸张、体育用品和许多其他功能材料的形式存在。纳米技术在林业部门的应用，特别是在林产品或木基产品中的应用，值得所有相关参与者和利益相关方的关注。纳米技术的应用可能导致功能更丰富但更轻的木基产品的出现。传统的木材产品，如纸浆和纸张、木材复合材料、木材涂料和木材防腐剂，可以扩大或转化为新的或有价值的添加产品，以适应更广泛或更先进的应用。

以木材或木质复合材料制成的供文化教育、体育和文娱用的制品，大体上可以分为文教用品、体育用品和文娱用品三大类。体育用品指的是在进行体育教育、竞技运动和身体锻炼的过程中所使用到的所有物品的统称。2006 年～2011 年之间，我国体育用品行业增加值逐年扩大，年均复合增长率为 17.63%；2011 年体育用品行业增加值达到 1760 亿元，占体育产业的 80%以上，已成为继美国之后第二大体育用品消费市场，行业竞争力显著提升。在 2021 年，中国体育用品市场仍然处于起步阶段，城市居民对体育用品的消费正在向中高档方向发展，农村地区对中低档体育用品的消费，逐步形成新的需求。因此，中国未来体育用品市场，仍具有较大的发展空间。

为促进全民健身更高水平发展，更好地满足人民群众的健身与健康需求，依据我国《全民健身计划（2021—2015 年）》，国内体育用品市场会继续保持高速发展。常见的体育用品（图 3-1）主要有羽毛球拍、乒乓球拍、乒乓球台、篮球架、足球门、平衡木、双杠、单杠架、标枪、助跳板、滑雪板、冰球棍、桨、摩托艇、赛艇等。要求用材富有弹性、材质坚韧、纹理直、耐磨、耐冲击，并有较高的抗疲劳强度。常用栎木、水曲柳、色木、榉木、槐木、桑木、香椿木、红松等木材。其中较多的是室外用品，如制造时用胶接合，必须使用耐水性强的胶黏剂。表面涂饰质量要求一般，但漆膜应具有较高的耐水、耐热和耐磨性能。体育用品的加工，一定要注意木纹方向和使用时的受力情况，以免造成事故。

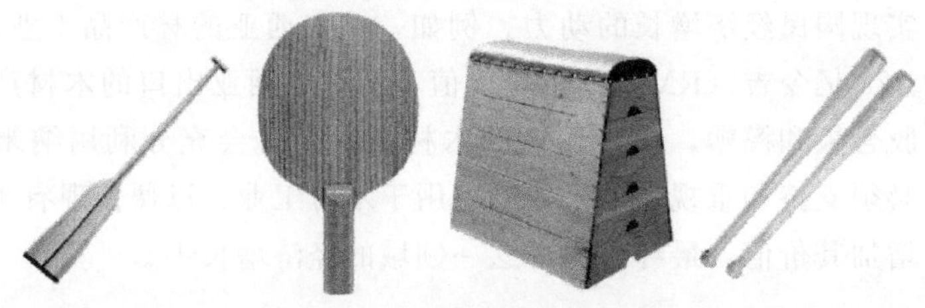

图 3-1　常见的体育用品

纳米技术在木制品工业中的应用，可分为两个途径[2]：

(1) 从森林资源中衍生纳米材料

人们对可生物降解纳米级材料（如纳米纤维素）的需求递增，这种纳米级的新材料可以以安全且可持续的方式通过森林资源中的木质纤维素材料生产。纳米纤维素主要是在分子水平上具有多个关键特征的纤维素，例如高强度和高强度重量比、电磁响应和大的比表面积。这些突出性使其具有巨大应用潜力，例如在木制品领域，它可以用作纸浆、纸张和木材复合材料中的增强剂，也可以用作木器涂料（木制品上所用的涂料）。由于其多功能性，纳米纤维素可以用作非林产品（例如电子产品、传感器、电池、食品、药品和化妆品）的成分之一（作为基质、稳定剂和电极）。

(2) 纳米材料用于木基产品

纳米材料可用于增强现有木基产品的功能。例如，在木材涂层中使用纳米材料，如纳米氧化锌或纳米氧化钛，可以提高木材的耐久性、抗自由基和紫外线吸收性以及降低吸水率。此外，在木材防腐剂中应用纳米胶囊可以通过确保化学物质能够更深入地渗透到木材中来改善木材与农药的浸渍，从而减少过度浸出的问题，提高了处理后的木材对生物降解剂的耐久性。

目前，国内外已经发表了许多关于纳米技术在林业和林产品中的应用的文章[3,4]。J. McCrank[3]全面概述了纳米技术在森林领域的应用；R. J. Moon 等人[4]进一步讨论了纳米压痕；L. Jasmani 等人[5]重点介绍了纳米技术在选定的木质产品工业领域（如纸浆和纸张、木质复合材料、木材涂料和木材耐久性）方面的最新进展。此外，纳米纤维素的一些潜在应用使新一代的木质产品工业中的纤维素在能源和传感器等领域的作用也很突出，以下各小节将会进行详细阐述。

3.2 纸浆和纸制备技术

世界各地的纸张和纸板年产量超过 4 亿吨，这表明，当前的数字时代并没有停止纸制品的使用。然而，不断增长的需求主要是针对各种包装产品的，如消费者对网上购物偏好的转变，以及电子商务的推动使人们在舒适的家中购物，并将产品安全地交付给预定的收件人。

纸是由木质纤维素材料经过一系列的初级加工、处理、造纸、干燥和涂布步骤制成的，造纸阶段是按照不同比例将纸浆和添加剂混合以适应不同的产品。在未来的消费市场中，将纳米技术以纳米材料或纳米添加剂的形式应用于纸质产品必将有着极大的市场，例如，可以利用森林资源或更确切地说利用木质纤维素材料来提取纳米纤维素，作为增强单元，以提供独特的机械强度、功能和性能[6]。通过细胞壁分层来获得纳米纤维或在纳米尺度上提取结晶纤维素，从而产生新一代纤维素。在造纸中加入纳米纤维素主要是为了提高纸张的强度，而纸张生产过程中经常使用的其他纳米材料包括纳米二氧化硅、纳米沸石等。纳米材料或纳米添加剂有助于提高纸制品的性能。

3.2.1 纳米纤维素

根据形态、制备步骤和来源可将纳米纤维素分为三类，包括纤维素纳米晶（CNC）、纤维素纳米原纤维（CNF）和细菌纳米纤维素（BNC）[7]。前两个类别是通过自上而下的策略获得的，该策略包括通过机械和/或化学处理来分解树木或蔬菜物质。高压剪切（典型的机械加工方法）和酸水解（标准化学方法）通常用于加工纤维素以产生纳米纤维素。具体而言，酸水解会导致纳米级和高结晶度的棒状或针状纳米颗粒，称为 CNC。高剪切机械作用旨在将纤维素纤维分解成微/纳米长的亚基，称为 CNF，其长宽比远高于 CNC。与 CNC 和 CNF 相反，BNC 是通过操纵细菌培养基以自下而上的策略合成的。

CNC 是纳米晶须型纤维素晶体，显示出类似于结晶砖状的形貌，同时具有与纤维素相比更大的刚性，这是因为纤维素非晶区域的去除比例更大。一组用于生产 CNC 的经典工作流程是先使用硫酸和纤维素源（例如漂白的木浆、微晶纤维素或滤纸）进行酸水解，然后进行离心、渗析和高压剪切/超声处理，从而获得稳定的水性 CNC 悬浮液。另外，据报道，使用中和代替透析来去除小分子电解质，具有相当大的产率比和较短的时间。CNC 的尺寸通常在 3～50nm 宽和 50～500nm 长的范围内，其主要特征包括高轴向刚度（105～168GPa）、高杨氏模量（20～50GPa）、高拉伸强度（约 9GPa）、低热膨胀系数（约 $10^{-7}\cdot K^{-1}$）、高热稳定性（约 260℃）、高纵横比（约 10～70）、低密度（1.5～1.6g/cm^3）、溶致液晶行为以及剪切稀化流变性。与 CNC 相比，非晶区域在 CNF 中占很大的比例，CNF 的长度是微米级的，宽度范围可以是 10 纳米至几百纳米。在 CNF 生产中，高压剪切和研磨是最典型的物理处理方法。BNC 是由不同种类细菌产生的，包括木糖葡糖杆菌属、土壤杆菌、假单胞菌、根瘤菌和八叠球菌，它们具有 78GPa 的高弹性模量、高保水能力和高达 8000 的分子量[8]。

3.2.2 纳米纤维素作为湿或干强度剂

纳米纤维素作为一种强度添加剂在纸浆和造纸领域中得到了广泛的研究[9]，它们由于具有可利用性和生物降解性、低毒性、优异的力学和光学性能、高表面积和可再生性等特性受到了人们的广泛关注[10]。纳米纤维素实际上是纳米级的纤维素，可以从任何木质纤维素材料中分离和制备，这些材料包括木浆、非木材植物、木材、细菌纤维素等。纤维素是具有 β-1,4 连接的葡萄糖单元的线性化合物，该葡萄糖单元包含结晶区和非晶区。利用矿物酸从纤维素链中去除非晶态畴导致纳米纤维素的分离，而细胞壁通过高剪切机械作用分层导致纤维素宽度的减小，从而形成纳米纤维素。在纸浆和造纸领域中，这两类纳米纤维素是研究最多的纳米材料，可增强产品性能。在过去的十年中，许多工作集中于从各种植物资源制备纳米原纤化纤维素（NFC）和纳米晶状纤维素（NCC）。图 3-2 显示了透射电子显微镜（TEM）下相思树的纳米晶状纤维素和针叶浆的纳米原纤化纤维素的图像[11,12]。

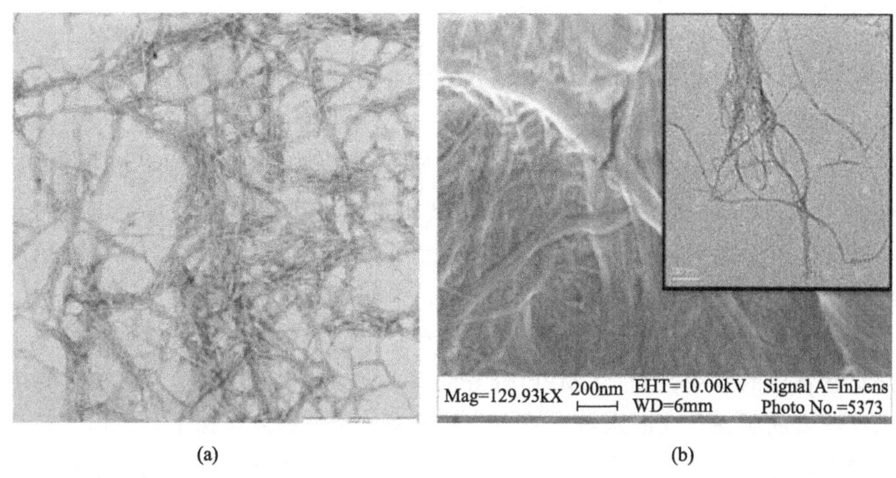

(a) (b)

图 3-2 相思树的 NCC（a）以及针叶浆的 NFC 的 TEM 图像（b）

纳米纤维素的性质根据纤维素的制备方法和来源而变化。表 3-1 显示了纳米原纤化纤维素和纳米晶状纤维素的形态和结晶度。

表 3-1 不同来源的纳米纤维体的尺寸

来源	纳米纤维素类型	长度/nm	宽度/nm
硬木浆	纳米原纤化纤维素	不确定	5～35
	纳米晶状纤维素	100～150	4～5
软木浆	纳米原纤化纤维素	不确定	16～28
	纳米晶状纤维素	100～200	4～5
农作物	纳米原纤化纤维素	不确定	10～90
	纳米晶状纤维素	100～500	3～5

3.2.3 从纤维素到纳米纤维素

纳米原纤化纤维素是造纸业中研究最多的纳米添加剂，因此已有许多文献报道[13,14]，它们是通过对纤维进行选择性的高剪切机械处理而制得的，有许多种方法和方法的组合可以生产纳米原纤化纤维素。其中，均质化和微熔化是用于纳米原纤化纤维素制备的常用技术，该技术涉及将纤维在高压下置于小喷嘴中，用于重复传递，通常在 10～15 次之间。如果单独使用，这种处理方法会消耗大量能量，因此需要使用诸如 2,2,6,6-四甲基哌啶-1-氧基（TEMPO）介导的氧化、羧甲基化反应或酶等化学物质进行预处理通常是为了节省能源。使用该方法，在流体流动产生的动力和高速度引起的高剪切速率下产生了纳米原纤化纤维素。生产纳米原纤化纤维素的另一种流行方法是研磨法，磨床由静态和旋转的石盘组成，结石产生的剪切力将细胞壁纤维分解成单独的纳米纤维。为了避免在使用这种方法时由于聚集而在宽度上产生较大的分布，学者们建议在制浆和漂白过程后将原料保持在水中，当处于干燥状态时，这会阻碍氢键网络的形成[15]。学者们还研究了超声方法来制备纳米纤维，超声处理涉及超声波产生的空化高剪切力，这会破坏纤维细胞的结构[16]。超声处理技术可以产生分散良好且稳定的纳米纤维，除此之外，还可以进行冷冻粉碎将天然纤维转化为纳米纤维，需要使用液氮将纤维冷冻，高剪切力在冰晶上引起压力，迫使细胞壁破裂并释放微纤维。

从天然纤维素中提取的纳米纤维素通常是用酸水解法制备的，其他涉及使用特定化学物质的方法，如 TEMPO 介导的氧化和离子液体（ILs）也被研究用于纳米纤维素的制备。在酸水解过程中，纤维素的聚合程度迅速下降，但它在某一点上稳定，称为聚合的程度，这种行为的原因可能是非晶区被酸迅速水解。随着水解的开始，酸最容易攻击非晶区，因为它的高体积和水解容易获得的糖苷键。一旦它水解容易获得的键，进一步的发生在葡萄糖链的还原端和结晶区表面的水解速度要慢得多。酸水解受酸类型、酸浓度、温度和时间等因素的影响。酸浓度、水解时间和温度条件的任何变化都会影响纳米纤维素的形貌。例如，延长水解时间和增加酸浓度会导致纳米纤维素较短，而高温则导致纤维素完全转化为葡萄糖。

在造纸中添加纳米纤维素可以提高纸张的强度和密度，并降低孔隙率，从而提高纸张的性能。从理论上讲，纸的强度可以通过添加干湿强度增强剂、功能化纤维和打浆来提高，增强了纤维的结合能力。S. Boufi 等人[14]提出的机制是，可能是由于纳米纤维素在纤维之间起着连接器的作用，从而导致了纤维之间的黏合，进而增加了黏合面积。除此之外，也可能是由于纳米纤维素可以充当连接相邻纤维的桥梁，因此在纤维中形成了更强大的网络结构，从而增加了其键合能力。纤维和纳米纤维素共同构成的相互键合网络提高了纸张的强度。纳米纤维素作为纳米添加剂改善了内部结合，从而提高了干拉伸强度，降低了透气性和不透明度，并提高了密度。纳米纤维素是一种纳米材料，具有较高的比表面积，因此可以更有效地形成氢键。它们可以作为湿端添加剂添加，用于干强度增强和固位改善，通常用于干强度添加剂的纳米纤维素以纳米纤维纤维素的形式存在。

有多种策略可以将 NFC 添加到纸浆配料中，例如可以直接将其加入，不添加助留剂；也可以将其与其他碎屑或长纤维混合，然后添加助留剂。添加 NFC 后拉伸强度的增加与添加量有关，学者们发现当将 3%的 NFC 加入由打浆的纸浆和阳离子淀粉组成的纸浆配料中时，观察到拉伸强度提高了 5%[9]。有趣的是，如果打浆较少，效果会更显著，例如，当向热机械纸浆中添加 6%的 NFC 时，拉伸强度提高了 100%以上。此外，将 NFC 添加到搅拌良好的化学纸浆中的影响较小。因此，当将 NFC 添加到碎纸、机械纸浆和再生纸浆中时，预计会提高拉伸强度。C. Hii 等人[17]报道了这样的观察结果：NFC 被吸附在绒毛和纤维上，并通过纤维网络桥接绒毛。在造纸中使用 NFC 的唯一主要缺点是排水速度较慢。排水在造纸中起着非常重要的作用，因为它直接关系到造纸的效率。排水越慢，生产纸张的速度就越慢。因此，在特定的剂量下使用保留剂来改善纳米纤维在纤维表面的吸附，从而改善脱水，是非常重要的。将 NFC 产品的生产与现有的造纸技术相结合，可以大规模降低纸的生产成本。

3.2.4 纳米纤维素作为阻隔性能的涂层材料

纳米纤维素还具有良好的阻隔性能，因此也可用作包装纸的涂料。使用纳米纤维素作为涂层元素的好处是，脱水问题不再是问题，因为它是在造纸后添加的。有多种方法可用于施加纳米纤维素，包括喷涂、棒涂、施胶压榨和辊涂。据报道，纳米纤维素特别是纳米原纤化纤维素的应用增加了氧气的阻隔性和耐油性[18]。例如，使用棒涂机观察到未漂白纸和防油纸的透气率分别从 69000nm · Pa^{-1} 降低到 4.8nm · Pa^{-1} 以及由 660nm · Pa^{-1} 降低到 0.2nm · Pa^{-1}。K. Syverud 和 P. Stenius[19]在针叶木浆上使用从 0～8%的不同量的 NFC，发现阻隔性能从 6.5nm · Pa^{-1} · s^{-1} 显著增加到 360nm · Pa^{-1} · s^{-1}。这是由于纳米纤维的增加引起孔隙率降低。E. L. Hult 等人[20]也尝试了在纸和纸板上使用 NFC 和虫胶，这会导致其透气性、氧气透过率和水蒸气透过率降低，从而有可能成为阻隔包装材料。不仅如此，纳米纤维素，特别是纳米原纤化的纤维素可以转化为自立式薄膜或纳米纸，这种纳米纸是透明的，可以灵活地用作电子应用的基材。

3.2.5 纳米材料作为改善性能的保留剂

在造纸中添加保留剂，可以提高纸张上功能化学物质的保留率。学者们已经在纸制品中测试了一些纳米材料，例如使用纳米沸石[21]和纳米二氧化钛。纳米沸石在造纸工业中用作干燥剂，可以吸收水分，如果用于专业纸，还具有消除气体排放的作用。在此过程中，由空隙和孔隙组成的纳米沸石具有较高的比表面积。此外，与对照样品相比，纸张中添加纳米氧化钛可以赋予较高的动态弹性模量。

3.2.6 纳米填料用于增强性能

在造纸工业中使用填料主要是为了降低成本，因为填料通常比纸浆本身便宜。除了被研究作为强度添加剂之外，纳米纤维素还可以用作填充剂。添加纳米原纤化纤维素可以减少木浆的数量并增加纸屑的数量，从而降低生产成本[22]。此外，所生产的纸张也会具有增强的性能，例如低孔隙率和高不透明度。另外，根据未来市场公司在 2012 年的报道（Future Markets Inc，2012），添加 2%～10%的纳米原纤化纤维素作为填充剂会使纸张强度增加 50%～90%。纳米黏土也可以在造纸中用作添加剂，以降低透气性，从而可以延长纸张的保质期。这在包装行业至关重要，在该行业中，气体和水的屏障在防止食品和饮料变质中起着重要的作用。

纳米碳酸钙用作填充剂可以改善光散射，利用纳米结构粒子改性碳酸钙对光散射有积极影响，通常使用硅酸盐和硫化锌纳米粒子涂覆碳酸钙。J. Ha 等人[23]报道了一项类似的研究，他们在实验室、试点和工厂试验中使用了纳米颗粒涂层，研究发现，纳米颗粒涂料处理后的纸张具有良好的印刷质量、水持久性和尺寸稳定性，并且添加到纸张配料中的纳米氧化锌赋予了纸张抗菌性能。同时，通过添加纳米氧化锌，其光学性能例如纸的亮度和白度以及可印刷性也得到了改善。学者们还研究了纳米氧化钛与 β-环糊精的组合[24]，并且已经发现，与仅涂覆纳米氧化钛的纸相比，纳米材料混合物对二甲苯具有更好的降解效果。

3.2.7 纳米材料作为改善性能的施胶剂

将施胶剂添加到造纸中以提高耐水/液体渗透性，使得该纸张适合印刷和书写目的。纳米二氧化硅的使用可以改善其光学性能，并减少高达 30%的打印透印率。学者们发现与未涂布纸相比，涂布有纳米二氧化硅的纸可产生更高的光学密度、尺寸稳定性和打印质量[25,26]。

3.3 木质纳米复合材料制备技术

木材是大自然给予人类的礼物，因为它是一种可生物降解和可再生的材料，可用于许多应用。无论在家里还是在办公室，无论是高楼大厦、桥梁、车辆、农具、体育用品、乐器，还是飞机、火箭无不有“木材”的存在。然而，由于白蚁的侵袭和其他原因，木材本身具有一些弱点，例如纤弱、不柔韧和不耐用。木材纤维在生产木质复合材料中的应用有其自身的缺点，因为其体积密度低、热稳定性低、吸收水分的倾向高并且易受生物降解的影响。因此，纳米技术已经在木材科学中得到了利用，例如用于提高许多材料的特性，包括木材和木质复合材料等[5]。

运动员所使用的乒乓球拍由底板、胶皮和海绵三部分组成，三者的合理搭配决定了一块球拍的质量。其中，乒乓球拍底板的最外一层为面材，而面材一般会选择那些出球快的木材。研究人员通常会对乒乓球拍底板木材的特性进行选择与评估，在国外，一般会选择林巴（LIMBA）和寇头（KOTO）两种木材作为乒乓球拍底板的面材，且这两种木材均产自非洲。这两种木材的密度相当，密度均在 $0.5\sim0.65g\cdot cm^{-3}$之间。运动员在进行训练时，当乒乓球与球拍接触时，首先接触的即是面材。乒乓球拍底板面材的纹理选择也极为讲究，生产商在生产乒乓球拍底板时，大都会选择具有径向纹理的木材作为面材，之所以这样选择，一个重要原因就是径向纹理木材的软硬指标基本上呈现出一种平衡状态，软硬适中，可以最大限度提升击球性能。

在体育运动的最初发展阶段，传统的体育器材材料起到了决定性的作用，其中，木质体育器材的性能将直接影响运动员技能的发挥与体能保护，这些已在前期研究工作中得到证明。例如乒乓球拍的性能如何在很大程度上取决于乒乓球拍底板的木材，因此，很多乒乓球拍底板生产商对于底板木材的选择均极为认真。然而，人们逐渐发现大多数的木质体育器材也存在一些缺陷，例如它们在耐磨性、硬度、可塑性、耐腐蚀性（被腐蚀的乒乓球拍见图 3-3）、抗光敏性以及某些特殊需求方面渐渐地无法适应体育运动的发展需求。因而新型改良的木质复合材料开始被用在体育器材制造领域，这类材料具有优良的机械性能、力学性能、物理化学特性以及较强的可设计性能等优点，使用这些新型材料能够制作出各项性能都非常优异的体育器材，因此在体育器材制造生产中具有很大的应用优势。近几年来，科研人员研发了许多新型材料，诸如碳纤维复合材料、新型陶瓷复合材料、高（中）密度纤维板、定向刨花板、单板层积材及多层胶合板、科技木、

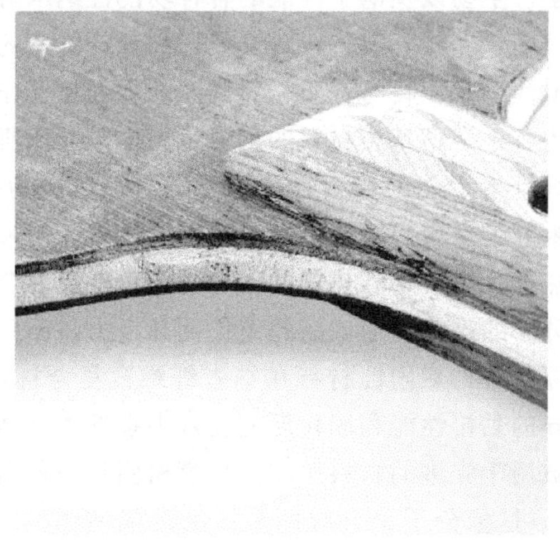

图 3-3 被腐蚀的乒乓球拍

重组木、木材-塑料复合材料以及生物工程塑料等，这些材料已经在现代体育器材中被广泛使用，包括木质体育建筑、体育专用赛道、木质体育运动地板等，由此可见，新型木质复合材料在未来体育器材的制造领域有着十分广阔的发展前景。

3.3.1 纳米纤维素作为增强材料

聚合物是一种常见的增强材料，如果聚合物分子链的刚性大，那么就能让聚合物具有耐潮湿、耐高能辐射、高刚度、高耐热、难燃、耐化学腐蚀与高强度等性能特点。利用芳香尼龙来制作三维纺织织物复合材料，能提高材料的抗冲击性和强度，在护腿板、防护服、护膝、防护手套等运动防护工具中有着广泛的应用。同时利用芳香尼龙制作的绳索具有耐潮湿、耐磨、尺寸稳定性好与强度高等优势，将其用于降落伞、滑水绳、攀登绳索、滑翔伞绳等。另外，高抗冲尼龙——超韧尼龙 Zytel ST 是一种均匀分布于 PA66A 机体内的直径为 0.1～1.0μm 的弹性体，抗冲击强度可达 900～1020m^{-1}，具有尼龙本身的耐磨性、挠曲性和耐化学性等，在运动防护工具中的应用较广，能保证防护工具的防震性能、透气性能和舒适性能。例如：美国推出的“大力士”泳衣，就是利用聚氨酯纤维和超细尼龙纤维制作而成，泳衣的质量仅为 150～200g，伸缩性和平滑度好，与水的阻力明显小于以往传统泳衣。

学者们对于在基体材料中使用纳米纤维素作为增强材料的原理方面已经进行了许多研究工作。通过添加纳米纤维素，纳米复合材料在许多方面都具有优异的性能，这是传统复合材料所不能实现的[27]，因此，纳米纤维素增强的复合材料能够取代传统复合材料。通过对 NCC 的适当修饰，可以开发出具有优异性能或显著改善物理、化学、生物以及电子性能的各种功能性纳米材料。纳米复合材料的性能取决于几个因素，例如基质材料的性能、纳米纤维素的特性、纳米纤维素在基质材料中的分散性以及填料与基质材料之间的界面相互作用[28]。

纳米纤维素作为各种类型基质材料的增强材料已被广泛研究，由天然或合成聚合物组成的纳米纤维素增强的聚合物纳米复合材料已成为一种很有前途的材料。在制备这些纳米纤维素增强聚合物时，改善力学性能是最常见的目标。石油基聚合物一般分为热塑性聚合物和热固性聚合物，热塑性聚合物和热固性聚合物的区别在于其长链分子的键合，前者是弱范德瓦耳斯力，而后者是强共价键。

学者们已经研究了各种热固性材料在纳米纤维素复合材料中的应用，例如，环氧树脂由于其优异的黏接性能和固化后的良好力学性能（高模量、低蠕变和合理的高温性能）而被用于先进的材料产品。环氧树脂是一种高分子聚合物，分子式为（$C_{11}H_{12}O_3$）$_n$，是指分子中含有两个以上环氧基团的一类聚合物的总称。它是环氧氯丙烷与双酚 A 或多元醇的缩聚产物，由于环氧基的化学活性，可用多种含有活泼氢的化合物使其开环，固化交联生成网状结构，因此它是一种热固性树脂。环氧树脂具有极强的黏着性，将其用于跑道，能加大运动员的步频和步幅，促进运动员蹬地力量的提升，进而提高运动成绩。同时环氧树脂涂料的缓冲性、弹性、柔韧性、消音性较好，将其铺设于室内场地，不仅能减少比赛中的噪声污染，还能有效保护运动员的身体，减缓地面对运动员膝关节、脚踝等部位的冲击。

然而，由于环氧树脂具有高度交联的结构，它们很容易在冲击下失效[29]。通过作为增强材料的功能化纳米纤维素的加入，环氧基纤维素纳米复合材料的力学性能得到了显著的改善[30]，例如，将环氧树脂和碳纤维、聚酰胺纤维用于滑雪板中，利用纤维缠绕工艺，能研制出弯曲强度高、抗冲击力好、强度高的新型滑雪板。科学家已经开发了一种制备具有定向结构的环氧纤维素纳米纤维复合材料的方法[31]，该方法结合了冰模板（或冷冻浇铸）方法，以制备高度多孔的纳米纤维素网络，然后将其用作环氧树脂浸渍剂。结果表明，在两个测试方向上，纳米复合材料的弹性模量和储能模量均优于纯环氧树脂，并且在纵向方向上的强度有所提高。另一种最常用的热固性树脂是不饱和聚酯（UP），纳米纤维素含量高达 45%（体积分数）的纳米结构化 UP 生物复合材料已经成功加工和表征，性能远远高于以前的任何研究。纳米结构的纳米纤维素网络增强剂不仅可以大大提高 UP 的模量和强度，而且还可以极大地改善其延展性和韧性。图 3-4 显示了通过场发射扫描电子显微镜（FE-SEM）观察到的增强的疏水聚酯（PHB）的断裂形态，该聚酯通过 15%（质量分数）NCC 或 15%（质量分数）乙酰化 NCC 增强。FE-SEM 图像清楚地表明，与 NCC 相比，乙酰化 NCC 均匀分散在 PHB 中，并且均匀性有助于增强材料和聚合物基质之间的强界面相互作用[32]。

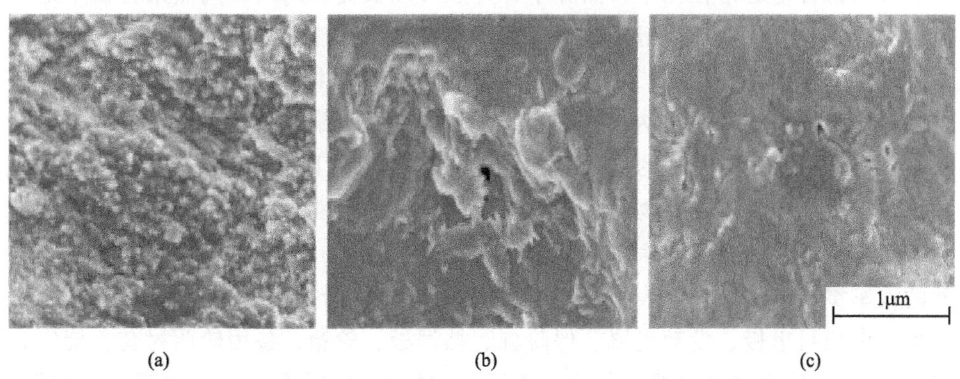

图 3-4　PHB/NCC-15（a）、PHB/乙酰化 NCC（Ⅱ）-15（b）、PHB/乙酰化 NCC（Ⅳ）-15（c）纳米复合材料断裂形貌的 FE-SEM 图像[32]

表 3-2 显示了最新报道的热塑性纤维素纳米复合材料增强剂的类型及热塑性

基质。用于开发这些纳米复合材料的过程包括溶剂交换、水分散、溶液流延、接枝、核芯泡沫注射成型、电纺丝、凝聚和热压以及原位阴离子开环聚合反应等。大多数研究报告称，在纳米复合材料中添加纳米纤维素可改善其机械性能（强度、刚度、抗蠕变性和弹性）、热稳定性以及阻隔性能，甚至有些报道表明纳米复合材料的抗菌功能和抗氧化功能，取决于所使用的纳米复合材料的成分。

表 3-2　最新报道的热塑性纤维素纳米复合材料增强剂的类型及热塑性基质

纳米纤维素增强剂的类型	使用的热塑性基质
改性的 NFC/NCC	聚乳酸(PLA)
改性的 NCC	聚乙烯醇(PVA)
NCC	淀粉
NFC	聚氨酯(PU)
NFC	聚丙烯(PP)
NFC	聚已内酯(PCL)/聚(甲基丙烯酸甲酯)(PMMA)
NFC	聚乙烯(PE)
NCC	聚砜(PSU)
NCC	壳聚糖
NCC	聚乙二醇(PEG)
NFC	聚苯乙烯(PS)
NCC	聚酰胺(PA)
NCC	羧甲基纤维素(CMC)
NCC	聚醋酸乙烯酯
NCC	聚羟基丁酸戊酸共聚酯

天然聚合物通常存在于自然界中，并且可以被提取出来。天然聚合物不是热塑性的，只有少数例外，但是，化学和物理修饰技术能够触发生物质资源（例如纤维素、木质素和几丁质）中天然聚合物的热塑性。由于日益增长的环境意识和对绿色产品的需求，使用纳米纤维素增强的各种天然聚合物已被用于生产生物纳米复合材料，基于聚合物的纳米生物复合材料的应用日益增加，并应用于汽车、电子、造纸和包装以及生物医学等先进领域，例如柔性屏幕、水凝胶、涂料添加剂、纳米食品包装、运动医学植入物和药物递送[33]，具体包括：①制造不同类型的汽车零件（例如，仪表板、门板、后备厢、备用轮胎衬里、隔音板、行李箱衬里、车顶衬里板、发动机罩、保险杠、挡泥板、轮箱、备用轮胎衬套、旋钮和遮阳板等）；②电子和电器的外壳和柜子（例如笔记本电脑、移动电话、逆变器、投影仪、稳定器等）；③体育运动装备（例如安全帽、冲浪船、球拍等）；④制药（如运动医学用途）；⑤各种商品的包装；⑥建筑物内部（例如，门板、装饰板、栏杆、围栏、滑动板、窗框、装饰板、机架、屋顶瓦片等）；⑦其他有用的家用

产品（例如信箱、镜子框、玩具、塑料灯具、废纸篓、镶木地板、花瓶、公园长椅、野餐桌等）和用于康复的低成本房屋，在全球范围内具有良好的市场潜力。

3.3.1.1 食品包装行业

纳米生物复合材料具有食品包装所需的合适的机械和阻隔性能，食品包装的主要功能是保护和保存食品，减少食品浪费并维持其质量和安全性[34]。这些生物复合材料通过减少常规石化废物的处置而对环境做出了贡献。玻璃纸或再生纤维素薄膜被用作最受欢迎的食品包装，其中包括乙酸纤维素、羟乙基纤维素、羟丙基纤维素、乙基纤维素、甲基纤维素和羧甲基纤维素等。此外，纤维素衍生物也被用于开发包装工业的纳米生物复合材料。

3.3.1.2 电子工业

纳米生物复合材料/薄膜具有增强的导电性和柔韧性，使其适用于电子行业。据报道，基于聚苯胺的纳米生物复合材料在电子工业中用于开发纸基传感器、导电胶和柔性电极。A. Razaq 等人[35]在电极、纸基存储设备、高电池电容等的制造中使用了基于聚吡咯的纳米纤维素/碳丝。

3.3.1.3 生物医药产品

由于其生物相容性、细胞相容性和生物降解性，纳米生物复合材料经常用于生物医学应用中，例如运动生物医学，包括药物递送、抗菌活性、疾病诊断、组织工程、身体植入物等。药物输送系统是一种程序，是指在特定时间为人体目标器官释放所需数量的药物。为此，不同的制药公司以片剂/胶囊包衣的形式使用了各种纳米纤维素生物聚合物薄膜[36]。生物相容性、孔隙率低、无毒、低成本、可利用性和网状结构是纳米纤维素的迷人特性，最适合用于药物输送载体。此外，淀粉基纳米生物复合材料已被用于开发人工软骨作为生物植入物，用于治疗骨关节炎疾病。然而，目前很少有研究报道在骨骼组织再生中使用植物来源的纳米纤维素，在临床治疗上，软骨的需求也非常旺盛，这是因为破损的膝盖软骨很难恢复，在体育界，有很多运动员都因膝软骨的伤势而提前退役。

多年来，医学界也尝试多种促进膝盖软骨再生的研究，如在关节中注入干细胞或健康软骨裂片，但这些试验都以失败告终。在天然软骨中，蛋白质和其他生物分子的网络通过其腔内的水流而获得力量。来自水的压力重新配置了网络，使它变形而不被破坏。水在这个过程中被释放，而网络之后会通过吸收水来恢复。这种机制使得关节能够承受较大的冲击，以对抗外来力量。例如膝盖，运动员在跑步过程中，在骨头之间的软骨上反复地施加力量，迫使水流出，使软骨变得更柔软。然后，当跑步者休息时，软骨会吸收水分，这样它就能再次抵抗压迫。人造软骨具有同样的机制，即纳米纤维形成的框架会在压力下释放水分，然后材料中的聚乙烯醇（PVA）会像海绵一样吸收水分。而且，这种混合材料不会对相邻的细胞造成伤害。

2018年初，一份刊登于《新型材料》科学杂志的研究指出，有研究者利用与加强型防弹背心相同类型的纤维，模仿天然软骨的硬度、韧性和含水量，研制出新型人造软骨。此外，密歇根大学和江南大学的研究人员曾开发出与人体软骨具有相似机理的合成软骨材料（图3-5）：在压力下释放水分，在压力减轻或消失后可以像海绵一样吸收水分恢复形态。虽然人造软骨并非首创，但与早期材料相比，新型材料能够将充足水分进行交换，人造软骨的“力量”更加强大，该合成组织可以替代人体自然磨损或愈合不良的软骨，不但能缓解关节疼痛，还能使很多人不必接受关节置换手术。

图3-5 密歇根大学和江南大学联合研发出的高强度合成软骨材料

一项研究[37]报告了通过与羟基磷灰石（HA）反应合成TEMPO介导的氧化的纳米原纤化纤维素（TNFC）或纳米晶状纤维素（NCC）制备纳米复合材料的方法，并发现复合材料在外部和致密的皮质骨范围内比基于NCC的具有更好的压缩强度、弹性模量和断裂韧性。此外，该复合材料不会诱导对人骨源性成骨细胞的细胞毒性，但能提高其生存能力，使其有望在承重应用中再生骨组织。研究人员表示，人造软骨经过更加深入的研究，或许可以作为植入物在膝盖的修复中发挥效果，他们也将继续研究这种混合材料，希望可以通过比例的调整，将其应用到更多的领域中。虽然其他种类的人造软骨已经在进行临床试验，但这些材料无法达到强度和水含量的完美组合。研究者们希望，在未来，通过将化工、木材科学、生物医学、体育科学等学科交叉，人造合成器官能够更简单、费用更低、更可靠地满足患者和运动员的需求。

使用的其他天然生物聚合物包括藻酸钠、纤维素和蛋白质，这些蛋白质具有诸如可生物降解、生物相容性和低毒性的特征。例如，海藻酸钠已在许多领域被广泛用作一种出色的生物材料，包括组织工程、药物输送、食品包装和生物医学应用等。但是，较差的机械强度和不受控制的降解性能限制了其应用。为了克服这些问题，学者们已经进行了几次尝试，如通过开发纳米复合薄膜，将纳米纤维素掺入海藻酸钠基体中，结果表明，在海藻酸钠基体中加入 NFC 提高了其耐水性和力学性能。进一步的研究表明，通过超声处理以促进分散，与 NFC 相比，TEMPO 介导的氧化 NCC 在增强藻酸盐生物聚合物方面具有更好的效率。将纳米纤维素整合到几丁质、壳聚糖、大豆分离蛋白（SPI）和传真种子胶基质中的类似生物启发的协同增强策略概念，为构建高性能纳米复合材料开辟了一条新途径。

3.3.2 纳米粒子用于增强人造板性能

木质复合材料通常被描述为一类广泛的产品，其具有木材元素的组合，由黏合剂黏合在一起。木质复合材料的优点之一是可以针对不同的厚度、等级和尺寸的特定质量或性能要求进行设计，它们的制造利用了木材的自然强度特性（有时会导致比常规木材更高的结构强度和稳定性）。木质复合材料也有缺点，与实体木材相比，它们需要更多的一次能源来制造。因此，木质复合材料不适合户外使用，因为它们能吸收水分，比实体木材更容易发生湿度引起的翘曲。例如，一些竞技体育比赛和健身锻炼所使用的各种器械、装备及用品具有木质复合材料成分，由于运动项目的多样化且绝大多数在户外使用，而质量优良、性能稳定、安全可靠的体育器材不但可以保证竞技比赛在公正和激烈的情况下进行，而且还为促进运动水平的提高创造了必要的物质条件。然而，目前常见的黏合剂会在成品中释放出有毒的甲醛，因此学者们选择利用纳米技术来改善木质复合材料的质量，以满足对现有体育器材和一些新产品在新应用中日益增长的需求。

木材的主要缺点是其对微生物的敏感性和生物降解性，以及在经受不同水分含量时的尺寸不稳定性。这些主要是由于细胞壁主要聚合物及其高丰度的羟基（—OH）[38]。木材具有自然吸湿性，木材吸收的水分与裸露的表面积直接相关。据报道，在木质复合材料中添加无机纳米颗粒可以增强复合材料的抗菌性能，例如氧化锌（ZnO）的纳米粒子具有良好的抗菌活性，在用于刨花板生产之前，通常将这些纳米颗粒添加到三聚氰胺-脲甲醛（MUF）胶中[39]，结果表明，制造的刨花板对革兰氏阳性菌金黄色葡萄球菌、革兰氏阴性菌大肠杆菌、霉菌黑曲霉和短绒毛青霉以及褐腐菌的生物抗性均有增加；银纳米粒子是众所周知的生物杀菌剂添加剂，当应用于刨花板的三聚氰胺层表面时，也表现出类似的抗菌和防霉效果[40]；纳米铜氧化物和烷烃表面活性剂的组合也被认为可以改善处理后的胶合板样品的耐水和白蚁性能[41]。改性淀粉基胶黏剂被视为增加刨花板耐腐性的另一种选择，学者们发现与改性 PVA/油棕淀粉、纳米氧化硅（SiO_2）和硼酸黏合的刨花板相比，与天然淀粉黏合的刨花板抗腐性能更强[42]。此外，还分别添加了纳米 SiO_2 和硼酸作为防水剂和抗真菌剂，成功地降低了微生物在刨花板中的活性。

通过开发缩短热压过程中树脂固化时间的方法，可以简易地制造木质复合板，从而加快生产速度或提高板的整体质量。影响木质复合板压制时间的传热随厚度、压制温度、闭合速率和水分分布而变化。ZnO 纳米粒子的添加增加了热压过程中刨花板中心的热传递，从而导致更大程度的树脂固化并改善了其物理机械性能。高导电性纳米粒子，例如多壁碳纳米管（CNTS）和氧化铝（Al_2O_3）也被证明可以增强中密度纤维板的热和机械性能。该研究报告还表明，尽管活性炭纳米粒子对板的物理和力学性能没有任何显著影响，但与其他两种纳米填料相比，它们对脲甲醛（ureafomaldehyde，UF）的固化和甲醛释放量的减少具有更快的促进作用。

在制造木质复合材料时，胶黏剂起着非常重要的作用，能够影响复合材料的力学性能，包括机械性能、在潮湿条件下的性能以及对环境的影响。脲醛、三聚氰胺脲醛和苯酚甲醛通常用于木质复合材料行业，纳米粒子的利用已经做到了改善胶黏剂的性能。学者们已经进行了许多研究来生产具有增强的物理和机械性能并减少甲醛释放的纳米材料增强的木质复合材料，其中，纳米黏土已经被证明是树脂基体的极好填充剂和增强剂，能够显著提高其强度、韧性和其他性能。F. Muñoz 和 R. Moya[43] 报道了用纳米黏土粒子对三种快速生长人工林胶合板进行 UF 胶黏剂的改性：这三种森林物种分别是破布木（*cordia alliodora*）、酸树（*gmelina arborea*）和蜡烛树（*vochysia ferruginea*）[43]，并已经确定用 0.75% 的纳米黏土对树脂进行纳米改性可以改善板的断裂模量和弹性。在 PF（酚醛树脂）胶黏剂中使用纳米黏土粒子的效果显著，提高了胶黏剂在胶合层中的机械性能，并提高了胶合板的宏观胶合强度。有趣的是，过渡金属离子改性膨润土（TMI-BNT）纳米黏土被用来通过原位插层法阻断氢键，将晶态 UF 树脂隐蔽到非晶态聚合物中，这导致树脂的附着力提高了 56.4%，甲醛释放量减少了 48.3%。

用于改善木质复合材料的物理和力学性能的其他纳米颗粒包括纳米硅灰石（NW）、纳米 ZnO、纳米 SiO_2、纳米 Al_2O_3、纳米 Ag 和纳米纤维素（NCC 和 NFC）等。其中，NCC 用作胶黏剂的填充剂，而 NFC 用作复合板配方的胶黏剂。学者们已经发现添加纤维素的微纤维和纳米纤维对树脂的性能具有积极的影响，在 10%/100g 的固体树脂中，NCC 的加入显著改善了胶合板的力学性能[44]。此外，在 UF 胶黏剂中加入 NCC 后，刨花板表面光滑，面板的密度和水分含量差异不大，只有较高的纳米纤维素含量才显示出明显更高的厚度膨胀。同时，以NFC为粘接材料制造的颗粒板在低密度等级的力学性能方面满足行业要求。对于高密度刨花板，据估计，增加的NFC比例和更高的压力可以改善内部黏结性能，随着NFC添加量和面板密度的增加，钉和面螺钉的拔出强度也随之增加。

3.4 木材纳米涂料制备技术

木材具有天然的生物自组装聚合物结构（纤维素、木质素、半纤维素），因此它是最通用的材料之一，几百年来一直以建筑和结构的形式使用，同样也可以作为文化教育、体育用品和文娱制品的原材料。然而，木材非常容易发生来自环境的光氧化、化学氧化、热分解和光解反应等强烈的氧化降解过程，包括紫外线(UV)、水分、化学污染物和热/冷变化等[45]。即使是非木质材料，例如竹子本身，也是一种天然的有机材料，富含蛋白质、糖类和其他营养物质，容易霉变、腐烂以及被蛀虫吃掉。因此，最终的木材和非木材产品通常包含添加剂，可用作保护和改善外观的涂料、防腐剂，以避免火灾和各种生物因素（真菌和昆虫）的影响。

涂层是在基材表面涂覆一层物质的过程。举例说明，应用于木材表面常见的涂料是清漆、漆和涂料，其目的既可以是保护性的也可以是装饰性的。涂料的主要成分决定了它们的基本性能，例如黏合剂、颜料、溶剂、釉料和添加剂[46]。每种元素都对木材表面有特殊的作用：黏合剂有助于颜料与木材的黏合并形成保护层，而颜料则提供颜色并形成不透明的表面层；溶剂为涂料的应用提供了必要的黏度，而填料的加入改变了涂料的色强度和光泽度；至于添加剂，它们可抑制木材的发霉和腐烂，辅助干燥过程，进一步改善涂料在木材表面的附着力。然而，涂层同时也存在一些缺点，例如有限的灵活性、强度损失、涂层与基材之间的不均匀黏合、较差的耐磨性和较差的耐久性。

纳米涂层具有解决这些问题的能力。纳米涂层是一种工艺，通过该工艺可以在基材上沉积厚度<100nm的薄层，以改善某些性能或赋予新的功能。纳米涂层不仅可以用于纳米材料，而且可以用于具有极薄涂层的蓬松材料，而不会影响基材表面的形貌。纳米涂料在木材和木制品中的应用主要集中在提高耐久性、力学性能、耐火性和紫外线吸收以及降低吸水率方面。一种提高纳米涂层功能性的方法是向涂料中添加纳米粒子[47]，这些纳米粒子具有独特的纳米尺寸、大的表面积与体积之比，这使得它们能够与周围环境紧密作用，并同时确保了透明度。

3.4.1 纳米添加剂用于提高耐久性

纳米涂料能够利用纳米粒子和纳米传递系统来提高木材、非木材产品和木质材料的耐用性，从而在产品的分子水平上做出改变。涂层的目的之一是防止各种微生物如真菌和细菌的生长，据报道，金属氧化物，例如氧化锌（ZnO）、氧化钛和氧化铈（CeO_2）的纳米粒子具有很强的抗菌性能。学者们已经进行了各种将纳米粒子直接沉积到木材表面上或使用纳米粒子将木材表面直接官能化的相关研究，例如，以溶胶-凝胶法制备的ZnO种子层为基础，采用简单的低温湿化学方法，在竹材表面成功地制备了ZnO纳米粒子。结果表明，处理过的竹材对黑曲霉V. Tiegh（A. niger）和青霉菌（P. citrinum）具有更好的抵抗性，但对绿木霉菌（T. viride）的抵抗性较差[48]。此外，石墨烯还显示出优异的抑制细菌生长的能力，因此，结合利用还原的氧化石墨烯和纳米氧化锌通过两步浸干和水热工艺涂覆竹基户外材料，从而提高了其耐霉菌性和抗菌活性。同样，使用水热工艺制备的纳米结构ZnO还为木材表面提供了有效的保护，使其免受生物降解。

掺有纳米晶纤维素（NCC）和银纳米颗粒（AgNP）的水性聚氨酯涂料（WPU）可以用于改善木板的抗菌性能[49]。AgNP以其作为优异的抗菌材料而闻名，但在制备过程中容易聚集。因此，引入了NCC来协助AgNP与WPU或其他涂层的共混和分散。此外，NCC还是改善纳米复合材料机械性能的良好增强剂。微型乳液聚合还被用来合成一种含有AgNP的丙烯酸乳胶涂层，这将限制木材表面黑染真菌的生长。学者们进行了Ag和ZnO纳米粒子在丙烯酸涂料中的抗菌作用的研究，该涂料在商业木质复合材料（如刨花板和中密度纤维板）的处理过程中使用[50]，结果表明，与革兰氏阳性菌金黄色葡萄球菌相比，Ag和ZnO纳米粒子抑制革兰氏阴性菌大肠杆菌的效果更好。

3.4.2 纳米添加剂用于改善吸水率

众所周知，木材易受水或湿气的影响，这是由于构成细胞壁聚合物的亲水性及其毛细孔结构。木材和水之间的相互作用会导致木材生物降解、尺寸不稳定和加速风化。虽然有传统的化学修饰被用来提高木材的疏水性，但水进入木材的可及性仍未完全受到阻碍。此外，处理过程中使用的化学药品可能还是有害的，因此，纳米技术被用作木材或木质材料改性和功能化的替代方法。学者们发现，将纳米粒子掺入聚合物涂料中可用于改善木材表面的吸水率，通常利用两种方法将纳米颗粒整合到涂层中，即溶液共混和原位添加[51]。第一种方法（溶液混合）是在将溶剂与聚合物混合后再分散到木材表面上，这种物理方法可以通过浸涂、刷涂和喷涂来应用。根据学者[52]报道，通过ZnO纳米粒子和硬脂酸改性的水性UV漆产品（WUV），在杨树木材表面构建了一种接触角可达158.4°的超疏水涂层。与WUV相比，硬脂酸锌/水性UV漆超疏水性涂料（$ZnSt_2$/WUV）的耐水性更强，有利于制备简便和环保的超疏水性涂料。有趣的是，学者们采用添加

TiO_2 纳米粒子的水性清漆对 9 种热带木材进行了研究[53]，他们发现 TiO_2 纳米粒子的加入降低了吸水率，经过一年的风化暴露，没有添加 TiO_2 纳米粒子的清漆完全降解，而改性清漆膜得以持久。其他成功制备的超疏水性木材涂料的例子包括木质素涂层的纳米晶纤维素（L-NCC）颗粒/聚乙烯醇（PVA）复合涂料体系、可紫外线固化的甲基丙烯酸-硅氧烷-纤维素复合涂料、掺杂 Fe^{3+} 的 SiO_2/TiO_2 复合膜和聚二甲基硅氧烷（PDMS）/二氧化硅混合涂层系统。

第二种方法是一种原位加成化学方法，该方法涉及将化合物直接添加到单体中并随后聚合，通过在木材表面上的化学反应，如水热法或溶胶-凝胶沉积，原位合成纳米颗粒。有学者[54]采用了一种简单而有效的方法，使用由氟烷基硅烷改性的 AgNP 制备了具有超强拒油性的超疏水导电木材表面。多功能涂层可用于各种应用，特别是自清洁和生物医学电子设备。在另一项研究中，学者们用 ZnO 溶胶处理竹子，将 ZnO 纳米片网络水热生长到竹子表面，随后利用氟烷基硅烷改性[55]。结果发现，经过处理的竹子成功地表现出优异的性能，例如强大的超疏水性、对模拟酸雨的稳定排斥性、抗紫外线和抗磨损性。此外，当通过锐钛矿型 TiO_2 纳米粒子的水热沉积制备竹木并进一步用十八烷基三氯硅烷进行改性时，可获得类似的优越性能。也可以使用以下方法制备超疏水性木材表面：聚电解质/TiO_2 纳米粒子的多层组装和利用全氟烷基三乙氧基硅烷（POTS）进行疏水改性，将水性过烷基甲基丙烯酸共聚物（PMC）/TiO_2 纳米复合材料喷涂到 PDMS 预涂层基体上，并使用钛酸四丁酯［$Ti(OC_4H_9)_4$，TBOT］和乙烯基三乙氧基硅烷［$CH_2=CHSi(OC_2H_5)_3$，VTES］作为共前驱体进行一步水热法制备。研究人员甚至还成功地进行了一种基于软光刻的仿生方法，以产生类似荷叶的 SiO_2 超疏水竹子表面。

3.4.3　纳米添加剂用于改善机械性能

集成到有机聚合物中的无机粒子通常用于木材涂料，以提高其机械性能。作为填充剂，无机材料的刚性和硬度与聚合物的可加工性能够完美地结合在一起。微米尺寸无机粒子有其缺点，如降低了材料的柔韧性，降低了涂层体系的透明度。纳米尺寸无机粒子的利用增加了比表面积和界面面积的比率，这随后会影响原材料的性能[56]。学者们已经研究了利用纳米纤维素作为一种可再生的增强剂来开发一种具有改进性能的生物质基纳米复合涂层系统，纳米纤维素的表面改性是由于与聚合物基体不相容的问题，TEMPO 氧化的纤维素纳米纤维的加入改善了 WPU 涂层的力学性能[57]。在非极性聚合物基质的情况下，通过两种方法用丙烯酰氯或阳离子表面活性剂修饰纳米晶体纤维素，当 NCC 的负载量提高到 2%，可以显著地增加其硬度、弹性模量和拉伸强度。

纳米二氧化硅是另一种用于改善力学性能的常用纳米粒子，其优点之一是它的高硬度，因此可以很容易地进行化学修饰，以提高其与聚合物基体的相容性。有学者[58]的最新研究报道了通过溶胶-凝胶和硫醇-烯反应制备的具有有机-无机共价交联网络结构的蓖麻油基水性丙烯酸酯（CWA)/SiO_2 混合涂料，结果表明，除了乳胶具有良好的稳定性外，在 SiO_2 含量为10%（质量分数）时，涂层的热和机械性能也得到了显著改善。在其他涂料体系中，如水性硝化纤维素和丙烯酸酯，也描述了通过添加纳米二氧化硅来改善力学性能。

3.4.4 纳米添加剂用于改善紫外吸收

木材的光降解过程是在暴露于太阳光后直接开始的，通常会发生颜色变化并且木材表面逐渐被腐蚀，原因是紫外线能够光化学降解木材的聚合物结构成分(木质素、纤维素和半纤维素)[59]。此外，光降解过程通常会导致木材和木质材料的耐水性降低，从而在室外暴露的条件下发生进一步生物降解。可以通过使用光稳定技术，或使用表面涂层或更耐紫外线辐射的材料来取代这些材料，来防止太阳辐射中紫外线成分对材料的强烈损害[60]。纳米粒子可以用来提高溶剂、水性和 UV 涂层的抗紫外线能力，以保护木材表面。含有功能涂层的纳米粒子，可以达到防紫外线的高水平保护，而不影响表面的透明度。与天然材料相比，纳米粒子的小尺寸使阻挡紫外线的效果显著增加，因为它们的比表面积与体积比很大。

使用紫外线辐射吸收涂层可以防止木质素被紫外线降解，而作为紫外吸收剂的纳米粒子主要有 TiO_2 和 ZnO。L. Wallenhorst 等人[61]报道了一种由 Zn/ZnO 涂层和附加聚氨酯密封组成的系统，强烈降低了木材表面的光溶解，并证明了其化学稳定性。此外，苯并三唑（BTZ）和 ZnO 纳米粒子的组合被用作丙烯酸基竹制外墙涂料中的紫外线吸收剂，在 BTZ-ZnO 涂层中检测到很强的协同效应，尤其是对于 2∶1 比例的配方。该涂料体系具有很高的抗光降解性，并有效抑制了竹基材的光致变色。厚膜水性丙烯酸涂料中的苯并三唑、受阻胺光稳定剂(HALS）和 ZnO 纳米粒子的另一种混合物在应用于橡木时，在紫外线防护表面改性方面也发挥了最积极的作用。由于紫外线和可见光光谱，苯并三唑、HALS 以及 TiO_2 和 ZnO 纳米粒子的混合物被认为是使木材颜色稳定的最有效方法之一。据报道，用金红石型 TiO_2 以及甲基三甲氧基硅烷和十六烷基三甲氧基硅烷的混合物涂覆的木材样品显示出优异的耐候性能，并改善了表面变色和失重的耐受性[62]。学者们还发现，TiO_2 涂层明显增强了在不喷水的紫外线照射下木材的颜色稳定性，然而，木材表面由于 TiO_2 的光催化氧化与吸附作用会发生老化，导致木材润湿性降低。

3.4.5 纳米添加剂用于改善阻燃性能

木材和非木材产品的易燃性限制了其用途，而对于各种应用而言，安全性是主要关注的问题。例如《体育器材安全管理制度》规定，要保证体育器材的安全以及合理使用，注意器材的通风及防火，消除安全隐患。事实上，这其中就主要涉及了由木材系统构成的木质体育用品。

为了克服固有缺陷并以安全的方式使用木材和木制品，阻燃性能需要我们认真考虑，纳米粒子近年来已经被用于生产纳米复合材料以改善阻燃性能。纳米粒子的使用，无论是单独使用还是与传统的阻燃剂相结合，都有助于降低木材的可燃性。纳米材料的纳米尺寸和高表面积使它们在低浓度时比其他常规化合物更有效，这在工业和经济上都是巨大的优势。表面改性对于纳米粒子实现更好的相容性和均匀分散是必需的，与未经涂层的样品相比，学者们发现经 TiO_2 涂层的木材其可燃性明显降低[63]，并且已经在竹材上合成了 ZnO-TiO_2 层状双纳米结构，研究结果表明，通过 ZnO-TiO_2 涂层覆盖后，氧指数从 25.6%上升到 30.2%，这表明其阻燃性能显著增强。层状双氢氧化物在分解过程中会吸收大量热量，稀释可燃气体的浓度，并吸收有害的酸性气体，因此，它也是一种极好的阻燃剂。

有学者[64]通过原位一步法将纳米 Mg-Al 层状双氢氧化物（Mg-Al LDH）纳米结构应用于竹子，发现与不含 Mg-Al LDH 的样品相比，它们的总热量释放和总烟气产量分别减少了 33.3%和 88.9%。有学者[65]将 Zn-Al 层状双氢氧化物（Zn-Al LDH）纳米结构引入木材，发现与原始木相比，峰值放热率（PHRR）和总烟气分别降低了 55%和 47%。纳米结构的碳材料（例如石墨烯）也被证明具有很大的潜力，可以用作木材和木质复合材料中的有效阻燃剂，以进行防火表面保护。

3.5 木材纳米防腐剂制备技术

木材是一种用途广泛的材料，可用于建筑、家具、体育用品及器械和艺术品等各种领域。木材具有强度与重量比高、生态友好、美观、可生物降解等特点，然而遗憾的是，木材对生物攻击非常敏感，特别是对腐烂真菌和昆虫的攻击。木材还很容易受到紫外线辐射、火和水分的影响，这是因为水分会导致木材翘曲、开裂和尺寸不稳定。此外，木材降解会造成不美观以及内部结构的损坏，每年由木材的降解而导致的损失不可估量。同样，木材结构上腐烂真菌的生长会引发一系列人体健康问题，包括过敏、呼吸道症状和哮喘，尤其是在室内长时间的暴露后。因此，与木材有关的相关问题不能简单地被忽视，用化学方法“保鲜”木材是保护和延长木材使用寿命的有效途径。

在过去的几十年中，已经开发出了许多化学防腐剂用于保护木材免受生物降解剂的侵害[66]。遗憾的是，大多数化学防腐剂由于其在土壤和生态系统中的积累而可能会对人类、生物和环境造成严重影响。其中，砷酸铜（CCA）是20世纪30年代中期以来被广泛使用的化学防腐剂之一，能够有效地保护木材免受腐朽真菌、白蚁和虫蛀的侵害。然而，CCA被证明对人类和环境有害[67]。另一种化学品也面临类似的问题，即五氯苯酚（PCP），它被认为对人类健康有害，因此，在许多国家禁止生产和使用该类化学品。

针对这些问题，科学家们正在引入一系列声称安全且污染少的化学防腐剂。这些化学防腐剂可以从植物提取物中获得或合成并进行生产，它们具有植物生物活性化合物的一系列特性。例如，源自除虫菊（chrysanthe-mum cinerariifolium）的除虫菊酯具有很强的杀虫活性，目前可以合成生产，然而，人们发现这些化学物质很容易被光和热降解，并且具有较窄的效率谱[68]。有机农药的其他局限性是它们大多数溶于有机溶剂，不能配制成水性木材防腐剂，因此，智能有机农药的输送系统至关重要，通过智能输送系统，可以控制和有针对性地输送生物杀灭剂，这将减少对人类和环境的危害。

通过纳米技术对木材进行处理可以提高木材的抗生物降解性和耐候性[69]。纳米产品具有独特的深入木材结构的能力[69]，可以实现在木材中的均匀分布和完全渗透，从而提高了木材的耐用性，延长了其使用寿命。迄今为止，已经研发了许多用于保护木材的即用型纳米产品（纳米防腐剂），通常可以分为两种类型，即纳米胶囊和纳米材料，纳米胶囊是指嵌入聚合物纳米载体中的药物，而纳米材料是可以直接浸渍到木材中的纳米金属。

3.5.1 纳米包裹用于增强杀菌力

将农药包裹到聚合物纳米载体中是改善木材与农药浸渍的一种很有前途的纳米技术。此技术旨在增加水溶性差的农药的溶解度，并以缓慢的方式释放农药[70]。包裹可使那些低溶解度的农药轻松分散在固体聚合物纳米颗粒中，然后可以将聚合物悬浮在水中，并通过传统的水基处理方法应用于木材。包裹还能够保护亲水性活性成分免于过度浸出。由于胶囊的直径小，它可以很容易地结合并渗透到木材的细胞壁中，因此，这提高了处理木材对生物降解剂的耐久性。这项技术不仅可以安全地输送农药，还可以延长农药寿命，从而进一步拓展了对木材的保护。农药的包裹是一种自下而上的方法。它可以通过多种技术来进行，例如纳米沉淀、乳液扩散和双重乳化（表 3-3）[71]。用作聚合物纳米载体的材料可以衍生自天然聚合物、合成聚合物或两者的组合。例如，天然聚合物包括纤维素、淀粉、藻酸盐、二氧化硅和埃洛石。通常用作聚合物纳米载体的合成聚合物包括聚乙酸乙烯酯、聚甲基丙烯酸甲酯和聚乳酸等（表 3-3）。

表 3-3 使用天然和合成聚合物制备的农药纳米胶囊

农药纳米胶囊	聚合物	共聚体	杀虫剂	掩盖法
1	藻朊酸盐	壳聚糖	啶虫脒	离子预凝胶和聚电解质络合
2	藻朊酸盐	聚乙烯醇	吡虫啉	乳化交联
3	壳聚糖	聚甲基丙烯酸甲酯	戊唑醇	两亲性自组装
4	淀粉	丙烯酸、甲基丙烯酸甲酯	多菌灵	溶液聚合
5	二氧化硅	纤维素纺锤体	戊唑醇	—
6	聚乙烯亚胺	—	苯甲酸钠	界面聚合
7	聚乙烯基吡咯烷酮	苯乙烯	戊唑醇和百菌清	浸渍法
8	中空二氧化硅	—	戊唑醇	细乳液

J. P. Collin 等人[72]用浸渍法成功地将戊唑醇和百菌清包裹到聚乙烯吡啶与聚乙烯吡啶共苯乙烯中，由此获得的胶囊粒径在 100～250nm 之间。他们使用常规压力处理将胶囊的悬浮液浸渍到南方黄松和桦树的边材中，然后将经过处理的木材暴露于褐腐病（Gloeophyllum trabeum）和白腐病（Tram-etes versicolour）真菌中 55d，结果显示出对两种腐烂真菌的强抵抗性。U. Salma 等人[73]使用纳米沉淀技术来包裹戊唑醇，以甲基丙烯酸甲酯接枝明胶的两亲性共聚物为原料，制备了含有戊唑醇的聚合物胶囊，其粒径范围为 200～400nm 或 10～100nm，粒径大小取决于核/聚合物壳的质量比。据报道，包裹的戊唑醇能够保护木材免受棕色腐烂真菌的侵害。此外，U. Salma 等人[73]开发的配方体系是可行的，可以使用其他丙烯酸类单体（如甲基丙烯酸羟乙酯）的共聚反应轻松地进行改性，这表明戊唑醇的释放速率可以控制。然而，这种纳米胶囊的缺点是它们易于聚集，这降低了纳米胶囊向木材的递送效率。有学者[74]成功地将纳米银包裹到聚苯乙烯-大豆共聚物中，在他们的研究中，将苏格兰松树用胶囊浸渍，并针对白腐真菌（云芝）进行了测试。研究结果表明，大豆油、聚苯乙烯和纳米银在提高苏格兰松抗腐性的协同作用中起着重要作用。

3.5.2 金属纳米粒子浸渍用于耐久性增强

自几十年前以来，金属纳米粒子就一直用于保护木材免受生物降解剂和风化的影响。纳米级结构的金属比金属本身具有更好的特性，主要是因为其小尺寸导致比表面积/体积比例高，尺寸分布均匀，稳定性好。由于纳米粒子的尺寸非常小，它们可以均匀地渗透到木材的孔隙中，从而保护木材[75]。另外，由于尺寸的不同，以及表面活性剂的加入，分散稳定性得到了提高。分散稳定性和较小的粒径可以极大地改善以下几方面：①防腐剂渗透；②木材的可处理性；③饰面和涂料产品的稳定性；④低黏度；⑤不可浸出性。此外，它还可以增强与黏合剂的相容性，从而能够提高与木材聚合物的亲和力。

金属纳米粒子可以通过化学反应、机械处理、加热或再填充来改变金属的粒子尺寸所制备。迄今为止，许多纳米粒子已经被用于木材保护，其中，金属纳米粒子主要是铜、银和锌，它们表现出良好的抗白腐和褐腐性能，但对霉菌的功效较低[76]。二氧化钛（TiO_2）是另一种纳米粒子，具有用作木材防腐剂的潜力，而 TiO_2 的潜力主要与其抗菌和抗真菌以及抗紫外线特性有关。然而，对用 TiO_2 处理木材的相关研究仍在初步进行中[77]。表 3-4 列出了利用 TiO_2 进行木材保护的研究及成果。

表 3-4 利用二氧化钛进行木材保护的研究及成果

研究	成果
含水率(0%和 25%)对 TiO_2 纳米粒子在棉白杨中的滞留和分布的影响研究	含水量为 0%的棉白杨样品比含水量为 25%的棉白杨样品具有更好的浸渍和均匀的 TiO_2 分布
TiO_2 低聚醛酰胺核-壳作为木材保存的高效水溶性化合物体系的研究	二氧化钛低聚醛胺处理木材对花斑病菌的侵染有很好的防治效果
纳米 TiO_2 和 ZnO 在聚乙烯醇缩丁醛中的抗真菌性能研究	5%聚乙烯醇缩丁醛中添加 2% TiO_2 和 ZnO 纳米粒子对曲霉具有抗真菌作用
氧化锌（ZnO）、氧化铈（CeO_2）和二氧化钛（TiO_2）纳米粒子处理木材的抗紫外线性能研究（所有的纳米粒子均分散在丙二醇中）	纳米粒子限制了木质素在紫外线辐射下的降解。将纳米粒子的浓度从 1%增加到 2.5%，可显著增强抗紫外线能力

铜（Cu）是木材保护必不可少的生物杀菌剂。然而，仅凭铜并不能保护木材免受腐烂真菌的影响。铜纳米粒子是一种新一代的木材防腐基铜，用铜纳米粒子代替传统的铜，可以提高木材对腐烂真菌的耐久性。实验表明，在不存在铬和砷的情况下，铜纳米粒子可以用来保护木材[78]。此外，M. V. Cristea 等人[79]研究了 ZnO 纳米粒子和 Ag 纳米粒子加入外部木材涂层的影响，研究的目的是通过紫外线屏蔽来提高木材的耐久性和保护性能。除了提供抗紫外线的有效保护外，木材的硬度、附着力、耐磨性和水蒸气扩散的阻隔性等力学性能也略有提高。ZnO 纳米粒子与 Ag 纳米粒子的混合物能够保护木材免受紫外线等风化问题的影响。他们通过全细胞工艺使用三种不同浓度的混合物浸渍了棉白杨的边材，然后将样品暴露于自然风化中。使用分光光度计测量处理过的木材样品的颜色变化，并用 ZnO 纳米粒子单独处理的木材作为对照。结果表明，与单独用金属纳

米粒子处理的样品相比，经过 ZnO 纳米粒子和 Ag 纳米粒子的混合物处理过的木材具有程度最低的颜色变化。

在另一项研究中，G. Mantanis 等人[80]在真空下用氧化锌、硼酸锌和氧化铜纳米粒子处理黑松木，他们使用丙烯酸乳液将金属纳米粒子压入木材结构，以避免浸出，随后评估了经过处理后的木材对霉菌、真菌和地下白蚁的耐久性。结果表明，用硼酸锌处理过的木材对霉菌有轻微的抑制作用，而其他金属纳米粒子处理过的木材则没有发现霉菌生长。E. Terzi 等人[81]报道了类似的发现，在经过氧化锌纳米粒子处理后的木材样品上没有发现霉菌生长，但是，所有金属纳米粒子均能显著抑制白腐真菌和白蚁。此外，研究人员发现金属纳米粒子能够改善木材的阻燃性能。B. A. B. Francés 等人[82]研究了 SiO_2、TiO_2 和 ZnO_2 对松木单板的影响，他们报告说，使用 3%（质量分数）的 SiO_2 处理的单板最有效地改善了阻燃性能。尽管如上所述，纳米技术在木材防腐领域具有显著优势，但对用于木材保护的纳米胶囊和金属纳米粒子的合成、加工和表征的基本理解仍需要提高。表 3-5 列出了用于木材保护的纳米胶囊或金属纳米粒子的设计和开发过程中需要考虑的特性。

表 3-5 用于木材保护的纳米胶囊和金属纳米粒子材料的特性

目的	纳米材料的特性
长期户外性能	光稳定性(紫外抵抗性) 高透明度与理想的木纹 良好的力学和化学性能
长期户外耐久性	对生物降解剂有毒,但对人类和环境安全,释放性能可控
长期户外防水性	自清洁 防水处理

3.6 纳米纤维素制备能源装置

能源是一种重要资源，在经济增长与发展之间有着很强的关联性。现如今，主要能源来自化石燃料和水力发电资源，但是它们会引起气候变化以及臭氧层消耗、污染、温室气体排放和生态破坏，对环境非常有害。世界上约 80%的 CO_2 排放来自能源部门，因此，迫切需要技术上的进步来开发可持续的可再生能源，以减少 CO_2 排放并克服全球变暖对人类生命和健康的影响，并加速技术发展[83]。为了使环境影响最小化，学者们已经探索了可持续、低成本且有效的碳基材料作为在制造能源装置中某些传统材料的替代品。天然碳基材料之一是纤维素，它是最有前途的天然聚合物，具有包括能源等多种用途[84]。

纳米技术是具有满足创造清洁和绿色能源需求的潜力和前景的先进技术之一。在纳米尺度上开发这种新材料可以实现新的应用及其与当前能源技术的相互作用，这将彻底改变能源领域，包括从使用到供应、从转换到存储以及从传输到分配。这种纳米技术的采用，将对清洁和绿色能源的发展产生重大影响，并有益于环境和自然资源。纳米技术在能源转换中最有前途的应用主要集中在太阳能、导电材料、太阳能氢、燃料电池、电池、发电和能源设备上。因此，深入了解纳米材料的结构和形态特性对于获得许多应用的专业性和可持续性至关重要。纳米技术在能源发电中的最大应用是使用光伏（PV）电池的太阳能，它专注于利用能源。使用自然资源的太阳能电池将减少化石燃料的使用，并减少污染，从而创造出环境友好的绿色能源。此外，利用太阳能电池开发纳米器件可以提高现有材料的效率、降低制造成本，从而促进经济增长。

3.6.1 纳米纤维素制备太阳能材料

太阳能既是一次能源，又是可再生能源，它资源丰富，既可免费使用，又无须运输，对环境无污染，太阳能利用的技术如光伏（PV）技术、太阳能热系统、人工光合作用、被动式太阳能技术和生物质技术，这些技术可用于生产电力、蒸汽或生物燃料。未来，纳米技术可能会有助于开发一种有效的低成本系统来生产、储存和运输能源[85]。根据 E. Serrano[83] 和 I. Hut[85] 等人的说法，当前的光伏（PV）市场是基于硅晶片的太阳能电池（第一代）和半导体材料的薄膜层（第二代）。目前使用太阳能电池的缺点是制造成本高，主要是因为传统光伏电池成本高，能量吸收效率差（低于 40%）。

纳米纤维素具有可再生性、生物降解性、生物相容性、广泛的改性能力、适应性和多种形态，因此在太阳能系统中显示出良好的潜力。低成本、易降解且多孔的纤维素基质可用于生产太阳能电池，尺寸低至 4nm 的纳米纤维化纤维素（NFC）可能成为生产用于太阳能电池组件以存储能量的超薄纸的极佳候选材料。N. P. Klochko 等人[86] 利用生物质中的纳米纤维素开发了可生物降解的环保型柔性薄膜作为热电材料，该薄膜用于在近室温下将太阳辐射产生的低级废热转化为电能。

3.6.2 纳米纤维素制备导电材料

目前有许多类型的导电材料，例如导电聚合物、导电碳材料（如碳纳米管、石墨烯和炭黑）和具有不同电导率水平的金属粒子。导电材料可以与纳米纤维素结合，形成新型复合材料。基于纳米纤维素的导电混合物的生产过程涉及两个主要策略：一种是在纳米纤维素基材表面上涂覆导电材料层；另一种是在纳米纤维素基材内混合导电材料以制成复合材料[84]。导电聚合物具有良好的电化学性能、重量轻和成本低等优点，是金属材料的替代品，其中，聚苯胺（PANI）是一种最有前途的导电聚合物，其合成路线简单、电导率可控且比电容高。纳米纤维素基导电材料是利用各种方法，如原位聚合、掺杂、涂层、喷墨打印和原位沉积[87]，为超级电容器和储能装置的应用所开发的。通过添加纳米组分对现有超级电容器进行修饰，可以提高其储存大量能量的能力，并延长供应的时间。除此之外，基于纳米纤维素的复合膜电极可以通过使用简单的过滤单元，使用导电成分对纳米纤维素进行原位聚合来开发。液体通过过滤器后，良好混合的导电材料/纳米纤维素复合膜会留在过滤板上，风干的复合膜可以从过滤膜上剥离下来，以进一步用作超级电容器。

3.6.3 纳米纤维素制备储能材料

纳米纤维素在能量存储领域中的潜在应用近几年来备受关注，这主要归因于其纳米级尺寸、高比表面积/体积比以及富含羟基等特性，这使得它们的表面易于化学修饰以用于复合加工。能量存储中最重要的方面是开发具有导电性且柔性的纳米纤维素，这可以通过添加导电聚合物，如聚苯胺和聚吡咯来实现。例如，纳米纤维素/聚苯胺复合膜被广泛用作纸基传感器、柔性电极和导电胶。A. Razaq 等人[88]用纳米纤维素/聚吡咯和碳丝的复合材料制成的电极可以用于纸质储能装置；有学者[89]报道说，他们使用纳米纤维素/聚吡咯复合材料开发的器件具有高充放电能力、高电池电容和循环性能。

3.6.3.1 锂和钒电池的纳米纤维素基材料

近年来，对可充电柔性便携式电子设备的高需求，如智能手机、电动汽车、笔记本电脑，甚至电网储能，导致对可再充电锂离子电池（LIB）和超级电容器的需求逐渐增加。LIB 具有高能量密度、适中的功率密度和循环稳定性，因此是电子设备最理想的储能对象之一。在 LIB 中，电解质对于锂离子（Li^+）在阳极和阴极之间的转移很重要。有机液体电解质用于 LIB 系统，但是因为它具有高毒性和易燃性，可能引起极大的安全隐患。固态电解质由于具有低可燃性和低毒性的明显优势已经成为人们所关注的问题。根据 J. Janek 等人[90]的说法，固态电解质可分为固态聚合物电解质（SPE）和无机固态电解质（ISE），其中，SPE 具有易于加工和柔性的优点。

有学者[91]通过将聚环氧乙烷（PEO）与纳米纤维化的气凝胶和双（三氟甲

烷磺酰基）酰亚胺锂（LiTFSI）结合，开发了SPE。结果表明，带负电的纳米原纤化纤维素使SPE的离子电导率性能得到显著提高。结果还证明，所制造的SPE具有电化学稳定性、机械强度和热稳定性以及柔性，可望用于柔性电子设备中。J. R. Nair等人[92]使用热诱导聚合方法制造了用于高性能锂硫电池的负载纳米纤维素的复合聚合物电解质，该复合聚合物电解质表现出优异的离子电导率、高达200℃的热稳定性以及与锂的稳定界面。该电解质还具有稳定的循环特性，这归因于通过将纳米纤维素截留在聚合物基质中而大大减少了多硫化物向阳极的迁移。有学者进行了另一项研究[93]，他们在质子交换膜上使用了由核-壳纳米纤维素增强的磺化聚醚硫酮（醚硫酮），研制了钒氧化还原流电池（VRFB）。随后发现通过掺入二氧化硅包裹的纳米纤维素，质子交换膜在100mA·cm^{-2}的压力下具有54.5MPa的出色机械强度和82%以上的高能效，且在200次充放电循环中保持稳定。质子交换膜是VRFB的关键组成部分之一，它起着分离器的作用，可避免钒离子交叉，它还充当质子导体，有助于VRFB的高电压效率。

3.6.3.2 纳米纤维素基材料用于柔性超级电容器

超级电容器或称为电化学双层电容器，是另一种通用的能量存储系统，已引起全世界研究人员的关注。它们凭借高功率密度、长寿命周期、简单原理、低维护、便携性、稳定的性能以及快速的充电/放电速率，能够填补电池与传统电容器之间的空白[94]，并且这些特性可以满足不断增长的功率需求。

电极是超级电容器中非常重要的组成部分，它需要良好的电化学性能和柔性，特别是对于制备高性能的柔性超级电容器。有学者[95,96]发现石墨烯和纳米纤维素是能用于超级电容器的出色的柔性电极材料。纳米纤维素由于其良好的生物降解性、机械强度、柔性和化学反应性而被用作基质材料，它们的多孔结构和亲水性可以促进其他材料（例如石墨烯）在其纤维网络结构中的附着。同时，纳米纤维素表面上的大量羟基使纳米纤维素与其他聚合物通过相互作用可以形成稳定的复合物。A. Khosrozadeh等人[97]使用纳米纤维素基聚苯胺/石墨烯/银纳米线复合材料开发了一种超级电容器电极，在将其进行2400次循环后，在电流密度为1.6A/g时，超级电容器的功率密度、能量密度和电容分别为108%、98%和84%，这表明该电极具有优异的循环稳定性和良好的机械柔性。此外，有学者[98]开发了一种电极，该电极使用涂有石墨烯的纤维素/聚吡咯，所制备的电极具有良好的机械柔性，可以以任何角度弯曲。当组装成对称超级电容器时，面积电容和能量密度分别可以达到790mF·cm^{-2}和0.11mW·h·cm^{-2}。此外，可以使用化学交联或物理交联方法制造纳米纤维素-石墨烯电极，纳米纤维素作为超级电容器的电极成分也起着内部电解质储存器的作用，这是因为纳米纤维素的高孔隙结构和亲水特性使其更易于运输电解质离子，因此可以提供有效的离子传输方式。

3.6.4 纳米纤维素基纸制备电子器件

纳米纤维素基纸是一种绿色基材，可用于电子和光电设备。目前，商业用纸具有相对粗糙的表面和较弱的机械性能，这对于电子设备的制造可能是个很大的问题。电子设备的大多数制造都使用不可生物降解和不可回收的组件，例如塑料、玻璃和有机硅作为基材。通过简单的过滤方法由 NFC 形成基于纳米纤维素的纸，可以生产出机械强度高且低热膨胀系数纸，以替代商业纸。根据 S. Li 和 P. S. Lee[99] 的研究，他们已经设计出了用于电子设备的基于纳米纤维素的透明纸，并将其应用于电致变色、接触式传感器、太阳能电池、晶体管、有机发光二极管（OLED）、凹版印刷打样机和射频识别（RFID）。

透明纳米纤维素基纸的应用之一是通过涂覆或热沉积技术直接在基板表面上印刷电路来生产柔性电子器件。首先，在特殊的硅晶片上构建柔性电子器件，该硅晶片可以释放硅纳米膜（Si NM），然后转移到带有黏胶剂层的 NFC 衬底上，并通过光致抗蚀剂构图和干法刻蚀步骤完成该导电材料的制造，如图 3-6 所示[100]。

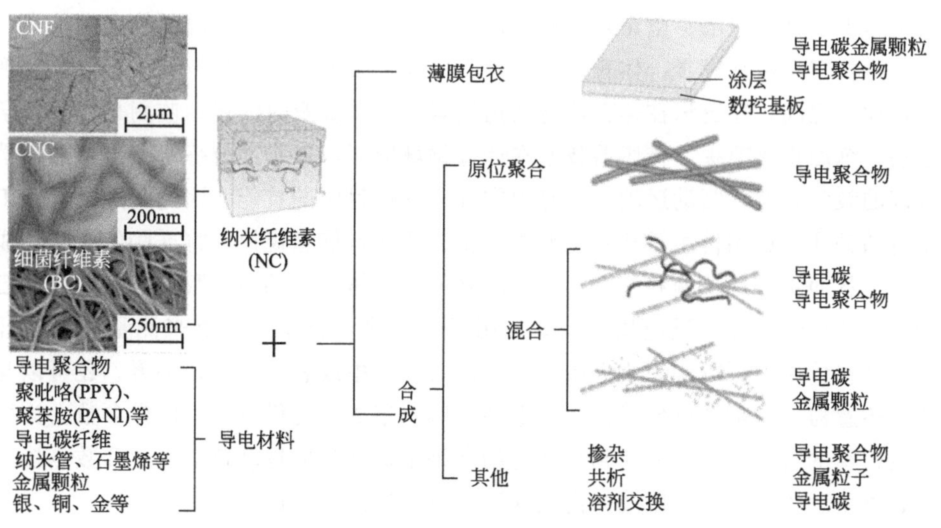

图 3-6 纳米纤维素基导电材料的通用制造路线示意图[100]

此外，NFC 还是有机发光二极管（OLED）的主要基板（图 3-7），例如，有学者报道了一种由木质基纳米纤维素（NFC）复合材料制造的 OLED 器件[100]。

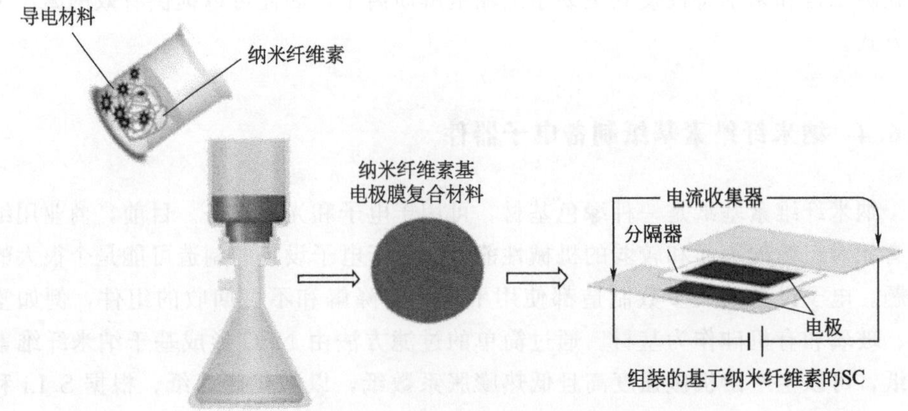

图 3-7　过滤工艺制备纳米纤维素基复合膜超级电容器（SC）[100]

3.7　纳米纤维素基复合材料制备传感器

纳米纤维素已被广泛用于开发各种新型传感器并提高传感器的灵敏度，例如，在食品工业，传感器已成为保护人类免受食品污染物造成的健康危害和风险的重要工具，可以提供快速灵敏的食品安全检测，这主要是利用了传感器可以帮助快速识别食品中的霉菌毒素、病原体、重金属、农药、金属离子等。

科技在不断地进步，体育领域的竞争也在更多地依赖于科技，这不仅仅表现在运动员之间，还突出在体育器材的运用当中。准确及时的运动监测是进行科学运动训练的重要前提，传感器技术在体育领域应用可以帮助教练研究出更加科学合理的教学方案，帮助运动员更好地掌握运动项目中的技能，因此受到了运动工作者的关注。运用传感器技术能够根据相关的测量信息规律，将这些信息转化成信号，从而更方便传输和测量，从而准确地捕捉体育运动中的数据信息。目前已经在体育科学领域广泛应用，例如采用了多用途电化学传感器来测量血液和汗液，这些传感器可以编织成衣服，融入皮肤贴片中或者作为微针部署，还可以与现有传感器，如加速度传感器和心电图传感器集成，提供重要的广谱参数。为了满足比赛的身体要求，如何判断在运动训练中运动员的运动负荷强度和数量接近或超过生理极限水平，以及如何判断运动员的体能是否已恢复到可以进行下一轮训练，需要一些准确而客观的指标以及安全、灵敏和方便的监控方法。功能评估指标包括生理、心理和生化指标，为不同运动选择的关键和敏感指标通常是不同的。与当前的许多技术不同，这些多用途传感器能测量广泛的重要生化化合物，如钠、氯化物、钙、镁、葡萄糖、尿酸等，传感器还能监测剧烈运动期间的乳酸积累。中国科学院外籍院士、美国西北大学教授黄永刚团队，美国西北大学教授约翰·罗杰斯团队与香港城市大学研究员解兆谦团队等共同设计研发了一款柔软、轻巧、可延展的无线机械声学监测设备，该设备可连续实时追踪人体自然活动的机械声学信号，并全天监控健康状况、社交互动、量化睡眠行为、测量运动表现、指导康复协议等，相关成果发表于《自然-生物医学工程》（图 3-8）。

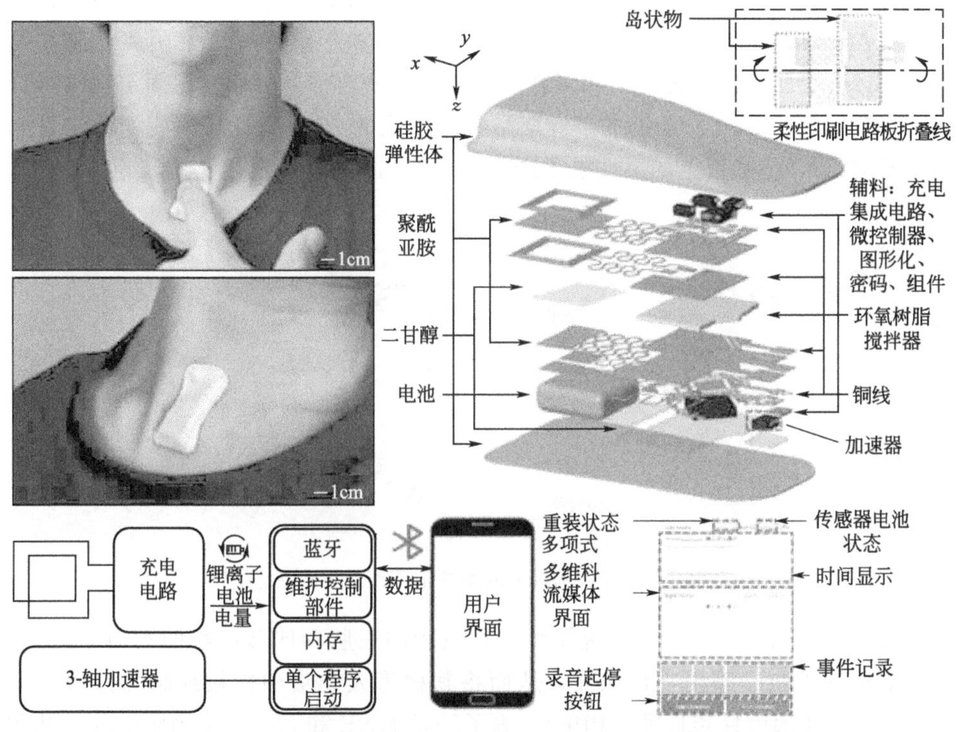

图 3-8 新型无线机械声学监测设备可实时监测身体状况

在过去的十年中，学者们已经成功地开发了许多传感器，如电化学传感器、生物传感器和化学传感器，并将它们作为快速灵敏检测的替代或补充检测工具[101]。但是，传统的传感器是使用塑料、石化产品和无机材料开发的，这会导致环境问题，并且诸如某些气体排放、材料的毒性和可持续性的问题正在逐渐受到关注，因此，近年来对可持续传感器设备的需求迅速增加。

源自植物和细菌的纳米纤维素由于其优异的物理、热、机械和光学等特性而显示出令人鼓舞的应用潜力，这对于制造高性能传感器设备至关重要。这些特性使纳米纤维素更适合作为生物材料，因为它们可以增强传感器检测分析物的选择性和灵敏度。此外，纳米纤维素的黏附特性防止了固定试剂的浸出问题，因此，在传感器的长期稳定性使用方面可以获得显著的改进。此外，纳米纤维素上的羟基可以被修饰，以结合位点来选择性吸附不同的分析物种，这些特性使纳米结构的纳米纤维素成为与其他功能性材料复合的理想构件。

3.7.1 生物传感器

有学者将固定化的 rigid rigisa 脂肪酶转化为不同的纤维素纳米晶体[102]，结果表明，与微纤维素相比，纳米纤维素上吸收的 rigid rigisa 脂肪酶相对较多。这可能与纳米纤维素的高比表面积有关，因此增加了纳米纤维素阴离子基团与 rigid rigisa 脂肪酶之间的离子相互作用。在这项研究中，他们发现固定在纳米纤维素中的 rigid rigisa 脂肪酶的半衰期是游离形式的 27 倍，此外，酶的稳定性也有所提高。NFC 基板上的柔性电子产品生产工艺见图 3-9。

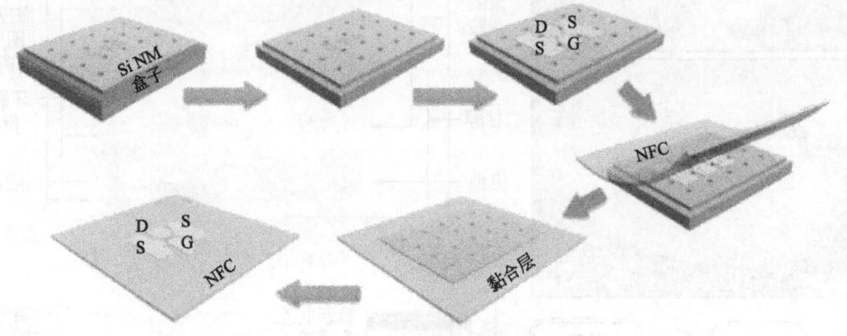

图 3-9 NFC 基板上的柔性电子产品生产工艺

J. V. Edwards 等人[103]研究了弹性蛋白酶的三肽和四肽底物的动力学特性，用于制造弹性蛋白酶生物传感器，从而将其称为人类嗜中性粒细胞弹性蛋白酶（HNE）和猪胰弹性蛋白酶（PPE）。为了开发 HNE 和 PPE，将固定化的三肽和四肽用于棉纤维素纳米晶体中，他们发现，在 1h 内，2mg 三肽共轭棉纤维素纳米晶可以检测到 $0.03U\cdot mL^{-1}$ 的 PPE 活性，而 0.2mL 四肽共轭棉纤维素纳米晶在 15min 内可以检测到 $0.05U\cdot mL^{-1}$ 的 HNE 活性。V. Incani 等人[104]通过将葡萄糖氧化酶（GO_x）固定在纳米纤维素/聚乙烯亚胺（PEI）/金纳米粒子（AuNP）纳米复合材料中来制造生物传感器，AuNP 被吸附在阳离子 PEI 和纳米纤维素上，傅里叶变换红外（FT-IR）光谱证实 GO_x 已成功固定在聚合物复合材料上（图 3-10）[101,105]。

F. A. Abd-Manan 等人[106]成功地开发了基于纳米晶体纤维素（NCC）/硫化镉（CdS）量子点（QD）纳米复合物的生物传感器，用于苯酚测定。他们用十六烷基三甲基溴化铵（CTAB）的阳离子表面活性剂修饰了 NCC，并进一步用 3-巯基丙酸（MPA）封端的 CdS QD 修饰，以固定酪氨酸酶（Tyr）。NCC 和 CTAB-NCC 的 TEM 图像表明，NCC 的团聚晶须状结构不受修饰的影响，而

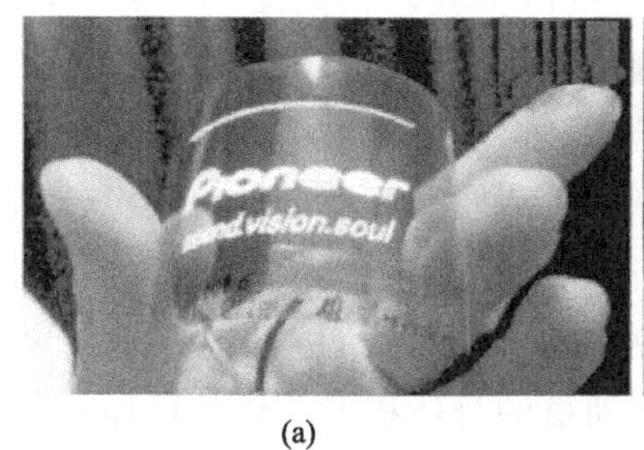

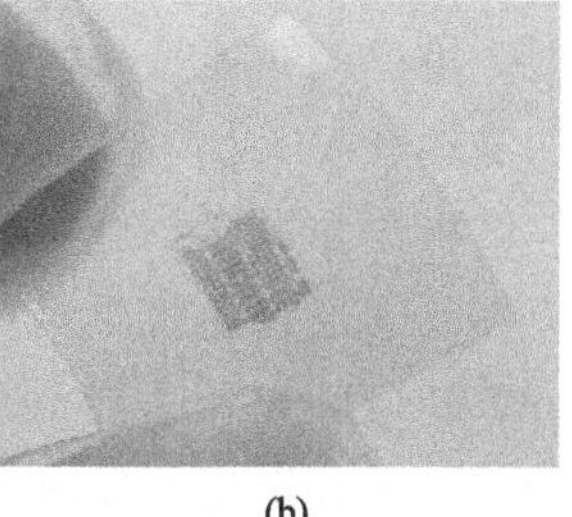

(a)　　(b)

图 3-10　NFC 基板上的柔性显示器（OLED）[101]（a）和 NFC 基板上的柔性电子设备[105]（b）

MPA 量子点为球形。CTAB-NCC 纳米结构薄膜的场发射扫描电子显微镜（FESEM）图像显示出均匀聚集在一起、致密的纤维结构，而对于 CTAB-NCC/QD 纳米复合材料薄膜来说，CdS 量子点表现为微小的白点。EDX 分析表明存在碳（C）、氧（O）、硫（S）和镉（Cd）元素，表明 CdS 量子点已成功附着到 CTAB-NCC 膜中。针对苯酚的测试结果表明，该生物传感器在 5～40μmol・L^{-1}（线性相关系数 R_2=0.9904）的浓度范围内对苯酚表现出良好的线性，灵敏度和检测极限分别为 0.078μA・L・μmol^{-1}和 0.082μmol・L^{-1}。

3.7.1.1　在食品工业中的应用

在食品工业中，传感器用于监视食品的质量或新鲜度。M. Moradi 等人[107]开发了一种基于细菌纤维素纳米纤维的 pH 值传感指示器，用于监测鱼类的新鲜度。他们使用胡萝卜花青素作为指示剂，制成的传感器在 pH 范围为 2～11 之间显示出从红色到灰色的较大色差。颜色变化是明显的，其中深的胭脂红颜色表示鲜鱼；迷人的粉红色表示鱼最好立即食用；而变质的鱼则用软糖蓝色和卡其色表示。

3.7.1.2　在体育中的应用

生物传感器已经在运动人体科学、运动康复学等学科领域，以及在运动训练、体育教学和体育锻炼过程中得到了广泛的应用（图 3-11）。当前监测运动员身体机能的方法可分为三类：第一类是通过教练的观察或运动员对自身进行主观评估，例如自我感觉运

图 3-11　血糖、血乳酸生物传感分析仪 SBA-70

动强度表（RPE）。第二类是通过运动负荷实验，根据运动员的身体机能变化来评估机能状况。第三类是通过分析测试血液、尿液、汗液等生理生化指标，定量评估运动员的身体状况，如①根据运动员血液中乳酸、尿蛋白等指标的变化来确定运动强度；②根据血尿素、血睾酮、血清肌酸激酶活性等指标，确定人体对训练负荷的适应性；③通过免疫学指标，如淋巴细胞亚群 CD4/CD8，血清免疫球蛋白 IgA、IgG 和 IgM 以及唾液 Ig 决定运动员的机能状况。相比之下，第三种方法能够准确、客观和定量地反映运动员的身体机能。传统的监测方法，例如监测血红蛋白、血糖、血乳酸和免疫指标，既复杂又昂贵，通常仅在实验室中使用。因此，研发灵敏度高、实用性强、操作方便的监测手段对运动训练科学化显得尤为重要。生物传感器具有灵敏度高、特异性强、操作简单的特点，它不仅可以精确监测运动训练过程中各项指标的瞬时变化，而且可以进行连续监测，因此，生物传感器在运动监测中的应用具有广阔的前景。

美国 YSI 公司在 1975 年推出了第一台基于酶电极的血糖仪，随后研发了外固定化酶型生物传感器，可用于确定运动后运动员血液中的乳酸水平或糖尿病患者的血糖水平。1989 年，中国科学院山东省生物研究所首次成功研制了一台先进的生物传感器分析仪，该分析仪于 1990 年被列为国家新产品，并已广泛应用于中国体育科学训练中。但是，目前运动训练中使用的生物传感器仅有乳酸和葡萄糖传感器，例如血红蛋白传感器、血尿素氮传感器等也将用于运动训练。同时，学者们正在研究一些新型传感器，例如组织、免疫传感器，嗅觉和味觉生化传感器以及生物芯片等。随着生物传感器开发的发展，这种方便、灵敏、无需使用太多的化学试剂的生物传感器技术将被用于体育锻炼的科学监测。

随着信息时代的到来、新技术的不断发展以及新仪器和新设备的不断使用，生物传感器逐渐普及并渗透到体育教学和科研中，特别是在体育实验教学过程中，如何简单、方便地完成教学任务，达到教学目的，且安全、环保地完成实验教学已成为许多研究者的追求目标。现如今，每个实验环节，特别是运动生理学，不仅需要昂贵的仪器，而且还需要大量消耗品。因此，这种易于操作、廉价、易于批量生产的生物传感器在该领域具有广阔的市场。

3.7.2 化学传感器

纳米纤维素水凝胶的结构之前一直被用来固定硫和氮共掺杂的石墨烯量子点，作为检测漆酶的低成本传感器。漆酶是酶的多铜氧化酶家族，它涉及几种芳香族化合物和脂肪族胺的单电子氧化，通常用于脱色和着色产品中，因此，监测商业产品中的漆酶活性是非常令人感兴趣的。

S. Faham 等人[108]描述了一种基于纳米纤维素的比色测定试剂盒的开发，

该试剂盒可用于智能检测生物制剂中的 Fe、Fe(Ⅱ) 和铁螯合去铁胺药物 (DFO)。他们将姜黄素嵌入透明的细菌纤维素纳米纸中作为比色测定试剂盒，然后将测定试剂盒用于监测人体尿液、血液、唾液和血清中的铁螯合剂，该测定试剂盒可以轻松地与智能手机技术结合使用，用于 Fe(Ⅱ) 和 DFO 的比色监测。

3.7.3 电化学传感器

S. L. Burrs 等人[109]展示了基于电化学生物传感器的葡萄糖，用于检测病原菌。他们使用石墨烯-纳米纤维素复合材料制备用于电化学传感器开发的导电纸，采用脉冲超声沉积法将铂电沉积在石墨烯-纤维素复合材料上，然后通过用包裹在导电纸上的壳聚糖水凝胶中的葡萄糖氧化酶（GO_x）功能化纳米铂来制造传感器。他们发现该传感器在电化学生物传感中非常有效，对葡萄糖或病原菌的检测极限较低。T. S. Ortolani 等人[110]开发了一种使用纳米纤维素和单壁碳纳米角 (SWCNH) 进行鸟嘌呤和腺嘌呤测定的电化学传感装置。纳米纤维素和 SWCNH 都具有大的比表面积、良好的导电性、高孔隙率和化学稳定性，所制备的传感器对同时测定鸟嘌呤和腺嘌呤显示出高度敏感性和高电催化活性。M. Shalauddin 等人[111]使用纳米纤维素/功能化多壁碳纳米管（f-MWCNT）混合物来开发电化学传感技术，这种电化学传感器用于测定医疗用药和生物液体样品中的双氯芬酸钠。据报道，纳米纤维素中—OH 基团的存在为不同的分析物提供了更多的结合位点，从而确保了轴向模量重排和 f-MWCNT 的结合。

纳米技术在木材领域的潜力是巨大的，它为改变当地和全球的木基产品工业格局提供了机会。通过植树造林，森林本身可以为创造新一代纤维素（称为纳米纤维素）提供可持续的来源，这种纤维素可以在各种工业领域中广泛应用。此外，纳米纤维素比碳基材料（例如碳纳米管和石墨烯）便宜，对环境友好并且可以改善产品的可回收性能。例如，纳米纤维素可用于改善纸的性能并减少纸浆在造纸中的使用，从而节省成本。纳米纤维素还可以制成纳米纸或薄膜，用于纸包装或其他领域，例如电子产品，它可以替代不可再生的塑料；纳米纤维素用于木质复合材料可以促进先进的复合材料的发展，可以提供特定的用途。结合其强度特性和可承受性，使它们成为减少对实体木材需求的可行解决方案；木质产品以外的工业部门也可以受益于纳米纤维素的使用，例如在能源装置和传感器中的使用。在实验室规模上已经开发出了多种用于能量存储和采集应用的基于纳米纤维素的产品以及传感器。因此，为了促进纳米纤维素的使用，以确保纳米纤维素可以进入下一阶段的应用和商业化阶段，需要利益相关者、行业和研究人员等各种参与者的共同努力。

参考文献

[1] Bajpai S. Pulp and paper industry: Nanotechnology in forest industry [M]. Amsterdam: Elsevier, 2016.

[2] Wegner T H, Jones P E. Advancing cellulose-based nanotechnology [J]. Cellulose, 2006, 13 (2): 115-118.

[3] McCrank J. Nanotechnology applications in the forest sector [M]. Ottawa: Natural Resources Canada, 2009.

[4] Moon R J, Frihart C R, Wegner T, et al. Nanotechnology applications in the forest products industry [J]. Forest Prod ucts Journal, 2006, 56 (5): 4-10.

[5] Jasmani L, Rusli R, Khadiran T, et al. Application of nanotechnology in wood-based products industry: A review [J]. Nanoscale Research Letters, 2020, 15 (1): 207.

[6] Moon R J, Martini A, Nairn J, et al. Cellulose nanomaterials review: structure, properties and nanocomposites [J]. Chemical Society Reviews, 2011, 40 (7): 3941-3994.

[7] Nechyporchuk O, Belgacem M N, Bras J. Production of cellulose nanofibrils: A review of recent advances [J]. Industrial Crops and Products, 2016, 93: 2-25.

[8] Klemm D, Schumann D, Kramer F, et al. Nanocelluloses as innovative polymers in research and application [M] //Polysaccharides li. Springer, Berlin, Heidelberg, 2016, 205: 49-96.

[9] Taipale T, Osterberg M, Nykanen A, et al. Effect of microfbrillated cellulose and fnes on the drainage of kraft pulp suspension and paper strength [J]. Cellulose, 2010: 17 (5): 1005-1020.

[10] Köse K, Mavlan M, Youngblood J P. Applications and impact of nanocellulose based adsorbents [J]. Cellulose, 2020: 27 (6): 2967-2990.

[11] Jasmani L, Adnan S. Preparation and characterization of nanocrystalline cellulose from Acacia mangium and its reinforcement potential [J]. Carbohydrate Polymers, 2017, 161: 166-171.

[12] Zhao J, Zhang W, Zhang X, et al. Extraction of cellulose nanofbrils from dry softwood pulp using high shear homogenization [J]. Carbohydrate Polymers, 2013, 97 (2): 695-702.

[13] Othman S, Maslinda S. Assessing the motivational factors in malaysian timber industry board (MTIB). A case study approach [D]. Nottingham: University of Nottingham, 2003.

[14] Boufi S, González I, Delgado-Aguilar M, et al. Nanofibrillated cellulose as an additive in papermaking process: A review [J]. Carbohydrate Polymers, 2016, 154: 151-166.

[15] Abe K, Iwamoto S, Yano H. Obtaining cellulose nanofibers with a uniform width of 15nm from wood [J]. Biomacromolecules, 2007, 8 (10): 3276-3278.

[16] Frone A N, Panaitescu D M, Dan D. Some aspects concerning the isolation of cellulose micro- and nano-fibers [J]. UPB Scientific Bulletin, Series B: Chemistry and Materials Science, 2011, 73 (2): 133-152.

[17] Hii C, Gregersen ØW, Chinga-Carrasco G, et al. The effect of MFC on the pressability and paper properties of TMP and GCC based sheets [J]. Nordic Pulp and Paper Research Journal, 2012, 27 (2): 388-396.

[18] Lavoine N, Desloges I, Khelifi B, et al. Impact of different coating processes of microfibrillated cellulose on the mechanical and barrier properties of paper [J]. Journal of Materials Science, 2014, 49 (7): 2879-2893.

[19] Syverud K, Stenius P. Strength and barrier properties of MFC films [J]. Cellulose, 2009, 16 (1): 75-85.

[20] Hult E L, Iotti M, Lenes M. Efficient approach to high barrier packaging using microfibrillar cellulose and shellac [J]. Cellulose, 2010, 17 (3): 575-586.

[21] Fukahori S, Ichiura H, Kitaoka T, et al. Photocatalytic decomposition of bisphenol A in water using composite TiO_2-zeolite sheets prepared by a papermaking technique [J]. Environmental Science & Technology, 2003, 37 (5): 1048-1051.

[22] Cowie J, Bilek E M, et al. Market projections of cellulose nanomaterial-enabled products-Part 2: Volume estimates [J]. Tappi Journal, 2014, 13 (6): 57-69.

[23] Ha J, Seo J, Lee S, et al. Efficient surface treatment to improve contact properties of inkjet-printed short-channel organic thin-film transistors [J]. Journal of Nanoscience & Nanotechnology, 2017, 17 (8): 5718-5721.

[24] Yan A, Liu Z, Miao R. Photocatalytic degradation of xylene by nano-TiO_2/β-cyclodextrin coated paper [J]. China Pulp & Paper, 2010, 29 (1): 35-38.

[25] Atik C, Ates S. Mass balance of silica in straw from the perspective of silica reduction in straw pulp [J]. BioResources, 2012, 7 (3): 3274-3282.

[26] Wu W, Jing Y, Zhou X, et al. Preparation and properties of cellulose fiber/silica coreshell magnetic nanocomposites [C] //16th international symposium on wood, fiber and pulping chemistry—proceedings, ISWFPC, Tiajin. 2011, 1277-1282.

[27] Gan P G, Sam S T, Abdullah M, et al. Thermal properties of nanocellulose - reinforced composites: A review [J]. Journal of Applied Polymer Science, 2020, 137 (11): 48544.

[28] Mondal S. Review on nanocellulose polymer nanocomposites [J]. Polym Plast Technol Eng, 2018, 57 (13): 1377-1391.

[29] Trappe V, Günzel S, Jaunich M. Correlation between crack propagation rate and cure process of epoxy resins [J]. Polymer Testing, 2012, 31 (5): 654-659.

[30] Lanna A, Suklueng M, Kasagepongsan C, et al. Performance of novel engineered materials from epoxy resin with modified epoxidized natural rubber and nanocellulose or nanosilica [J]. Advances in Polymer Technology, 2020, 2020 (3): 1-11.

[31] Nissilä T, Hietala M, Oksman K. A method for preparing epoxycellulose nanofber composites with an oriented structure [J]. Composites Part A: Applied Science and Manufacturing, 2019, 125: 105515.

[32] Gan L, Liao J, Lin N, et al. Focus on gradientwise control of the surface acetylation of cellulose nanocrystals to optimize mechanical reinforcement for hydrophobic polyester-based nanocomposites [J]. ACS Omega, 2017, 2 (8): 4725-4736.

[33] Sharma A, Thakur M, Bhattacharya M, et al. Commercial application of cellulose nano-composites: A review [J]. Biotechnology Reports, 2019, 21: e00316.

[34] Yousefi H, Faezipour M, Hedjazi S, et al. Comparative study of paper and nanopaper properties prepared from bacterial cellulose nanofibers and fibers/ground cellulose nanofibers of canola straw [J]. Industrial Crops and Products, 2013, 43: 732-737.

[35] Razaq A, Nyholm L, Sajodin M, et al. A paper-based energystorage devices comprising carbon fibre-reinforced polypyrrolecladophora nanocellulose composite electrodes [J]. Advanced Energy Materials, 2012, 2: 445-454.

[36] Jackson J K, Letchford K, Wasserman B Z, et al. The use of nanocrystalline cellulose for the binding and controlled release of drugs [J]. International Journal of Nanomedicine, 2011, 6: 321-330.

[37] Ingole V H, Vuherer T, Maver U, et al. Mechanical properties and cytotoxicity of differently structured nanocellulose-hydroxyapatite based composites for bone regeneration application [J]. Nanomaterials, 2019, 10 (1): 25.

[38] Papadopoulos A N. Chemical modifcation of solid wood and wood raw materials for composites production with linear chain carboxylic acid anhydrides: A brief review [J]. BioResources, 2010, 5 (1): 499-506.

[39] Reinprecht L, Iždinský J, Vidholdová Z. Biological resistance and application properties of particleboards containing nano-zinc oxide [J]. Advances in Materials Science and Engineering, 2018, 2018 (1): 1-9.

[40] Nosal E, Reinprecht L. Anti-bacterial and anti-mold efciency of silver nanoparticles present in melamine-laminated particleboard surfaces [J]. BioResources, 2019, 14 (2): 3914-3924.

[41] Gao W, Du G. Physico-mechanical properties of plywood bonded by nano cupric oxide (CuO) modifed pf resins against subterranean termites [J]. Maderas-Ciencia y Tecnologia, 2015, 17 (1): 129-138.

[42] Abd Norani K, Hashim R, Sulaiman O, et al. Biodegradation behaviour of particleboard bonded with modifed PVOH/oil palm starch and nano silicon dioxide [J]. Iran J Energy Environ, 2017, 8 (4): 269-273.

[43] Muñoz F, Moya R. Effect of nanoclay-treated UF resin on the physical and mechanical properties of plywood manufactured with wood from tropical fast growth plantations [J]. Maderas-Ciencia y Tecnologia, 2018, 20 (1): 11-24.

[44] Kawalerczyk J, Dziurka D, Mirski R, et al. Properties of plywood produced with urea-formaldehyde adhesive modified with nanocellulose and microcellulose [J]. Drvna Industrija, 2020, 71 (1): 61-67.

[45] Fengel D, Wegener G. Wood: chemistry, ultrastructure, reactions [M]. Berlin: Springer-Verlag, 1984.

[46] Sandberg D. Additives in wood products: today and future development. In: Environmental impacts of traditional and innovative forest-based bioproducts [M]. London: Springer, 2016, 105-172.

[47] Hincapié I, Künniger T, Hischier R, et al. Nanoparticles in facade coatings: A survey of industrial experts on functional and environmental benefts and challenges [J]. Journal of Nanoparticle Research, 2015, 17 (7): 287.

[48] Li J, Wu Z, Bao Y, et al. Wet chemical synthesis of ZnO nanocoating on the surface of bamboo timber with improved mould-resistance [J]. Journal of Saudi Chemical Society, 2017, 21 (8): 920-928.

[49] Cheng L, Ren S, Lu X. Application of eco-friendly waterborne polyurethane composite coating incorporated with nano cellulose crystalline and silver nano particles on wood antibacterial

board [J] . Polymers (Basel) , 2020, 12 (2) : 407.

[50] Iždinský J, Reinprecht L, Nosál E. Antibacterial efciency of silver and zinc-oxide nanoparticles in acrylate coating for surface treatment of wooden composites [J] . Wood Research, 2018, 63 (3) : 365-372.

[51] Papadopoulos A N, Kyzas G Z. Nanotechnology and wood science [J] . Interface Science and Technology, 2019, 30: 199-216.

[52] Wu Y, Wu X, Yang F, et al. Preparation and characterization of waterborne UV lacquer product modifed by zinc oxide with fower shape [J] . Polymers (Basel) , 2020, 12 (3) : 668.

[53] Moya R, Rodr í guez-Z ú ñiga A, Vega-Baudrit J, et al. Efects of adding TiO_2 nanoparticles to a water-based varnish for wood applied to nine tropical woods of Costa Rica exposed to natural and accelerated weathering [J] . Journal of Coatings Technology and Research, 2017, 14 (1) : 141-152.

[54] Gao L, Lu Y, Li J, et al. Superhydrophobic conductive wood with oil repellency obtained by coating with silver nanoparticles modifed by fuoroalkyl silane [J] . Holzforschung, 2016, 70 (1) : 63-68.

[55] Li J, Sun Q, Yao Q, et al. Fabrication of robust superhydrophobic bamboo based on ZnO nanosheet networks with improved water-, UV-, and fire-resistant properties [J] . Journal of Nanomaterials, 2015, 2015: 1-19.

[56] Papadopoulos A N, Taghiyari H R. Innovative wood surface treatments based on nanotechnology [J] . Coatings, 2019, 9 (12) : 866.

[57] Kong L, Xu D, He Z, et al. Nanocellulose-reinforced polyurethane for waterborne wood coating [J] . Molecules, 2019, 24 (17) : 3151.

[58] Meng L, Qiu H, Wang D, et al. Castor-oil-based waterborne acrylate/SiO_2 hybrid coatings prepared via sol-gel and thiol-ene reactions [J] . Progress in Organic Coatings, 2020, 140: 105492.

[59] Teacă CA, Roşu D, Bodîrlău R, et al. Structural changes in wood under artifcial UV light irradiation determined by FTIR spectroscopy and color measurements-a brief review [J] .BioResources, 2013, 8 (1) : 1478-1507.

[60] Andrady A L, Hamid H, Torikai A. Efects of solar UV and climate change on materials [J] . Photochemical & Photobiological Sciences, 2011, 10 (2) : 292-300.

[61] Wallenhorst L, Gurău L, Gellerich A, et al. UV-blocking properties of Zn/ZnO coatings on wood deposited by cold plasma spraying at atmospheric pressure [J] . Applied Surface Science, 2017, 434 (4) : 1183-1192.

[62] Zheng R, Tshabalala M A, Li Q, et al. Weathering performance of wood coated with a combination of alkoxysilanes and rutile TiO_2 heirarchical nanostructures [J] . BioResources, 2015, 10 (4) : 7053-7064.

[63] Deraman A F, Chandren S. Fire-retardancy of wood coated by titania nanoparticles. In: AIP conference proceedings [C] . London: AIP Publishing LLC, 2019, 2155 (1) : 20022.

[64] Yao X, Du C, Hua Y, et al. Flame-retardant and smoke suppression properties of nano MgAl-LDH coating on bamboo prepared by an in situ reaction [J] . Journal of Nanomaterials, 2019, 2019: 9067510.

[65] Wang X, Kalali A, Xing B W, et al. CO_2 induced synthesis of Zn-Al layered double hydroxide

nanostructures towards efficiently reducing fire hazards of polymeric materials [J]. Advances in Nano Research, 2018, 3: 12-17.

[66] Blanchette R A, Zabel R A, Morrell J J. Wood microbiology: Decay and its prevention [J]. Mycologia, 1992, 85 (5): 874.

[67] Sanders F. Reregistration eligibility decision for chromated arsenicals (List A Case No. 0132) [R]. EPA 739-R-08-00. United States Environmental Protection Agency, Washington, DC, 2008.

[68] Yang L, Nyalwidhe J O, Guo S, et al. Targeted identification of metastasis-associated cell-surface sialoglycoproteins in prostate cancer [J]. Molecular & Cellular Proteomics, 2011, 10 (6): M110. 007294.

[69] Filpo G D, Palermo A M, Rachiele F, et al. Preventing fungal growth in wood by titanium dioxide nanoparticles [J]. International Biodeterioration & Biodegradation, 2013, 85: 217-222.

[70] Margulis-Goshen K, Magdassi S. Nanotechnology: An advanced approach to the development of potent insecticides. In: Advanced technologies for managing insect pests [M]. Berlin: Springer, 295-314.

[71] Nabi-Meibodi M, Navidi B, Navidi N, et al. Optimized double emulsion-solvent evaporation process for production of solid lipid nanoparticles containing baclofene as a lipid insoluble drug [J]. Journal of Drug Delivery Science & Technology, 2013, 23 (3): 225-230.

[72] Collin J P, Durot S, Keller M, et al. Synthesis of rotaxanes containing Bi-and tridentate coordination sites in the axis [J]. Chemistry-A European Journal, 2011, 17 (3): 947-957.

[73] Salma U, Ning C, Richter D L, et al. Amphiphilic core/shell nanoparticles to reduce biocide leaching from treated wood, 1-leaching and biological efficacy [J]. Macromolecular Materials & Engineering, 2010, 295 (5): 442-450.

[74] Can A, Sivrikaya H, Hazer B. Fungal inhibition and chemical characterization of wood treated with novel polystyrene-soybean oil copolymer containing silver nanoparticles [J]. International Biodeterioration & Biodegradation, 2018, 133: 210-215.

[75] Okyay T O, Bala R K, Nguyen H N, et al. Antibacterial properties and mechanisms of toxicity of sono-chemically grown ZnO nanorods [J]. RSC Advances, 2015, 5 (4): 2568-2575.

[76] Lykidis C, Bak M, Mantanis G, et al. Biological resistance of pine wood treated with nano-sized zinc oxide and zinc borate against brown-rot fungi [J]. European Journal of Wood and Wood Products, 2016, 74 (6): 909-911.

[77] Oliva R, Salvini A, Giulio G D, et al. TiO_2-oligoaldaramide nanocomposites as efficient core-shell systems for wood preservation [J]. Journal of Applied Polymer Science, 2015, 132: 23.

[78] Kartal S N, Iii F G, Clausen C A. Do the unique properties of nanometals affect leachability or efficacy against fungi and termites? [J]. International Biodeterioration & Biodegradation, 2009, 63 (4): 490-495.

[79] Cristea M V, Riedl B, Blanchet P. Effect of addition of nanosized UV absorbers on the physico-mechanical and thermal properties of an exterior waterborne stain for wood [J]. Progress in Organic Coatings, 2011, 72 (4): 755-762.

[80] Mantanis G, Terzi E, Kartal S N, et al. Evaluation of mold, decay and termite resistance of pine wood treated with zinc-and copper-based nanocompounds [J]. International Biodeterioration & Biodegradation, 2014, 90: 140-144.

[81] Terzi E, Kse C, Kartal S N. Mold resistance of nano and micronized particles-treated wood after artificial weathering process [J]. Journal of Anatolian Environmental and Animal Sciences, 2019, 4 (4): 643-646.

[82] Francés B A B, Bañón N, Martínez de MorentínL, et al. Treatment of natural wood veneers with nano-oxides to improve their free behaviour [J]. MS&E, 2014, 64 (1): 12021.

[83] Serrano E, Rus G, Garcia-Martinez J. Nanotechnology for sustainable energy [J]. Renewable and Sustainable Energy Reviews, 2009, 13 (9): 2373-2384.

[84] Du X, Zhang Z, Liu W, et al. Nanocellulose-based conductive materials and their emerging applications in energy devices: A review [J]. Nano Energy, 2017, 35: 299-320.

[85] Hut I, Pelemis S, Mirjanic D. Nanomaterials and nanotechnology for sustainable energy [J]. Zastita Materijala, 2015, 56 (3): 329-334.

[86] Klochko N P, Barbash V A, Klepikova K S, et al. Use of biomass for a development of nanocellulose-based biodegradable fexible thin flm thermoelectric material [J]. Solar Energy, 2020, 201: 21-27.

[87] Tian X, Yang C, Si L, et al. Flexible self-assembled membrane electrodes based on eco-friendly bamboo fbers for supercapacitors [J]. Journal of Materials Science: Materials in Electronics, 2017, 28 (20): 15338-15344.

[88] Razaq A, Nyholm L, Sjdin M, et al. Paper-based energy-storage devices comprising carbon fiber-reinforced polypyrrole-cladophora nanocellulose composite electrodes [J]. Advanced Energy Materials, 2012, 2 (4): 445-454.

[89] Wang Z, Tammela P, Zhang P, et al. Freestanding nanocellulose-composite fbre reinforced 3D polypyrrole electrodes for energy storage applications [J]. Nanoscale, 2014, 6 (21): 13068-13075.

[90] Janek J, Zeier W G. A solid future for battery development [J]. Nature Energy, 2016, 1 (9): 16141.

[91] Qin H, Fu K, Zhang Y, et al. Flexible nanocellulose enhanced Li^+ conducting membrane for solid polymer electrolyte [J]. Energy Storage Materials, 2020, 28: 293-299.

[92] Nair J R, Bella F, Angulakshmi N, et al. Nanocellulose-laden composite polymer electrolytes for high performing lithium-sulphur batteries [J]. Energy Storage Materials, 2016, 3: 69-76.

[93] Zhang Y, Zhong Y, Bian W, et al. Robust proton exchange membrane for vanadium redox flow batteries reinforced by silica-encapsulated nanocellulose [J]. International Journal of Hydrogen Energy, 2020, 45 (16): 9803-9810.

[94] Pérez-Madrigal M M, Edo M G, Alemán C. Powering the future: Application of cellulose-based materials for supercapacitors [J]. Green Chemistry, 2016, 18 (22): 5930-5956.

[95] Him N R N, Apau C, Azmi N S. Efect of temperature and pH on deinking of laser-jet waste paper using commercial lipase and esterase [J]. J Liife Sci Technol, 2016, 4 (2): 79-84.

[96] Gui Z, Zhu H, Gillette E, et al. Natural cellulose fiber as substrate for supercapacitor [J]. ACS Nano, 2013, 7 (7): 6037-6046.

[97] Khosrozadeh A, Ali Darabi M, Xing M, et al. Flexible cellulose-based flms of polyaniline-graphene-silver nanowire for high-performance supercapacitors [J]. Journal of Nanotechnology in Engineering and Medicine, 2015, 6: 1.

[98] Ma L, Liu R, Niu H, et al. Freestanding conductive flm based on polypyrrole/bacterial cellu-

lose/graphene paper for fexible supercapacitor: large areal mass exhibits excellent areal capacitance [J] . Electrochimica Acta, 2016, 222: 429-437.

[99] Li S, Lee P S. Development and applications of transparent conductive nanocellulose paper [J] . Science & Technology of Advanced Materials, 2017, 18 (1) : 620-633.

[100] Okahisa Y, Yoshida A, Miyaguchi S, et al. Optically transparent wood-cellulose nanocomposite as a base substrate for flexible organic light-emitting diode displays [J] . Composites Science & Technology, 2009, 69 (11-12) : 1958-1961.

[101] Dungchai W, Chailapakul O, Henry C S. Electrochemical detection for paper-based microfuidics [J] . Analytical Chemistry, 2009, 81 (14) : 5821-5826.

[102] Kim H J, Park S, Kim S H, et al. Biocompatible cellulose nanocrystals as supports to immobilize lipase [J] . Journal of Molecular Catalysis B-Enzymatic, 2015, 122: 170-178.

[103] Edwards J V, Prevost N T, French A D, et al. Kinetic and structural analysis of fluorescent peptides on cotton cellulose nanocrystals as elastase sensors [J] . Carbohydrate Polymers, 2015, 116: 278-285.

[104] Incani V, Danumah C, Boluk Y. Nanocomposites of nanocrystalline cellulose for enzyme immobilization [J] . Cellulose, 2013, 20 (1) : 191-200.

[105] Sabo R, Yermakov A, Law C T, et al. Nanocellulose-enabled electronics, energy harvesting devices, smart materials and sensors: a review [J] . Journal of Renewable Materials, 2016, 4 (5) : 297-312.

[106] Abd-Manan F A, Hong W W, Abdullah J, et al. Nanocrystalline cellulose decorated quantum dots based tyrosinase biosensor for phenol determination [J] . Materials Science and Engineering: C, 2019, 99: 37-46.

[107] Moradi M, Tajik H, Almasi H, et al. A novel pH-sensing indicator based on bacterial cellulose nanofbers and black carrot anthocyanins for monitoring fish freshness [J] . Carbohydrate Polymers, 2019, 222: 115030.

[108] Faham S, Golmohammadi H, Ghavami R, et al. A nanocellulose-based colorimetric assay kit for smartphone sensing of iron and iron-chelating deferoxamine drug in biofluids [J] . Analytica Chimica Acta, 2019, 1087: 104-112.

[109] Burrs S L, Bhargava M, Sidhu R, et al. A paper based graphene-nanocaulifower hybrid composite for point of care biosensing [J] . Biosensors & Bioelectronics, 2016, 85: 479-487.

[110] Ortolani T S, Pereira T S, Assumpo M, et al. Electrochemical sensing of purines guanine and adenine using single-walled carbon nanohorns and nanocellulose [J] . Electrochimica Acta, 2019, 298: 893-900.

[111] Shalauddin M, Akhter S, Basirun W J, et al. Hybrid nanocellulose/f-MWCNTs nanocomposite for the electrochemical sensing of diclofenac sodium in pharmaceutical drugs and biological fluids [J] . Electrochimica Acta, 2019, 304: 323-333.

4

木质成分衍生新型功能材料

在各种生物质资源中，木质纤维素生物质，如树木、草和农业原料代表一种天然可再生化学原料，可用于生产高附加值的产品。据估计，全世界木质纤维素生物质的年产量约为 1.3×10^{10}t，其中中国棉花产量占世界棉花总产量的 25%，并可生产 1.26 亿吨的小麦秸秆，毫无疑问，木质纤维素生物质将在我们未来的生活中发挥越来越重要的作用。树木是木质纤维素生物质中最具有代表性的资源，被认为是一种环境友好、可再生且可持续的材料。此外，树木还为我们提供氧气，并通过光合作用从大气中清除二氧化碳。树木的不同部分，包括树干、叶子、花、种子和根，都已经在我们的日常生活中都得到了广泛的应用，树干（占树木的 60%）主要由树皮、形成层和木质部组成，是树木支撑、运输水、矿物质和营养物质，以及保护树木免受疾病、昆虫和恶劣环境的关键部分。

木材被广泛应用于我们的生活中，可以作为建筑和家具的制造材料、燃料的来源，还可用于造纸以及许多其他领域，在 2017 年，木材年工业产量大约为 38 亿立方米。受木材固有化学成分和结构的启发，基于木材的先进材料在高科技领域得到了蓬勃发展，例如储能、柔性电子、生物医学和水净化等。同时，木材是一种天然的复合材料，主要由纤维素、木质素和半纤维素组成，具有多层次的分级结构、排列整齐的通道和许多微/纳米级的孔隙，这些生物聚合物具有多个官能团，使其适用于化学修饰和重组。

4.1 木质纤维素生物质

在木质纤维素资源中，木质素、半纤维素和纤维素的组成因不同类型的植物资源而异。棉可能包含高达98%的纤维素；针叶木可能包含大约90%的纤维素。基本上，与其他类型的生物质相比，软木的木质素含量更高（25%～35%），此外，硬木中的半纤维素比例为25%～35%，而软木中的比例为20%～30%。国内外大量的文献综述都详细地介绍了木质纤维素生物质的结构，例如，有学者[1]详细地阐述了木质纤维素生物质对高价值产品的级联利用；J. Vanneste 等人[2]和 R. J. Moon 等人[3]介绍了纤维素结构；还有学者[4]介绍了硬木和软木的主要半纤维素单体糖以及主要的半纤维素结构。此外，研究人员[5-7]描述了木质素中发现的结构单元和化学键；J. Zakzeski 等人[8]阐述了硬木和软木的代表性结构；A. J. Ragauskas 等人[9]报道了在不同类型的木质纤维素生物质资源中的主要单木质酚。

4.1.1 纤维素组成与结构

纤维素是一种线性聚合物，由几百至上万个 β-(1→4) 连接的葡萄糖重复单元，以及多个分子内（相同链之间）和分子间氢键（相邻链之间）组成[2,10]。链间和链内氢键网络使纤维素成为稳定的聚合物，并赋予纤维素纤维较高的轴向刚度。纤维素链排列在高度有序的结晶区域以及非晶或无序区域，如图 4-1 所示[3]，有序和无序区域的共存使得纤维素不溶于水和普通有机溶剂。

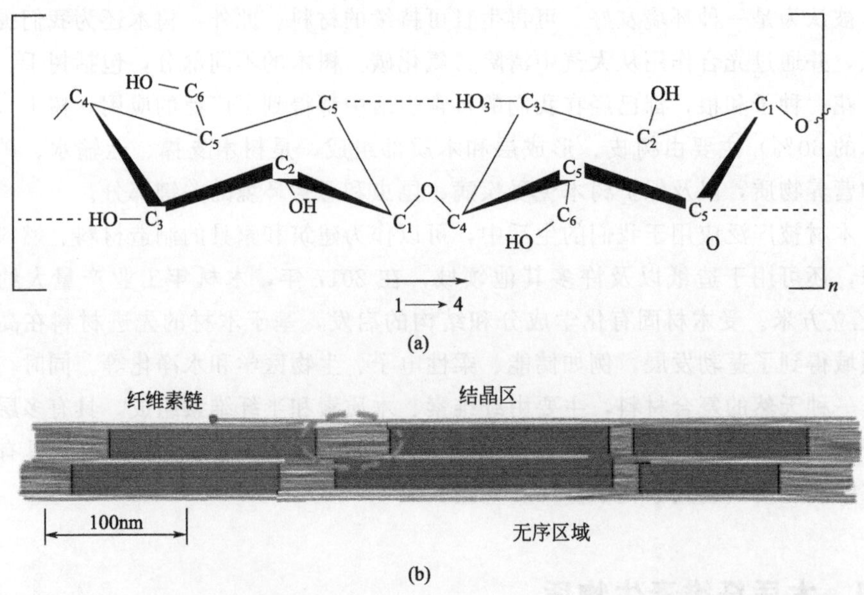

图 4-1 单个纤维素链的分子结构［n 为聚合度（DP）］(a) 和具有结晶和非晶态结构的理想化纤维素微纤丝 (b) 的示意图[3]

4.1.2 半纤维素组成与结构

半纤维素是介于木质素与纤维素之间的异质多糖，具有低强度的随机非晶结构。与纤维素不同，半纤维素由较短的链组成，每个聚合物含 500～3000 个糖单元[4]。结构和聚合物性质取决于来源（即植物种类）、工业加工以及分离和纯化程序。通常，根据细胞壁的结构，半纤维素组成可进一步分为四种类型：木聚糖、甘露聚糖、混合连接的 *β*-葡聚糖和木聚糖[11]，其中，木聚糖是主要成分［图 4-2(a)］[10]，通常由 *β*-(1→4) 连接的木糖骨架链组成，在骨架链上含有不同的糖单元，如阿拉伯糖侧链残基、*O*-乙酰基或 4-*O*-甲基-葡萄糖醛酸残基。学者

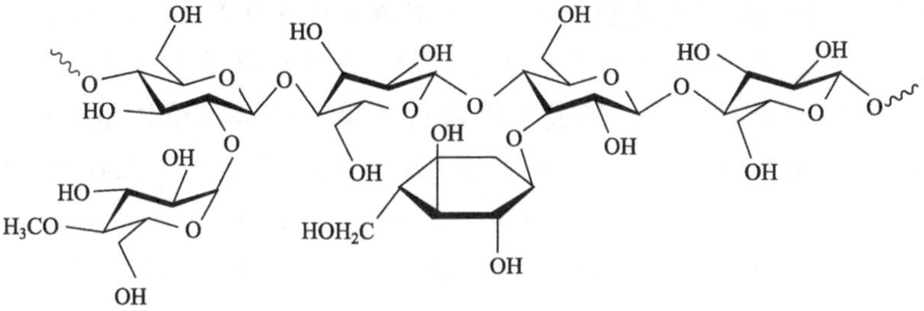

(a)

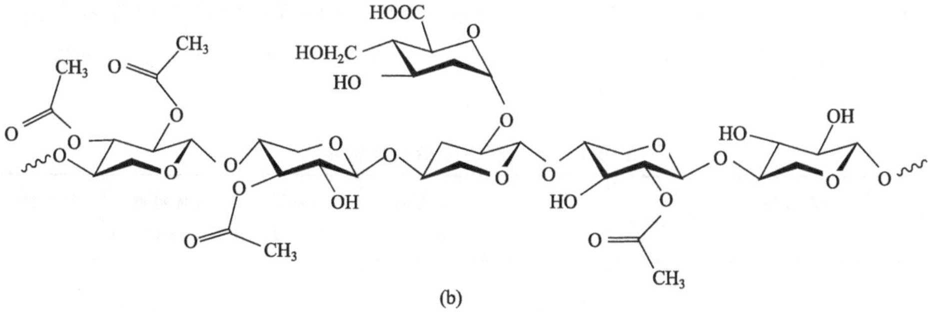

(b)

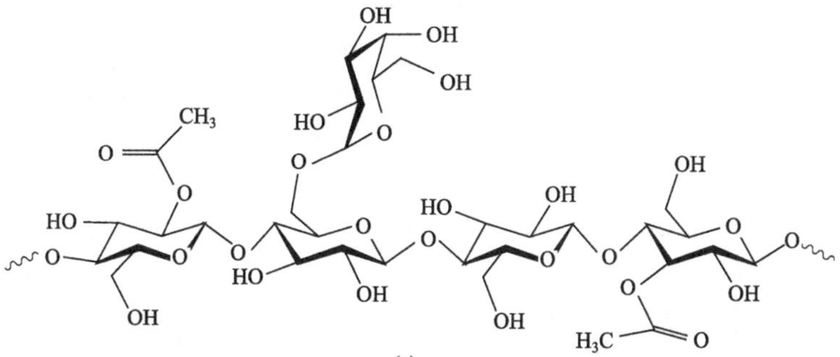

(c)

图 4-2 典型的半纤维素：木聚糖[10] (a)；硬木的典型半纤维素：4-*O*-甲基葡萄糖醛酸聚糖[4] (b)；软木的典型半纤维素：*O*-乙酰-半乳糖葡甘聚糖[4] (c)

们发现，农业废料，例如麦秸、稻壳和黑麦麸，具有较简单的结构，含有阿拉伯糖取代基结构。硬木（例如杨木、桦木）中的半纤维素主要由 4-*O*-甲基葡萄糖醛酸聚糖组成。在硬木半纤维素的骨架中，大约 10%的木糖被 4-*O*-甲基葡萄糖醛酸取代［图 4-2(b)］[4]。软木半纤维素的主要成分是 *O*-乙酰基-半乳糖葡甘聚糖，主链由甘露糖单元和葡萄糖单元随机组成［图 4-2(c)］[4]。与软木相比，硬木半纤维素除了含有甲基-葡萄糖醛酸残基外，还含有乙酰基取代基。此外，软木中的木聚糖携带非乙酰基取代基。

4.1.3 木质素组成与结构

木质素是一种交联的外消旋大分子，相对疏水且具有芳香性，它填充了半纤维素结构之间的空间，覆盖了纤维素骨架，形成了木质纤维素基质[12]。它是三维聚合物，其中没有任何糖，形成木质素重复单元的基本单体是对香豆酚醇（H-单元）、松柏油醇（G-单元）和芥子醇（S-单元），它们通过几种类型的 C-C（即 β-1′、β-5′、β-β′、5-5′）和 C-O（即 β-*O*-4′、α-*O*-4′、4-*O*-5′）键相连接[5,10]。木质素聚合物的木质素单体组成取决于细胞类型、环境条件和植物种类。例如，草包含所有三个亚基，即 H/G/S-木质素，比例为（5～33）∶（33～80）∶（20～54）。硬木中的 G-和 S-木质素比例大致相等，而软木中含有丰富的 G-木质素，其含量为 95%～100%[13]。图 4-3 描述了木质素具有各种键和模型化合物[6]，表 4-1 显示了它们的结构和含量[7]。

表 4-1　木质素中的结构和含量[7]

项目	β-芳基醚（β-*O*-4′）	二芳基丙烷	联二苯（5-5′）	二芳醚（4-*O*-5′）	苯甲基磺酰（β-5′）	安体舒通（β-1′/α-*O*-4′）	松脂醇（β-β′）
结构	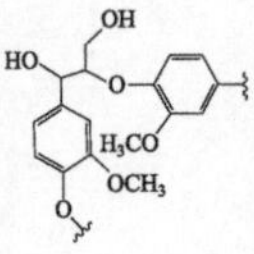	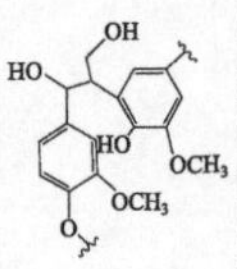	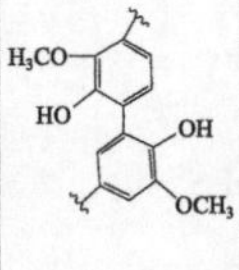	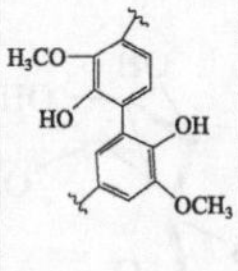	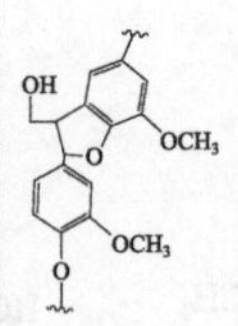	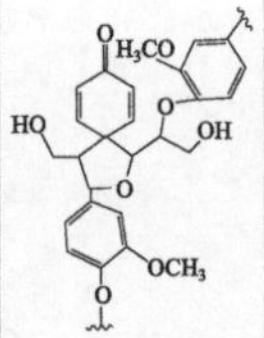	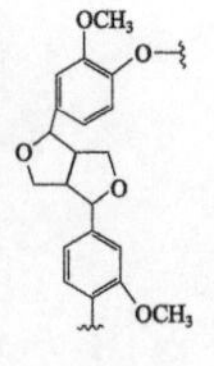
硬木木材中含量/%	60	1～7	3～9	6～9	3～11	3～5	3～12
软木木材中含量/%	45～50	1～9	20～25	4～7	9～12	2	2～6

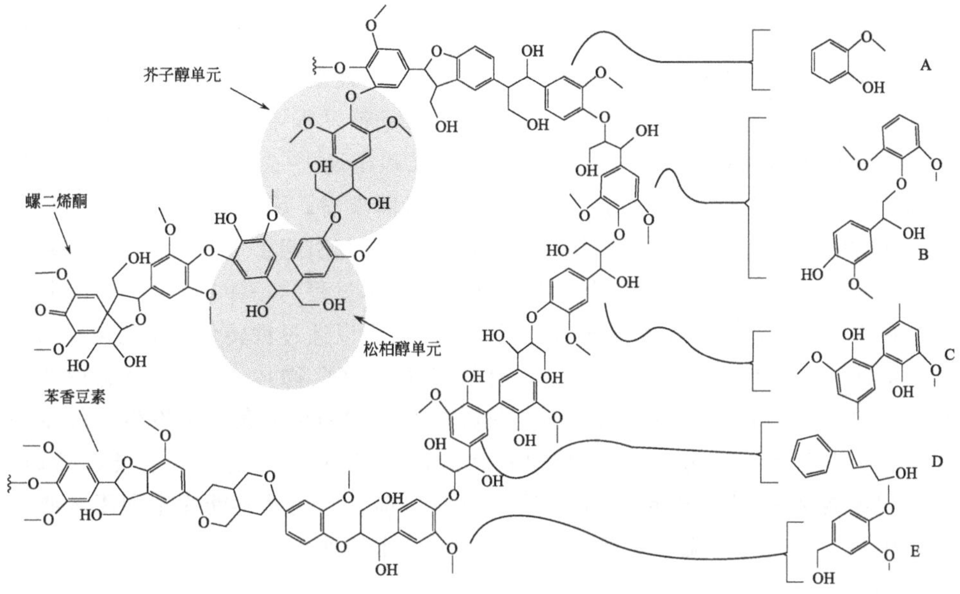

图 4-3 木质素具有各种键和模型化合物的示意图[6]

4.2 木质纤维素衍生功能材料

在各种生物质资源中，木质纤维素生物质是可用于生产高附加值产品的天然可再生化学原料。木质纤维素生物质可以进一步细分为不同的类型，例如林业类（桦木、桉树、云杉、橡树、松树、杨树）、林业废弃物（乔木和灌木的残渣、锯末）、能源作物（高粱、桔梗、洋麻、玉米、甘蔗）、农业残留物（玉米秸秆、麦秸）、藻类、工业和家庭废物（废纸、水果或蔬菜废物）以及任何其他动物（牛、猪、家禽）粪便。这些木质纤维素生物质资源在纤维素、半纤维素和木质素的含量、组成和结构上有很大差异，具有完全不同的性质[1]。

木质纤维素生物质可用于获得运输所需的电能/热能或生物燃料，或可用作生产化学品的原料，对它们的特定应用持续并迅速增长。简而言之，它们的利用可以分为热化学、生化和化学过程[14]。在热化学过程中，木质纤维素生物质直接用于燃烧、热解、气化和水热技术，其中，燃烧是将生物质转化为电能和热能的最简单的技术，然而，该过程在 800～1000℃的温度下进行，NO_x 和 SO_x 的排放量很高，因此会造成环境污染，并且生物质燃烧的电效率仅为 20%～35%[15]；热解和水热技术被用来将木质纤维素生物质转化为生物油、生物炭和天然气，通常需要大量的能量来裂解。H_2、CO、CO_2 和 CH_4 是木质纤维素生物质气化产生的主要气体，经过进一步纯化和重整后，合成气可以进一步转化为用于发电和供热的燃料或化学药品。尽管生物质气化是一种低成本和低排放的技术，但是气化过程中产生的焦油量高并且燃料灵活性低，给其应用带来了技术问题。另外，重整过程也需要能量，例如在焦油重整过程中，需要高于 1100℃的温度，并且在蒸汽重整过程中还需要大量的水和能量[16]。简而言之，热化学过程对木质纤维素生物质的利用效率低和/或能量需求高，因此，在最近的十年中，以替代方式高价值利用木质纤维素生物质的相关研究引起了学者们的极大兴趣。

学者们已经提出了将生物化学过程作为热化学过程的一种替代方法，在热化学过程中，木质纤维素生物质被分解成糖，然后可以通过糖转化为生物燃料（气体或液体燃料）和生物产品（醇、有机酸或碳氢化合物）。其中，最流行的生化技术是厌氧消化和发酵。这些转化过程是在温和的反应条件下发生，能量利用率低，并且预处理可增强水解作用而无需分离即可进行进一步转化。然而，该过程需要 2～4 周的长反应时间[17]，并且目前，它仍然不能完全利用木质纤维素生物质。此外，微生物培养的高成本、低水解速率和低产率进一步阻碍了其应用。

实际上，木质纤维素生物质由纤维素、木质素和半纤维素组成，每种成分都有其自身的特性。例如，纤维素和半纤维素是糖类化合物组分，并且是用于生物能源生产的有价值的原料，而木质素是由丙烯基苯酚单元组成的芳族聚合物，因此有望获得合成的芳族聚合物。为了最大限度地利用每种成分的特性，木质纤维素生物质的级联利用应该是最好的选择，首先对木质纤维素生物质进行预处理，目的是将其分离成不同的成分，然后根据其特性进一步单独使用，以生产高价值的产品。与热化学和生物化学工艺相比，该工艺能有效、完整地利用木质纤维素生物质，并且生产的产品更加多样化。

为了实现级联利用，将木质纤维素生物质分离为不同组分是关键步骤[18,19]。但是，木质素的复杂结构构成了最顽固的成分，这使得它成为实现经济分离的最大障碍。为了提高分离性能，学者们已经提出了木质纤维素生物质的预处理，并且突出了其重要作用。国内外已经报道了各种方法，并且将其简要地分为两个分支：常规和非常规预处理。典型的常规预处理包括机械处理（研磨、切碎）、化学处理（碱、酸、H_2O_2）、有机溶剂处理（甲醇、乙醇、甲酸、乙酸）、生物（真菌）和热（水热、蒸汽爆炸等）工艺。非常规预处理可以涉及超声方法或超临界流体处理、微波辐射、电场和/或磁场处理以及离子液体（IL）处理[12]。近年来，科研工作者们在非常规预处理领域已经进行了很多工作，他们以更加环保的方式使用生物质，消除浪费并避免使用有毒有害物质，这进一步推动了新技术的发展。

预处理后，可以进行分离步骤。然而分离的技术发展非常有限，目前，常规方法，如萃取、再生、离心、过滤、蒸馏和干燥已被广泛使用。分离后，实验人员已经进行了大量的研究工作，根据其不同成分的特性从单个成分中获得了生化物质、生物燃料和其他高价值产品。例如，已经研究了利用纤维素和半纤维素生产纸浆、生物燃料、碳材料、纳米纤维材料、低分子量化学品（例如甲烷、乙醇、甲酸和乙酸）和 5-羟甲基糠醛。此外，木质素具有转化为可再生替代品和合成芳族聚合物（例如聚酰亚胺、热塑性塑料、酚醛树脂和复合膜）以及沼气、苯酚、糠醛、乙醇、琥珀酸和乙酰丙酸的潜力。每年基于纤维素应用的出版物数量约为 8000 种，木质素应用的出版物数量超过 3000 种[20]。

4.3 绿色高效的预处理技术

为了实现有效的分离，通常需要对木质纤维素生物质进行预处理以改变单个组分的含量或其结构。常规的预处理方法已被广泛使用，但是面临着不同的挑战，例如，机械（或物理）预处理方法虽然可以控制粒径并使其易于材料处理，但是高能量的利用使其对于大规模实施而言过于昂贵。而一种替代方法是基于酸、碱或氧化的化学方法，基于酸的预处理主要是将半纤维素转化为单糖，而基于碱和氧化的方法则是去除木质素和半纤维素。与酸预处理相比，碱预处理方法可以减少糖的降解，而氧化法则可以获得较少的副产物。但是，所有这些化学药品都是具有腐蚀性且有毒的，成本还高。在有机溶剂工艺中，内部木质素和半纤维素键被分解，因此增加了比表面积，然而有机溶剂具有低沸点、易燃、易挥发和高成本等缺点。在生物水解中，在没有催化剂的情况下产率相对较低且持续时间较长。水热法是利用液相或气相中的水在没有任何催化剂和腐蚀问题的情况下对木质纤维素生物质进行预处理的一种方法。蒸汽爆炸是一种比较合适的选择，其中涉及用过热蒸汽加热木质纤维素，然后突然减压。然而，高处理温度会导致高耗水量以及用于水热和蒸汽爆炸过程的大量能量输入。

为了应对常规预处理方法的挑战，学者们已经提出了许多非常规处理技术，例如超声波辐射、超临界流体预处理、微波辐射、电场和/或磁场预处理、水力空化（HC）和 ILs 预处理。国内外对于这些新兴的非常规预处理技术的最新研究工作已经进行了大量报道[1]。

4.3.1 微波辐射

近 30 年来，对不同木质纤维素生物质资源进行了微波辐射预处理研究。与常规加热相比，微波辐射具有显著的优点：①传热快，反应时间短；②选择性和均匀的体积加热性能；③操作方便，能源利用效率高；④副产物的降解率低或生成率低[21]。此外，微波水热预处理去除了更多的半纤维素乙酰基。对于微波辐射，其主要缺点是成分、几何形状和尺寸会影响微波功率的分布，可能导致局部过热现象[22]。根据研究文章的分析，微波辅助预处理技术可分为微波-水、微波-酸、微波-碱、微波-深共晶溶剂（DESs）和微波-ILs五大类。微波-水预处理后，纤维素、半纤维素和木质素的含量略有增加或减少，木质素的去除取决于原料和预处理条件。学者们已证明微波-水预处理技术只能较少溶解其他组分，而不是纤维素、半纤维素和木质素[22]。

用微波-酸预处理，可以除去半纤维素和木质素，并将纤维素留在固体残余物中。经过预处理和分离后，纤维素含量能够达到76.1%。然而有时，这种方法不能大量除去半纤维素和木质素（例如山毛榉木），但是会破坏生物质结构，而结构破坏可以增强进一步的转化[23]。F. Avelino等人[24]基于从椰子中提取木质素的实验系统地研究了酸类型的影响，结果表明，微波-H_2SO_4预处理具有更高的木质素提取率，可以达到56.6%，其次是微波-HCl和微波-CH_3COOH，提取率分别为54.4%和9.2%。CH_3COOH作为一种催化剂，其产生H_3O^+离子的能力较差，产率较低，从而会导致木质素中醚基的质子化。

有学者[25]研究了用NaOH和$Ca(OH)_2$等碱进行微波辅助碱预处理的效果，结果表明，半纤维素和木质素的含量由于它们在溶剂中的溶解性而降低。例如，经过微波-NaOH预处理后，梓木屑中木质素的含量从18.95%下降到17.09%，半纤维素的含量从17.21%下降到15.82%，而纤维素的含量从50.87%上升到55.78%。对于微波-$Ca(OH)_2$预处理，木质素和半纤维素的含量分别降低至16.77%和14.71%，而纤维素的回收率则高达56.28%。微波-$Ca(OH)_2$预处理后，用SEM观察到梓木屑表面的腐蚀更严重，这表明微波-$Ca(OH)_2$预处理技术相比微波-NaOH更有应用前景。

DESs具有ILs和有机溶剂的特性，它们凭借易于制造、廉价且无需纯化的优点，已成为新一代绿色溶剂，并且DESs有脱木素作用。有实验人员用三组分DESs（乳酸/甘油/氯化胆碱）对小麦秸秆进行微波辐射，实现了45%的脱木素作用[26]。由于木质素的部分溶解，因此DESs可以用作木质纤维素预处理的水解介质。选择氯化胆碱（ChCl）与胺、羧酸和醇进行偶联，可以得到三种DESs，结果表明，木聚糖和木质素的溶解度较好，而微晶纤维素（MCC）的溶解度较差。在微波-DESs处理3min并分离后，提取的木质素显示出913的低分子量，由木质素低聚物组成，纯度为96%。该解释基于以下事实：氯离子破坏了分子内的氢键网络，而草酸有助于溶解木质素组分和多糖。另外，发现微波辐射可以最大限度地提高DESs的离子特性，增加DESs的分子极性，并且可以减少处理时间和降低温度[25]。在微波辅助ILs的过程中，可以发现相同的现象，这是另一种绿色溶剂，根据常规加热和微波-ILs 加热的实验结果表明，两种加热源的木质素溶解量实际上是相同的，而在微波辐射下（约 5min）的溶解速率明显快于常规加热 8h 以上[27]。

4.3.2 超临界流体预处理

超临界流体具有良好的特性，例如低黏度、高扩散性、高溶解力和低表面张力，可以增强固体基体内溶质的传质。用于预处理木质纤维素生物质的超临界流体包括超临界 CO_2（SC-CO_2）、亚临界和超临界水（SCW）、超临界 H_2O（SC-H_2O）、超临界乙醇（SC-乙醇）或 SC-CO_2 与共溶剂（如 H_2O、乙醇和 ILs）在超临界条件下的混合物。

近年来，SC-CO_2 引起了人们的关注，因为它是一种具有低临界温度和压力以及低黏度、无毒、具有可回收性且环境友好型的低成本试剂[28]。在预处理过程中，CO_2 分子会渗透到木质纤维素生物质的微孔中，通过 CO_2 的快速释放引起物理变化并破坏结构[29]。同时，CO_2 溶解到木质纤维素生物质中的水中就地形成碳酸，然后作为半纤维素水解的试剂，破坏纤维素、半纤维素和木质素之间的氢键。此外，木质纤维素生物质中的水有助于扩大其微孔，从而在爆炸性释放 CO_2 压力期间使 CO_2 分子能够更深地渗透，而乙醇在预处理过程中仅充当良好的极性溶剂[28]。可以在减压过程中去除 CO_2，以避免进一步的环境和腐蚀问题。在亚临界和超临界或超临界条件下，水的行为与环境条件下的水完全不同，基于以下优点，它被证明是木质纤维素生物质的良好介质[30,31]：①湿生物质可以直接用作原料；②游离态的水可以在不蒸发的情况下以液态形式去除；③可以实现快速的反应速率（即几秒钟）；④低介电常数和高含量的离子产物（即 H^+ 和 OH^-），表现为非极性溶剂，即使没有任何添加剂也可以溶解和降解各种木质纤维素生物质资源。此外，SCW 可作为纤维素、半纤维素和木质素选择性分馏的预处理介质，也可作为直接将木质纤维素生物质水解成糖的反应介质。然而，由于应用所需的高压和高能量，超临界预处理的成本很高。

实验人员使用 SC-CO_2 预处理空果串和蔗渣，结果表明，木质素、半纤维素和纤维素的含量在预处理后只有很小的变化，但是，糖的产量增加了。此外，学者们已经证明 SC-CO_2 和 SC-H_2O 或 SC-乙醇的混合物比 SC-CO_2 具有更强的作用，当使用 SC-CO_2/H_2O/乙醇的共溶剂预处理生物质，例如稻壳、玉米秸秆、甘蔗渣和马尾松木片时，木片的脱木素率可达到 93.1%。H. S. Lv 等人[28]基于玉米秸秆，分别研究了 SC-CO_2/H_2O、SC-CO_2/乙醇和 SC-CO_2/H_2O/乙醇，根据他们的说法，对于 SC-CO_2/H_2O，玉米秸秆的纤维表面会变得多孔并形成可见的裂纹，同时，许多小颗粒会沉积在纤维表面。但是，对于 SC-CO_2/乙醇，无法观察到这种表面沉积，这可能归因于木质素和半纤维素在乙醇中的良好溶解性。对于SC-CO_2/H_2O/乙醇，纤维明显卷曲和折叠，变得松散和粗糙，并且纤维的表面积显著增加。这些结果表明，SC-CO_2/H_2O/乙醇可以破坏玉米秸秆的紧密基质结构，从而使纤维素纤维高度暴露，SC-CO_2/H_2O/乙醇预处理后的纤维素含量达到74%，但是，半纤维素和木质素含量分别仅为9%和6%。此外，SC-CO_2/H_2O/乙醇预处理后的纤维素含量比SC-CO_2/H_2O（38%）和SC-CO_2/乙醇（43%）更加丰富。随后，学者们提出了一种在温和条件下使用SC-CO_2/H_2O_2预处理甘蔗渣的创新方法[32]，发现该方法优于用SC-CO_2、超声辐射或H_2O_2进行的单独预处理，并且SC-CO_2和超声辐射按照先后顺序的结合几乎可以使纤维素和半纤维素的产率提高一倍。据研究表明，在预处理过程中，H_2O_2在碱中分解产生的羟基自由基和超氧阴离子自由基可以氧化和降解木质素，因此用SC-CO_2/H_2O_2进行预处理可以获得较高量的纤维素和半纤维素。

K. H. Kim等人[33]用SCW预处理了杨木和松木，结果表明，在SCW预处理期间，纤维素/半纤维素容易被水解成单体糖，杨木和松木的总产率分别为7.3%和8.2%。此外，他们还在SCW预处理过程中研究了HCl对单体糖产率的影响，并由此发现在HCl含量为0.05%（体积分数）的情况下，杨木和松木的单体糖总产率均提高了约3倍，分别达到23.0%和25.1%。麻栎木经过SCW预处理后，纤维素和半纤维素溶解并部分水解，糖产率达到75%，主要由木糖和葡萄糖低聚物以及少量其他化学物质（例如乙酸或5-HMF）组成。

SC-H_2O已被成功用于从生物质中大规模生产糖、生物化学物质和生物燃料。例如，有学者[34]通过其植物玫瑰（Plantrose）工艺从非食品生物质与SC-H_2O反应衍生的可发酵糖商业生产各种产品；过去十年来，美国生物资源协会开发了基于SC-H_2O的净化和转化技术，以从生物质中生产生物燃料和生化物质；利塞拉控股公司（Licella Holdings）和康福纸浆公司（Canfor Pulp）建造了一座大型生物精炼厂，通过SC-H_2O将木质废料转化为生物原油[35]。这些技术在几秒钟内分解了广泛的非食品生物质，而其他过程则需要几天（例如酶促水解）。此外，有催化剂和无催化剂的SC-H_2O可用于木质纤维素生物质的预处理，并用SC-H_2O对南绿藻、甜菜浆和蒙古栎进行了预处理，结果表明SC-H_2O预处理可以选择性和同时回收纤维素和半纤维素组分，如C_5和C_6糖，并获得了木质素类固体组分。H. Jeong等人[36]以SC-H_2O和SC-H_2O/H_2SO_4（0.05%）作为介质，分别预处理蒙古栎，研究结果称，SC-H_2O预处理的糖产率为27.8%，而SC-H_2O/H_2SO_4预处理的糖产率为49.8%。此外，采用SC-CO_2/SC-H_2O对海桐残留物进行预处理，结果表明，SC-CO_2可作为提高半纤维素和纤维素利用率的预处理方法，且在最佳条件下，通过连续的SC-CO_2/SC-H_2O水解获得了14.1g·L^{-1}还原糖。A. Romero等人[37]用SC-H_2O以及Ru/MCM-48和Ru/C

两种催化剂对甜菜浆进行预处理，制备的 Ru/MCM-48 催化剂表现出比商业 Ru/C 更好的性能，经过 SC-CO_2/Ru/MCM-48 预处理后，己糖醇的产率达到 15%。M. J. Sheikhdavoodi 等人[38]研究了 SC-H_2O/KOH 中甘蔗渣的气化，发现甘蔗渣完全气化，并获得了 75.6mol·kg^{-1}的氢气。

有学者[39]通过超临界乙醇（SC-乙醇）液化法用稻秆生产生物油，结果表明，半纤维素是 SC-乙醇预处理过程中的主要反应化合物，从稻秆中获得的最大生物油值为 55.03%。随后，使用 SC-乙醇/亚临界 CO_2 和亚临界 CO_2/亚临界 H_2O 法用稻草生产生物原油，结果表明，SC-乙醇/亚临界 CO_2 预处理的生物油产率（47.78%）高于亚临界 CO_2/亚临界 H_2O（23.59%）。在 SC-乙醇/亚临界 CO_2 预处理中，SC-乙醇会提供氢，从而促进羟基-烷基化反应；而在亚临界 CO_2/亚临界 H_2O 预处理中，CO_2 会促进羰基反应。用芬顿（Fenton）试剂对高粱蔗渣进行改性，然后在 SC-乙醇中选择性解聚，可以获得最高产率为 75.8% 的酚油。结果表明，Fenton 试剂的改性不仅增加了酚类单体（尤其是对香豆酸乙酯和阿魏酸乙酯）的产率，而且还增强了水解作用。

4.3.3 超声波辐射

超声波辐射是一种新颖的技术，可以减少预处理时间并且可以降低能量利用率。据报道，超声波辐射会导致细胞壁降解，并破坏与木质素、半纤维素和纤维素结合的键[40]。另外，学者们已经证明，超声波辅助化学物质有助于木质纤维素的外表面破坏和内部破坏，其机理主要基于三个步骤：①木质素在超声波的辅助下通过化学物质快速溶解在木质纤维素表面；②超声波产生微泡空化，为木质纤维素表面提供能量，机械破坏外部结构并促进离子渗透到内部区域；③解离的离子渗透并与纤维素链相互作用，破坏分子间氢键并破坏纤维素与半纤维素或木质素之间的缔合。在超声预处理期间，超声能量最终以热量的形式在液体介质中消散，并且诱导的高温会导致超声技术出现问题。超声波辐射是预处理木质纤维素生物质和提高生物质利用率的有效方法。根据收集的已发表的参考资料，超声预处理主要集中在 8 种类型：超声、超声-水，超声-有机溶剂、超声-酸、超声-碱、超声-ILs、超声-酶和超声-TiO_2。研究人员利用超声波辅助水对杜兰叶进行预处理，结果表明，预处理后木质素和半纤维素的含量均明显增加，并且半纤维素含量比木质素增加得更为明显，研究人员认为，超声波的作用是通过水解木质素与糖类之间的化学键来提高木质素和半纤维素的解离程度。

有学者[41]采用超声波和硫酸对玉米秸秆和高粱秸秆进行两步预处理，他们发现仅用超声波辐射预处理，木质素含量无显著性差异，表明超声波辐射本身不能改变生物质的化学成分；当超声辐射与稀硫酸混合处理相同的生物量时，木聚糖的百分比从24%显著降低到2%，这说明超声波辅助酸对半纤维素的去除具有很强的作用。根据先前的研究，HCl相比 H_3PO_4、HNO_3 和 H_2SO_4 对木质素的去除更有效[42]。超声波辅助HCl在100W、353K且70%占空比的条件下对两个狼尾草样品进行预处理，结果显示，与没有超声波辅助预处理的样品相比，德纳纳特草的脱木素率从33%增加到80.4%，而杂交紫狼尾草的脱木素率从33.8%增加到82.1%。

超声波加碱可导致较高的木质素去除率。有人指出，超声波辅助碱预处理对木质素和半纤维素之间的醚键从细胞壁上的裂解具有显著影响，或者它可以破坏木质纤维素的结构并帮助碱扩散到木质纤维素的内部区域，从而促进木质素降解。与20kHz、100W、70min和1mol·L^{-1} NaOH溶液的条件相比，超声波辅助NaOH对所研究原料的去木质素程度提高了1.7倍～2.0倍。P. Manasa等人[43]还使用超声波辅助NaOH对蓖麻进行预处理，并获得了富含纤维素的材料(68%)。结果表明，超声波辅助碱预处理对半纤维素和木质素的降解效果优于碱预处理。有学者[44]研究了单频和双频超声预处理结合2% NaOH溶液对玉米秸秆的影响，他们发现双频超声预处理去除了更多的木质素、半纤维素和纤维素，尤其是纤维素。对于超声波辅助碱预处理，木质素的去除能力按照超声-$Ca(OH)_2$＞超声-NaOH和超声四丁基氢氧化铵（TBAH）＞超声-NaOH＞超声-氨水的顺序排列。

十二烷基硫酸钠（SDS）是一种阴离子表面活性剂，在超声场中使用SDS可以增强液体介质中的超声处理效果。例如，M. Shanthi等人[45]使用SDS结合超声波辐射评估了水果和蔬菜废料的木质素去除率，研究表明，在25kHz和90W的条件下进行SDS-超声波预处理后，木质素的去除率为72%，而对于亚麻草，仅使用超声预处理（24kHz和100W），木质素的去除率仅为18%。对于SDS所得到的更好的效果不仅是由于表面活性剂提高了超声的空化作用，还归因于通过裂解木质素和纤维素复合物之间的键而使生物质脱木素。对于超声波辅助的SDS-1-丁基-3-甲基咪唑氯化物（BmimCl）预处理，还发现在纸浆中加入表面活性剂作为脱木素剂不仅降低了介质的表面张力，而且增强了空化作用，这可能会破坏纤维素和木质素之间的α-O-4和β-O-4键，同时也降低了木质素在生物质上的沉积量，从而进一步诱导了木质素的去除。根据现有的研究，超声-SDS的木质素去除能力要高于超声-$KMnO_4$[46]。此外，超声波辅助真菌或Fenton试剂也显示出很好的木质素去除性能，当将超声处理与真菌处理相结合进行桦木锯末预处理时，其木质去除率分别约为单独利用超声处理与真菌处理的4.94倍和1.49倍。同时，Fenton试剂可以优先降解生物质中的半纤维素和木质素，而超声波处理可以同时降解纤维素、半纤维素和木质素。

4.3.4 电场预处理

学者们研究了主要集中于电磁场、脉冲电场、电场、高压放电、电子散射、电解、微电压、脉冲电场和高压放电的电场技术。其中，脉冲电场（PEF）预处理基于电穿孔现象，包括机电压缩和电场诱导张力，其中外部电场被用来诱导细胞膜上的临界电势[47]。生物膜被破坏，半渗透性丧失，从而允许细胞内化合物通过周围的溶液。PEF 通过细胞膜的瞬时渗透和带电物种在细胞室之间的电泳运动，对细胞造成致命伤害或引起亚致死应激。细胞膜孔的大小和数量与施加的电场强度有关，而膜的孔隙率与施加的电场强度成正比。PEF 处理的特点使得从生物质中提取各种化合物而不改变处理样品的化学成分成为可能。J. B. Ammar 等人[48]指出 PEF 预处理不会影响葡萄渣的化学成分，但会导致渗透性急剧增加，这是由于细胞膜上孔隙的出现使得细胞可以向细胞外介质释放一些成分。通过 PEF 预处理和乙醇提取后细胞的脂质产量可以是未处理细胞脂质产量的四倍。但是，PEF 有几个缺点，例如维护成本高、操作温度高以及不稳定化合物的分解等。

高压放电（HVED）的功能是水中的电击穿。放电会导致产生热和局部等离子体，发射出高强度的紫外线（UV）。在此过程中会产生冲击波，而在水的光解过程中会产生羟基自由基。所有的这些过程破坏了细胞的结构，并在颗粒破碎后从细胞质中释放出生物分子。M. Brahim 等人[49]报道，HVED 诱导了纤维素的部分降解，HVED-苏打水预处理比空白实验有效 4～8 倍。在 200℃、1% H_2SO_4、80%持续时间和 HVED-乙醇的苛刻条件下，可以从菜籽秸秆中去除 70%的木质素，比 HVED-苏打水（58%）更有效。还利用微电场在 200℃ 和 0.25V 阴极电压条件下预处理牛粪，并且可以从牛粪中去除 57.32%的纤维素和 56.60%的木质素。与相同条件下无电压的情况相比，牛粪的沼气产量和甲烷含量有所增加。这可以由两个原因来解释：一个是水热预处理可以去除半纤维素和部分木质素；另一个是发酵中阴极电压刺激的微生物变得更加活跃。因此，微电压水热预处理可以有效提高木质纤维素的降解率[50]。

4.3.5 水力空化

水力空化（HC）是生物质预处理大规模应用的一种高效、适宜的方法[51]。空化现象可以定义为由于恒定温度下的压力变化引起的微气泡的形成以及随后的生长和破裂。与声空化相比，HC 有其他一些优势，如简单、高效，以及通过使用不同的设备配置和调整操作参数来改变空化强度的灵活性。据报道，HC 对温度敏感，并且 HC 工作的适宜温度仅为 30～45℃，较高的温度将降低空化强度并降低空化效率。

I. Kim 等人[52]首先报道了使用 HC 预处理木质纤维素生物质的研究，即在芦苇预处理中，使用孔板生产乙醇。从那以后，人们相继研究了利用诸如玉米秸秆、甘蔗渣和小麦秸秆等各种生物质资源来生产乙醇和沼气。所有这些研究都基于孔板或文丘里管系统，除文丘里管系统使用了旋转设备外，这些系统均由泵、储罐、管道、阀门和空化装置以及压力和温度指示器组成。根据现有的研究，孔板可以突出显示，并且与固体的非循环相关联，以避免出现堵塞问题，高压降低，从而导致高空化强度的损失。

HC 促进脱木素作用的机制很可能归因于物理和化学效应的空化作用：微气泡腔体的塌陷产生了巨大的破坏力，使水分子解离，因此，产生的 HO·、HOO·和 O_2·等自由基将木质素分子氧化为低分子量有机产物，甚至二氧化碳[53]。HC 的效率受以下参数影响：①HC 系统的配置；②工艺参数；③生物质的特性；④化学催化剂的存在。

表 4-2 总结了利用 HC 预处理木质纤维素生物质的情况，可以看出，除了 HC-NaOH-H_2O_2，HC 预处理的主要作用是去除木质素和半纤维素，并增加纤维素含量，此外，孔的数量和孔板的直径影响木质素的去除效率[54]。对于 HC-NaOH 预处理，与 16 个孔、1mm 直径（D）的孔板相比，具有 27 个孔、1mm 直径的孔板能够更有效地去除甘蔗渣中的木质素，这一观察结果与利用 HC-酶预处理的结果一致[54]。与表 4-2 中列出的 HC-不同碱催化预处理（16 个孔，1mm 直径）甘蔗渣的研究相比，木质素的去除效率遵循 NaOH-H_2O_2＞KOH＞NaOH＞Na_2CO_3＞$Ca(OH)_2$ 的顺序。另外，温度影响微泡破裂过程中的能量释放，而压力主要影响空化强度。对上述四个参数的整体研究可以帮助实现使用 HC 进行有效的预处理。

表 4-2　木质纤维素生物质的 HC 预处理

方法		生物质	纤维素	半纤维素	木质素	预处理后生物质变化
HC-碱孔板（16 孔，1mm 直径）	NaOH-H_2O_2	甘蔗/甘蔗渣	L1	L1	L3	增加纤维素和半纤维素；木质素去除：62.83%
	NaOH	甘蔗/甘蔗渣	L1	L1	L2	纤维素增加：＜20%；半纤维素去除：21.98%；木质素去除：45.47%
	Na_2CO_3	甘蔗/甘蔗渣	—	L1	L1	纤维素略有增加；半纤维素去除：10.05%；木质素去除：23.07%
	KOH	甘蔗/甘蔗渣	L1	L1	L2	纤维素由 40.15% 增加到 47.69%；半纤维素去除：19.81%；木质素去除：48.31%
HC-NaOH（27 孔，1mm 直径）	$Ca(OH)_2$	甘蔗/甘蔗渣	—	—	L1	纤维素略有增加；半纤维素略有降低；木质素去除：14.24%

续表

方法	生物质	纤维素	半纤维素	木质素	预处理后生物质变化
HC-NaOH(27 孔,1mm 直径)	甘蔗/甘蔗渣	/	/	L3	木质素去除:60.4%
	芦苇	/	/	L1	木质素去除:24.5%
HC-酶(9 孔,2mm 直径)	玉米芯	/	/	L2	木质素去除:47.44%
HC-酶(4 孔,3mm 直径)	玉米芯	/	/	L2	木质素去除:35.91%

注:“—”:轻微或无影响(影响指的是木质素、纤维素和半纤维含量的增加或减少);“L1”:影响低于 35%;“L2”:影响在 35%到 60%之间;“L3”:影响超过 60%;“/”:表示未提到。

4.3.6 离子液体预处理

近年来，离子液体（ILs）和基于 ILs 的溶剂已成为一种有效的生物质预处理溶剂。由于 R. P. Swatloski 等人[55]在 2002 年发现一种 IL（BmimCl）能够溶解纤维素，因此，关于纤维素、木质素或各种生物质与 ILs 加工的大量研究被争相报道。由于 ILs 是潜在的有吸引力的“绿色”溶剂，因此，用 ILs 预处理生物质的优点可归纳如下：①ILs 可以通过各种阳离子和阴离子的组合自由修饰，以适合生物质溶解；②ILs 对大型生物聚合物显示出高溶解速率；③ILs 预处理后可改善生物质水解过程；④预处理后可轻松回收 ILs 和溶解的生物质。但是，ILs 的主要缺点是成本高。

已有证据表明，带有阳离子的 ILs 包括咪唑、吡啶、吡咯、吗啉、铵和胆碱，以及能与羟基形成强氢键的阴离子，例如 Ac^-、$HCOO^-$、HSO_4^- 等，具有预处理木质纤维素生物质的前景。研究的 ILs 可以分为五种类型：①同时溶解木质素、纤维素和半纤维素；②选择性地溶解木质素和半纤维素而不溶解纤维素；③溶解半纤维素，而不溶解纤维素和木质素；④溶解木质素，但不溶解纤维素或半纤维素；⑤完全不溶解木质素、半纤维素和纤维素。用 ILs 去除木质素是通过 α-O-4′和 β-O-4′键的均裂解聚，释放芳香化合物，使木质素得以溶解而实现的[56]。

离子液体中经常被使用的是 EmimAc，有结果表明，可以从栗壳中回收 95%的纤维素材料，并且可以从松木和玉米秸秆中分别去除 50%～55%和 56%的木质素。共溶剂或微波与 EmimAc 的结合已得到广泛研究，研究表明，EmimAc-酸可以去除半纤维素和木质素，EmimAc-碱可以去除半纤维素和木质素并增加纤维素含量，EmimAc-有机溶剂可以去除木质素并增加半纤维素和纤维素含量。但是，可以使用 EmimAc-微波来增加木质素的含量[57,58]。

ILs 有的具有亲水性，有的具有疏水性。C. L. Williams 等人[59]用大量 ILs 预处理松树，并证实带有极性质子阴离子的亲水性 ILs 比疏水性 ILs 能够更好地用于生物质解构。同时，对于大多数草本植物原料，亲水性 ILs（EmimAc）会增加糖含量并降低木质素含量，而疏水性 ILs（$BmimPF_6$）会降低糖含量并增加木质素含量，并且增加的木质素含量可能高达 189%。对于具有 Cl^-、mes^-（脂肪酸甲酯磺酸钠，阴离子表面活性剂）或 OH^- 等阴离子的疏水性 ILs，木质素去除能力分别遵循以下顺序：$Hpy^+ > Hmim^+ > Hnmp^+$、$BHEM^+ > 2\text{-}HTEAF^+ > DMEA^+$ 和 $TEA^+ > Hbim^+ > Hmim^+$。对于具有相同 TEA^+ 阳离子的 ILs，木质素去除能力的顺序为 HSO_4^-（82%）> $MeSO_3^-$（20%）。同时，学者们研究了四种具有相同阳离子的氨基 ILs[60]，即二异丙基乙基铵（$DIPEA^+$），但阴离子不同，如 Ac^-、丙酸（P^-）、辛酸（O^-）和苯甲酸（B^-），对咖啡壳木质素提取的影响。结果表明，木质素提取率受预处理温度和阴离子选择的影响，在较高的提取温度下，对于所研究的 ILs，木质素分离的产率增加。例如，DIPEAAc 在 80℃下的木质素提取率为 24.3%，而在 120℃下为 71.2%。同时，随着链长的增加或脂肪族阴离子酸度的降低，咖啡壳的溶解率和提取木质素的产率降低，木质素在 120℃下的提取能力依次为 DIPEAAc>DIPEAP>DIPEAO>DIPEAB。

单一的预处理方法可能由于多尺度生物质的顽固性而在效率上存在一定的局限性。醇溶液与催化剂 $BmimHSO_4$ 的系统结合可以有效地将椰壳和杨树分馏成高质量的富含纤维素的材料和高产率的木质素，脱木素率高达 98%，结果表明，与催化剂的结合显著提高了木质素的提取率，木质素的产率，增加了近 6 倍[61]。对超声波和微波辅助的 TBAOH 的研究表明，微波比超声波具有更强的作用，这是因为优异的微波吸收特性导致与木质素发生剧烈相互作用而使 TBA^+ 振动，从而引起剧烈的破坏。此外，通过 $EmimHSO_4$ 和 AmimCl-甲醇预处理可以几乎完全去除半纤维素，并且不同溶剂的半纤维素去除能力顺序为 $BmimHSO_4$/甘油/H_2O（94.2%）>EmimAc-HCl（87%～91.15%）>$BmimHSO_4$/甘油/H_2O（75.4%）。

某些 ILs 在生物质预处理和脱木素方面显示出有效性，但是，它们中的绝大多数不具有生物相容性，并且对生物质转化中使用的水解酶和微生物表现出毒性，因此在预处理后需要大量的水才能去除 ILs。近年来，已经报道了许多源自可持续资源的 ILs，其中一些已显示出令人印象深刻的效率和较低的毒性。例如，有学者发现在利用精氨酸胆碱（cholinium arginate，ChArg）预处理后，天然稻草中约有 46%的木质素被分馏，而纤维素和木质素的结晶度可被乙酸胆碱（cholinium acetate，ChAc）和赖氨酸酚（cholinium lysinate，ChLys）破坏。鸟氨酸（cholinium ornithine，ChOrn）可用于选择性地从柳枝草或甘蔗渣中溶解木质素或半纤维素和木质素，并且 ChOrn 的木质素去除能力高于 ChLys。此外，ChOrn/$FeCl_2$ 溶液可以用于预处理甘蔗渣，研究表明：①浓度高于 $0.2g \cdot L^{-1}$

的 $FeCl_2$ 可以显著提高半纤维素的去除率；②在 0.4g·L^{-1}的 $FeCl_2$ 浓度下，半纤维素的提取率最高可以达到 57.3%，从而使酶消化率进一步提高到 90.1%；③ChOrn/$FeCl_2$ 良好的脱木素能力反映了其具有从甘蔗渣中回收木质素的价值。ChAc 和丁酸胆碱（cholin butanoate，ChBu）也可以用来预处理空果束，结果表明，ChAc 在去除木质素和增加纤维素含量方面比 ChBu 强。A. M. Socha 等人[62]研究了源自木质素和半纤维素的 ILs，例如，以柳枝、杨树、桉树、玉米秸秆、松树和稻草为原料制备糠醛、香兰素和对茴香醛，然后用于合成磷酸二氢盐。结果表明，这些 ILs 可用于从生物质中去除木质素，其顺序为 *p*-$AnisEt_2NHH_2PO_4$ (43%) > $FurEt_2NHH_2PO_4$ (20%) > $VanEt_2NHH_2PO_4$ (3.9%)。

4.4 木质素衍生功能材料

生物质的主要成分是木质素、半纤维素和纤维素，其中，木质素可用于造纸和纸浆工业以及生产其他低分子化学品和衍生产品的发电和供热；半纤维素由复杂的 C_5 和 C_6 多糖组成，对于生产重要的化学中间体很有价值；纤维素具有带状扁平结构，包含许多葡萄糖分子，可用于生产有价值的低分子化学品，获得其他重要的衍生产品并解聚为生物燃料[63]。

木材中木质素的含量在 15%～30%（质量分数）的范围内，其中软木的木质素含量高于硬木，最高可达 30%（质量分数）[64]。木质素是一种复杂且不溶于水的非晶态聚合物，具有丰富的芳香基团，它是通过香豆醇、松柏基和丁香醇的三种主要单体形成缩合的碳-碳键和不缩合的醚键生物合成的。木质素的固有特性，如高碳含量、高芳香性、具有各种官能团、抗氧化能力强、紫外吸光度大、生物相容性和丰富性，为制造高价值产品提供了巨大的潜力。

目前主要有三种方法用于生产木质素基功能材料（图 4-4）：①木质素作为热塑性聚合物共混物中的生物聚合物成分；②通过化学修饰和嫁接改善木质素的界面性能，使其与合成聚合物具有更好的相容性；③将木质素解聚成平台化合物，可将其转化为用于某些聚合物合成的单体[65]。

4.4.1 碳基材料

木质素由于其丰富、高碳含量、低成本和可再生性而成为一种有吸引力的碳前体。迄今为止，已报道了许多木质素衍生的碳材料，例如硬碳、多孔碳、活性炭、木质素基碳纳米复合材料、生物炭颗粒、石墨烯以及碳纳米管等，已成为能

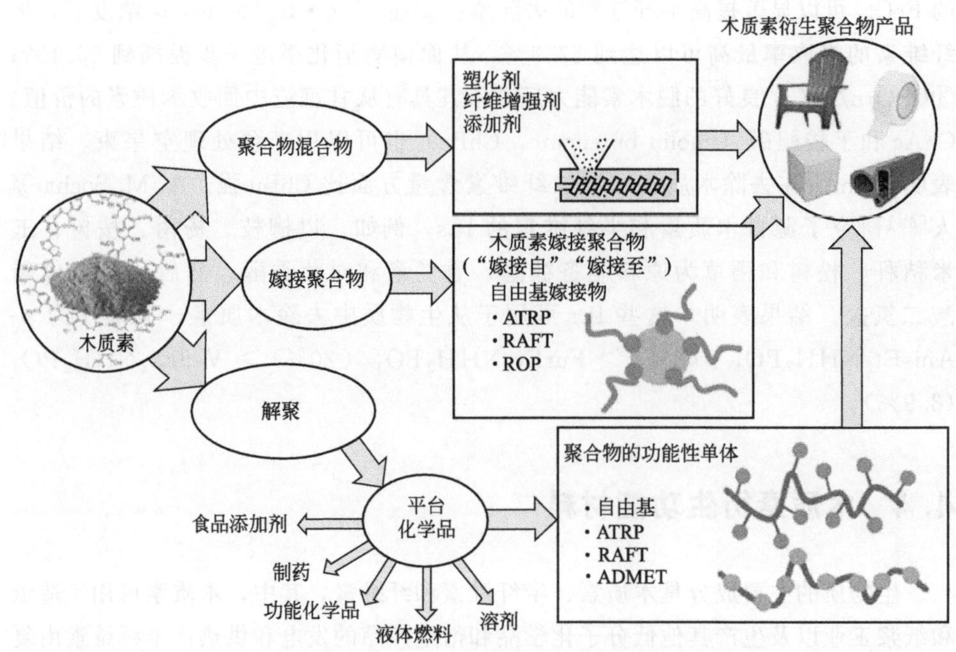

图 4-4 从木质素中生产增值高分子材料的策略示意图

源存储、锂离子或锂硫电池、超级电容器和光催化剂的重要候选材料，可以实现木质素的高价值利用。

有学者[66]成功地将三聚氰胺嫁接到木质素中，并借助催化剂［$Ni(NO_3)_2 \cdot 6H_2O$］在1000℃下作为锂离子电池的负极材料制备了氮掺杂的硬碳。XRD和TEM分析表明，该硬碳中同时存在石墨化和无定形结构。与不掺杂氮且无催化剂的样品相比，所制备的阳极由于氮掺杂、石墨结构和无定形结构的协同作用而具有更高的可逆容量（在$0.1A \cdot g^{-1}$时为$345mA \cdot h \cdot g^{-1}$）、更高的速率（在$5A \cdot g^{-1}$时为$145mA \cdot h \cdot g^{-1}$）和出色的循环稳定性。研究人员[67]研究了一种使用KOH作为活化剂和模板制备木质素衍生的分级多孔碳的新途径，所获得的分级多孔碳由独特的三维（3D）大孔网络结构组成，其中在碳壁上装饰着中孔和微孔。这种独特的分层多孔结构为锂离子的吸附和储存提供了高活性的表面，也为锂离子的运输提供了快速的路径（图4-5）。所开发的碳被用作锂离子电池的负极材料，在电流密度为$200mA \cdot g^{-1}$的400次恒电流充放电循环后，它表现出稳定且高的容量（$470mA \cdot h \cdot g^{-1}$）。对于锂硫电池的应用，通过一步碳化/活化方法，然后结合不同时间（6h和10h）的硫负荷，制备了一种具有外表面含氧官能团的木质素衍生大/微孔碳。结果表明，多孔碳的比表面积为$1211.6m^2 \cdot g^{-1}$，孔体积为$0.59cm^3 \cdot g^{-1}$。在硫负荷10h后，复合材料在第二个循环中的放电容量达到 1241.0mA·h·g^{-1}，并且直到第 100 个循环仍然保持着 791.6mA·h·g^{-1}的值，与 6h 硫负荷相比，该性能要好得多。此外，学者们研究了木质素衍生副产物相互连接的分层多孔氮碳（HPNC）在超级电容器中的应用[68]，通过结合水热处理和活化，所构造的多孔碳表现出类似于弓形的纳米结构，具有分级的孔分布和 2218m^2·g^{-1}的大比表面积，并且基于 HPNC 的超级电容器在 1A·g^{-1}时具有 312F·g^{-1}的出色比电容，在 80A·g^{-1}时具有 81%的保持率，并且在 10A·g^{-1}、6mol·L^{-1} KOH 水系电解液中循环 20000 次后，仍然具有 98%初始电容的出色循环寿命。当使用 1L 的 $EmimBF_4$ 作为电解质时，在 73.1kW·kg^{-1}的超高功率密度下，超级电容器的能量密度提高到 44.7W·h·kg。

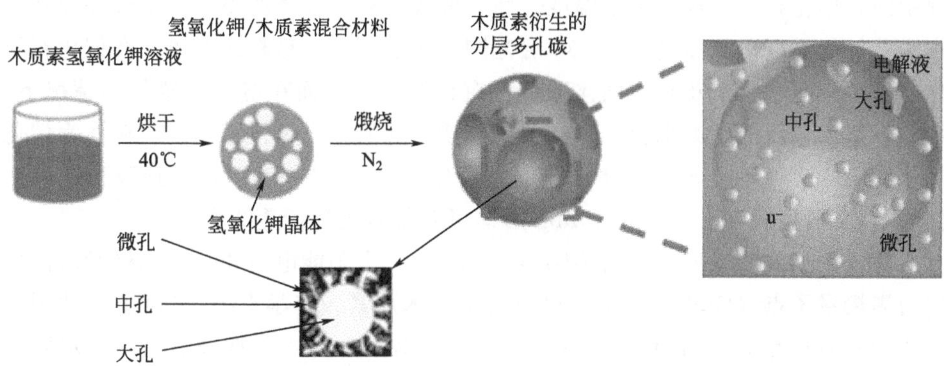

图 4-5 木质素衍生的分层多孔结构的形成过程及其中的锂离子的吸附和存储[67]

研究人员[69]用一锅原位法制备木质素基碳/ZnO（LC/ZnO）纳米复合材料作为甲基橙的光催化剂，图 4-6 中显示出了 LC/ZnO 纳米复合材料的合成途径和 LC/ZnO 纳米复合材料降解甲基橙的可能机制。结果表明，LC/ZnO 的比表面积（139.53m^2·g^{-1}）比纯 ZnO（47.68m^2·g^{-1}）大得多，并且在模拟太阳光下，LC/ZnO（约 6.38%木质素）在 30min 内光降解了 98.9%的甲基橙，其光催化

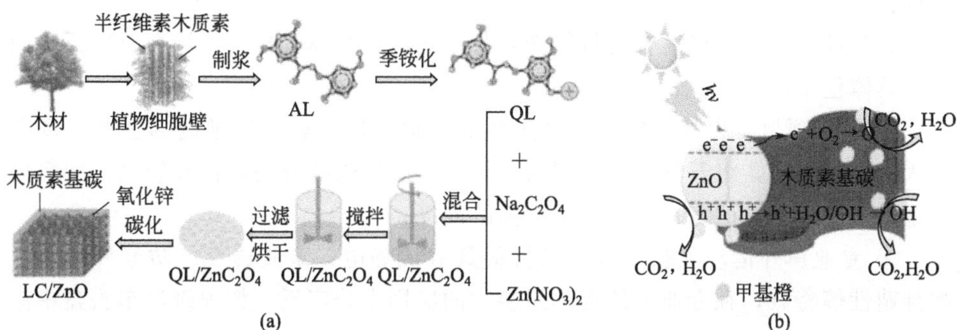

图 4-6 LC/ZnO 纳米复合材料合成途径（a）和 LC/ZnO 纳米复合材料降解甲基橙的可能机制（b），其中 AL 为碱木质素，QL 为四元化木质素[69]

活性比纯 ZnO 纳米颗粒提高了 5 倍，另外，制备的木质素基碳在光催化领域具有巨大的潜力来代替昂贵的石墨烯。

石墨烯具有独特的二维（2D）网络结构，具有极高的载流子迁移率、低密度、极大的比表面积以及可观的机械强度和出色的防腐性能，因此在许多领域引起了极大的关注。目前，有两种大规模制备石墨烯的方法，即氧化还原和化学气相沉积（CVD)。CVD 可以满足大规模和高质量的要求，但是，石墨烯的转移很困难。因此，将具有金属催化剂的固体碳源（例如，衍生自木质素）用于制备石墨烯，与两种可用方法相比，该石墨烯所需资源较少且操作更容易。

有学者研究了在 1000℃下利用硫酸盐木质素作为碳源，以铁（Ⅲ）作为催化剂并使用不同载气制造石墨烯的方法[70]。他们发现硫酸盐木质素在热处理过程中的石墨化程度不仅取决于温度，而且取决于载体气体的类型。甲烷和天然气作为载气似乎可以加速具有 2～30 层范围的多层石墨烯材料的形成；在催化石墨化过程中，氢和二氧化碳对固体碳物种有刻蚀作用；而在氩气为载气的情况下，多层石墨烯包覆的铁纳米粒子是主要的产物，如研究人员报道的以铁粉作为催化剂，在 1000℃下利用硫酸盐木质素制备石墨烯[71]，结果表明，在碳源与铁的比例为 3∶1 的情况下，热处理 90min 后即可获得石墨烯折叠结构。

对于例如生物成像、生物传感器、光催化、太阳能电池和发光二极管所需要的石墨烯量子点（GQD）材料也可以衍生自木质素。有学者[72]报道了一种用碱木质素制备单晶 GQD 的两步方法：采用超声波处理将木质素分散在硝酸水溶液中，然后将分散液转移到高压釜中，加热至 180℃，并保持 12h，最终通过 0.22μm 微孔膜过滤得到产品。值得注意的是，制备的单晶 GQD 具有六方蜂窝状石墨烯网络结构，厚度为 1～3 个原子层。制备的 GQD 具有明亮的荧光、上转换特性、长期光稳定性、高水溶性和生物相容性的特征，使其成为可用于多色生物成像极好的纳米探针。总之，可再生生物质资源的利用为绿色、低成本和大规模生产高质量石墨烯铺平了道路，并为可持续应用的发展提供了条件。

石墨烯高分子纳米复合材料凭借自身的优点，在体育器材领域有着广泛的应用，具体包括：

① 撑杆项目：撑杆的发展历经了竹制、尼龙制、玻璃纤维制的变革，现今步入碳材料时代，将石墨烯添加到碳材料中，能增强撑杆的韧性和硬度，减轻撑杆重量，使运动员的竞技水平达到更高的高度；

② 专业户外运动服装：石墨烯材料具有抗静电、亲肤透气、防紫外线、抗菌抑菌性等特点，在专业户外运动服装中的应用十分广泛，如顶级汽车头盔中添加了石墨烯，重量仅达 250g，发生意外时能有足够强度确保头部安全；

③ 球拍：石墨烯复合材料的应用能促进球拍性能及强度的提升，如 TK9000

在 3 点和 9 点位置添加了石墨烯，使拍框质量有所提升，降低人力能量消耗，让运动员在击球过程中具有扎实的球感，增加进攻性能。

碳纳米管（CNTs）由于其出色的载流子迁移率（1000～4000$cm^2 \cdot V^{-1}$）、高杨氏模量（0.27～1.25TPa）、优异的导电性（10^4～$10^5 S \cdot cm^{-1}$）和导热性（3000～6600$W \cdot m^{-1} \cdot K^{-1}$）、高的热稳定性（空气中热稳定性可达 700℃）引起了人们的极大兴趣，它们在电化学和生物医学领域具有极高的应用潜力。研究人员[71]提出了一种廉价且简易的由木质素制备碳纳米管的方法，在这项研究中，硫酸盐木质素是碳源，铁粉是催化剂，在 1000℃下热处理 105min 后，可以获得 CNT。有学者[73]研究了微波增强热解法，以碳化硅作为微波吸收剂在 500℃下处理产胶树，在生物炭表面上形成 CNT（如图 4-7）。这些碳纳米管是从热解的圆形颗粒中生长出来的，而无需使用特定的催化剂、底物和载气。

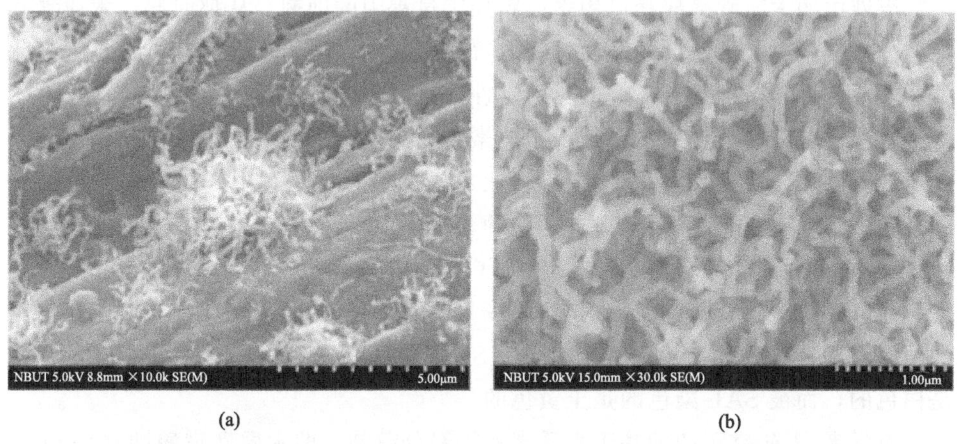

图 4-7 在生物炭表面形成的碳纳米管的 SEM 显微照片（a）及碳纳米管放大图（b）[73]

4.4.2 吸附剂

木质素的固有特性也使其成为制备活性炭和吸附剂的一类合适原料，木质素具有丰富的芳香结构，这意味着该原料非常适合开发气体吸附剂。目前许多研究都集中在木质素基活性炭的生产上，以吸附空气污染物，例如 SO_2 和 H_2S。D. Saha 等人[74]利用木质素开发了一种氮掺杂碳，在 273K 和 1bar（1bar＝10^5Pa）的条件下对二氧化碳的吸附量为 8.6$mmol \cdot g^{-1}$。另外，木质素衍生的材料还被用于吸附有机染料和化学物质，例如亚甲基蓝、甲基橙和酚醛树脂，学者们[75]利用木质素衍生的蒸汽活化碳去除了水溶液中的亚甲基蓝染料。此外，学者们已经开发了改性的木质素材料用以去除重金属（例如 Pb、Cu、Cd 和 Zn）和回收贵金属（例如 Ag、Pd、Au 和 Pt）。研究人员[76]报道了使用羧基改性的木质素纳米球用于吸附重金属离子，结果表明，改性的木质素纳米球显示出良好的 Pb(Ⅱ）吸附能力，最高可达 $333.26mg \cdot g^{-1}$。

4.4.3 染料分散剂

染料已被广泛应用于纺织、橡胶、造纸、塑料和皮革等行业。据不完全估计，每年会消费 10000 多种商业染料，达到了 7×10^5 t。染料可以分为各种类型，例如直接染料、反应性染料、分散染料、还原染料、硫黄染料、碱性染料、酸性染料和溶剂染料，它们在没有分散剂的情况下都很难分散在水中，这意味着染料分散剂在染色过程中起着重要作用。早在 1909 年，就有学者研究发现亚硫酸盐工艺废液中的木质素磺酸盐可用作染料加工过程中的助剂。从那时起，木质素基染料分散剂就引起了极大的关注，为改善分散性能做出了重大贡献，这是因为此类环境友好型分散剂具有良好的热稳定性并且可再生。

木质素基染料分散剂主要是由木质素工业的副产物木质素磺酸盐和碱木质素合成的。然而，研究人员[77,78]指出工业木质素的深色是其用作高附加值染料分散剂的主要障碍。有学者[77]提出了一种 UV/H_2O_2 增白工艺，对磺化碱木质素(SAL）进行脱色，结果显示其颜色褪了 50%。增白后，SAL 实际上不仅解聚了，而且还会分解，他们发现 SAL 中酚羟基和甲氧基的裂解以及 π-π 相互作用的减弱会导致其脱色，并且用改性浅色 SAL（LSAL）染色的聚酯纤维颜色几乎是白色的，而被 SAL 染色的是土黄色的。

有学者[79]研究了四种基于木质素的染料分散剂，即木质素磺酸钠（NaSL)、萘磺酸盐甲醛固化物（NSFC)、SAL 和羟丙基磺化碱性木质素（HSAL)。结果表明，颜色最浅的 HSAL 是最佳的染料分散剂，其染料吸收率为 85.3%。随后，他们进一步研究了 HSAL 的平均分子量对染料吸收率的影响，与其他 HSAL 以及萘磺酸钠甲醛缩合物（SNF）相比，分子量为 11020 的 HSAL 具有高温稳定性、更优异的染料分散能力和更高的染料吸收率[80]。对吸附机理的研究表明，纤维在染色过程中会膨胀并产生许多空隙，例如 AL 或 HSAL（分子量为 8750）等具有较小尺寸和较高 OH_{phen} 基团含量的分散剂更容易嵌入纤维空隙中，从而增加了吸附量。高分子量的分散剂，如 HSAL（分子量为 14830)，吸附量高，但纤维染色率低，这是因为较低的 OH_{phen} 基团含量使纤维与分散剂之间的疏水性和氢键相互作用较弱。在他们的研究中，由于具有芳香环主链的线性分子结构，SNF 具有最小的吸附量，很难嵌入纤维空隙中（如图 4-8)[80]。

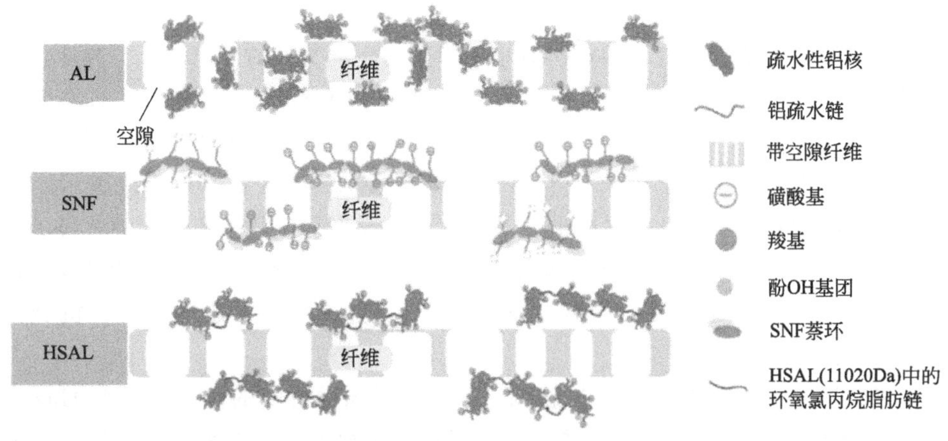

图 4-8 分散剂在纤维上的吸附模型[80]

4.4.4 生物塑料

作为一种新型的合成材料，生物塑料具有性价比高、氧气透过率高、力学性能优良等特点，被广泛用于各种运动器械产品和体育设施[81]，主要体现为：

① 运动场地方面。作为生物塑料的代表之一，硅橡胶的耐高温性能优良，能长期在 180℃的高温下工作，甚至在 200℃时也能工作一段时间，瞬时可耐 300℃的高温，加上硅橡胶的强韧性和弹性相对出色，在各种场地中都有应用。

② 穿戴器材方面。生物塑料在运动服装、头盔、鞋袜、护具等穿戴器材中的应用，能提高器材的韧度和强度，使其具备良好的透气性，如长纤维改性复合材料利用特殊的拉挤工艺，能让穿戴者感到舒适安全，促进运动员专业竞技水平的提高。又如纳米运动衣的研制，将防霉变、防臭、抗菌等纤维用于水上项目的运动服，如腰部、臂部、腋下等，有着极其重要的作用，尤其是夏天防霉、抗菌，冬天保暖、透气、防水和耐洗涤的红外皮运动裤，能很好地减少水上运动员湿疹及病毒性疾病。

③ 户外运动器材方面。生物塑料的抗老化能力比一般材料要强，如将氨基化碳纳米管加入碳纤维-环氧树脂复合材料中，能增强材料的耐高温性、耐热氧化性、耐盐雾性。这种材料用于徒步鞋、户外登山鞋或其他户外设施中，不仅能延长户外设施的使用寿命，还能提高设施的抗老化、抗氧化能力。

近年来，木质素基可回收塑料作为一个比较活跃的领域受到了广泛的关注，甚至于它们可以在成本和性能上与石油塑料竞争。木质素之所以有潜力成为杰出的候选者，主要是因为其玻璃化转变温度（T_g）（通常在 90～170℃之间）以及其可再生和热塑性特性。通常，可以从两方面利用木质素，一方面是将木质素作为低成本添加剂，以改善生物塑料的热和机械性能；另一方面是从木质素中合成生物塑料。

以硫酸盐木质素作为添加剂，对小麦谷蛋白生物塑料的性能进行了改性，结果显示，添加30%或50%（质量分数）的硫酸盐木质素使挤出染料的温度从80℃升高到110℃，添加10%～50%（质量分数）的硫酸盐木质素改善了小麦谷蛋白的挤出能力，添加了10%～30%（质量分数）的硫酸盐木质素改善了小麦谷蛋白生物塑料的机械性能并降低了其吸水率。学者们从软木和硬木中获得了两种类型的木质素，并利用这两种木质素制备了聚乳酸（PLA）-木质素生物塑料。分析结果表明，添加木质素可提高PLA-木质素生物塑料的热稳定性、机械性能、吸水能力以及耐候性。

纸浆黑液中木质素的含量在30%～45%（质量分数）的范围内，A. Ház等人[82]从黑液中制备出木质素，并对其性能进行了研究。结果表明，从黑液中分离出的木质素具有很大的应用潜力，其可作为制备新型生物塑料的组分。学者们还努力地在聚丙烯等塑料复合材料中引入硬木牛皮纸浆，以生产具有理想机械特性的生物基材料。结果表明，引入10%的木质素会降低复合材料的抗弯强度(30.57MPa)，而引入30%的木质素则会提高复合材料的抗弯强度（40.37MPa)，同时，随着引入木质素含量的增加，降解温度从360.16℃升高至415.15℃。

木质素含有多种官能团，如脂肪族羟基和酚羟基、甲氧基、羰基和羧基，这些反应基团有效地使木质素衍生生物塑料的制备成为可能。学者们已经利用溶剂分馏和与甲醛的交联反应改性的木质素制备了木质素-聚丁二烯热塑性塑料，其中，交联增加了摩尔质量（M_n=31000g·mol^{-1}），而原始木质素的摩尔质量仅为1840g·mol^{-1}。通过调节木质素的摩尔质量可以成功制备新型的木质素衍生的热塑性塑料。由于远螯聚丁二烯桥的有效网络形成，高摩尔质量木质素的使用增强了剪切模量。

聚（ε-己内酯）(PCL）是目前新兴生物塑料市场中主要的生物降解聚合物之一，有学者[83]研究了木质素-聚（ε-己内酯）衍生的可再生高性能聚氨酯生物塑料，通过调节木质素的含量、—NCO/—OH的比例以及PCL的分子量，可以有效地控制LPU塑料的机械性能。LPU的属性还取决于它们的网络体系结构，与纯化的木质素相比，LPU塑料具有更好的热稳定性，当木质素含量达到37.3%时，LPU薄膜的拉伸强度、断裂伸长率和撕裂强度分别可以达到19.35MPa、188.36%和38.94kN·m^{-1}。此外，这种塑料在340.8℃的温度下非常稳定，并具有出色的耐溶剂性。

学者们以木质素衍生物愈创木酚（甲基愈创木酚和丙基愈创木酚）和醛（4-羟基苯甲醛、香兰素和丁香醛）为原料，合成了一系列可再生的三苯甲烷型多酚(TPs)。该网络表现出优异的玻璃态模量（12.3GPa）和玻璃化转变温度（167℃)。同时，这项研究拓宽了完全基于生物的多酚的合成路线，可以生产出具有优异性能的可再生热塑性塑料。

4.4.5 气凝胶

气凝胶是一类具有特殊物理和化学性质的开孔和中孔泡沫。高达99.9%的超孔隙率、极大的孔体积或内部空隙、超低的密度以及非常高的表面积-质量比的特征，使气凝胶在其他固体材料中独树一帜。另外，通过在溶胶-凝胶合成和随后的干燥步骤中调整制备条件，可以轻松地控制气凝胶的多孔特性。此外，气凝胶可以以各种形式制造，例如单体、颗粒、粉末、复合层和薄膜，这是商业用途的另一个主要兴趣[84]。

气凝胶是采用超临界流体萃取干燥技术，通过控制从湿凝胶或水凝胶的毛细管空隙中提取液体而形成的。主要挑战是大规模生产成本高、效率低、前体昂贵且有毒以及生产过程耗时。为了降低成本，学者们已经提出了几种策略来简化制造过程，例如，将冷冻干燥和常压干燥作为超临界干燥的替代方法。

近来，新型的前体——生物质因其廉价、无毒、可再生以及低成本特性在制造气凝胶方面引起了学者们极大的兴趣。木质素基气凝胶具有独特的三维网络结构和优异的性能，例如重量轻、密度低和比表面积高，使其成为吸附剂、电磁干扰屏蔽、超级电容器电极以及支架等应用中非常有吸引力的材料。

研究人员[85]以玉米芯木质素和氧化石墨烯为前驱体，制备了木质素改性石墨烯气凝胶，并且通过冷冻干燥法获得了3D骨架多孔结构。结果表明，该气凝胶的比表面积为$270m^2 \cdot g^{-1}$，孔隙率为95.4%，显示出显著的吸附性能。当用它来吸附石油或甲苯、氯仿和四氯化碳等有毒溶剂时，其吸附能力可达到其自重的350倍，该结果优于石墨烯气凝胶，并且在所报道的吸附剂中是最高的。学者们还利用碱木质素和氧化石墨烯制备了一种超轻、高弹性的还原氧化石墨烯和木质素衍生碳复合气凝胶，这种气凝胶具有微米大小的孔隙和细胞壁以及电磁干扰屏蔽的作用，一小部分木质素衍生的碳细胞壁增强了界面极化效应，大大提高了细胞壁的波吸附能力。所研究的气凝胶电磁干扰屏蔽效能为21.3～49.2dB，表面特异性屏蔽效能为$53250dB \cdot m^2 \cdot g^{-1}$。该结果优于其他报道的碳和金属基屏蔽。此外，学者们利用碱木质素/$CuCl_2 \cdot 6H_2O$、牛皮纸和溶剂型木质素以及农作物废料木质素制备了应用于超级电容器的气凝胶。结果表明，与其他三种气凝胶相比，掺铜木质素基碳气凝胶的比表面积更大，为$899m^2 \cdot g^{-1}$，比电容为$257.65F \cdot g^{-1}$。在$20A \cdot g^{-1}$的电流密度下，经过2000次循环后，比电容仍然保持95%。这些发现显示了碳气凝胶在储能中的潜在应用。此外，研究人员[86]制备了一种用于吸声和隔热的木质素气凝胶，主要过程是将木质素（90%）和纤维素（10%）溶解在离子液体中，并在去离子水中简单地再生，从而导致纤维素和木质素在微观和纳米尺度上，甚至在分子水平上组装。所得的木质素气凝胶具有高达 5.9MPa 的杨氏模量、高效的吸声性和出色的隔热性（$0.138W \cdot m^{-1} \cdot K^{-1}$）。此外，木质素在支架中具有潜在的应用前景，例如，S. Quraishi 等人[87]研究了利用超临界干燥法用小麦秸秆木质素和海藻酸钠制备了气凝胶。结果表明，海藻酸钠-木质素气凝胶无细胞毒性，使它们在生物医学应用（包括组织工程和再生医学）中成为潜在的候选者。

4.4.6 生物医学应用

基于木质素的纳米材料可以克服木质素的局限性，例如复杂的大分子结构、高多分散性、与主体聚合物基质的不溶混性，并可以通过木质素的形态和结构控制以改善与主体基质的共混性能。纳米结构木质素的制备还提供了将木质素基材料用于高价值生物医学应用的可能性，例如药物/基因传递和组织工程。如上述提到的，木质素已被用于开发各种纳米材料，例如纳米管、纳米纤维和纳米颗粒。其中，木质素纳米粒子（LNPs）由于具有诸如改进的聚合物共混性能和高比表面积所带来的更高的抗氧化活性等关键优势而被广泛用于生物医学领域。此外，LNPs 还具有可以针对特定应用进行修饰和定制的活性官能团。目前，总结出来可用于生产具有不同形状 LNPs 的方法主要包括抗溶剂沉淀、界面交联、聚合、超声处理和溶剂交换。另外，学者们描绘了木质素基纳米材料与通用的细胞的相互作用，例如，A. P. Richter 等人[88]用银离子掺杂 LNPs 的方法制备了抗菌银纳米粒子的绿色替代品，该抗菌银纳米粒子可以提供能够干扰基本细菌细胞功能的 Ag^{+}。另一项研究利用水包油乳液原理合成了木质素纳米胶囊，该木质素纳米胶囊通过木质素的 π 堆积及其在碱性下的金属螯合能力而快速组装，这些木质素纳米胶囊可以负载香豆素-6。研究人员[89]通过原子转移自由基聚合（ATRP）接枝 2-(二甲氨基) 甲基丙烯酸乙酯（DMAEMA），研究了木质素基接枝共聚物，主要内容是木质素-DMAEMA 共聚物在培养细胞中的 DNA 结合和基因转染。这些木质素基共聚物有效地将 pDNA 压制成纳米粒子，适合用于基因传递。此外，还有学者用铝膜模板合成了固体木质素纳米棒和空心木质素纳米管，这也显示了对 DNA 的亲和力。

4.5 纤维素衍生功能材料

1838 年，Payen 首先确定并命名纤维素，木材中大约 40%～50%（质量分数）是纤维素，这取决于木材种类[90]。纤维素具有线性长链，该线性长链由通过β-(1→4)-糖苷键连接的β-D-吡喃葡萄糖单元组成。在生物合成过程中，范德瓦耳斯力和分子间氢键促进纤维素链的平行积累，在纳米尺度上形成基本纤维，并进一步组织成较大的纤维。纤维素在这些纳米级纤维中既包含结晶区域又包含非晶区域。在木材中，被称为天然纤维素的纤维素Ⅰ与纤维素Ⅱ和热力学亚稳态相比，氢键较弱。纤维素Ⅰ由两个多态组成：$Ⅰ_{\alpha}$（三斜结构）和$Ⅰ_{\beta}$（单斜晶结构），$Ⅰ_{\alpha}$和$Ⅰ_{\beta}$结构中的氢键主要以O(2)H-O(6)键为主，这是$(110)_t$和$(200)_m$平面内最普遍的键。纤维素Ⅱ具有比纤维素Ⅰ更稳定的晶体结构，可以通过再沉积和丝光作用产生。纤维素Ⅱ模型中的内链和链间氢键主要沿“向下”（中心）链的（020）平面、“向上”（角）链的（020）平面和（110）平面。纤维素链主要由O(2)H-O(6)（内部）、O(3)H-O(5)（内部）、O(6)H-O(3′)（内部），O(6)H-O(2′)（内部）和O(2)H-O(2′)（内部）氢键连接。通过对纤维素纤维进行化学或机械处理得到的纳米纤维素可以分为纤维素纳米纤维（CNF）和纤维素纳米晶（CNC）。纳米纤维素独特的结构、优异的力学性能、低的热膨胀系数、高的增强潜力和透明性，使其成为智能材料和产品的理想构建基块。

4.5.1 纤维素基离子液体

纤维素是一种多功能且低成本的可持续材料，主要由于其羟基而发生化学变化。F. L. Bernard等人[91]研究了改性纤维素基ILs对CO_2的捕获潜力，这些改性的纤维素基ILs分两个阶段制备：第一阶段是用柠檬酸进行改性，第二阶段是阳离子部分的附着（如图4-9所示）。

在所研究的离子液体中，CL-TBA是本研究中最适合CO_2吸附的离子液体，其在3MPa和25℃条件下的吸附量为71mg·g^{-1}。在低压下，该化合物具有较高的CO_2吸附值（在0.1MPa下每克化合物能够吸附44mg CO_2）。据解释，改性纤维素的弱配位反键稳定了体系，并通过部分或完全不占据位点来维持阴离子的CO_2结合位点，从而改善了离子化合物的亲CO_2性。后来，F. L. Bernard等人[92]利用从稻壳中提取的纤维素，进一步研究了阳离子纤维素聚合物离子液体（PILs）的CO_2捕集。结果表明，合成的PILs具有很高的CO_2吸附能力，并直接受阴离子影响，在3MPa的CO_2分压下，吸附容量遵循$Cl^- < BF_4^- < TF_2N^- < PF_6^-$的顺序。对于PIL $CelEt_3NPF_6$，在25℃、0.1MPa条件下的最佳捕获值为38mg·g^{-1}，在3MPa下的最佳捕获值为168mg·g^{-1}。CO_2捕集的循环实验表明，合成的PILs对于CO_2吸附具有良好的可重复利用性。

有学者[93]合成了基于纤维素的ILs，并用作高选择性回收金的吸附剂。在这项研究中，以二乙基氨基乙基纤维素为主要原料，将其与羧甲基接枝后生成具有纳米级的粒径和良好溶胀能力的纤维素基IL羧甲基二乙基铵纤维素（CMDE-

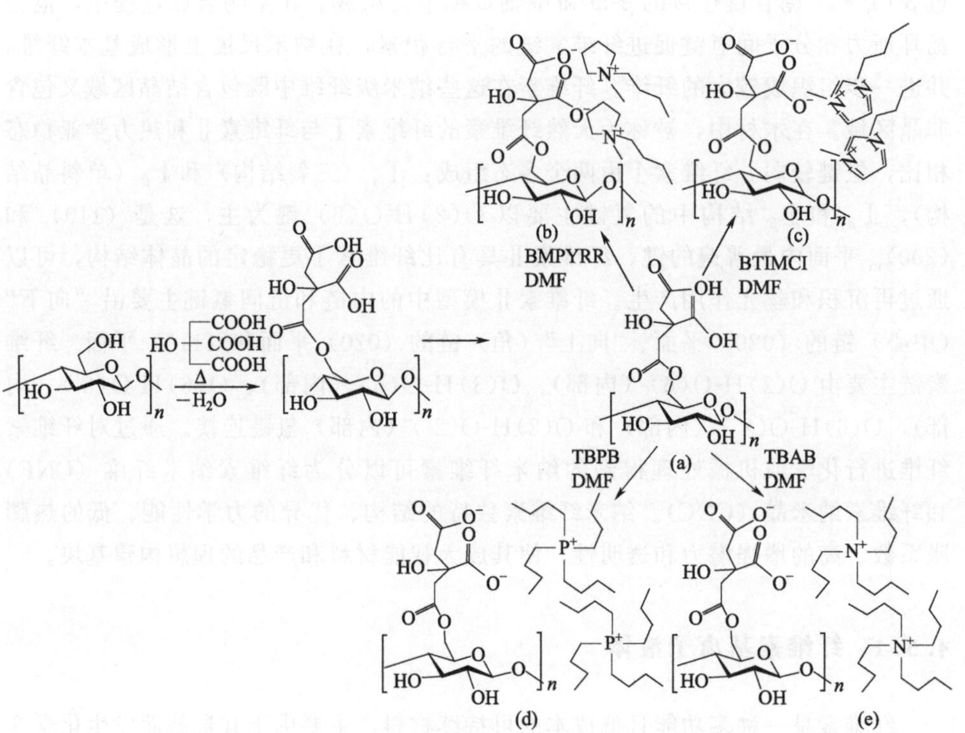

图 4-9　纤维素改性得到的离子化合物：CL-CA（a）；CL-BMPY RR（b）；CL-BMIM（c）；CL-TBP（d）；CL-TBA（e）

BMPYRR：1-丁基-1-甲基吡咯烷酰氯；TBPB：过氧苯甲酸叔丁酯；TBAB：四丁基溴化铵；DMF：*N*,*N*-二甲基甲酰胺[91]

AEC）（图 4-10）。结果表明，根据朗缪尔（Langmuir）模型，CMDEAEC 的最大 Au(Ⅲ) 吸附量为 $15mg \cdot g^{-1}$。另外，CMDEAEC 表现出了快速的吸附速率，吸附平衡时间为 2h。再生研究表明，CMDEAEC 具有很好的再利用潜力，并且经过 7 个吸附-脱附循环后，吸附损失仅为 4.1%。

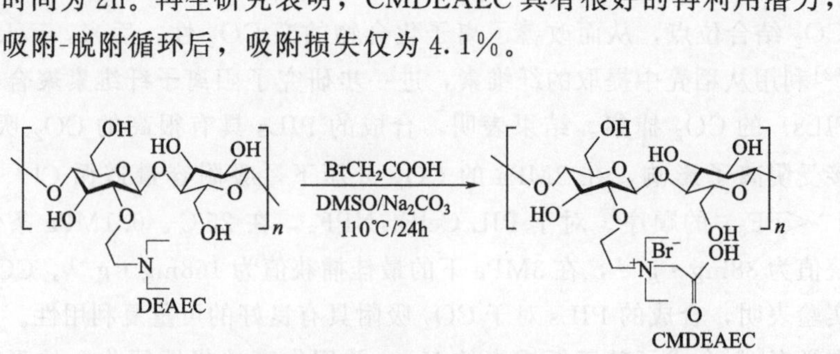

图 4-10　羧甲基二乙基铵纤维素（CMDEAEC）的合成方案[93]

4.5.2 功能性复合材料

生物质复合材料是高效、多功能的材料，可通过复杂的结构层次和较少的化学成分来实现最佳性能。纤维素具有丰富的羟基，可以与含氧基团相互作用。同时，氢键相互作用和搅拌力协同作用会导致纤维素和所选化合物的有效混合。在复合材料中使用纤维素不仅有利于生态，而且具有经济效益。

纤维素基功能复合材料在催化剂、锂离子电池、抗菌材料、药物载体、支架、储能等领域的应用引起了人们的广泛关注。这些功能性复合材料的前驱体主要是与金属、金属氧化物或碳纳米材料结合的纤维素。近年来，研究人员[1]对纤维素基复合材料的前驱体、复合材料、应用和性能进行了研究，并在表 4-3 中进行了总结。有学者[94]研究了 ZnO 纳米片再生纤维素膜（ZNSRC），并将其应用于光催化剂。SEM 结果表明，ZnO 纳米片分散在 ZNSRC 的表面和内部，当使用 1g 催化剂时，ZNSRC 的最佳光催化活性是其可以在 50min 内将 1.53×10^{-5}mol 甲基橙完全降解，这表明 ZNSRC 对降解有机染料废水非常有效。此外，研究人员以棉料为原料制备了氧化石墨烯/纤维素微球-NH_2@Fe_3O_4-$H_3PW_{12}O_{40}$复合催化剂，将其用于利用高酸性黄连木籽油通过酯交换反应制备生物柴油，结果显示，在最佳反应条件［80℃，甲醇/黄连木籽油的摩尔比为 12∶1，催化剂 15%（质量分数），持续 8h］下，可实现 94%的生物柴油收率。纳米原纤化纤维素可用于制备 $LiFePO_4$/石墨烯/纳米原纤化纤维素复合材料，结果证明，该复合材料具有作为锂离子电池电极的潜力。与纯 $LiFePO_4$ 电极相比，所得的复合电极（$LiFePO_4$/石墨烯/纳米原纤化纤维素）具有出色的机械柔韧性，并且具有增强的初始放电容量（151mA·h·g^{-1}）。此外，该复合电极可承受多达 1000 次的弯曲测试。

表 4-3 纤维素基复合材料的前驱体、复合材料、应用及性能

纤维素	复合材料	应用	性能
木浆纤维素纤维	ZnO 纳米片再生纤维素薄膜	光催化剂	使用 1g 催化剂在 50min 内完全降解 1.53×10^{-5}mol 的甲基橙
棉花	氧化石墨烯/纤维素微球-NH_2@Fe_3O_4-$H_3PW_{12}O_{40}$	催化剂	获得了 94%的生物柴油产率
纳米纤维化纤维素	Ag@纳米纤维化纤维素	催化剂	4-硝基苯酚的还原速率常数为 $46.6\times10^{-3}s^{-1}$
微晶纤维素	EstH/Fe_3O_4-纤维素	催化剂	酶动力学：51.14μmol·L^{-1}·min^{-1}；速率常数：520s^{-1}
纳米纤维化纤维素	$LiFePO_4$/石墨烯/纳米纤维化纤维素	锂离子电池电极	放电容量：151mA·h·g^{-1}；弯曲试验：超过 1000 次

续表

纤维素	复合材料	应用	性能
乙基纤维素	乙基纤维素-$MgHPO_4$	药物释放	90min内释放总载药量87%
微晶纤维素	纤维素/羊毛角蛋白/Ag^0纳米粒子	抗菌剂	97%和98%的抗生素耐药菌的生长减缓，应用于促进慢性伤口愈合
纳米纤维化纤维素	纤维素-嫁接-聚丙烯酰胺/纳米羟基磷灰石	支架	抗压强度：4.80MPa；弹性模量：0.29GPa；孔隙率：47.37%

微晶纤维素功能复合材料在催化剂、抗菌剂和支架中具有广泛的应用。与EstH游离形式相比，固定化的EstH/Fe_3O_4微晶纤维素具有更高的温度稳定性、更长的半衰期和更高的储存稳定性。在抗菌功能方面，使用微晶纤维素/羊毛角蛋白/Ag^0纳米粒子后，万古霉素耐药粪肠球菌和抗甲氧西林金黄色葡萄球菌的生长率分别降低了97%和98%，这将会促进慢性伤口愈合。对于药物释放的应用，据报道，乙基纤维素-$MgHPO_4$作为药物载体可在90min内释放高达其总载药量的87%。

4.5.3 吸附材料

纤维素具有很强的吸附能力，从而使其能够成为天然或改性形式的合适吸附剂。目前，纤维素已被用作水、油、有机溶剂、金属离子、染料、药物等的吸附剂。有学者[95]以N,N'-亚甲基双丙烯酰胺为交联剂，过硫酸铵作为引发剂，研究了细菌纤维素接枝丙烯酸对水的吸附。结果表明，最大的水吸附力为$322gg^{-1}\pm 23gg^{-1}$，并且吸附能力随盐浓度的增加而减小。此外，他们还发现pH值对水的吸附性能有重大影响，即随着pH值从3.5增加到6.0，吸附能力增加；在pH值为7.0时，吸附能力降低；在pH值为8.0时，吸附能力再次提高。

油基废水分为两种不同的类型：游离油废水和乳化油废水。游离油可以通过重力作用和脱脂作用轻松分离；由于乳化油在水相中更稳定，因此难以除去。研究发现，纤维素表面上的官能团对油的吸附是有效的，有学者开发了一种超疏水的3D多孔乙基纤维素吸附剂，用于去除水中的有机溶剂和油，例如正己烷、环己烷、庚烷、辛烷、石油醚、柴油、二甲基硅油、大豆油、乙醚和汽油。结果表明，改性纤维素吸附剂的吸附能力不仅取决于密度，而且取决于黏度和表面张力。对于低黏度的有机物，如正己烷、环己烷、石油醚、柴油、乙醚和汽油，改性纤维素只需16s左右即可达到吸附平衡，而在高黏度的油中，如二甲基硅油和大豆油，大约需要26s。由于具有高黏度的油分子在改性纤维素孔道中运动速度较慢，因此与低黏度油相比，海绵网络的溶剂化和在油中的溶胀相对较慢。

由于重金属很容易被活生物体吸附，因此重金属是化学密集型行业中最危险的污染物。通常，纤维素表面需要进行改性以便用作有效的吸附剂。据报道，膜内 NH_2—或 NH—的含量和结构会影响 Cr(Ⅵ) 金属离子的去除，与此同时，有研究人员以硫代氨基硫脲为吸附剂，从水溶液中吸附 Cu(Ⅱ) 离子，制备了一种先进的绿色羧甲基纤维素基吸附剂，他们通过 XPS 和 FTIR 分析，研究了对 Cu(Ⅱ) 的吸附机理，结果表明，强吸附是由于氮、硫、氧等电子供体基团的存在。M. Barsbay 等[96]的研究表明，纤维素表面 O—C═O、C—O 和 C—N 基团的富集有利于 Cu(Ⅱ)、Pb(Ⅱ) 和 Cd(Ⅱ) 的吸附。对于 Cs^+ 吸附，纤维素表面发生作用的基团为 NH_2、O—C═O 和 OH 基团。此外，还开发了具有纳米级粒径和良好溶胀能力的低成本纤维素基 IL，以增加 Au(Ⅲ) 吸附的接触面积。有学者将绿色生物质资源棉织物作为碳前驱体，通过催化石墨化反应植入铁前驱体，形成中孔。纳米复合材料的孔结构可通过调节铁前驱体的负载量来调整，并且嵌入的碳化铁纳米粒子充当吸附后磁分离的活性组分。结果表明，金属离子的吸附能力遵循 Cr(Ⅵ)＞Pb(Ⅱ)＞Cu(Ⅱ)＞Ni(Ⅱ)＞Zn(Ⅱ) 的顺序。

染料污染物通常存在于纺织、皮革、化妆品、纸张、塑料和橡胶等多种工业生产的许多工业废水中。这些染料即使暴露时间短也对生物体有害，因此从废水中去除染料非常重要。在去除染料时，考虑到染料特性和操作条件是不同的，所使用纤维素的粒径相比用于去除重金属和其他离子的纤维素要大得多。通常，吸附剂与染料颗粒之间的相互作用被归类为具有范德瓦耳斯力的物理吸附。为了提高性能，学者们通过生态友好的自组装方法制造了具有坚固互连网络的氧化石墨烯和纳米纤维素纤维的混合材料。与未改性的材料相比，混合材料的孔形态和表面化学性质（例如亲水性和表面电荷密度）得到了改善，比表面积和力学性能分别提高了约 4 倍和 5 倍。有人提出，强烈的化学相互作用（主要是氢键）是形成混合整体结构的主要驱动力。

4.5.4 碳材料

碳点（C-dot，CD）具有高比表面积、良好的生物相容性、低成本和荧光性能等有趣的特性，并且可以很容易地钝化，以实现特定的功能。此外，利用生物质生产碳点的合成策略不需要昂贵的材料以及复杂的实验装置，具有最终材料的高可用性和低成本等优势。例如，有学者通过一种使用硫酸和硝酸的简单方法，以桉木硫酸盐木浆纤维素为碳点的前驱体制备了碳点（CD），结果表明，该准球形生物质衍生 CD 的直径范围为 1～3nm，平均粒子尺寸大小为 2nm，并且在其表面上检测到大量不同的氧基团（主要是羧酸）。考虑到 CD 是通过低成本方法获得的，并且所用的可再生前体非常丰富，因此该方法可以代表一种重要的合成策略，以降低生产碳纳米粒子的最终成本，在生物医学和光催化等领域具有潜在的应用前景[97]。

有学者首先开发了一种新型的机械化学方法，通过纤维素粉末的高压均质法来合成碳纳米点（CND）或碳纳米洋葱（CNO）。其中，CND（尺寸小于 5nm）呈现球形和无定形形态，而 CNO（尺寸为 10～50nm）呈现多面体形貌、洋葱状外部晶格结构，其类石墨烯晶格间距为 0.36nm。CNO 显示蓝色发射，在水性介质中的适度分散性和高细胞活力，从而能够对细胞介质进行高效的荧光成像。

硬碳也被称为“非石墨化碳”，通常由两个特征域组成：堆叠的石墨烯片和类石墨微晶堆积形成的微孔结构。一些生物废料已被用作原材料，在 700～1500℃的条件下进行一步热解可以合成容量为 $300mA \cdot h \cdot g^{-1}$ 甚至更高的硬碳。此外，由于蔗糖含有纤维素和木质素，因此可以将其化学改性的前驱体进行热解以制备高能硬碳，并且能够显示出 $250 \sim 330mA \cdot h \cdot g^{-1}$ 可逆容量。纤维素衍生的硬碳可以显示出高容量，并且通过预处理可以引入交联。结果发现，该优化有利于 Na 和 K 细胞中 $353mA \cdot h \cdot g^{-1}$ 和 $290mA \cdot h \cdot g^{-1}$ 的可逆容量。活性炭是一种很常见的吸附剂，直接从纤维素中提取的碳材料是一种非石墨化碳，可以很容易地被活化，但是，由于纤维素的化学结构中包含许多氧原子，因此产率较低。为了降低生产成本，提高产率对于由纤维素制备活性炭很重要。据报道，添加阻燃剂，例如磷酸胍，是一种有效的选择，添加后，产率可以从 12%增加到 22%。其中，硫酸三聚氰胺是一种对纤维素具有阻燃作用的化学物质，它的加入会导致比表面积（Brunauer-Emmett-Teller）减小。石墨烯是排列成六边形晶格的单层碳原子，由于其具有高比表面积和出色的电化学性能，引起了学者们很多关注。然而，当将其用作电极材料时，石墨烯易于聚集并且体积性能差。因此，学者们由通过研磨漂白的牛皮纸浆而制成的片状纤维素制备了具有分级孔结构的致密石墨烯类多孔碳（GPC），结果表明，GPC 独特的孔结构导致其比表面积增加至 $2045m^2 \cdot g^{-1}$，为电解质物种提供了丰富的存储场所和通道。

4.6 半纤维素衍生功能材料

基于半纤维素功能材料的研发和制备技术相比木质素和纤维素的报道要少得多，应用非常受限制，主要集中在生物医学、药物载体以及包装上等，例如，有学者[64]详细地介绍了半纤维素再利用以及相关应用研究。

4.6.1 生物医学

半纤维素衍生材料近几年来得到了广泛的研究，并将其应用于生物医学材料的设计和研发。其中，学者们通常利用氢化和交联来改性半纤维素，并且发现与未改性的半纤维素相比，改性后的半纤维素是生产生物医学应用的耐水性材料的合适前体。目前，通过诱导宿主免疫系统的活性，几种类型的半纤维素已成功用于抑制不同肿瘤的生长。一项研究表明，氧化甘露聚糖作为一种生物活性物质可以与疫苗（MUC）结合，获得融合蛋白（M-FP），该融合蛋白可以作为癌症免疫治疗的靶点。有报道称[98]，氧化甘露聚糖聚赖氨酸（OMPLL）和还原甘露聚糖聚赖氨酸（RMPLL）可用于靶向 DNA 疫苗到抗原提呈细胞。此外，半纤维素具有抗菌活性，当微生物通过攻击宿主细胞和组织而引起传染病时，良好的黏附对于使病原体获得营养物质并将有毒物质输送到宿主组织的细胞至关重要。L. Iwamoto 等人[99]报道说，甘露聚糖抑制了几种白色念珠菌菌株对塑料板的黏附，因此用甘露聚糖型半纤维素涂覆医疗器械可以减少白色念珠菌的黏附。

在运动医学领域，半纤维素也被广泛应用于运动损伤后的伤口敷料中。理想的伤口敷料应在伤口敷料界面上保持高湿度环境，清除渗出液，允许气体和蒸汽交换，对微生物和水不可渗透，能够减轻伤口引起的疼痛，并且可以在不损害愈合伤口的情况下被移除。例如，一种基于半纤维素的伤口敷料维洛德姆（Veloderm）已被意大利美德斯蒂亚研究公司（Medestea Research&Production）商业化。Veloderm 是一种生物膜，具有由半纤维素微纤维组成的聚合物结构，制造商将其描述为伤口敷料，气体和蒸汽可选择性渗透，并防止水和微生物渗透，从而保护伤口免受污垢和细菌从外部渗透的侵害。据称 Veloderm 还可减轻疼痛并为肉芽形成和上皮再形成创造一个环境，从而促进快速和最佳的伤口愈合。

近年来，学者对半纤维素衍生生物聚合物作为一种药物传递系统的相关研究非常感兴趣，已知的是木聚糖会被人类结肠菌群分泌的木聚糖酶和 β-木糖酶降解，在结肠中分泌这些酶的微生物的存在影响了半纤维素作为用于结肠特异性药物传递的药物载体聚合物的用途。目前已经报道了几种形式的药物传递系统，包括纳米粒子、微粒子（微胶囊和微球）和纳米晶。有学者[100]通过甲基丙烯酸酯 N,N-二乙基氨基乙基右旋糖酐的聚合酐（DdexMA）和脱氧 MA-乙烯基端聚乳酸大单体（PLAM）制备了交联多糖纳米胶囊。结果表明，负载的药物可以以长达 100h 的方式再次释放。U. Edlund 等人[101]制备了半乳葡甘露聚糖（GGM）微球作为药物输送系统，其中包含咖啡因（一种非常小的亲水性物质）和大分子模型蛋白（牛血清白蛋白）。GGM 微球的释放速率取决于多个因素，例如值、封装物质的类型。

4.6.2 药物载体

对环境敏感的水凝胶在各种应用中具有巨大的潜力，其中，在制药领域，需要考虑一些环境变量，例如 pH 值、离子强度、溶剂组成、温度以及电场和磁场等。同样，人体内环境也可能发生变化，例如低 pH 值和高温。因此，pH 敏感和/或温度敏感的水凝胶都可以用于特定部位的受控药物传递，而对特定分子（如葡萄糖或抗原）有反应的水凝胶可以用作生物传感器和药物传递系统。有报告指出，富含木聚糖的半纤维素水凝胶在高 pH 值时会膨胀，而在低 pH 值或在盐溶液以及有机溶剂中会发生收缩[102]。离子水凝胶具有较高的吸水能力，并显示出对 pH 值、离子和有机溶剂的快速和多重响应。进一步的研究表明，富含木聚糖的半纤维素水凝胶具有高效的再生和金属离子回收效率，并且经过多次吸附/解吸循环后，它们可以重复使用而对 Pd^{2+}、Cd^{2+} 和 Zn^{2+} 的吸附能力没有明显损失。

据报道，基于麦秸半纤维素的水凝胶可作为控制药物传递的一种新型载体，且制备的半纤维素水凝胶对 pH 敏感，在 pH 值为 1.5 的介质中，水凝胶的溶胀动力学遵循菲克（Fickian）扩散过程，并且水凝胶弛豫和水在 pH 值为 7.4 和 10 的介质中的扩散可以协同控制吸水率。以乙酰水杨酸为模型药物，载药水凝胶的释放动力学显示了 6h 的零级药物释放动力学，可达到 85％的累积释放速率。茶碱从水凝胶中的释放证实了半纤维素水凝胶的控制作用。因此半纤维素水凝胶可用于生物医学领域，尤其是用于控制药物释放。

4.6.3 薄膜

据报道，由半纤维素乙酸盐形成的薄膜早在 1949 年就形成了。由可再生材料制成的薄膜在食品和医药行业具有许多潜在应用，例如食品包装、伤口敷料和药物胶囊等。基于半纤维素的薄膜由于其可生物降解性和成本效益，已经成为环保包装应用的有前途的候选材料。然而，半纤维素基薄膜固有的较差机械和吸湿性能在很大程度上阻碍了它们在目标应用中的潜力。通过使可用的羟基官能化来形成半纤维素衍生物或通过形成共混膜，可以改变诸如亲水性和机械性能。

有学者[103]研究了通过将 CMC 掺入季铵化纤维素（QH）中来制备具有增强机械性能混合薄膜的一种有效而简便的方法。由 QH 和 CMC（质量比为 1∶2）制备的混合薄膜具有拉伸强度为 65.2MPa 的机械性能，而 CMC 膜的拉伸强度仅为 18.02MPa。这表明 CMC 的加入通过强的静电相互作用增强了机械性能，并且 QH 增强了氢键。另外，将壳聚糖引入 QH/蒙脱土（MMT）基质中，能够制备出具有显著增强机械性能的纳米复合膜。当加入 MMT 时，壳聚糖会干扰季铵化半纤维素的规则排列，这是因为两种相反电荷填料之间的氢键作用和静电相互作用增强。即使存在少量的壳聚糖（CS），QH-MMT-CS 薄膜也表现出优异的拉伸强度（57.8MPa），比复合膜 QH-MMT 高 30.2％。通过将纳米晶纤维素

(NCC)或阳离子改性的纳米晶纤维素(CNCC)添加到半纤维素(HC)/山梨糖醇(SB)中，制备了一种基于半纤维素的环保包装。结果发现，具有9%NCC和9%CNCC的复合膜拉伸应力分别为9.18MPa和10.44MPa，与纯HC/SB膜(8.05MPa)相比，分别增加了14%和30%。该结果强烈支持以下结论：添加NCC或CNCC可有效改善HC/SB膜的机械性能。此外，通过过硫酸钾/N,N,N',N'-四甲基乙二胺(KPS/TMEDA)氧化还原引发剂体系与交联剂亚甲基双(丙烯酰胺)引发的丙烯酰胺(AM)单体与半纤维素的共聚反应，合成了聚丙烯酰胺半纤维素混合膜。结果表明，所制备的薄膜具有许多优势，例如在室温下具有优异的水溶性(在116s内溶于水中)、低的氧渗透性($8.75\sim22.97cm^3 \cdot \mu m \cdot m^{-2} \cdot d^{-1} \cdot kPa^{-1}$)、良好的力学性能(10.7MPa，应变120%)和良好的可回收性，意味着这是一种有效利用半纤维素废液的方法，具有巨大的经济和环境效益。

对于木质纤维素生物质的利用，其效率在很大程度上取决于纤维素、半纤维素和木质素的含量、组成和结构不同的生物质资源类型。梯级利用是最好的方法，因为该方法考虑了纤维素、半纤维素和木质素的组成、特性。传统意义上来说，木质产品已经被广泛应用于建筑、家具、运输、燃料和造纸。近几年，学者们通过高值化利用木质纤维素生物质及其衍生的生物聚合物的固有成分与独特性能，开发了一系列高价值的功能化材料和器件，例如，利用纳米纤维素设计开发了各种先进材料和装置，并已经广泛应用在能源、电子和生物医学领域。研究人员发现疏水化可以促进半纤维素的许多工业应用，例如，疏水化后的半纤维素可广泛应用于生物医学领域(如伤口敷料和药物释放系统)与运输包装领域。此外，利用木质素合成聚合物生产功能性纳米材料，并将其用于药物递送和其他生物医学领域同样具有广阔的应用前景。

通过预处理将生物质分馏成单个组分是实现生物质梯级利用的第一步，预处理的性能取决于所使用的方法和后续的目标产品，每种方法都有各自的具体缺点。这使得为所有的商业应用选择一种通用的预处理方法成为一个挑战。由于“绿色和节能”的战略要求，在工业规模内使用的传统技术将受到限制，因此，迫切需要开发环保、经济、省时的预处理技术。由于生物质原料的不完全利用，大多数提议的方法目前无法在经济上与炼油厂竞争。从木质素、半纤维素和纤维素的梯级利用方面，学者们提出了由各组分生产高价值、新颖的产品，如①纤维素：转化为纤维和化学品的溶解浆；②半纤维素：用作生物基薄膜或药物载体的原料或合成中间体；③木质素：转化为碳泡沫、生物塑料或电池阳极。然而，需要指出的是，目前大部分关于木质纤维素生物质利用的研究还处于起步阶段，如石墨烯、碳纳米管、生物塑料、气凝胶、纤维素基离子液体和药物载体等功能材料。能源需求、成本和工艺效率仍然是木质纤维素生物质商业规模应用的挑战，因此未来，至少需要考虑以下几个方面：

① 根据木质纤维素生物质的组成、特点和类型，综合几种预处理方法的优点可以选择最佳的木质纤维素生物质预处理方法；

② 根据产品价值对木质纤维素生物质类型进行排序，建立梯级利用模型，为特定目标产品选择合适的生物质，以提高木质纤维素生物质利用效率；

③ 考虑到生物质利用过程的复杂性、预处理过程的相互依赖性和与市场相关的经济性，建立一个综合过程，以最大限度地将木质纤维素生物质转化为高价值产品。

参考文献

[1] Liu Y, Nie Y, Lu X, et al. Cascade utilization of lignocellulosic biomass to high-value products [J]. Green Chemistry, 2019, 21: 3499-3535.

[2] Vanneste J, Ennaert T, Vanhulsel A, et al. Unconventional pretreatment of lignocellulose with low-temperature plasma [J]. ChemSusChem, 2017, 10: 14-31.

[3] Moon R J, Martini A, Nairn J, et al. Cellulose nanomaterials review: structure, properties and nanocomposites [J]. Chemical Society Reviews, 2011, 40: 3941-3994.

[4] Thunga M, Chen K, Grewell D, et al. Bio-renewable precursor fibers from lignin/polylactide blends for conversion to carbon fibers [J]. Carbon, 2014, 68: 159-166.

[5] Bugg T, Ahmad M, Hardiman E M, et al. Pathways for degradation of lignin in bacteria and fungi [J]. Natural Product Reports, 2011, 28 (12): 1883-1896.

[6] Dutta S, Wu C W, Saha B. Emerging strategies for breaking the 3D amorphous network of lignin [J]. Catalysis science & technology, 2014, 4 (11): 3785-3799.

[7] Mao J D, Holtman K M, Scott J T, et al. Differences between lignin in unprocessed wood, milled wood, mutant wood and extracted lignin detected by 13 C solid-state NMR [J]. Journal of Agricultural and Food Chemistry, 2006, 54 (26): 9677-9686.

[8] Zakzeski J, Bruijnincx P C A, Jongerius A L, et al. The catalytic valorization of lignin for the production of renewable chemicals [J]. Chemical Reviews, 2010, 110 (6): 3552-3599.

[9] Ragauskas A J, Beckham G T, Biddy M J, et al. Lignin valorization: Improving lignin processing in the biorefinery [J]. Science, 2014, 344 (6185): 1246843.

[10] Lee H V, Hamid S, Zain S K. Conversion of lignocellulosic biomass to nanocellulose: Structure and chemical process [J]. The Scientific World Journal, 2014, 2014: 1-20.

[11] Muchlisyam L, Silalahi J, Harahap U, et al. Hemicellulose: Isolation and its application in pharmacy [M]. Pan Stanford Publishing, 2016, 305-339.

[12] Paudel S R, Banjara S P, Choi O K, et al. Pretreatment of agricultural biomass for anaerobic digestion: Current state and challenges [J]. Bioresource Technology, 2017, 245: 1194-1205.

[13] Notley S M, Norgren M. Lignin: Functional biomaterial with potential in surface chemistry and nanoscience [M]. John Wiley & Sons, Ltd, 2009, 173-205.

[14] Irmak S, Tumuluru J S. Biomass as raw material for production of high-value products [M].

IntechOpen, 2017, 201-225.

[15] Steubing B, Zah R, Waeger R, et al. Bioenergy in Switzerland: Assessing the domestic sustainable biomass potential [J]. Renewable & Sustainable Energy Reviews, 2010, 14 (8): 2256-2265.

[16] Alamia A, Lind F, Thunman H. Hydrogen from biomass gasification for utilization in oil refineries [J]. American Chemical Society Division of Fuel Chemistry Preprints, 2012, 57 (2): 835-836.

[17] Ussiri D A N, Lal R. Miscanthus agronomy and bioenergy feedstock potential on minesoils [J]. Biofuels, 2014, 5 (6): 741-770.

[18] Shikinaka K, Otsuka Y, Nakamura M, et al. Utilization of lignocellulosic biomass via novel sustainable process [J]. Journal of Oleo Science, 2018, 67 (9): 1059-1070.

[19] Hilares R T, Ramos L, Silva S, et al. Hydrodynamic cavitation as a strategy to enhance the efficiency of lignocellulosic biomass pretreatment [J]. Critical Reviews in Biotechnology, 2018, 38 (4): 483-493.

[20] Kun D, Pukánszky B. Polymer/lignin blends: Interactions, properties, applications [J]. European Polymer Journal, 2017, 93: 618-641.

[21] Dai L L, He C, Wang Y P, et al. Comparative study on microwave and conventional hydrothermal pretreatment of bamboo sawdust: Hydrochar properties and its pyrolysis behaviors [J]. Energy Conversion and Management, 2017, 146: 1-7.

[22] Diaz A B, de Souza Moretti M M, Bezerra-Bussoli C, et al. Evaluation of microwave-assisted pretreatment of lignocellulosic biomass immersed in alkaline glycerol for fermentable sugars production [J]. Bioresource Technology, 2015, 185: 316-323.

[23] Feng Y, Li G Y, Li X Y, et al. Enhancement of biomass conversion in catalytic fast pyrolysis by microwave-assisted formic acid pretreatment [J]. Bioresource Technology, 2016, 214: 520-527.

[24] Avelino F, Da Silva K T, de Souza Filho, et al. Microwave-assisted organosolv extraction of coconut shell lignin by Brønsted and Lewis acids catalysts [J]. Journal of Cleaner Production, 2018, 189: 785-796.

[25] Jin S, Zhang G, Zhang P, et al. Microwave assisted alkaline pretreatment to enhance enzymatic saccharification of catalpa sawdust [J]. Bioresour Technol, 2016, 221: 26-30.

[26] Gaudino E C, Tabasso S, Grillo G, et al. Wheat straw lignin extraction with bio-based solvents using enabling technologies [J]. Comptes Rendus Chimie, 2018, 21 (6): 563-571.

[27] Merino O, Fundora-Galano G, Luque R, et al. Understanding microwave-assisted lignin solubilization in protic ionic liquids with multiaromatic imidazolium cations [J]. ACS Sustainable Chemistry & Engineering, 2018, 6: 4122-4129.

[28] Lv H S, Ren M M, Zhang M H, et al. Pretreatment of corn stover using supercritical CO_2 with water-ethanol as co-solvent [J]. Chinese Journal of Chemical Engineering, 2013, 21 (5): 551-557.

[29] Yin J, Hao L, Yu W, et al. Enzymatic hydrolysis enhancement of corn lignocellulose by supercritical CO_2 combined with ultrasound pretreatment [J]. Chinese Journal of Catalysis, 2014, 35 (5): 763-769.

[30] Cheng L, Ye X P. Recent progress in converting biomass to biofuels and renewable chemicals

in sub-or supercritical water [J] . Biofuels, 2010, 1 (1) : 109-128.

[31] Quitain A T, Herng C Y, Yusup S, et al. Conversion of biomass to bio-oil in sub-and supercritical water [J] . Biofuels-Status and Perspective, 2015, 1: 459-476.

[32] Phan D T, Tan C S. Innovative pretreatment of sugarcane bagasse using supercritical CO_2 followed by alkaline hydrogen peroxide [J] . Bioresource Technology, 2014, 167: 192-197.

[33] Kim K H, Eom I Y, Lee S M, et al. Applicability of sub-and supercritical water hydrolysis of woody biomass to produce monomeric sugars for cellulosic bioethanol fermentation [J] . Journal of Industrial & Engineering Chemistry, 2010, 16 (6) : 918-922.

[34] Sung N K, Kim J K. Studies on the fermentive utilization of cellulosic wastes. (Part 1) Investigation of acid-hydrolysis from cellulosic wastes and utilization of hydrolyzate [J] . Journal of Reliability Engineering Association of Japan, 1976, 23 (6) : 659-675.

[35] Allan G G, Loop T E. Is supercritical water the green future of chemical processing? [J] . Chemical Processing, 2018, 80 (10) .

[36] Jeong H, Park Y C, Seong Y J, et al. Sugar and ethanol production from woody biomass via supercritical water hydrolysis in a continuous pilot-scale system using acid catalyst [J] . Bioresource Technology, 2017, 245: 351-357.

[37] Romero A, Cantero D, Nieto-Márquez A, et al. Supercritical water hydrolysis of cellulosic biomass as effective pretreatment to catalytic production of hexitols and ethylene glycol over Ru/MCM-48 [J] . Green Chemistry, 2016, 18 (14) : 4051-4062.

[38] Sheikhdavoodi M J, Almassi M, Ebrahimi-Nik M, et al. Gasification of sugarcane bagasse in supercritical water; evaluation of alkali catalysts for maximum hydrogen production [J] . Journal of the Energy Institute, 2015, 88: 450-458.

[39] Li R, Li B, Yang T, et al. Production of bio-oil from rice stalk supercritical ethanol liquefaction combined with the torrefaction process [J] . Energy & Fuels, 2014, 28 (3) : 1948-1955.

[40] Ayala-Parra P, Liu Y, Sierra-Alvarez R, et al. Pretreatments to enhance the anaerobic biodegradability of Chlorella protothecoides algal biomass [J] . Environmental Progress & Sustainable Energy, 2018, 37 (1) : 418-424.

[41] Zhang Q, Zhang P, Pei Z, et al. Investigation on characteristics of corn stover and sorghum stalk processed by ultrasonic vibration-assisted pelleting [J] . Renewable Energy, 2017, 101 (1) : 1075-1086.

[42] Mohapatra S, Dandapat S J, Thatoi H. Physicochemical characterization, modelling and optimization of ultrasono-assisted acid pretreatment of two Pennisetum sp. using Taguchi and artificial neural networking for enhanced delignification [J] . Journal of Environmental Management, 2017, 187: 537-549.

[43] Manasa P, Paramjeet S, Narasimhulu K. Ultrasound-assisted alkaline pretreatment to intensify enzymatic saccharification of Crotalaria juncea using a statistical method [J] . Biomass Conversion & Biorefinery, 2018, 8: 659-668.

[44] Dong C, Chen J, Guan R, et al. Dual-frequency ultrasound combined with alkali pretreatment of corn stalk for enhanced biogas production [J] . Renewable Energy, 2018, 127 (11) : 444-451.

[45] Shanthi M, Banu J R, Sivashanmugam P. Effect of surfactant assisted sonic pretreatment on liquefaction of fruits and vegetable residue: Characterization, acidogenesis, biomethane

yield and energy ratio [J]. Bioresour Technol, 2018, 264: 35-41.

[46] Ravindran R, Jaiswal S, Abu-Ghannam N, et al. Evaluation of ultrasound assisted potassium permanganate pre-treatment of spent coffee waste [J]. Bioresour Technol, 2017, 224: 680-687.

[47] Tsong T Y. Electroporation of cell membranes. [J]. Biophysical Journal, 1991, 60 (2): 297-306.

[48] Ammar J B, Lanoiselle J L, Lebovka N I, et al. Impact of a pulsed electric field on damage of plant tissues: effects of cell size and tissue electrical conductivity [J]. Journal of Food Science, 2011, 76 (1): 90-97.

[49] Brahim M, Fernandez B C, Regnier O, et al. Impact of ultrasounds and high voltage electrical discharges on physico-chemical properties of rapeseed straw' s lignin and pulps [J]. Bioresource Technology, 2017, 237: 11-19.

[50] Liu D, Ping N, Qu G, et al. The effects of cathodic micro-voltage combined with hydrothermal pretreatment on methane fermentation of lignocellulose substrate [J]. IOP Conference Series: Earth and Environmental Science, 2017, 64 (1): 12083.

[51] Gogate P R, Bhosale G S. Comparison of effectiveness of acoustic and hydrodynamic cavitation in combined treatment schemes for degradation of dye wastewaters [J]. Chemical Engineering & Processing Process Intensification, 2013, 71: 59-69.

[52] Kim I, Lee I, Jeon S H, et al. Hydrodynamic cavitation as a novel pretreatment approach for bioethanol production from reed [J]. Bioresource Technology, 2015, 192: 335-339.

[53] Hilares R T, dos Santos J C, Ahmed M A, et al. Hydrodynamic cavitation-assisted alkaline pretreatment as a new approach for sugarcane bagasse biorefineries [J]. Bioresource Technology, 2016, 214: 609-614.

[54] Kiruthika T, Ramesh D, Taran O P, et al. Delignification of corncob via combined hydrodynamic cavitation and enzymatic pretreatment: Process optimization by response surface methodology [J]. Biotechnology for Biofuels, 2018, 11 (1): 203-215.

[55] Swatloski R P, Spear S K, Holbrey J D, et al. Dissolution of cellose with ionic liquids [J]. Journal of the American Chemical Society, 2002, 124 (18): 4974-4975.

[56] Hou Q, Ju M, Li W, et al. Pretreatment of lignocellulosic biomass with ionic liquids and ionic liquid-based solvent systems [J]. Molecules, 2017, 22 (3): 490-513.

[57] Victoria R, Santos T M, Carlos D J, et al. Evaluation of hardwood and softwood fractionation using autohydrolysis and ionic liquid microwave pretreatment [J]. Biomass and Bioenergy, 2018, 117: 190-197.

[58] Rigual V, Santos T M, Dom í nguez J C, et al. Combining autohydrolysis and ionic liquid microwave treatment to enhance enzymatic hydrolysis of Eucalyptus globulus wood [J]. Bioresour Technol, 2017, 251: 197-203.

[59] Williams C L, Li C, Hu H, et al. Three way comparison of hydrophilic ionic liquid, hydrophobic Iionic liquid, and dilute acid for the pretreatment of herbaceous and woody biomass [J]. Frontiers in Energy Research, 2018, 6: 1-12.

[60] Deressa T L, Gupta B S, Ming-Jer L. Treatment of coffee husk with ammonium-based ionic liquids: lignin extraction, degradation, and characterization [J]. ACS Omega, 2018, 3 (9): 10866-10876.

[61] Cheng F C, Zhao X, Hu Y C, et al. Lignocellulosic biomass delignification using aqueous alcohol solutions with the catalysis of acidic ionic liquids: A comparison study of solvents [J]. Bioresource Technol, 2018, 249: 969-975.

[62] Socha A M, Parthasarathi R, Shi J, et al. Efficient biomass pretreatment using ionic liquids derived from lignin and hemicellulose [J]. Proceedings of the National Academy of Sciences, 2014, 111 (35): 3587-3595.

[63] Nasrullah A, Bhat A H, Khan A S, et al. Comprehensive approach on the structure, production, processing, and application of lignin [M]. Sawston: Woodhead Publishing, 2017, 165-178.

[64] Liu C, Luan P C, Li Q, et al. Biopolymeric materials: biopolymers derived from trees as sustainable multifunctional materials: a review [J]. Advanced Materials, 2021, 33 (28): 2001654.

[65] Wang Z, Ganewatta M S, Tang C, et al. Sustainable polymers from biomass: Bridging chemistry with materials and processing [J]. Progress in Polymer Science, 2019: 101197.

[66] Yang Z W, Guo H J, Li F F, et al. Cooperation of nitrogen-doping and catalysis to improve the Li-ion storage performance of lignin-based hard carbon [J]. Journal of Energy Chemistry, 2018, 27: 1390-1396.

[67] Zhang W L, Yin J, Lin Z, et al. Facile preparation of 3D hierarchical porous carbon from lignin for the anode material in lithium ion battery with high rate performance [J]. Electrochimica Acta, 2015, 176: 1136-1142.

[68] Zhang L M, You T T, Zhou T, et al. Interconnected hierarchical porous carbon from lignin-derived byproducts of bioethanol production for ultrahigh performance supercapacitors [J]. ACS Applied Materials & Interfaces, 2016, 8 (22): 13918-13925.

[69] Wang H, Qiu X, Zhong R, et al. One-pot in-situ preparation of a lignin-based carbon/ZnO nanocomposite with excellent photocatalytic performance [J]. Materials Chemistry and Physics, 2017, 199: 193-202.

[70] Yan Q G, Zhang X F, Li J H, et al. Catalytic conversion of Kraft lignin to bio-multilayer graphene materials under different atmospheres [J]. Journal of Materials Science, 2018, 53 (2): 1-10.

[71] Liu F, Chen Y, Gao J M. Preparation and characterization of biobased graphene from kraft lignin [J]. BioResources, 2017, 12 (3): 6545-6557.

[72] Ding Z Y, Li F F, Wen J L, et al. Gram-scale synthesis of single-crystalline graphene quantum dots derived from lignin biomass [J]. Green Chemistry, 2018, 20 (6): 1383-1390.

[73] Shi K, Wu T, Yan J, et al. Microwave enhanced pyrolysis of gumwood [C] //2013 International Conference on Materials for Renewable Energy and Environment. IEEE, 2013, 1: 223-227.

[74] Saha D, Van Bramer S E, Orkoulas G, et al. CO_2 capture in lignin-derived and nitrogen-doped hierarchical porous carbons [J]. Carbon, 2017, 121: 257.

[75] Fu K F, Yue Q Y, Gao B Y, et al. Preparation, characterization and application of lignin-based activated carbon from black liquor lignin by steam activation [J]. Chemical Engineering Journal, 2013, 228: 1074-1082.

[76] Liu C, Li Y M, Hou Y. Preparation of a novel lignin nanosphere adsorbent for enhancing ad-

sorption of lead [J] . Molecules, 2019, 24 (15) : 2704.

[77] Qiu X Q, Yu J, Yang D J, et al. Whitening sulfonated alkali lignin via H_2O_2/UV radiation and its application as dye dispersant [J] . ACS Sustainable Chemistry & Engineering, 2017, 6: 1055-1060.

[78] Zhang H, Yu B M, Zhou W P, et al. High-value utilization of eucalyptus kraft lignin: Preparation and characterization as efficient dye dispersant [J] . International Journal of Biological Macromolecules, 2018, 109: 1232-1238.

[79] Qin Y L, Mo W J, Yu L X, et al. A light-colored hydroxypropyl sulfonated alkali lignin for utilization as a dye dispersant [J] . Holzforschung, 2016, 70 (2) : 109-116.

[80] Qin Y L, Yang D J, Qiu X Q. Hydroxypropyl sulfonated lignin as dye dispersant: Effect of average molecular weight [J] . ACS Sustainable Chemistry & Engineering, 2015, 3 (12) : 3239-3244.

[81] Holmberg A L, Nguyen N A, Karavolias M G, et al. Softwood lignin-based methacrylate polymers with tunable thermal and viscoelastic properties [J] . Macromolecules, 2016, 49: 1286-1295.

[82] Ház A, Jablonsky M, Sládková A, et al. Stability of the lignins and their potential in production of bioplastics [J] . Key Engineering Materials, 2016, 688: 25-30.

[83] Zhang Y, Liao J J, Fang X C, et al. Renewable high-performance polyurethane bioplastics derived from lignin-Poly (ε-caprolactone) [J] . ACS Sustainable Chem Eng, 2017, 5 (5) : 4276-4284.

[84] Karaaslan M A, Kadla J F, Ko F K. Lignin-based aerogel [M] . Ligin in Polymer Composites, 2016, 67-93.

[85] Chen C Z, Li F F, Zhang Y R, et al. Compressive, ultralight and fire-resistant lignin-modified graphene aerogels as recyclable absorbents for oil and organic solvents [J] . Chemical Engineering Journal, 2018, 350: 173-180.

[86] Wang C, Xiong Y, Fan Q F, et al. Cellulose as an adhesion agent for the synthesis of lignin aerogel with strong mechanical performance, Sound-absorption and thermal insulation [J] . Scientific Reports, 2016, 6: 32383.

[87] Quraishi S, Martins M, Barros A A, et al. Novel non-cytotoxic alginate-lignin hybrid aerogels as scaffolds for tissue engineering [J] . The Journal of Supercritical Fluids, 2015, 105: 1-8.

[88] Richter A P, Brown J S, Bharti B, et al. An environmentally benign antimicrobial nanoparticle based on a silver-infused lignin core [J] . Nature Nanotechnology, 2015, 10: 817.

[89] Liu X H, Hui Y, Zhang Z X, et al. Functionalization of lignin through ATRP grafting of poly (2-dimethylaminoethyl methacrylate) for gene delivery [J] . Colloids and Surfaces B: Biointerfaces, 2015, 125: 230-237.

[90] Hokkanen S, Bhatnagar A, Sillanpaa M. A review on modification methods to cellulose-based adsorbents to improve adsorption capacity [J] . Water Research, 2016, 91 (5) : 156-173.

[91] Bernard F L, Rodrigues D M, Polesso B B, et al. New cellulose based ionic compounds as low-cost sorbents for CO_2 capture [J] . Fuel Processing Technology, 2016, 149: 131-138.

[92] Bernard F L, Duczinski R B, Rojas M F, et al. Cellulose based poly (ionic liquids) : Tuning cation-anion interaction to improve carbon dioxide sorption [J] . Fuel, 2018, 211 (1) : 76-86.

[93] Guo W H, Yang F, Zhao Z G, et al. Cellulose-based ionic liquids as an adsorbent for high se-

lective recovery of gold [J] . Minerals Engineering, 2018, 125: 271-278.

[94] Zhou X L, Li X B, Gao Y N, et al. Preparation and characterization of 2D ZnO nanosheets/regenerated cellulose photocatalytic composite thin films by a two-step synthesis method-ScienceDirect [J] . Materials Letters, 2019, 234: 26-29.

[95] Luo M T, Li H L, Chao H, et al. Cellulose-based absorbent production from bacterial cellulose and acrylic acid: Synthesis and performance [J] . Polymers, 2018, 10 (7) : 702-718.

[96] Barsbay M, Kavakh P A, Tilki S, et al. Porous cellulosic adsorbent for the removal of Cd (Ⅱ), Pb (Ⅱ) and Cu (Ⅱ) ions from aqueous media [J] . Radiation Physics and Chemistry, 2018, 142: 70-76.

[97] Wang Y F, Hu A. Carbon quantum dots: Synthesis, properties and applications [J] . Journal of Materials Chemistry C, 2014, 2: 6921-6939.

[98] Tang C K, Sheng K C, Esparon S E, et al. Molecular basis of improved immunogenicity in DNA vaccination mediated by a mannan based carrier [J] . Biomaterials, 2009, 30 (7) : 1389-1400.

[99] Iwamoto L, Watanabe T, Ogasawara A, et al. Adherence of Candida albicans is inhibited by yeast mannan [J] . Yakugaku Zasshi Journal of the Pharmaceutical Society of Japan, 2006, 126 (3) : 167-172.

[100] Jiang B B, Hu L, Gao C Y, et al. Crosslinked polysaccharide nanocapsules: Preparation and drug release properties [J] . Acta Biomaterialia, 2006, 2 (1) : 9-18.

[101] Edlund U, Albertsson A C. A Microspheric System: Hemicellulose-based Hydrogels [J] . Journal of Bioactive & Compatible Polymers, 2008, 23 (2) : 171-186.

[102] Peng X W, Ren J L, Zhong L X, et al. Xylan-rich hemicelluloses-graft-acrylic acid ionic hydrogels with rapid responses to pH, salt and organic solvents [J] . Journal of Agricultural and Food Chemistry, 2011, 59 (15) : 8208-8215.

[103] Gao H, Rao J, Ying G, et al. Investigation of the thermo-mechanical properties of blend films based on hemicelluloses and cellulose [J] . International Journal of Polymer Science, 2018, 2018: 1-10.

5

木质基碳点水污染净化功能

木材作为一种传统的环保材料，为人类社会的发展做出了巨大贡献，它们被广泛用于供暖、家具和纸张等，近年来由于资源短缺导致木材越来越多受到学者们的关注。从化学角度来看，木材是一种天然的复合材料，由纤维素（占重量的40%～45%）、半纤维素（占重量的20%～35%）和木质素（占重量的10%～30%）组成。纤维素和半纤维素是多糖类型，其很容易碳化至受控程度，考虑到它们天然的层次结构，具有高多糖含量的木材对于开发具有规则形态的碳材料是有利的。木质素是一种非均质的无定形聚合物，占木材细胞壁的很大一部分，使其成为地球上仅次于纤维素的第二大生物质。木质素具有有趣的自缔合和荧光发射性质，这使其具有作为自组装发光纳米材料的用途。另外，多糖和木质素均具有丰富的羟基，这使得这些源自木材的组分易于进行化学修饰。因此，木材的这些固有优势使其可以成为制备先进的碳材料的原料，这是十分具有吸引力的。尽管在开发木材衍生的新型碳材料方面已经取得了实质性进展，但该研究领域的成果还很少。最近，李伟课题组[1]发表了一篇关于木材衍生碳材料和发光材料的重要文章，提供了有关该领域最新研究进展，其中介绍了最新的木材衍生碳材料和发光材料的典型制备策略、性能和应用等。

5.1 碳点的概述

纳米技术的应用以及纳米材料的优势有望对整个社会，特别是工业产生重大影响。碳纳米管（CNTs）、富勒烯衍生物和量子点（QDs）已成为医学、塑料、能源、电子和航空航天等不同领域的主要工具[2]。在纳米级产品中，量子点

(QDs) 是约 2～100nm 大小的半导体晶体，具有独特的光学特性，并在医疗诊断、光电系统和能量存储设备中具有公认的优势。量子点在大部分半导体材料上具有高态导价带，能量输入（例如光子吸收）可以将电子提升到高态。电子向价带的跃迁通常称为发光的辐射过程（光子的发射能量等于带隙的能量，具有半导体的性质）。当粒径决定玻尔半径时，能级不再是连续的，而是离散的，这被称为量子约束效应。这种被称为量子点的微小半导体纳米粒子具有量子化的电子能量，例如原子和有机荧光团。基于半导体的常规 QDs，例如磷酸铟（InP）、砷化铟（InAs）、砷化镓（GaAs）和氮化镓（GaN）、硫化锌（ZnS）、锌硒（ZnSe）、镉硒（CdSe）和镉碲（CdTe），由于它们的毒性和潜在的环境危害而使其应用受到了限制[3,4]。

尺寸小于 10nm 碳材料的纳米晶体称为碳量子点（CQDs），也称为碳点（CDs）。在 2004 年，学者们在通过电弧放电法制造单壁碳纳米管的过程中偶然发现了碳点，2006 年首次报道了碳点的合成[5]。此后，具有零维（0D）纳米结构的碳基量子点成为人们关注的焦点，碳点具有优异的光学特性、良好的溶解性和生物相容性，它们的发光性能可以通过制备不同尺寸和形貌的碳点或通过表面修饰来进行调节，因此在许多应用中是首选的。这些小于 10nm 的准球形纳米粒子因其出色的理化特性以及独特的波长依赖性光致发光特性而受到了广泛关注（图 5-1）[6]，碳点通常具有从紫外区延伸到可见光区范围的吸收特性，在其表面的三重态激发的芳香羰基可以引起光致发光（PL），而且发射波长和强度可以通过激发、修饰或电子/能量转移来改变。碳点在荧光应用中的另一个理想的光学特性是它能够进行上转换光致发光（UCPL），并且在近红外（NIR）区域激发碳点可以导致在 540nm 处的发射光。此外，碳点还提供化学发光（CL）和电化学发光（ECL），可以通过改变碳点的表面性能来调控它们的 CL 和 ECL 性质。碳点具有多种应用，例如光催化能量转换、催化、细胞荧光标记、食品质量评估以及生物分子的光伏转换和传感，因为它们显示的 PL 性能使人联想到那些 QDs 和表面氧化的硅纳米晶体，并且它们同样显示了光诱导电子转移和电荷分离的行为。通常，在碳点的表面上包含许多羧酸基团（即官能化的碳点），因此，它们具有极好的水溶性，并且适合于随后用不同的有机聚合物、无机或生物物种进行官能化。

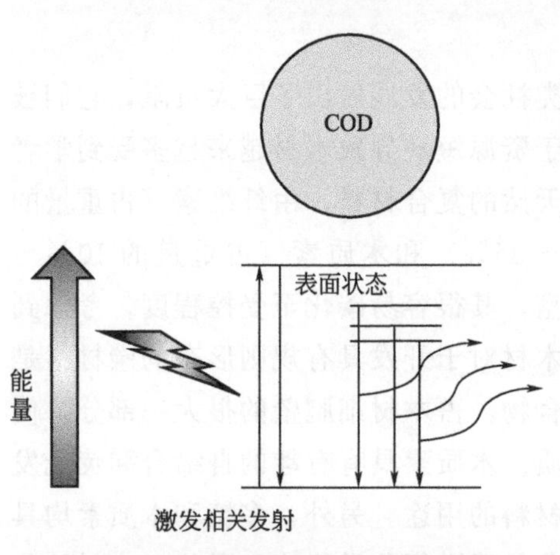

图 5-1　激发依赖的碳点发射[6]

5.2 木质基碳点制备技术

通常碳点的碳源来源于化学前体，但是近年来，由于经济和环境的需要，具有高碳含量和丰富杂原子的生物质脱颖而出，成为可以大规模生产碳点的可再生、丰富且环保的资源，人们开始关注由生物质废料合成碳点。将生物质转化为高附加值的碳点不仅实现了固体废物的合理处置，而且还利用了绿色能源的可持续发展战略。与其他由有机化合物或无机碳材料合成的碳点相比，由生物质资源制备的绿色碳点具有以下优点：①生物质衍生的碳点其前体更加丰富、环保且具有更好的生物相容性；②大多数生物质资源富含杂原子，可以在不添加外部杂原子源的情况下产生杂原子掺杂的碳点。生物质衍生的碳点在吸收、光致发光(PL）和上转换荧光等方面均有较好的应用前景，基于荧光机理，碳点的表面官能团和边缘缺陷具有不同的能级，从而导致各种发射陷阱，PL中心由小的有机分子石墨化产生的有机荧光团组成，分子态的发射以碳网络的内部缺陷为主。由于碳点在生物医学、药物输送、光电、催化和传感器领域具有应用潜力，因此对生物质衍生CQDs的科学研究成倍增长，学者们采用了许多修饰方法，包括合成和后合成方法，以获取生物质衍生碳点的指定特性。

从农业残留物、森林副产品、食品和动物废物中提取的生物质废料资源十分丰富，非常容易获取，并且成本低甚至无成本，但它们作为碳点的原料很少受到重视。从生物质中制备碳点不涉及任何化学物质，整个过程的目的是利用废物来生产廉价且可再生的增值终端产品，并具有扩大商业规模的潜力。但是，从天然的生物质中提炼碳材料的过程很麻烦，与加热干燥相比，水热法显示出了成本效益，这其中包括通过碳化、液化和气化的方式来生产水热炭、生物油和天然气的水热工艺。其中，学者们发现水热炭化过程是有效的，这一过程于1913年被Bergius应用于模拟煤的自然形成[7,8]。

5.2.1 天然生物质原料

寻求低成本和可持续的碳源以大规模生产碳点是近年来的一个长期目标，生物质作为一种无毒且丰富的原料，具有高含量的碳和氧元素。它的主要成分包含40%～50%的纤维素、20%～30%的半纤维素、20%～25%的木质素和1%～10%具有特殊水溶性的无机物质，使其成为碳点的诱人来源[9-11]。迄今为止，学者们已经开发了许多农产品和林产品及其废物来制造光致发光的生物质基碳点，例如稻壳、麦秸、木粉、甘蔗渣、橙汁、西瓜皮、大豆、洋葱、花生壳、马铃薯、榴梿、芒果皮、荔枝、竹叶、柠檬草、咖啡渣、牛奶、羊毛以及虾壳等。

天然生物质包含丰富的碳、氧和杂原子，包括氮（N）、硫（S）和二氧化硅（SiO_2），赋予了碳点自钝化或自掺杂的性质。丰富的功能性含氧基团，包括表面富集的羟基、环氧化基、烷基、羧基和羰基，可提供生物质基碳点出色的水溶性[12]，通过碳架的共价修饰，无定形杂原子赋予了自掺杂碳点宽的光吸收和强的 PL。原则上，合成途径的选择可以控制生物质基碳点的碳化程度、大小和形态。S. Cailotto 等人[13] 分别使用水热法（180℃，24h）和热解法（220℃，48h），以柠檬酸和二亚乙基三胺作为掺杂剂来制备碳点。他们发现，在更苛刻的条件下热解得到石墨化氮掺杂的碳点（N-CQDs），其量子产率（QY）为 2.4%，而水热合成得到的非晶态 N-CQDs 的 QY 为 17.3%，较高的 QYs 可以归因于 N 掺杂和更容易改性的水热处理。N. Murugan 等人[14] 使用扇叶树头榈作为碳前体，通过在 200℃、300℃和 400℃的温度下热解处理 2h 来合成碳点，他们发现随着热解温度的升高，碳点的荧光强度显著降低。有学者[15] 在不同的温度（110℃、140℃、180℃和 220℃）下水热反应 6h，从凤眼莲（Eichhornia crassipes）中合成了一系列氮掺杂的碳点，结果表明，高温促进了 N-CQDs 的尺寸增大和石墨化程度，并在 140℃下获得了最佳的光电性能。研究人员[16] 报道了通过 170℃水热处理 4h、8h、12h、16h、20h 和 30h 制备的大豆粉基碳点，随着加热时间的增加，颜色变暗，表明生成了更多的碳点，并且在加热时间为 16h 的条件下，碳点溶液获得的最佳的 QY 为 7.14%。简而言之，较低的温度和较长的加热时间倾向于产生具有高结晶度和明亮荧光的生物质基碳点。

5.2.2 生物质基碳点制备技术

近年来，柠檬皮、花生壳、橘皮、西瓜皮、竹子、稻壳和甘薯被用于合成碳质材料，例如，用柠檬皮可以制备出具有富氧表面功能的水溶性碳量子点（wsCQDs），它们表现为碳原子大小为 1～3nm 的球形结构，并且表现出优异的光致发光（PL）性能，量子产率（QY）约为 14%，具有较高的水溶液稳定性[2]。合成的 wsCQDs 用电纺 TiO_2 纳米纤维固定化，其对亚甲基蓝（MB）的光催化活性比 TiO_2 纳米纤维高约 2.5 倍；通过加热无浆柠檬汁的乙醇溶液可以制备出红色荧光的碳点（R-CDs），它们为单分散的，平均直径为 4.6nm，其在水溶液中具有 28%的高量子产率，在 631nm 处显示出与激发无关的发射。此外，R-CDs 具有出色的光稳定性和较低的细胞毒性，是用于体外/体内成像的更有效的红色发射剂[17]。

以生物质废料花生壳为碳源，通过简单的热解方法在 250℃条件下加热 2h 制备碳点，其量子产率约为 9.91%[18]。另外，通过热还原法，以 CO_2 气体为活化剂，用花生壳合成了一种含有硫的微孔石墨化碳材料[19]。学者们通过在180℃下对橘皮进行水热处理，形成了具有球形结构且直径为2～7nm的荧光碳点（C-dots），随后利用ZnO掺杂该碳点，将其用于在紫外线照射下降解NBB偶氮染料，结果表明，由于染料的降解，染料的强度随着照射时间的增加而有效降低，ZnO掺杂的C-dots在45min内完成降解过程，而单独的ZnO催化剂和C-dots在相同的照射时间下分别仅获得了84.3%和4.4%的降解率。主要原因是电子和电荷在C-dots处的相互作用，这些作用可能会大大增加光生物种的迁移，因此C-dots/ZnO具有较高的光催化性能[20]。

有研究人员以西瓜皮用作碳前体，通过在220℃下水热碳化处理2h制备了粒径约2.0nm的CQDs，这些CQDs可以发出强烈的蓝色荧光，并且具有可接受的荧光寿命以及在较宽的pH范围内和在较高的盐浓度下具有良好的稳定性[21]。研究人员以稻壳为原料合成了石墨烯量子点（GQDs），TEM图像显示，合成的GQDs在3～6nm之间显示出较窄的尺寸分布。此外，研究人员通过甘薯制备的碳点同时含有C和N元素，但是，N不参与制备过程。当甘薯在高温下长时间加热时，蛋白质会变性，并且检测不到N元素。甘薯基碳点（CDs）具有良好的分散性，通过水热处理可达到8.64%的量子产率，在其无毒浓度下，CDs被应用于细胞成像，表明它们在生物成像中具有广阔的应用前景。此外，结果表明，CDs对Fe^{3+}检测具有令人满意的选择性和灵敏度，其中Fe^{3+}浓度的线性范围从1$\mu mol \cdot L^{-1}$变化到100$\mu mol \cdot L^{-1}$，检测限低至0.32$\mu mol \cdot L^{-1}$[22]。

最近，动物尿液、毛发、猪皮、虾壳、蟹壳也被用于合成碳点，生物相容性荧光碳点（pee-dots）来自尿液的热循环，尿液主要包含亲水性修饰的无定形碳，它们在水溶液中显示出明亮、稳定以及激发波长依赖性荧光，并被证明可用于细胞成像应用中的纳米级标记。

毛发纤维是碳材料的低成本绿色来源，通过头发纤维可以得到硫和氮共掺杂的碳点（S-N-C dots），较高的反应温度有利于合成尺寸较小、S含量较高、光致发光波长较长的硫和氮共掺杂的碳点，另外，硫和氮共掺杂的碳点显示出良好的发光稳定性、低毒性、良好的生物相容性和高溶解度。在300℃的氮气氛下通过热分解从人的头发得到高度荧光和聚合物兼容的碳点，无需任何溶剂，且没有任何钝化作用。

在2013年，有学者[23]提出了一种新的一步合成方法，该方法利用硫酸碳化和头发纤维的蚀刻来大规模合成硫和氮共掺杂的碳点（S-N-C-dots），S-N-C-dots-40的细胞毒性对HeLa细胞具有低毒性，在MTT活力测定中，平均直径为7.5nm的硫和氮共掺杂的碳点对HeLa细胞表现出低毒性。这项研究提出在2.5～70nm范围内，碳点的毒性不受其尺寸大小的影响。利用鹅毛生产的CDs具有均匀的二维形态，直径约为21.5nm，高度约为4.5nm，具有丰富的氧、氮和硫原子，且光致发光效率为17.1%。富含碳、氮、氧和硫的家禽羽毛用于合成碳点，通过微波处理方法制备的碳点其量子产率为17.1%。蚕含有丰富的蛋白质和壳聚糖，因此可作为合成自钝化和掺杂碳点的天然碳源，使用微波处理获得的碳点平均直径较高（即19nm），尺寸分布为13～26nm，固有氮掺杂为5.72%。微波处理是由于其减少了时间消耗，精确控制压力和温度，从而产生了具有良好重现性的均匀碳点。

猪皮（QY为24.1%）、虾壳（QY为9%）和来自家羊的羊毛（QY为22.5%）已被学者们作为碳资源来合成性能优异的绿色碳点，即通过简单的模板辅助高温热解利用虾壳合成了N掺杂的碳纳米点（N-CNs）。产品收率为5%的N-CNs提供了丰富的表面，该表面具有含O-和N-的官能团以及1.5～5.0nm的小纳米点，与平均直径约为200nm且表面酸化处理的SiO_2球可以通过热蒸发处理合成N-CNs@SiO_2复合材料[24]。蟹壳是几丁质的来源（几丁质是一种在生物医学应用中广泛使用的线性多糖），其也被用作微波辅助热解的碳源。

除以上生物质碳源之外，有研究人员制备了废纸衍生的碳点（CDs），其直径范围为3～7nm（平均4.5nm），显示出良好的光稳定性、高的光致发光（PLQYs）性以及相当低的毒性。他们同时研究了反应温度对CDs形成的影响，两种CDs的直径在200℃和150℃下分别为2～5nm以及4～12nm。与在低温下合成的CDs相比，在高温下制备的CDs具有更均匀的形貌和更小的粒径。两种CDs的PL光谱具有很强的荧光特性，并且具有与激发波长相关的PL行为，甚至由于CDs尺寸的差异，与在较高温度下获得的CDs相比，在低温下制备的CDs PL发射峰向更长的波长偏移。所制备的CDs在室温下可提供最大PLQY，在360nm时可达10.8%[25]。

学者通过简单的一步合成路线，利用废纸合成了PL量子产率为9.3%的高光致发光碳点，纸灰法呈现出不可控制的反应条件和明火，而水热法则提供了对反应物和反应条件的更多控制。这些是无需表面钝化处理或使用有毒或昂贵的溶剂和起始原料即可大规模生产碳点的一步式方法，并且通过等离子体处理和微波辅助技术可以提高碳点的荧光强度。利用PL来测定碳点对各种金属离子的灵敏度和选择性，Fe^{3+}和其他金属离子的添加对碳点的PL猝灭影响较小。因此，合成后的碳点对Fe^{3+}具有选择性和PL响应。

有学者[26]在2014年使用废油炸油（WFO）作为前驱体，采用浓硫酸一步合成了硫掺杂的碳点（S-C-dots），硫掺杂的碳点为准球形且分散性良好，尺寸分布在1～4nm之间，平均直径为2.6nm。学者们在将硫掺杂的碳点用作生物成像的荧光探针之前，先评估了它们的细胞毒性，研究证实，硫掺杂的碳点具有低毒性，当Hela细胞保持90%以上的活力时，600$\mu g \cdot mL^{-1}$高浓度的硫掺杂的碳点有望成为活细胞生物标记的候选物，并且用S-C-dots处理的Hela细胞具有强烈的蓝色发光特性。人们通过热解法利用西米废料合成了碳点，所制备的碳点作为一种潜在的光学探针，可用于传感水介质中的金属离子。由蜡烛烟灰合成的碳点是直径小于 10nm 的 sp^2 杂化材料，由于羰基的存在，纯化的碳点包含大量（36.8%）碳。

学者们以蜂花籽、油菜、山茶、荷花、甘蔗、果蔬与谷物为原料，在 180℃下水热处理 24h 制备了碳点，而利用蛋清可以制备直径为 2.1nm 的碳点，并显示出优异的稳定性和 61%的高量子产率。人们探索了香蕉汁（Musa acuminata）作为绿色碳点的前体，获得了很高的碳点产量，QY 为 8.95%。在此方法中，在烤箱内经过 150℃加热 4h 来合成碳点，通过透射电子显微镜（TEM）的结果计算得出它们的平均粒径为 3nm。甘蔗工业残留了大量的甘蔗渣，甘蔗渣是将果汁从甘蔗茎中榨出后剩下的纤维，研究人员[27]在 2014 年通过热液碳化法（HTC）用甘蔗渣废物合成了直径约为 1.8nm 的准球形碳纳米粒子，这些碳点显示出良好的光致发光性能、超高的光稳定性和在水中的良好分散性，它们具有多色发射性质，并且具有在细胞成像和标记中应用的潜力。通过水热途径从甘蔗糖蜜中得到的碳点呈球形，直径约为 1.9nm，它们可以发出蓝色荧光，且光致发光的量子产率约为 5.8%。

学者们利用苹果果实在 150℃的水热条件下得到具有表面官能团（例如羟基氨基酸、酮酸和羧酸）的碳点，其 QY 为 4.27%。合成的碳点可用作细菌（绿脓假单胞菌和结核分枝杆菌）和真菌（稻瘟病菌）细胞体外成像的探针。木瓜和桃子也同样进行了水热处理，使用乙二胺对碳点进行氮掺杂，通过钝化碳点表面，将桃衍生的碳点的 QY 值从 5.31%提高到 28.46%。此外，源自蔬菜（青菜）的氮掺杂碳点在不使用其他溶剂的情况下，通过简单的一锅水热处理即可获得 37.5%的量子产率。人们采用水热处理方法，将天然谷子制备的碳量子点与氮、硫、磷等非金属元素共掺杂，不添加任何添加剂或有机剂，最终的 N、S 和 P 共掺杂的碳点具有显著的激发依赖性发射、21.2%的高量子产率、优异的荧光稳定性以及由于多异质原子掺杂而导致的长寿命（2.05ns）[28]。

不同的植物能够产生各种各样的碳点材料，例如 M. J. Krysmann 等人[29]在 2012 年通过热分解方法直接通过草合成了光致发光的碳纳米粒子，产生了定义明确的纳米粒子。将其长时间暴露于侵蚀性、高温和高盐度环境下时，该功能化的碳纳米粒子具有高度选择性的光致发光性，具有出色的稳定性。有学者以竹叶为原料，通过 200℃的水热处理合成了碳点，随后用支化聚乙烯亚胺（BPEI）进行功能化，用于选择性和灵敏的 Cu^{2+} 检测[30]。

有研究人员利用热解和水热处理，通过死印楝叶大规模制备了胺功能化石墨烯量子点，并显示出所需的高灵敏度和高选择性，用于银离子的传感。有学者将莲花、樟脑、银杏松、棕榈、桂花、竹子、法国梧桐和枫树的叶子在氮气的气氛下于250～400℃的温度下热解，无需任何溶剂，它们得出结论：在350℃的最佳温度下，法国梧桐、莲叶和松叶的最佳量子产率分别为16.4%、15.3%和11.8%。随后，有人通过微波辐射处理藻类生物质（圣罗勒的叶子），可以获得QY为9.3%的碳点。经过水热处理，利用棕色小扁豆可以制备氮掺杂的碳点，其QY为10%[31]。

5.2.3 生物质基碳点的形成机理

文献［32］对生物质衍生碳点的形成机理进行了详细的研究，作者认为，纤维素、半纤维素和木质素作为天然生物质的基本组成部分，对生物质基碳点的碳质骨架和功能的形成产生重大影响。纤维素、半纤维素和木质素的物理结构在第四章已经做了详细的阐述，就它们的物理结构而言，木质素是纤维素位于壳内的细胞外壁，半纤维素是它们之间具有随机和无定形结构的黏附剂。另外，木质素和半纤维素都以木质素-糖类复合物的形式存在，而半纤维素和纤维素通过氢键连接。在生物质的水热转化中，氢键和糖苷键连续断裂。纤维素和半纤维素首先水解成由C/H/O元素组成的中间状态，例如低聚还原糖（主要是左旋葡聚糖），然后还原糖进一步脱水和发生吡喃开环反应形成可溶的小分子，例如羟乙醛、1,2,4-苯三酚和羟甲基糠醛衍生物。随后，这些中间体（多糖和小分子）的分子间脱水和醇醛缩合导致聚合和缩合反应。最后，纤维素和半纤维素转化为碳点。最终的碳点以凝聚多芳体、糠醛结构为核心，其侧链由丰富的含氧官能团组成（图5-2）[33,34]。

木质素作为天然芳香族聚合物和生物质的主要成分，在芳香剂和高价值碳纳米材料的生产中具有巨大的潜力。然而，木质素由于在低反应温度下复杂的芳族结构的固有性质而在水热过程中几乎不分解。通常情况下，从木质素酸解过程中获得的多环芳烃分子被确定为碳点形成的关键起始物质。在酸处理中，木质素由于*β-O*-4乙醚以及C—C键和氢键的断裂而分解为各种小分子的醇、醛、酸和芳族化合物。酸在这里起着自上而下的剪切和氧化剂的双重作用。这些官能化的片段通过脱水、聚合和缩合转化为芳族簇，然后通过醛缩和环加成反应进行芳构化和碳化。当浓度达到临界的过饱和点时，形成单一的爆裂成核，然后，随着溶质向粒子表面的扩散，原子核均匀地、各向同性地生长，因此，生长的碳物质转化为碳点。生成的碳点具有明显的sp^2杂化和丰富的表面官能团，包括环氧、醚、羰基、羟基和羧基等（图5-2）[35,36]。

生物质衍生碳点的潜在形成机理涉及一系列非常复杂的化学反应，包括脱水、分解、聚合、缩合、芳构化和成核的同时组合。然而，从根本上和技术上都难以表征每个反应步骤中的中间产物，导致天然生物质基碳点的形成机理讨论的

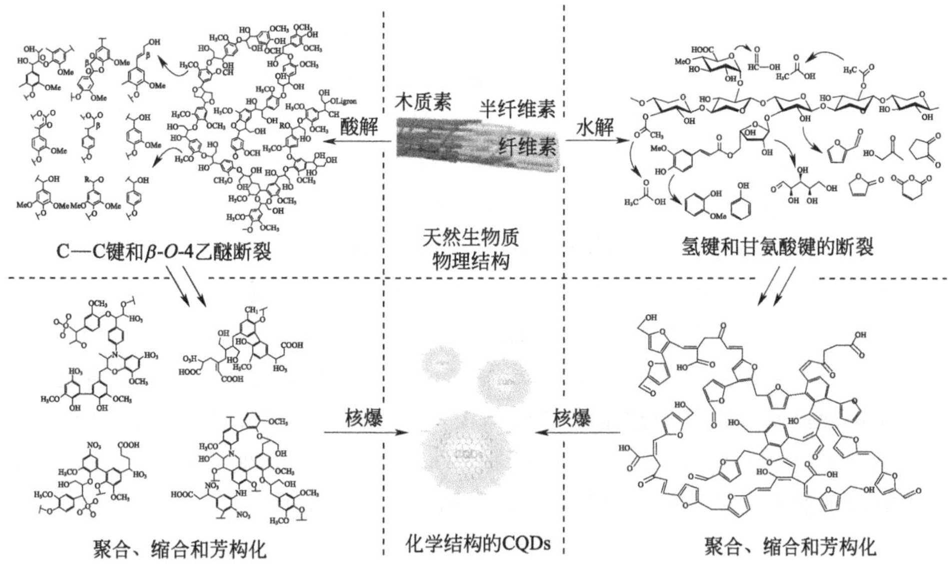

图 5-2　生物质衍生 CQDs 的潜在形成机制[33,34]

模棱两可。就前体的不同结构而言，形成过程取决于多种因素（包括碳原子数、碳链长度和表面官能团等），这导致生物质衍生的碳点具有不同的结构和理化特性。除此之外，对水热碳化过程中纤维素、半纤维素和木质素之间潜在的相互作用缺乏明确和全面的了解，这迫切需要科学家来揭示。

5.2.4　木质基碳点研究现状

发光材料在被光子、电子或化学物质激发后会发光，大多数木材衍生的发光材料是光致发光的，这表明它们在光照射下会发出荧光或磷光。随着纳米科技的快速发展，木材的应用已不再仅仅局限于烧柴、搭建房子、生产纸张、建材家具等方面，依据它们独特的化学成分和结构，木材在高值化利用方面逐渐体现出鲜明的优势。此外，生产成本是制备碳点需要考虑的重要前提，木材是大自然赋予人类的价值宝库，最常见的用途之一是用来点燃火，这归因于木材的化学成分中蕴藏着丰富的碳（49％～50％）和氧（45％～50％）元素，因此，木材是制备碳点很有希望的碳源候选物。更有意义的是，将木材废弃物回收再利用，大规模生产高附加值的碳点材料，既降低了木材废弃物所造成的环境负荷，又拓展了木材从宏观向微观方向的应用价值。然而，目前对木材衍生的发光材料的相关研究仍然十分稀少，最近，刘守新和李坚的团队对木材衍生的发光碳纳米材料，例如荧光碳点等，进行了详细的阐述[37]。

由木材衍生的光致发光碳点具有许多优点，包括可持续性、易于制备和良好的光学性能等。另外，与其他生物质原料相比，木材衍生的多糖易于碳化，并且可以通过低温水热法很容易制备出荧光碳点。另一种木材衍生成分木质素具有固有的荧光，因此，使用木质素可以简单地通过分子聚集的方式制备出碳点。由于这些原因，木材衍生的碳点在过去几年成为热门话题，例如研究人员[38]通过氧化裂解和芳香融合的两步法，利用木质素生物质制备了单晶石墨烯量子点（GQDs）［图 5-3(a)］，所制备的 GQDs 含有蜂窝状石墨烯网络结构，厚度为 1～3 个原子层。有趣的是，GQDs 不仅显示出明亮的荧光，还显示出上转换特性。另外，GQDs 可以表现出长期的光稳定性、水溶性和生物相容性。有学者[39]使用新型分子聚集方法制备了荧光 CDs［图 5-3(b)］，木质素分子在乙醇溶液中的自组装可通过调节它们的浓度来进行调控，因此，他们对木质素浓度进行了微调，制备了尺寸大小为 5～10nm 的荧光 CDs，结果表明，他们所制备的 CDs 表现出有趣的激发依赖下转换发射和近红外激发上转换发射。

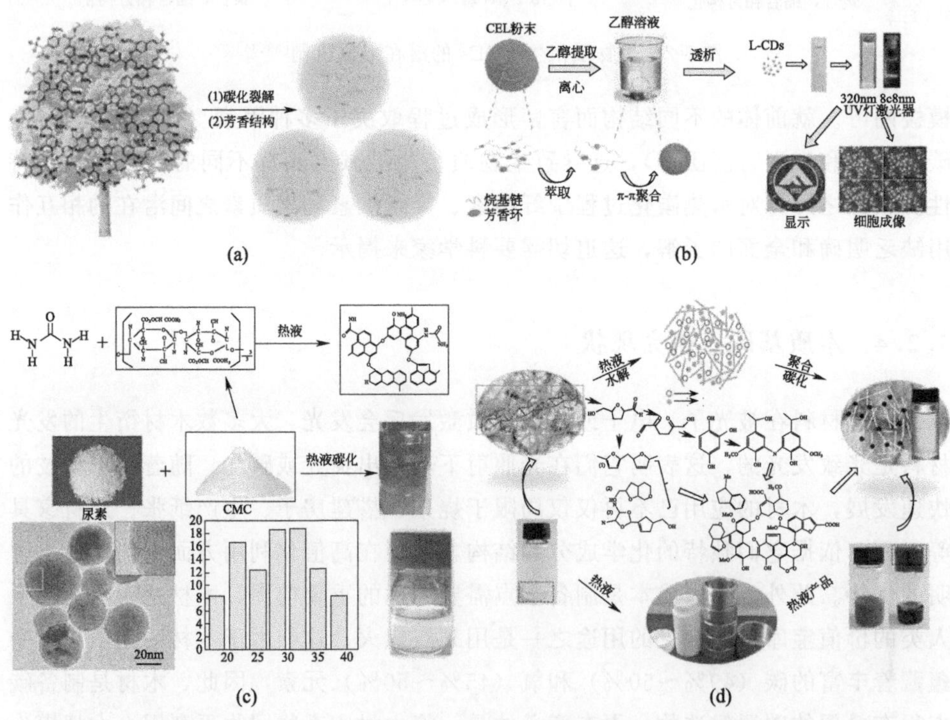

图 5-3　通过水热碳化制备木质素基碳点（CGDs）的示意图[38]（a）；通过分子聚集制备木质素基 CDs 及其荧光图像[39]（b）；纤维素衍生物基 CNDs 的制备及其发光的荧光图像[40]（c）；纤维素衍生物基 CDs/水凝胶混合物的制备及其发光的荧光图像[41]（d）

学者们已经通过 HTC 方法将纤维素及其衍生物转化为荧光 CDs，例如使用

CMC和尿素通过一锅HTC法制备了荧光含氮碳纳米点（CNDs）[图5-3(c)][40]，所制备的CNDs直径为2～8nm，并显示出pH敏感的荧光，随后将CNDs用作光敏剂，以在可见光照射下协助二氧化钛（TiO_2）光催化降解亚甲基蓝（MB）和苯酚；学者们还使用水热法将CNCs原位转化为CDs掺杂的荧光水凝胶［图5-3(d)][41]，水热处理引发了CNCs分子的交联和碳化，从而使水凝胶和荧光CDs同时形成。结果表明，原位生成的CDs直径为2～6nm，CDs修饰的水凝胶在各种pH值下均显示出宽光谱响应和强荧光稳定性。综上所述，尽管在利用木材衍生的生物质制备荧光碳点方面已获得了许多成就，但仍需要弄清它们的发光机理，并且在未来应致力于延长其激发/发射波长。

5.3 木质基碳点制备技术

绿色合成纳米粒子在催化、传感器、电子、光子学和医学等综合应用中一直是一个引人注目的课题。特别是在过去的十年中，碳点的合成及其在各个领域的应用引起了人们的极大兴趣，因为它们具有较高的耐光漂白性、良好的生物相容性、易于合成和多功能性以及随着激发波长和碳点尺寸的变化而变化的发光发射性。碳前驱体以及合成方法的选择对碳点的物化性质有很大影响，目前学者们总结出用于生成碳点的合成方法分为两类：“自上而下”法（top-down）和“自下而上”法（bottom-up），如图5-4所示[42]。“自上而下”法是通过物理或化学方法将具有大尺寸碳结构的碳源分解或切割成量子尺寸的碳点。与“自上而下”合成方法相反，“自下而上”法是利用分子级或离子态等尺寸较小的碳结构，采用

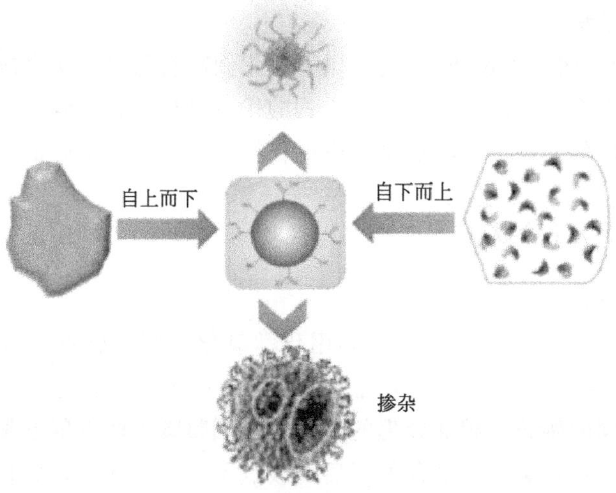

图5-4 碳点的“自上而下”和“自下而上”合成策略[42]

小分子有机物或低聚物的热解、碳化过程合成出碳点。

5.3.1 传统制备技术

5.3.1.1 自上而下合成法

(1) 电弧放电法

在 2004 年，有学者[43]以炭灰为碳源，利用电弧放电法制备单壁碳纳米管时，意外分离出了一种可以发出蓝、黄色明亮荧光的碳纳米颗粒，这意味着碳点的诞生。但是这种方法并不适合大量生产，主要原因是得到的碳点粒径不均匀，产物收集起来比较难并且产率比较低。

(2) 激光烧蚀法

在 2006 年，研究人员[44]以炭为原料，通过激光烧蚀法合成了可以发出明亮荧光的碳点，如图 5-5 所示。虽然此技术比较完善，但是所需要的设备比较昂贵，得到的碳点粒径不均匀且产率较低，因此也不适合工业化生产。

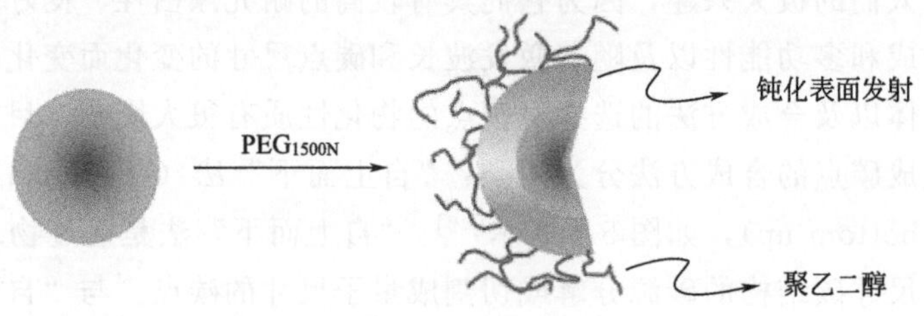

图 5-5 激光烧蚀法合成碳点[44]

(3) 电化学法

在 2016 年，研究人员[45]通过电化学氧化剥离石墨的办法合成出在不同温度下具有不同发光颜色的碳点。电化学方法的优点是反应条件温和，能够获得产率较高、粒径较均匀的碳点，缺点是反应设备很特殊，因此适合的反应也比较少。

5.3.1.2 自下而上合成法

(1) 化学氧化法

2009 年，H. Peng 等[46]报道了利用化学氧化法制备碳点，简单的合成路线如图 5-6 所示：首先使用硫酸脱去葡萄糖溶液中的水，然后通过硝酸分解碳材料得到碳点，不同的碳源和硝酸处理的时间可以调整碳点的发射波长。最后用含胺封端的化合物来钝化碳点，这种处理后的碳点不仅无毒无害，并且能发出不同颜色的荧光。

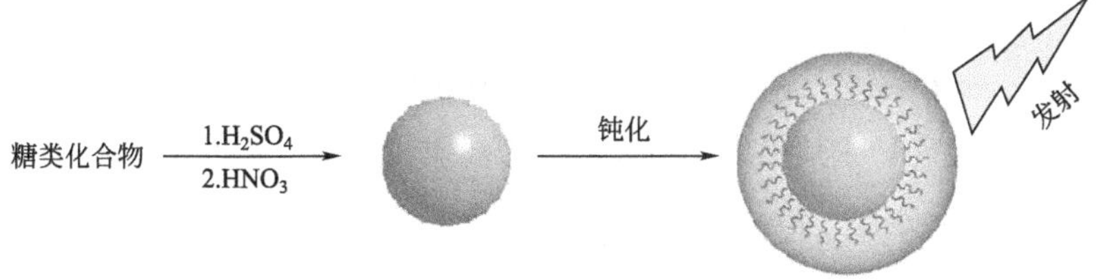

图 5-6 化学氧化法制备碳点[46]

(2) 燃烧法

2007 年，有学者[47]通过燃烧蜡烛收集产生的蜡烛烟灰，将其作为碳粉，经硝酸处理后首次得到直径约 1nm 的亲水性碳点。该方法操作简单，原料易得，但是获得的碳点产率很低。

(3) 微波合成法

如图 5-7 所示，研究人员[48]在 2009 年首次利用微波合成法制备出了碳点。整个反应过程将聚乙二醇和糖类化合物（如果糖、葡萄糖等）分散在蒸馏水中形成透明溶液，随后转移至 500W 的微波炉中加热 2～10min，最终得到了碳点。

图 5-7 微波合成荧光碳纳米粒子[48]

(4) 水热法

作为绿色路线的水热处理已被广泛用于制备生物质衍生的碳点，与其他自下而上的方法相比，它具有操作简便、成本低、易于修饰和条件温和的优点。该方法所用的原料来源广泛，甚至可以直接从低成本的生物质材料中提取碳点，如木质素、纤维素以及草叶等都可以作为它的原料。合成条件相对简单且容易控制，制备过程主要以水为溶剂，在反应釜中合成，因此绿色安全。学者发现，利用水热法合成出的碳点，其纯度、产率以及结晶度都较高，并且水溶性好，荧光性能也很优异。2012 年，有学者在 90℃低温条件下水热合成出具有良好光致发光性能的亲水性碳点。2014 年，研究人员[49]从戊聚糖水热碳化的液体副产物中分离出水溶性碳纳米点（CNDs）（图 5-8），证明了所制备的 CNDs 具有出色的光致发光特性、激发依赖性和 pH 敏感性。值得注意的是，很少有学者通过传统的自下而上方法且不做任何修饰即可从生物质中制备出具有优异性能的碳点，而且产品产量（PY）低（＜20%）、QY 低（通常＜15%）、发光颜色（主要是绿色或蓝色）有限，它仍然是一个挑战。因此，迫切需要开发先进的合成策略和修饰方法，以从生物质废料或其提取物中大量生产高质量的碳点。

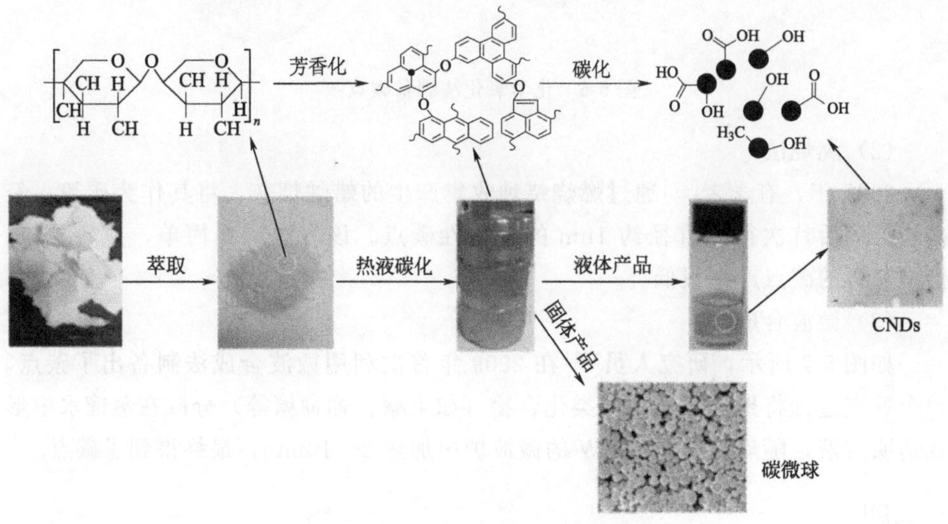

图 5-8　CNDs 合成的示意图[49]

5.3.2　先进的绿色化学制备技术

文献［32］对当前碳点的先进合成策略进行了总结，这种新颖的制备技术结合了自下而上方法与自上而下方法的优点，首先通过自下而上的方法从各种生物质中制备出 sp^2 碳薄片，如水热炭和热解碳，然后将获得的碳薄片转化为碳点辅助自上而下的工艺（主要是化学氧化）。这种创新的上下-联合技术使实现生物质衍生碳点的大规模制备成为可能。

水热处理是一种热化学过程，可以在较低的实验温度（通常＜250℃）下将水中的底物转化为液体产物和水热炭。即便如此，主要缺点之一是碳点的 PY 较低，因为在传统的水热过程中会产生大量的水热炭。有学者考虑到将水热炭转化为高附加值的纳米材料，由于其宏观碳化和易于获取的优势，可能会成为提高生物质基碳点产量的一种可扩展的解决方案。有学者[50]充分利用了食物残渣衍生的水热炭，并通过在 100℃下将它们与 20mL 浓 H_2SO_4 和 60mL 浓 HNO_3 溶液回流 10h，获得了多色发光的碳点［图 5-9(a)］。这项工作建设性地展示了水热炭的高附加值利用，而强酸的腐蚀性可能对环境构成严重威胁。研究人员[51]实施了一种绿色有效的两步策略，通过温和氧化处理来大规模制备生物质衍生的碳点，首先从具有低 PY（仅 0.62%）葡萄糖的水热悬浮液中获得传统的碳点，然后在室温下在稀释的 NaOH 溶液中处理干燥的水热炭，随后加入 400mL 的 H_2O_2（质量分数为 30%）。经过中和和透析后，最终从水热炭中获得了具有极高 PY（43.8%）的绿蓝色碳点，PY 远高于单一方法［图 5-9(b)］。同样，有学者[52]通过用低浓度的 $NaOH/O_2$ 溶液处理水热炭制备了木质素衍生的碳点，产率高达 42.5%。

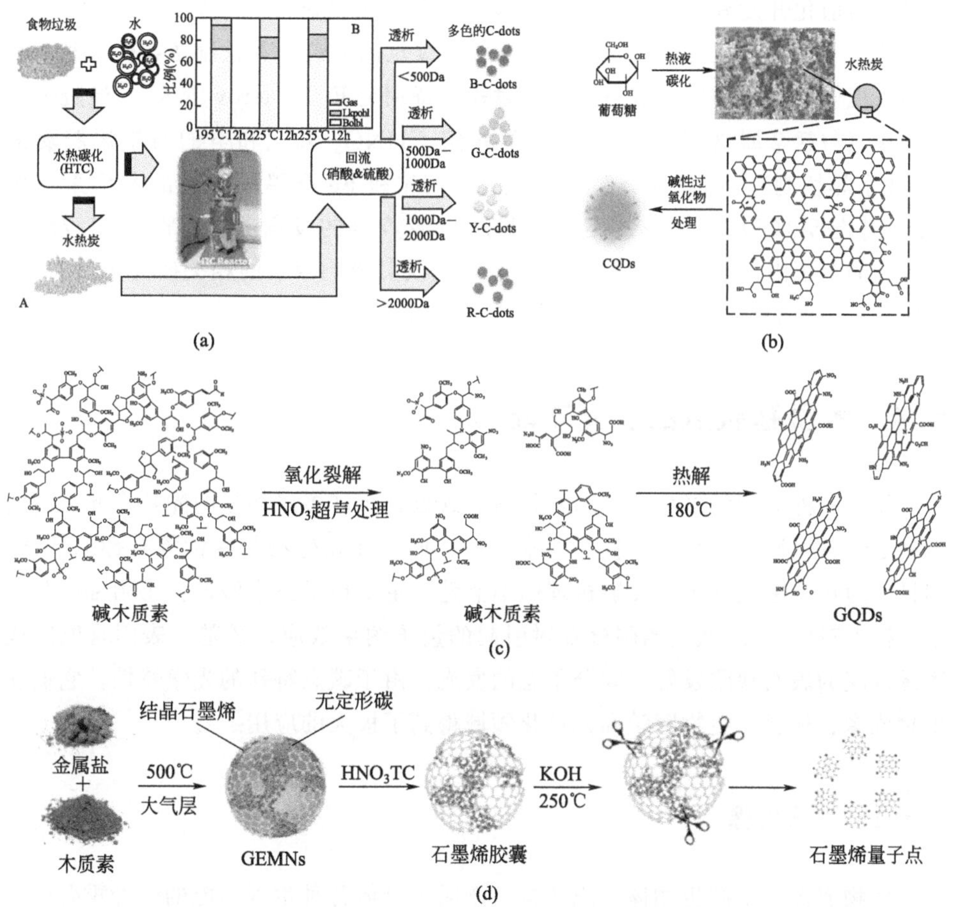

图 5-9 从食物残渣产生的 CQDs 的优化合成策略方案[50]（a）；从葡萄糖衍生 CQDs[51]（b）；从碱木质素衍生 CQDs[38]（c）；从金属盐和木质素衍生 CQDs[54]（d）

值得注意的事实是，水热过程仍面临着不完全碳化以及分子荧光团和无定形碳点混合的挑战，受上下-联合技术的启发，一些研究人员将注意力转向了用热解碳和氧化碎片来作为水热炭的替代方案。例如，有学者[53]使用热分解过程（700℃，2h，N_2）中的稻壳碳来提高碳点的产量，他们用 10mL 的 H_2SO_4

(95%～98%) 处理并逐渐添加 20mL 的 HNO_3 (68%～70%)，所得的碳点表现出优异的 PL 性能以及高的 PY (15%)。研究人员[38]开发了一种新颖的两步法，可以从碱性木质素中制备单晶碳点，合成过程包括碱木质素的氧化裂解步骤 (5mL，67% HNO_3) 以及木质素部分的水热步骤 (180℃，12h) [图 5-9(c)]，将获得的木质素部分进一步芳香化为高质量的碳点，这些碳点显示出明亮的蓝色荧光和 21%的高 PY。

这些水热炭和热解碳被视为未开发或低价值的固体废物，而上下-联合方法突显了高值化开发利用水热炭和热解碳来制备高价值碳点的重要性。相比之下，将水热法与化学氧化方法相结合可显著提高碳点的 PYs，并且制备条件温和，因此是大规模制备生物质基碳点的绝佳途径。特别是 F. Temerov 等人[54]通过一系列操作 (包括金属盐-木质素混合物的热解、HNO_3 氧化和空的石墨烯胶囊的 KOH 水热切割)，创新地开发了源自 Co、Ni 和 Fe 石墨烯胶囊的木质素衍生 GQDs [图 5-9(d)]。获得的 GQDs 显示出淡黄色的发射光，QY 在 11.7%～12.4%的范围内。但是，有关上下-联合方法及其影响因素的相关研究仍然有限，科研人员不断的努力探究是非常必要的。

5.4 木质基碳点的发光功能

作为一种新型的多功能碳纳米材料，碳点具有许多诸如强的光致发光、高的光稳定性、可调节的带隙、良好的水溶性、低毒性和生物相容性等有趣的特性。到目前为止，碳点的荧光发射机理尚不清楚，主要包括三个假设：①由 sp^2 共轭碳结构上对应 π-π^* 跃迁的碳核发射引起的量子约束效应；②基于表面官能团或边缘效应的表面缺陷发射；③分子态的发光。由于碳点特殊的光学特性，它们在生物成像、传感、生物医学和光催化领域得到了极大的应用[32]。

5.4.1 生物成像

生物成像是了解生物体组织结构，阐明生物体各种生理功能的一种重要研究手段。在运动人体科学领域，这种光学成像技术可以提供在生物医学成像期间运动员或运动损伤患者的数据，并利用光学或电子显微镜直接获得人体生物细胞和组织的微观结构图像，通过对所得图像的分析来了解人体运动时生物细胞的各种生理过程。近年来，随着运动生物医学的发展以及光学成像技术的进步，生物成像技术已经成为细胞生物学研究中不可或缺的方法。未来生物成像技术的发展除了进一步提高图像的分辨率外，还需要增强成像的实时性和连续性，以期实现对单个生物功能分子的体内连续追踪，详细地记录其生理过程，从而完全揭示其生物学功能。另外，生物成像技术在临床医学诊断中的应用也越来越受到重视，发展无损伤的体内成像技术是其在疾病诊断中广泛应用的重要前提。

传统的半导体量子点及其核-壳纳米粒子，例如 CdS、CdSe、CdTe、ZnS 和 PbS 已被广泛应用于生物成像[55,56]，然而，它们由于含有重金属元素所以通常具有毒性，其广泛应用可能会引发严重的健康和环境问题。此外，许多有机染料，如荧光素、罗丹明和青色素以及绿色荧光蛋白，都可以用于生物成像。然而，有机染料一般会表现出光化学降解、光漂白和疏水性的明显缺点，从而限制了长时间的细胞追踪。因此，碳点由于其具备廉价、环保和可调节的光学性质等优势，成为生物成像中半导体 QDs 或有机染料的理想替代品。

人们已经开发了各种生物质前驱体来制备碳点，包括咖啡豆壳、柠檬汁、植物叶片、棉花、毛发纤维、橙汁、洋葱和水果等，并利用这些生物质衍生的碳点培养了各种活细胞，包括 HeLa 细胞、HepG2 细胞、HEK-293 细胞、成纤维细胞、MCF-7 细胞、保卫细胞、RAW 264.7 细胞、大肠杆菌和洋葱表皮细胞等[32]。L. Wang 和他的同事们[57]尝试用荧光显微镜对 PEI-GQDs 追踪 HeLa 细胞进行体外生物成像研究，结果表明，培育 1 天后，细胞活力保持在 88%以上，在 $40mg \cdot L^{-1}$的低含量下无细胞毒性。虽然碳点的碳核本质上是无毒的，但是表面钝化剂可能会使其感染上细胞毒性。在视觉生物系统中，具有低细胞毒性的表面钝化剂是可以接受和安全的。有学者[58]证实了源自咖啡豆壳的碳点（CS-CQDs）聚集在肿瘤位置而不会干扰裸鼠的内脏，显示了其具有体内生物成像的优势。此外，裸鼠在注射 6 天后仍然存活，说明 CS-CQDs 具有出色的体内生物相容性。研究人员[59]证明柠檬汁衍生的 CQDs 是一种无毒的近红外荧光探针，用于体外或体内的生物成像，他们获得的碳点近红外荧光在小鼠皮肤和组织中具有有效的穿透力，具有比背景信号更强的光致发光强度。

有学者报道了利用阿育吠陀植物叶片前体，如印度苦楝树、顶头花和长柄菊制备了具有均匀尺寸分布（6～12nm）和绿色荧光（518nm）的碳点，并将其应用于 HeLa 细胞的生物成像，发现其生物相容性超过 85%。最近还有报道通过微波辅助方法，利用废棉绒前体生产了碳点，它们被应用在人类间皮瘤细胞系、H2452 和人脐静脉内皮细胞（HUVEC）。在此研究中，细胞存活率和增殖分析表明，该物质对细胞系都有细胞毒性，并以时间和剂量依赖的方式抑制细胞生长。人们还从头发纤维前体中获得了碳点（其 QY 值＞10%），并将其应用于 HeLa 细胞系。S. Sahu 等人[60]在 L929 和人骨肉瘤（MG-63）细胞系的成像研究中使用了橙汁衍生的绿色荧光碳点，这些碳点在 455nm 处的发射效率为 26%。此外，人们也将棕榈油工业生产的生物质基碳点（QY 为 24.6%）用于 Vero 细胞成像；来自洋葱废料的碳点（QY 为 28%）可用于 HEK-293 和 HeLa

细胞成像。由肉桂、红辣椒、姜黄和黑胡椒前体制备的生物质基碳点（QY 为 27％～44％）可用于 LN-229 和 HK-2 细胞的成像，而在这项研究中，学者们指出癌细胞的摄取高于非癌细胞，这些碳点可用于显示癌细胞。从梨、鳄梨和猕猴桃前体获得的碳点尺寸约为 4.5nm，它们具有高的 PL 效率（529～538nm 发射），并且已经被用于上皮人肾细胞 HK-2 和上皮人结直肠腺癌 Caco-2 细胞系的成像。

由于木材衍生的荧光碳点可持续性、生物相容性和安全性的特性，其也被创新性地应用于生物成像。研究人员[61]开发了一种含有稀土掺杂磷酸盐的纤维素水凝胶用于体内成像［图 5-10(a)］，结果证明该纤维素水凝胶在紫外线照射下能够发出强烈的绿色荧光，并具有持久的余辉。有学者[62]通过碳二酰亚胺辅助耦合化学将氨基官能化的 CDs 嫁接到 CNCs 中，制备了由 CDs 和 CNCs 组成的生物相容性光致发光复合材料［图 5-10(b)］，与 CNCs 相比，所制备的复合荧光材料显示出增强的细胞相容性、细胞关联性和内在化，并且该荧光复合材料已成功用于 RAW 264.7 细胞的成像。除了这些基于纤维素的碳点材料外，木质素基碳

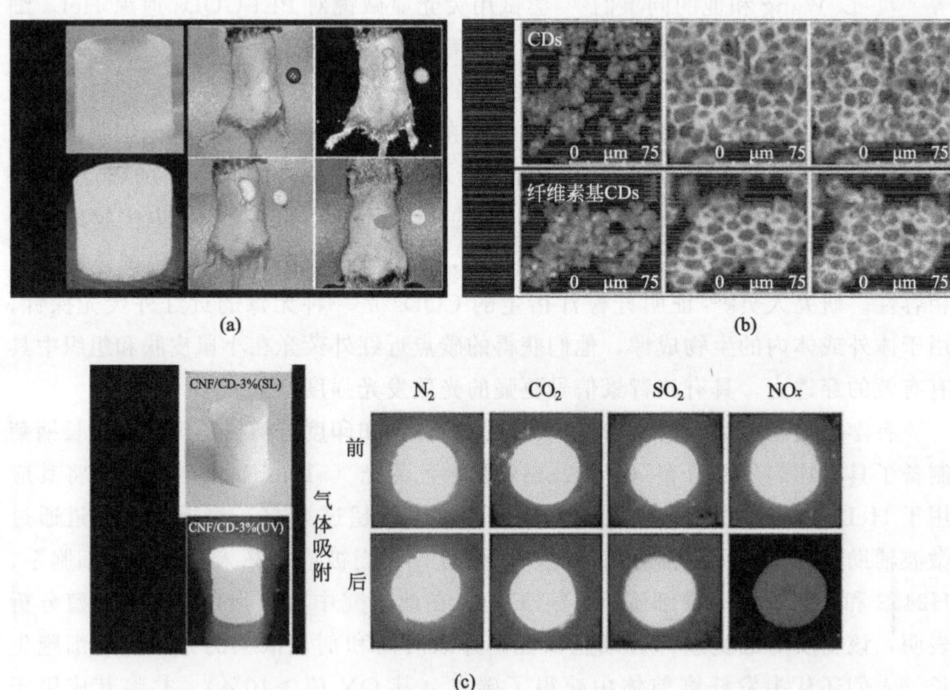

图 5-10 水凝胶的亮场图像（左上）和荧光图像（左下），在皮肤和胃下注射 CPH5 后的小鼠[61]（a）；RAW 264.7 巨噬细胞的共聚焦荧光显微镜图像[62]（b）；CNF/CDs 气凝胶的亮场图像（左上）和荧光图像（左下），制备的 CNF/CDs-3％气凝胶在气体吸附前后（纯 N_2、CO_2、SO_2 和 NO_x）紫外光下的荧光行为（右）[63]（c）

点材料也显示出了生物成像的潜力，学者们[37]使用荧光木质素基碳点（L-CDs）通过单光子和双光子激发进行细胞成像，L-CDs 是以纤维素分解酶木质素为原料，采用绿色、简单、易于操作的分子聚集法制备的，在单光子和双光子激发下，L-CDs 表现出较高的生物相容性，并在 HeLa 细胞的细胞质中发出荧光。木材衍生的荧光碳点材料还显示出对目标气体物质进行化学传感的巨大潜力，有学者[63]在气凝胶基质中的纤维素纳米纤维上共价嫁接荧光 CDs，制备了一种荧光气凝胶［图 5-10(c)］。所制备的气凝胶在紫外光的激发下显示出亮蓝色荧光，具有 26.2%的高荧光量子产率。气凝胶在识别 NO_x 和醛类物质方面也显示出高灵敏度和选择性，并在水中以超低浓度（10^{-6}）检测到戊二醛。

5.4.2 生物传感

生物传感器技术由于具有简单性、灵敏性和选择性的优势，近年来成为一个快速发展的领域，估计年增长率为 60%，此外，生物技术与微电子学之间的协同相互作用进一步促进了生物传感器技术的发展，这其中包括医疗保健行业、食品质量评估和环境监测等其他领域。生物传感器作为一种分析设备，可以将生物反应转化为电信号，它们的市场潜力巨大，目前不到 0.1%的市场正在使用不同种类的生物传感器，例如基于酶的、基于组织的 DNA 生物传感器、免疫传感器、热和压电生物传感器等。生物传感器主要是在物理化学检测器的协助下用来检测生物成分（分析物）的存在或浓度，如组织、抗体、核酸等。生物传感器设备由三个主要部分组成：①识别刺激的检测器；②信号换能器，将刺激转换为有用的输出；③读取器设备，以适当的格式对输出进行放大和显示。因此，生物传感器是提供快速、实时、准确和可靠的询问分析物信息，该分析装置能够在不干扰样品的情况下连续响应。目前，生物传感器已被可视化，在生物医学、农业、食品安全、国土安全、生物加工、环境和工业监测等领域中发挥着重要的分析作用[64]。

5.4.2.1 环境检测

众所周知，金属离子与我们的环境息息相关，并且直接影响人类健康，因此，能够高效灵敏地检测相关金属离子在环境保护和预防相关疾病中起着重要作用。碳点之所以能够作为一种荧光传感器来检测金属离子，是因为存在这样的机制：碳点与金属离子之间的表面键合导致电子-空穴复合，从而引起荧光强度的变化。

学者总结了许多可用于检测多价阳离子的碳点前体，包括猪皮、毛发、茧丝、水果皮（例如柠檬皮、金华佛手柑皮和柚子皮）等，并且所制备的碳点已经被应用于多价阳离子检测。此外，通过水热法从红瓜果前体中获得的碳点（QY为14%）在非常广的检测范围（0～0.025mmol·L^{-1}）中提供了较低的Hg^{2+}检测极限（3.3nmol·L^{-1}）[65]。在这项研究中，使用有机前体（例如L-半胱氨酸、乙二胺和甘氨酸）向碳点的结构中添加了N、S和O元素，因此进一步提高了这种分析性能。在同一项研究中，他们还使用自钝化的碳点以较低的LOD值（分别为0.045μmol·L^{-1}、0.27μmol·L^{-1}和6.2μmol·L^{-1}）成功地选择性检测了Cu^{2+}、Pb^{2+}和Fe^{3+}离子。此外，还报道了具有低PL发射效率（QY<10%）的碳点（来自甘薯和传统中药前体）作为传感器成功地应用于检测Hg^{2+}[66,67]。在最近的研究中，有研究人员使用橙皮、银杏叶、泡桐叶和木兰花作为碳源制备的碳点检测浓度范围为0.2～100μmol·L^{-1}，LOD值为0.073μmol·L^{-1}池水中的Fe^{3+}[68]。学者们在最近的研究中制备了壳聚糖衍生的N-CQDs，从实际水样中以1.6μmol·L^{-1}的检测极限测定了Fe^{3+}。有学者以刺梨仙人掌果为碳源制备了碳点，并利用谷胱甘肽钝化，开发出一种针对As^{3+}/ClO^-离子的选择性荧光传感器。在这项研究中，As^{3+}和ClO^-离子的检测范围为2～12nmol·L^{-1}和10～90μmol·L^{-1}，LOD值分别为2.3nmol·L^{-1}和0.016μmol·L^{-1}。同样，目前还报道过使用乙二胺、半夏药用植物和柠檬汁作为碳前体制备的碳点探针来检测多价阳离子（Cr^{6+}和V^{5+}）。其中，Cr^{6+}的LOD值为15nmol·L^{-1}，V^{5+}的LOD值为3.2μg·g^{-1}，并且两种荧光探针均在真实样品（例如血清和水）中进行了测试。

5.4.2.2 生物医学

生物传感器可以根据所使用的生物信号机制的类型或所使用的信号转导类型来分类，其中，安培计的、光学的、表面等离子体共振的、酶的、DNA的、抗生素和细菌传感器是如今一些常用的传感器。近年来，荧光技术比其他检测方法更具适应性，荧光纳米粒子，包括量子点（QDs）、金属纳米团簇、染料掺杂的纳米粒子和稀土基纳米粒子，是过去十年中用于生物传感和生物成像应用的研究和开发对象。基于碳点的生物传感器具有许多优势，例如在水中的溶解度高、表面改性的灵活性、无毒、与激发有关的多色发射、出色的生物相容性、良好的细胞渗透性和高光稳定性。目前的碳点生物传感器可用于视觉检测葡萄糖、细胞铜、磷酸盐、铁、钾、pH值和核酸等生物大分子，关系到提高医疗诊断水平和人类自身健康的重要工程领域。

生物传感器的发展开辟了科学技术的新领域，甚至于延伸到体育科学领域，运动能使运动员的肌肉发生物质代谢（如酶）、糖质代谢（如葡萄糖）、脂代谢与氨基酸代谢等，这些能量转换会产生适应性变化，对人体运动能力产生重大影响。这是因为运动能改善机体的化学组成，如可增加糖原、蛋白质数量，减少体脂等，这既是增强体质的物质基础，又是提高运动能力的因素。例如短时间强度大的激烈运动（如短跑、举重等），能使肌肉中蛋白质、磷酸肌酸增多，无氧代谢酶活性提高，无氧代谢供能过程改善，对乳酸调节能力加强。长时间激烈运动（如长跑、越野跑），能使肌肉糖原数量增加，有氧代谢酶活性和脂肪代谢能力提高，有氧代谢供能过程改善。运动人体机能的生化评定对运动员的健康、训练能力的提高具有现实意义，这是因为运动时，运动员的体内某些化学成分会增加，这是遵循超量恢复的规律而进行的，即在运动时被消耗或减少的物质在运动后休息期一个阶段可以恢复至比原来的水平高。认识超量恢复规律，能够有助于合理安排运动员的运动量、科学地补充营养、评定运动员的身体机能状态以及防止运动过度疲劳。在运动生物医学上，生物传感器可以精准地检测血糖水平的升高，例如葡萄糖生物传感器，它们能够对血糖水平进行精确控制，因此可以被广泛应用于评定运动员的身体机能。

在医学上，生物传感器的应用正在蓬勃发展，这是因为生物传感器可用于准确、精确地检测肿瘤与病原体。学者们发现，功能化的碳点能够通过选择性识别特定分子将癌细胞与正常细胞区分开，目前叶酸、硼酸、透明质酸和 L-天冬氨酸已经将碳点功能化，用来鉴定癌细胞。由于纳米探针的叶酸分子与癌细胞（例如 HeLa 细胞）的叶酸受体之间的氢键相互作用，为癌细胞提供了靶向能力，因此叶酸功能化的绿色发光碳点可以用作荧光探针。

目前就有几项研究采用了这一特定规定来识别和成像癌细胞，例如，有学者[69]在 2017 年通过聚乙烯亚胺（PEI）修饰的碳点（P-CD）的静电组装设计了一种热敏荧光纳米探针 P-CDs/HA-Dox，并将其用于透明质酸酶（HAase）的检测。结果证明，所制备的纳米探针可以有效区分癌细胞和正常细胞，并且已经实现了对 HAase 的灵敏检测，检测限为 $0.65U \cdot mL^{-1}$。此外，研究人员将蘑菇衍生的碳点应用于检测透明质酸（HA）和透明质酸酶（HAase），结果表明，HA 通过静电供应被吸附在 CDs 的表面上，并被 HAase 消化，从而有利于猝灭荧光的恢复，因此具有令人满意的稳定性，其覆盖范围从 $0.2U \cdot mL^{-1}$ 到 $10000U \cdot mL^{-1}$，同时具有良好的检测限。众所周知，AuCD 可以固定胆固醇氧化酶，并且作为有效的荧光探针，在 $10 \sim 100nmol \cdot L^{-1}$ 的浓度下检测胆固醇，当上述胆固醇浓度的极限根据福斯特（Förster）共振能量转移（FRET）机制升高或降低时，这种机制就会启动或关闭，因此，该机制被证明对胆固醇水平敏感[70]。

目前，在电化学传感器中使用碳点来提高氧化还原反应过程以及葡萄糖和过氧化氢（H_2O_2）的电化学检测仍有待于更深入地探索。由于 Cu_2O 具有独特的光学和电学性质，并且制备简单、价格便宜，因此，在2015年，研究人员[71]通过新型的碳量子点（CQDs）/八面体氧化亚铜（Cu_2O）纳米复合材料的新型纳米结构电催化剂设计了一种非酶电化学传感器，用于检测葡萄糖和过氧化氢（H_2O_2）。该纳米复合修饰电极还用于检测其他成分，如抗坏血酸（AA）、尿酸（UA）、多巴胺（DA）和氯化钠（NaCl）等，实验结果均显示出良好的葡萄糖检测性能。此外，由于Cu_2O的p型半导体的直接带隙为2.17eV，因此非酶传感器对H_2O_2的电催化还原反应显示出良好的响应。以乙二胺钝化的N-CQDs作为荧光探针，应用于敏感的生物传感器，该传感器在NADH测定中的性能要优于线性范围高达80μmol・L^{-1}且检测限为25.1nmol・L^{-1}的其他辅酶。此外，掺杂碳点的荧光性质被广泛应用于传感应用，例如，在最佳条件下，将N掺杂的CDs用于组氨酸水平的敏感监测，检测限为150nmol・L^{-1}。锌掺杂的碳点同样可以显示强荧光，它具有很高的灵敏度，并在很宽的浓度范围内对过氧化氢和葡萄糖有响应，检测极限分别为10～80μmol・L^{-1}和5～100mmol・L^{-1}。

准确而灵敏地检测DNA是生物传感领域的重大进展。有学者探索了由马尾藻衍生的绿色碳点在DNA检测中的应用，发现它们起荧光标记的作用。此外，学者们在最近的研究中发现生物质基碳点不仅具有荧光标记的功能，还具有其他用于DNA检测的功能。此外，研究人员通过蛋壳膜形成的杂原子掺杂石墨碳纳米点研究了碳点和DNA之间的连接特性，实验结果证明，随着不同性质DNA的添加，尤其是富含腺嘌呤-胸腺嘧啶（AT）碱基对的小牛胸腺DNA，分别使用荧光滴定法，荧光强度得到了增强。

5.5 木质基碳点的环境净化功能

在世界范围内，从废水中去除有机污染物仍然是一个重大挑战，解决这个问题对世界的可持续发展具有重要意义。众所周知，太阳能是清洁能源的不竭之源，光催化技术相对于传统方法，例如吸附、生物降解和直接燃烧，具有许多优势，其中包括处理有机污染的过程中不产生二次污染、降解效率高以及能耗低。有学者在2017年报道了一种Nd_2O_3纳米结构，它是通过希夫碱热液法制备的，这种方法特易操作。实验证明该材料可以在水中快速分解铬黑T染料。同一年，研究人员采用无溶剂固相法和热处理相结合的方法制备了可以光降解罗丹明B（Rhodamine B，RhB）的Dy_2O_3纳米颗粒。随后，在糖类化合物存在下，学者们通过声化学技术制备了$Fe_3O_4/SiO_2/ZnO\text{-}Pr_6O_{11}$，这种混合物能够快速光降解有机物质。因此，这些研究已经证明，光催化降解是解决有机废水的最有效途径之一。众所周知，光催化过程涉及了产生电荷载流子，例如光诱导的电子和空穴，理想的光催化剂应具有宽的光吸收范围和高的光生载流子分离效率。然而，光催化方法仍然存在一些缺陷，许多光催化系统对太阳光的利用率很低（由于光催化剂的宽带隙），对疏水性污染物的吸附能力较低并且光诱导的电荷载流子的重组率很高，这严重影响了光催化的整体量子效率。

因此，有必要开发有效的方法来提高当前常规光催化剂的电荷分离效率并扩展光谱响应范围。作为一类新兴的荧光碳纳米材料，碳点在光催化领域吸引了越来越多的关注，碳点的 UCPL 可以充分利用太阳光，碳纳米材料的电子接收和传输特性可以指导光生电荷载流子的流动。因此，由于独特的 PL 行为和光致电子转移特性，碳点被认为是构建高性能光催化剂的有效成分。它们不仅可以充当有效的光催化剂（用于高度选择性氧化），而且还可以充当光催化剂设计中的多功能组分以提供更宽的光响应并促进电子-空穴的分离[72]。

5.5.1 碳点的光催化应用

研究人员认为，理想的光催化剂应该能够利用太阳能的可见光谱和/或近红外光谱。然而，迄今为止，目前的光催化系统尚未完全采用具有长波长的近红外（NIR）和红外（IR）光，而碳点既可以表现出上转换的光致发光（PL），又具有下转换的光致发光（PL）特性，并且具有捕获长波长光和与溶液物种进行能量交换的能力，因此碳点成为光催化领域应用的潜在候选者。

研究人员通过碱辅助电化学方法合成了大小为 1～4nm 的碳点，它们可以作为有效的近红外（NIR）光诱导催化剂，在 H_2O_2 的存在下将苯甲醇选择性氧化为苯甲醛。近红外光诱导的碳点 PL 可以被溶液中的电子供体或电子受体分子有效地猝灭，这证实了即使在近红外光下，碳点也是出色的电子受体和供体。结果表明，经过近红外灯照射 12h 后，碳点催化氧化苯甲醇的效率和选择性分别高达 92%和 100%。相比之下，在碳纳米粒子（CNPs，100～150nm）和石墨（100～2000nm）存在的情况下，转化效率分别仅为 71%和 51%，选择性分别仅为 78%和 59%。他们研究了碳点、CNPs 和石墨的光电化学性质，以解释这种现象，光电化学实验表明，即使在近红外光照射下，碳点也会产生明显的光电流，而在 CNPs 和石墨上未观察到明显的光电流，这表明碳点能够在 NIR 光的激发下产生电子。

随后，研究人员通过电化学烧蚀石墨进一步合成了尺寸为 5～10nm 的碳点，该碳点在溶液中表现出较高的可见光诱导质子生成能力，并且可以充当酸催化剂。他们进行了一系列需要酸作为催化剂的反应（酯化反应、贝克曼重排反应以及羟醛缩合反应）来探讨 CQDs 的光诱导质子产生能力。结果表明，在可见光照射 10h 后，所有由碳点催化的反应均能达到 34.7%～46.2%的转化效率。相反，在没有可见光但其他条件不变的情况下，转化效率要小得多（<5%），这表明可见光可以提高碳点对酸催化反应的催化活性。

碳点除了充当光催化剂，通常学者们还将碳点用作光敏剂，例如，刘守新的团队利用碳点的特殊结构和光致发光特性，将水热法制备的碳点（CNDs）与 TiO_2 复合得到了 CNDs/TiO_2 复合材料[73]，并将其应用于可见光照射下降解亚甲基蓝染料（MB），证明了 CNDs/TiO_2 是一个有效的光催化系统（催化机理见图 5-11），这是因为负载在 TiO_2 表面上的 CNDs 可作为光敏剂，除了在可见光区域（400～550nm）的光谱响应外，它们在紫外线区域具有较宽的 TiO_2 光谱响应范围，因此，基于碳点制备的 CNDs/TiO_2 复合系统获得了改善的光催化性能。

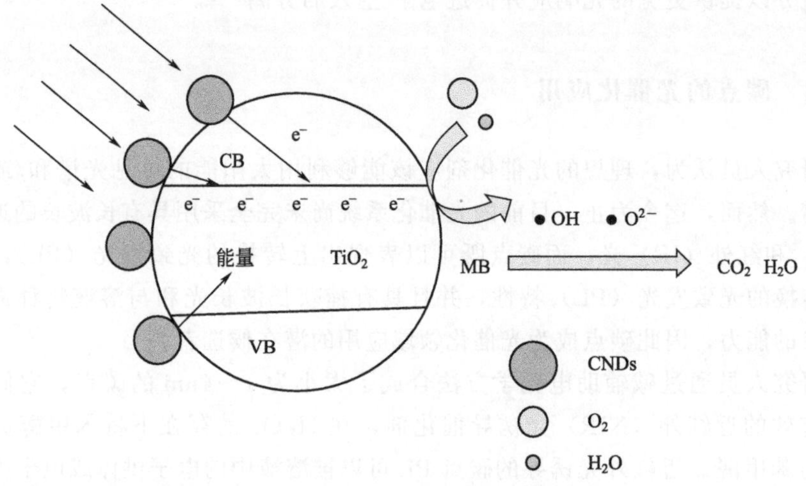

图 5-11 可见光下 CNDs/TiO_2 的光催化机理[73]

5.5.2 提高碳点光催化功能的调控技术

生物质衍生碳点的理化特性受多种因素的影响，例如它们的边缘构型、功能性官能团以及由碳网络的异质杂化导致的表面和结构缺陷。而对于碳点环境净化功能的修饰包括合成方法和合成后方法，通常分为三类：杂原子掺杂、表面性质调控和构建复合材料。

5.5.2.1 杂原子掺杂

研究人员为了提高碳点的净化功能，通过将其他元素掺杂到碳纳米结构中来调节碳点的电子结构，并且证明了这是一种提高碳点光催化活性的有效方法。例如 S. Sahu 等人[74]使用掺金的碳点作为水溶性催化剂，在可见光下将 CO_2 光转化为小的有机酸。他们发现，在 CO_2 光还原过程中会产生大量乙酸（为此，还原所需的电子比甲酸多得多），表明碳点可以作为有效的光催化剂。更有趣的是，在较高的 CO_2 压力下，金掺杂碳点表现出显著增强的光转换，这一结果表明 CO_2 浓度在光诱导电子捕获中的重要作用。

有学者团队[75]以 $Na_2[Cu(EDTA)]$ 为前驱体，利用一步热解法制备了 Cu-N 掺杂的碳点，通过实验证实 Cu 物种通过 Cu-N 配合物与碳基体螯合。此外，他们通过测试已知电子受体 2,4-二硝基甲苯和电子给体 *N*,*N*-二乙苯胺的发射强度的猝灭效应，研究了 Cu-CQDs 的电子给予和接受性能。结果证实，将 Cu-N 引入 CQDs 中有利于增强电子的给予和接受能力，从而有助于其在光氧化反应中的应用。并且电导率测量结果表明，Cu-N 掺杂剂可以增强 CQDs 的电导率，增强的电子给予和接受能力以及导电性最终促进了整个电子转移过程，从而进一步提高了光催化活性。结果表明，在空气气氛下，Cu-CQDs 光催化剂能够高效地光氧化水溶液中的 1,4-二氢-2,6-二甲基吡啶-3,5-二羧酸盐（1,4-DHP），并且产物的产率是未掺杂 Cu-N CQDs 的 3.5 倍。有研究人员以氢氧化铵和葡萄糖为原料，通过简便的一锅超声方法制备了 N 掺杂碳点（NCDs）[76]，他们发现 NCDs 除了可以表现出强的可见光到近红外发光外，还显示出明显的 UCPL 特性，并且在可见光诱导光降解甲基橙（MO）的实验中具有优异的光催化性能。他们提出，其出色的光催化性能可能归因于 NCDs 的较高电容，电子从 N 掺杂剂注入碳点中，致使碳点的局部电子结构发生变化，这将大大增加与离子的结合和 NCDs 的电容。随后在 NCDs 的光催化过程中，形成了活化的过渡配合物，该配合物在 H_2O_2 分解过程中将电子从 NCDs 的 π 系统转移到过氧化物分子，然后产生活性物种（OH·），表现出较强的氧化能力，最终导致 MO 的降解。

5.5.2.2 构建复合材料

纳米复合材料由于在分析、能源和催化等领域具有广阔的应用前景，因此近年来引起了学者们越来越多的研究兴趣，通过整合不同的纳米结构，可以形成性能更优异的复合材料。因此，这个技术策略可以有效地弥补单个材料的缺点，并为增强其应用的多功能性提供了重要的机会。

由于碳点具有稳定的光致发光（PL）性、较高的化学稳定性、出色的光诱导电子转移能力和电子储存特性等优点，因此逐渐成为一种新型的光收集材料。此外，碳点具有纳米级尺寸、高分散性和丰富的表面官能团的优势，使其更易于与其他组分形成纳米复合材料。由于碳点的低毒性，基于碳点的纳米复合材料通常具有安全和无毒的特征。碳点可用作各种反应的高效催化剂，这是由于碳点不仅具有稳定的荧光，而且还具有超强的导电性和快速的电子转移特性。为了进一步改善和扩展其净化功能，通常将荧光碳点与其他功能性纳米材料（例如无机纳米结构、聚合物、生物材料和其他碳材料）结合以开发新型复合材料催化剂，有研究人员认为，碳点与合适的半导体的偶联不仅可以拓宽半导体的光吸收范围，而且可以促进光诱导的载流子的分离。迄今为止，基于碳点的复合材料已在光催化等催化应用中进行了深入研究。在这些复合光催化系统中，碳点不仅可以充当有效的催化剂，而且还可以作为催化剂设计中的多功能成分，其主要作用是调节和提高碳点和其他纳米材料的界面处的电子转移效率，进而增强碳点基复合催化剂中其他纳米结构的催化活性。因此，基于碳点的复合催化剂通常表现出比相应的单一纳米材料更好的催化性能。此外，由于碳点具有良好的水溶性，使用基于碳点的纳米复合材料作为催化剂的催化体系基本上都可以在水溶液中进行，重要的是，这类碳点基复合催化剂的催化条件通常在室温和大气环境下进行，而没有苛刻的环境要求。

例如，学者们对碳点和无机纳米粒子（例如 TiO_2、ZnO、Fe_2O_3、Ag_3PO_4 和 Cu_2O 等金属化合物）的新型复合材料进行了深入研究，所得的纳米复合材料融合了碳点和金属氧化物的光学、磁和机械等性能优势，显示出作为磁光生物成像剂或有效光催化剂的巨大潜力。J. Pan 等人[77]通过静电纺丝合成了一系列 TiO_2/CQDs 复合材料，并调节了 CQDs 溶液的浓度（约 $1mg \cdot L^{-1}$）以增强其光催化活性。结果表明，与纯 TiO_2 相比，CQDs 浓度为 $0.75mg \cdot L^{-1}$ 的 TiO_2/CQDs 表现出优异的上转换发射，并在可见光照射（400～800nm）下具有最佳的光催化活性［图 5-12(a)］。有学者[78]通过一种简单的一步水热法，利用 $FeCl_3 \cdot 6H_2O$、$(NH_2)_2CO$ 和 CQDs 制备了 Fe_2O_3/CQDs 纳米复合材料。该复合材料在 550～800nm 范围内扩展了 UV-Vis 吸收波长，并证明了其光催化活性高于纯 Fe_2O_3。他们还提出了一种类似的方法来制备 Ag/Ag_3PO_4/CQDs 光催化剂，如图 5-12(b) 所示[79]，在存在 CQDs 的情况下，光催化活性和结构稳定性明显增强。他们总结的 CQDs 修饰机理可以从两个方面进行推测：①CQDs 发挥着捕获电子的作用，因此阻碍了电子-空穴对的重组；②由于 CQDs 的上转换光致发光特性，它们吸收了更长波长的光，而发出了更短波长的光，进而导致金属氧化物的激发形成了电子-空穴对。

碳材料由于其独特的电子结构，在催化应用中得到了广泛的应用，其中，原子厚度的超薄 2D 纳米片，主要包括石墨烯、氧化石墨烯（GO）、石墨氮化碳（$g\text{-}C_3N_4$），逐渐引起了人们的关注。$g\text{-}C_3N_4$ 由于其相对较窄的能隙（2.7eV）已经被广泛应用于光催化水分解、CO_2 还原和光降解。但是，$g\text{-}C_3N_4$ 中相邻的 CN 层是通过弱范德瓦耳斯相互作用和弱电子耦合而堆叠的，这不利于电子转移和光活性。此外，在可见光照射下大部分 $g\text{-}C_3N_4$ 的效率受到可见光的临界

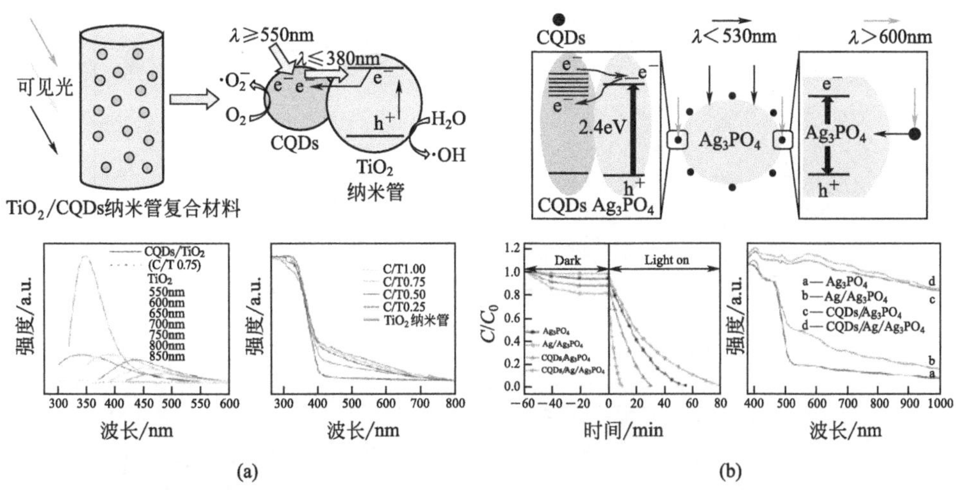

图 5-12 TiO_2/CQDs 复合材料[77] (a) 和 Ag/Ag_3PO_4/CQDs 复合材料的光催化过程和 PL 发射[79] (b)

吸收和高电荷复合率的限制。考虑到 g-C_3N_4 和 CQDs 的类似 π 共轭体系可能会稳定复合物，因此，这两个纳米结构的组合可以进一步提高光催化活性。例如 2017 年，研究人员通过高温热解缩合反应，将 N 掺杂的碳点（NCDs）与双氰胺复合制备了 NCDs/g-C_3N_4 复合材料（图 5-13）[80]。结果显示，在可见光下 NCDs/g-C_3N_4 具有更加优异的光催化性能。主要原理是利用了 NCDs 的上转换性质提高了 g-C_3N_4 对光的有效利用率，降低了 g-C_3N_4 的带隙能，增加了 g-C_3N_4 中光生载流子的分离效率，因此获得了改善的光催化活性。

在过去的几年中，学者们已经做出了许多努力来制备具有优异催化活性的功能性纳米结构，除了上述所述的金属化合物，常用的纳米材料还包括铈基金属化合物、异质结构复合材料等。基于碳点的这些独特特性，这些碳点基纳米复合材料均获得了显著改善的光催化活性。

5.5.3 木质基碳点复合材料水污染净化功能

以铋基金属氧化物氧化铋为例，氧化铋（BiOX，X＝Cl、Br、I）作为重要的Ⅴ-Ⅵ-Ⅶ三元半导体化合物，由于其优异的催化性能而受到越来越多的关注。BiOX 的高光催化活性主要归因于它们的开放晶体结构和间接光学跃迁。此外，层间静电场可以有效地诱导光生电荷载流子的分离。然而，BiOX 的光催化性能仍然受到限制，因为它们对可见光的吸收较低，价带（VB）位置较高，光生电荷的转移效率较低，光激发的电子-空穴对的复合速率较高。因此，碳点与 BiOX 的复合可以提高光生电荷载流子在其界面上的有效分离，进而增强光催化性能。

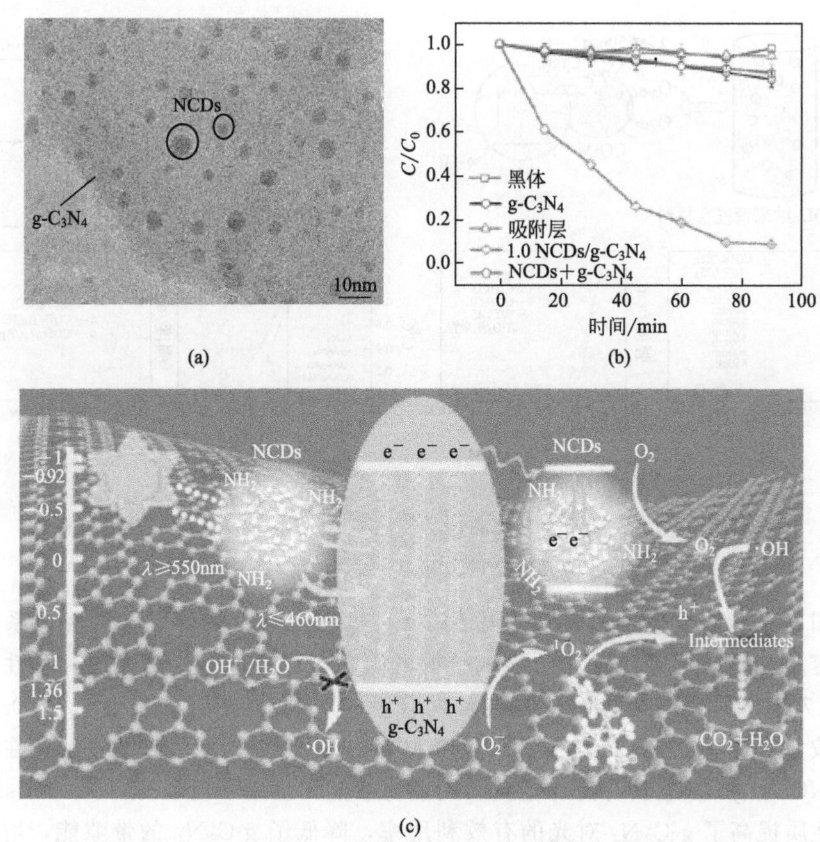

图 5-13 NCDs/g-C_3N_4 的扫描电镜（a）、在可见光下的光催化活性（b）以及光催化机理（c）

近年来，学者们已经拓展了多种氧化铋光催化剂，例如 Bi_2WO_6、Bi_2MoO_6、BiOX（X＝Cl、Br、I）和 $BiVO_4$ 等。钨酸铋（Bi_2WO_6）是由［Bi_2O_2］层和钙钛矿型层交替堆积而成，氧原子在层间共享，它们在可见光下表现出良好的光降解效率，良好的光催化性能是因为 Bi_2WO_6 纳米片不仅具有较大的比表面积(增加了反应位点)，而且提高了电子-空穴分离的效率。然而，由于弱的光吸收和快速的电荷复合，Bi_2WO_6 的光催化活性仍然有限。因此，将碳点与 Bi_2WO_6 复合，可以进一步提高其电子-空穴分离的效率和光吸收。2019 年，有学者将碳点（CDs）作为助催化剂与 Bi_2WO_6 纳米板进行水热杂交[81]，目的是有效分离 Bi_2WO_6 的光生载流子。结果证明了 CDs 上的电子从 CDs 跨界面转移到 Bi_2WO_6 的过程，并得到差分电荷密度分析的进一步支持。DFT 模拟表明，引入的电子主要分布在 CDs 上而不是 Bi_2WO_6 上，这表明 CDs 具有很强的吸收光生电子的能力。CDs/Bi_2WO_6 复合材料具有增强的光催化性能可以归因于 Bi_2WO_6 纳米板的高效电荷分离和大比表面积。

铋基光催化剂中的钼酸铋（Bi_2MoO_6）可以降解许多有机染料，由于这个原因，它们经常被用于与环境保护有关的一些光催化研究中。Bi_2MoO_6 属于 Aurivillius 型半导体复合氧化物，主要的晶体结构由交替的（Bi_2O_2）$^{2+}$ 层和成角度的 MoO_6 钙钛矿片两部分组成（图 5-14）[82]，通常可以被波长在 420～500nm 范围内的可见光激发。具有纳米尺寸的 Bi_2MoO_6 在许多可见光催化降解有机染料的应用中表现不俗[83]，例如，有学者合成了纳米片状的 Bi_2MoO_6 光催化剂[84]，证明了其在可见光催化降解有机染料应用中的潜力，但是由于电子-空穴对的快速重组限制了其应用，Bi_2MoO_6 的催化性能仍然不理想。来自东北林业大学的学者基于碳点 CQDs 的特性，将木质基 CQDs 与水热法制备的 Bi_2MoO_6 纳米片复合构建了碳点基复合材料作为光催化剂，加速了 Bi_2MoO_6 中电子-空穴对的分离，因此获得了改善的光催化性能。

图 5-14 Bi_2MoO_6 的晶体结构[82]

5.5.3.1 木质基碳点制备技术

水热碳化（HTC）是一种在低温下利用生物质合成碳材料的新技术，可在短短几个小时内模仿实验室中煤炭形成的自然过程（消耗数百万年）。在过去的几年中，人们对 HTC 技术进行了广泛的探索，并将其作为适合于生产具有多种应用的碳材料的合成路线。目前，HTC被认为是合成功能化碳材料的可持续方法之一，HTC工艺的要求是以糖类化合物或富含糖类化合物的生物质作为前体，这些材料可以大量再生。在HTC过程中，可再生的生物质或生物质衍生的前体在温和的反应温度下来合成碳材料，整个过程依赖于糖类化合物脱水成羟基甲基糠醛（HMF），然后是由开环反应、取代、环加成和缩聚组成的级联反应，以形成最终的碳结构。HTC方法能够以节能的方式生产具有可控结构和形貌的碳材料，包括碳纳米点。

A. Prasannan等人[20]报道了橙皮中的荧光碳点包含大量的含氧官能团，这个结论已经通过各种光谱技术进行了验证。研究表明，水热处理得到的碳点几乎是多芳香烃团簇，例如呋喃基聚合物或碳，这些点为 sp^2 和 sp^3 杂化，具有吸引人的发光特性。他们以阳离子表面活性剂十六烷基吡啶（CPC）为原料，通过水热法合成了一类新型球形荧光碳点，平均粒径为2nm。这些碳点显示出蓝绿色-黄色范围内的激发和pH依赖性发射，具有廉价且可大规模生产的潜力。HTC与其他化学方法相比具有许多优势，但是由于高昂的投资成本，目前尚无商业规模的HTC工厂投入运营。较小的工厂必须应付相对较高的人工成本和较高的特定资本成本。另外，原料的选择也比较重要。

来自东北林业大学的学者选择落叶松木材为原料，将天然落叶松木材研磨成粉末，采用水热法制备了可以发出蓝、绿色荧光的木质基CQDs。通过一系列测试表征技术研究了木质基CQDs的形貌、结构以及光学性能。

5.5.3.2 碳点的基本表征技术

研究碳点的结构和光学性能常见表征技术包括：①扫描电子显微镜（scanning electron microscope，SEM）；②透射电子显微镜（transmission electron microscope，TEM）；③X射线光电子能谱（X-ray photoelectron spectroscopy，XPS）；④拉曼（Raman）光谱；⑤光致发光（photoluminescence，PL）光谱和光致发光衰减光谱。

5.5.3.3 木质基碳点的基本结构

来自东北林业大学的学者利用（HR）TEM图像观察了木质基碳点的形貌，如图5-15所示，很明显，木质基CQDs是直径小于10nm分散性良好的类球形粒子。

来自东北林业大学的学者利用XPS和拉曼测试研究了木质基CQDs的基本结构。XPS结果表明，如图5-16(a)所示，在284.8eV、531.7eV和399.6eV结合能处观察到三个明显的峰，分别归属于三种元素：C_{1s}（49.54%）、O_{1s}

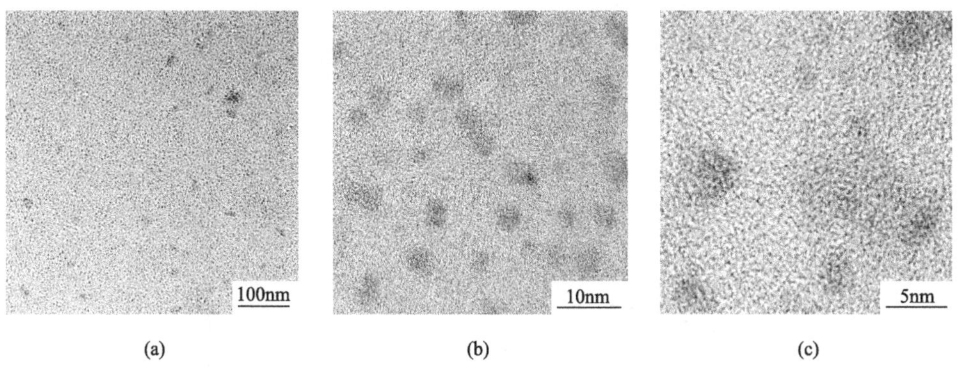

图 5-15 木质基 CQDs 的 TEM 图像（a）以及 HRTEM 图像（b）和（c）

（47.78%）和 N_{1s}（2.68%），高含量的碳和氧元素说明木质基 CQDs 的表面上存在丰富的含氧官能团。分别观察 C_{1s}［图 5-16(b)］和 O_{1s}［图 5-16(c)］的 XPS 光谱发现，C_{1s} 光谱可以拟合出四个峰，分别归属于 C—H/C—C/C═C、C—O、C═O 和—COOH 化学键，而 O_{1s} 光谱可以拟合出三个峰，分别对应于 O—C═O/Ar—O—Ar、C—O/C—O—C 和 Ar—OH 化学键。因此，木质基 CQDs 的表面富集了—COOH、—OH、O—C═O 等水溶性官能团，证明了其在水溶液中的稳定性。

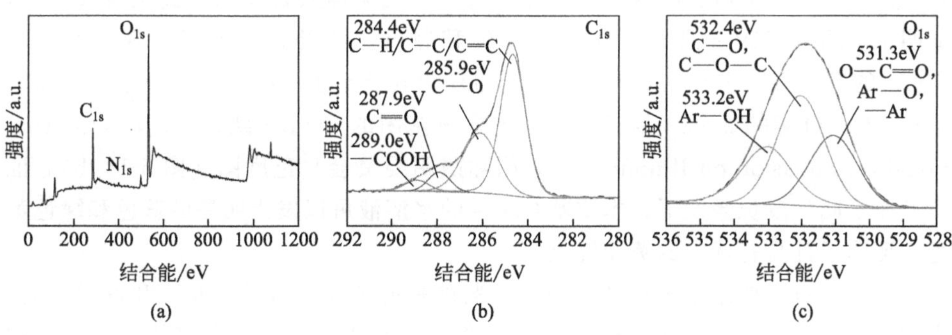

图 5-16 木质基 CQDs 的 XPS 全扫描（a）、C_{1s} 和拟合曲线（b）以及 O_{1s} 和拟合曲线（c）

图 5-17 显示了木质基 CQDs 的拉曼光谱，位于 1393.6cm^{-1} 处的 D 谱带归属于 sp^3 碳原子的振动，代表了缺陷和无序结构；而位于 1590.7cm^{-1} 处的 G 谱带归属于 sp^2 碳原子的振动，代表了有序的结构。分别量化 D 谱带与 G 谱带的峰面积，计算了 D 谱带与 G 谱带的相对峰面积比值（$A_D:A_G$），通常用于估算 sp^3 与 sp^2 碳原子的比例（$sp^3:sp^2$），通过计算得到的结果为：$A_D:A_G=0.37$，该值与碳点结构中的无序程度有关，并证实了缺陷在木质基 CQDs 表面上的存在。

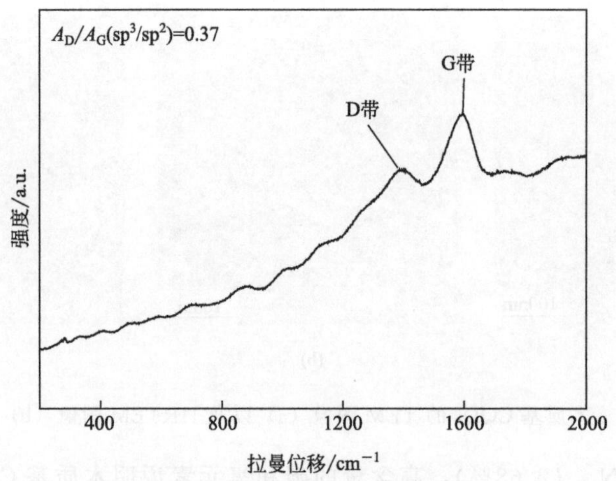

图 5-17 木质基 CQDs 的拉曼光谱

5.5.3.4 木质基碳点的光学性能

来自东北林业大学的学者利用紫外-可见吸收光谱和 PL 光谱研究了木质基 CQDs 的光学性能。紫外-可见吸收光谱［如图 5-18(a)］结果显示，在 265.5nm 处可以观察到一个微弱的紫外吸收峰，这与离域 π 键共轭体系的典型吸收有关，证明了木质基 CQDs 具有光诱导电子转移特性。此外，学者们发现，木质基 CQDs 的发光特性主要归因于其表面上的复杂电子跃迁，包括 C═C 键的 π→π* 跃迁、C═O 键的 n→π* 跃迁以及其他含氧基团的 n→p* 跃迁。CIE（International Commission on Illumination，国际照明委员会）色度图［图 5-18(b)］证明了在不同的波长激发下，木质基 CQDs 的水溶液可以发出明亮的蓝色和绿色荧光，证明了其具有优异的荧光性能。

图 5-19(a) 展示了木质基 CQDs 的光致发光（PL）激发（左）和发射（右）光谱，表明了其荧光光谱中最大发射强度和激发波长之间存在直接关系，即在 350nm 激发波长下，CQDs 在 434nm 处获得了最大强度的发射峰。通过检测不同的激发波长，木质基 CQDs 获得了一系列光致发光光谱［图 5-19(b)］。结果表明，当激发波长从 300nm 增加到 440nm 时，发射波长从 425nm 逐渐红移到 514nm，并且发射峰强度也随之逐渐降低，这是由于木质基 CQDs 表面上的化学键和颗粒尺寸的差异造成的。

5.5.3.5 木质基碳点复合材料制备技术

水热法是无机纳米材料合成的理想方法，它是一种液相化学技术，在特殊的

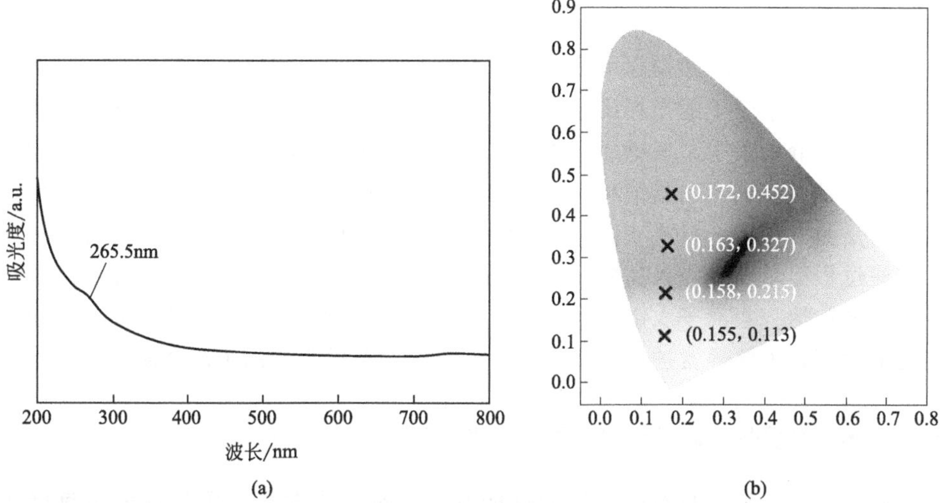

图 5-18　木质基 CQDs 的紫外-可见吸收光谱（a）；在 350nm、380nm、400nm 和 420nm 波长激发下，CQDs 的 CIE 色度图（b）

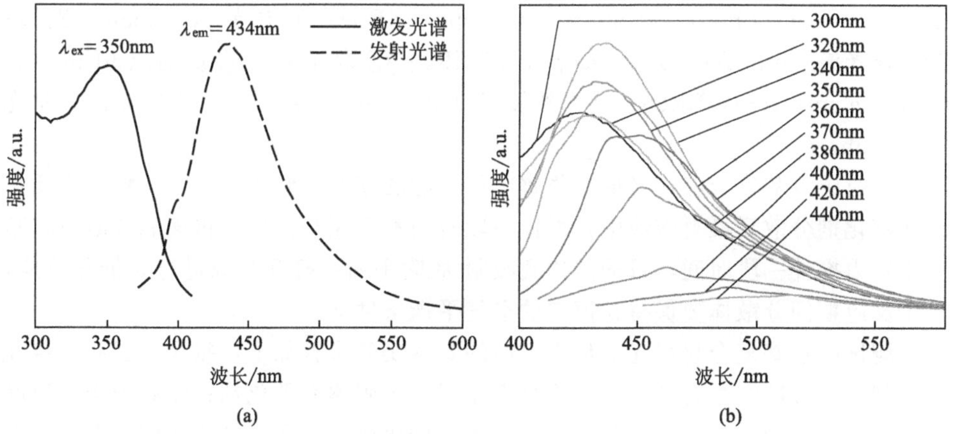

图 5-19　木质基 CQDs 的光致发光激发和发射光谱（a）以及在不同激发波长下木质基 CQDs 的光致发光光谱（b）

密闭反应器（例如高压釜）中进行，通过加热和加压系统（或借助自生蒸气压），可创建高温和高压反应条件，将通常不溶的材料溶解和重结晶。水热合成的一般程序包括以下四个步骤：①选择反应前驱体和确定前驱体的用量比；②确定前驱体的加入顺序和搅拌湿料；③装入高压釜并将其密封后放入烘箱；④选择反应温度、时间和状态（静态或动态结晶）。与其他方法相比，水热法制备无机材料具有以下优点：①不需要复杂的后处理就能直接产生结晶良好的产物；②产物的晶型和形貌与水热条件有关（如温度、时间和 pH）；③晶粒线性度适度可调；④反应能耗低，产量高；⑤工艺简单温和。

碳点基复合材料的构建可分为物理混合、化学键合和原位生长三种方式。物理混合包括通过简单的搅拌或超声将碳点与其他材料混合，然后通过非共价相互作用（例如静电吸附、氢键相互作用或 π-π 堆叠相互作用）将它们结合在一起。化学键合是基于碳点与其他材料之间的共价相互作用，例如共价结合。原位生长被认为是另一种纳米材料表面上纳米结构的异质成核和生长。碳点基复合催化剂的构建过程简单、安全且高效，可以在水溶液中完成，通常只需一步即可完成，最多需要加热。去离子水由于对 CQDs 和其他纳米材料具有安全性、便利性和良好的溶解度，因此通常被用作碳点基复合材料制备过程中的主流介质。

5.5.3.6 木质基碳点复合材料的基本表征技术

研究碳点基复合材料的结构和性能基本表征技术包括：①扫描电子显微镜（scanning electron microscope，SEM）；②能量色散 X 射线光谱（energy dispersive X-ray spectroscopy，EDS）；③透射电子显微镜（transmission electron microscope，TEM）；④X 射线衍射（diffraction of X-rays，XRD）；⑤X 射线光电子能谱（X-ray photoelectron spectroscopy，XPS）；⑥拉曼（Raman）光谱；⑦红外光谱（infrared spectroscopy，FT-IR）；⑧紫外-可见漫反射（diffuse reflectance spectrum，DRS）、⑨光致发光（photoluminescence，PL）光谱；⑩光电流（photocurrent）等。

研究碳点基复合材料光催化降解染料性能的基本实验步骤如下：将一定质量的光催化剂分散到染料溶液中，搅拌一段时间直至完全分散；将该混合溶液在暗室中磁力搅拌一段时间，目的是达到吸附-脱附平衡；打开光源进行光催化反应，整个反应期间分散体要保持在恒定的空气平衡条件下。

测试碳点基复合材料光催化稳定性的基本实验步骤如下：每次测试后，将光催化剂重新分散在去离子水中，重复洗涤后收集固体光催化剂；随后干燥并研磨成粉末作为新的光催化剂重新用于下一次光催化测试。在光催化反应期间，每隔一段时间收集剩余溶液，以计算染料的剩余浓度，染料的降解率通过式(5-1)计算：

$$\text{降解率}(\%)=[(C_0-C)/C_0]\times 100 \tag{5-1}$$

式中，C_0 为吸附-脱附平衡后的染料初始浓度，mg/L；C 为每段时间内的剩余浓度，mg/L。

5.5.3.7 木质基碳点复合材料的基本结构

来自东北林业大学的学者利用物理混合的方式制备了木质基碳点复合材料

$CQDs/Bi_2MoO_6$，以 $CQDs/Bi_2MoO_6$ 为例，利用 SEM 图像研究碳点基复合材料的形貌特征。图 5-20(a) 和图 5-20(b) 显示了 Bi_2MoO_6 和 $CQDs/Bi_2MoO_6$ 的 SEM 图像，从图中可以初步观察到，两种样品均表现出随机取向的纳米片形态，证明 Bi_2MoO_6 与木质基 CQDs 的物理混合并没有明显地改变 Bi_2MoO_6 的初始纳米片结构。随后，通过观察 HRTEM 图像进一步分析了 $CQDs/Bi_2MoO_6$ 的形貌，如图 5-20(c) 所示，当复合了木质基 CQDs 后，在 Bi_2MoO_6 的表面上观察到一些球形粒子，这些粒子的粒径小于 10nm，与木质基 CQDs 的形貌非常一致［图 5-20(d)］。这证实了木质基 CQDs 是高度分散在 Bi_2MoO_6 的表面上，形成了 $CQDs/Bi_2MoO_6$ 复合材料。

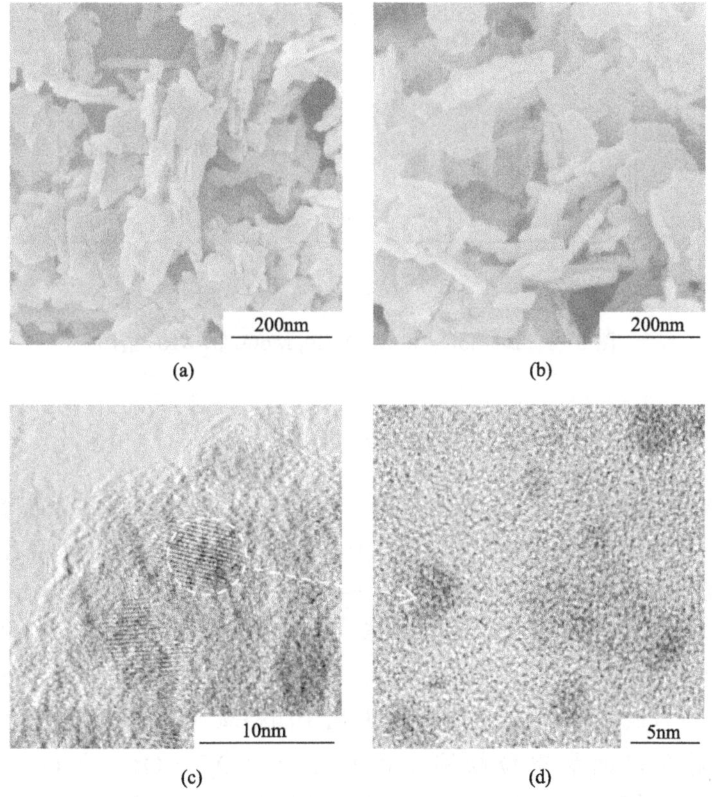

图 5-20 Bi_2MoO_6 的 SEM 图像 (a)；$CQDs/Bi_2MoO_6$ 的 SEM 图像 (b)；$CQDs/Bi_2MoO_6$ 的 HRTEM 图像 (c)；木质基 CQDs 的 HRTEM 图像 (d)

来自东北林业大学的学者利用 XRD 测试研究了碳点基复合材料的基本结构。XRD 谱图记录了不同材料的晶相，如图 5-21 所示，在 Bi_2MoO_6 和 $CQDs/Bi_2MoO_6$ 谱线中出现的衍射峰位于 $2\theta=28.5°$、$32.7°$、$47.1°$和 $55.7°$处，与斜方晶系 Bi_2MoO_6 相的标准 XRD 谱图（JCPDS 77-1246）很好地吻合，分别对应于

Bi_2MoO_6 相的 {131}、{002}、{202} 和 {133} 晶面。在 CQDs/Bi_2MoO_6 复合材料的 XRD 谱图中并未观察到其他衍射峰的出现，并且将其与单一的 Bi_2MoO_6 进行比较时发现，CQDs/Bi_2MoO_6 复合材料依然表现出斜方晶系 Bi_2MoO_6 晶相。因此，学者们证明了通过物理混合的方式构建碳点基复合材料，碳点是高度分散在金属氧化物的表面上，并没有破坏金属氧化物的晶体结构。

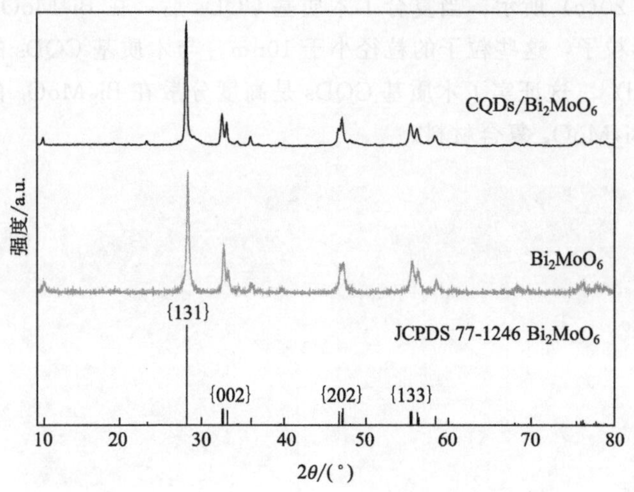

图 5-21　Bi_2MoO_6 和 CQDs/Bi_2MoO_6 的 XRD 谱图

5.5.3.8　木质基碳点负载对表面缺陷的影响

表面氧空位作为光催化剂最常见的一种缺陷，在光催化反应中扮演着十分重要的角色。来自东北林业大学的学者以 CQDs/Bi_2MoO_6 为例，利用 XPS 测试研究了碳点负载对表面缺陷的影响。图 5-22 显示了记录在 Bi_2MoO_6 和 CQDs/Bi_2MoO_6 上的 O_{1s} XPS 光谱，如图所示，两种样品的不对称 O_{1s} XPS 光谱可以在低结合能区（529.4～530.5eV）和高结合能区（531.3～531.8eV 和 532.9～533.1eV）拟合成三个部分，它们分别归属于晶格氧（O^{2-}），标记为“O_β”，以及化学吸附在表面氧空位缺陷上的氧物种（O_2^-、O_2^{2-} 或 O^-），标记为“O_α”。表 5-1 列出了 O_{1s}曲线中每个拟合峰的峰面积以及 O_α 占 $O_总$ 的峰面积比，$A_{O_\alpha}:A_{O_总}$ 的结果对应于表面氧空位缺陷的相对含量比，其变化如下：Bi_2MoO_6（45%）<CQDs/Bi_2MoO_6（77%）。这证实了 CQDs 与 Bi_2MoO_6 的复合引入了大量表面氧空位缺陷，相比单一的 Bi_2MoO_6，CQDs/Bi_2MoO_6 复合材料的表面氧空位缺陷含量显著增加了 71.1%。引入的缺陷可以进一步捕获光生电子，促进 Bi_2MoO_6 中光生载流子的分离，有助于获得增强的光催化性能。

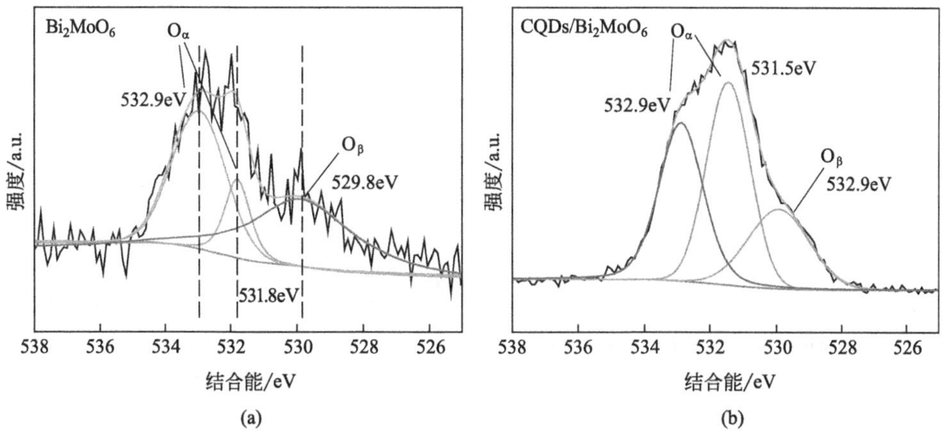

图 5-22 Bi_2MoO_6（a）和 $CQDs/Bi_2MoO_6$（b）的 O_{1s} XPS 光谱和拟合曲线

表 5-1 O_{1s} 曲线拟合峰的峰面积以及 O_α 占 $O_总$ 峰面积的比例

光催化剂	O 物种峰面积及峰面积比①			
	O_2^-	O_2^{2-}	O^{2-}	$A(O_2^- + O_2^{2-})/A_{O总}$
Bi_2MoO_6	520.5	184.1	868.4	0.45
$CQDs/Bi_2MoO_6$	4307.6	7635.3	6787.7	0.77

① 由 XPS 数据计算所得。

5.5.3.9 木质基碳点负载对光吸收性能的影响

来自东北林业大学的学者以 $CQDs/Bi_2MoO_6$ 为例，利用紫外漫反射光谱研究了碳点负载对光吸收性能的影响。如图 5-23(a) 所示，相比单一的 Bi_2MoO_6，$CQDs/Bi_2MoO_6$ 复合材料的可见光吸收范围扩展到 496nm。计算光学带隙能量的公式可以表示为：

$$(Ah\nu)^n = h\nu - E_g \tag{5-2}$$

式中，A 为常数；$h\nu$ 为光能；E_g 为光学带隙能量；n 为跃迁类型（由于 Bi_2MoO_6 是直接跃迁型，因此 $n=0.5$）。根据式(5-2)，Bi_2MoO_6 和 $CQDs/Bi_2MoO_6$ 的带隙能分别计算为 2.67eV 和 2.37eV［图 5-23(b)］。这些结果表明，CQDs 与 Bi_2MoO_6 的复合不但拓展了对可见光的吸收范围，并且还缩小了禁带宽度，因此碳点基复合材料倾向于吸收更多的可见光。根据 XPS 结果分析，其中一个重要的原因就是在 Bi_2MoO_6 的光学带隙中形成了氧空位相关的浅层（电子）施主能级[47]。

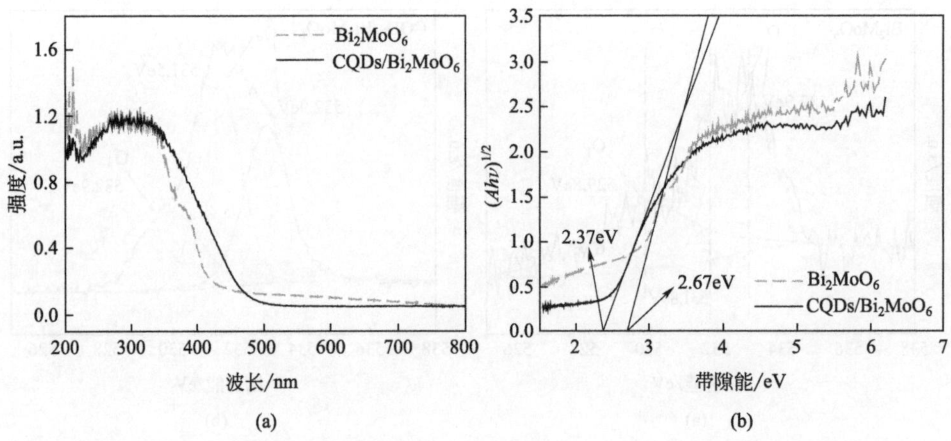

图 5-23　Bi_2MoO_6 和 $CQDs/Bi_2MoO_6$ 的紫外漫反射光谱（a）与光学带隙（b）

5.5.3.10　木质基碳点负载对载流子分离的影响

当光照射光催化剂时，由光激发产生的电子和空穴会经历“分离”和“重组”两个过程，两者相互竞争。在光催化反应期间，分离的光生电子和空穴作为氧化还原反应的重要参与者，被供体和受体有效地作用。来自东北林业大学的学者利用 PL 光谱研究了碳点负载对载流子分离的影响。如图 5-24 所示，在 320nm 的激发波长下，Bi_2MoO_6 和 $CQDs/Bi_2MoO_6$ 显示了相似的发射光谱，并分别在 409.8nm 和 410.6nm 处观察到最大发射峰。将两种样品进行比较发现，$CQDs/Bi_2MoO_6$ 复合材料的 PL 发射峰强度有所降低，证明了 CQDs 的负载有利

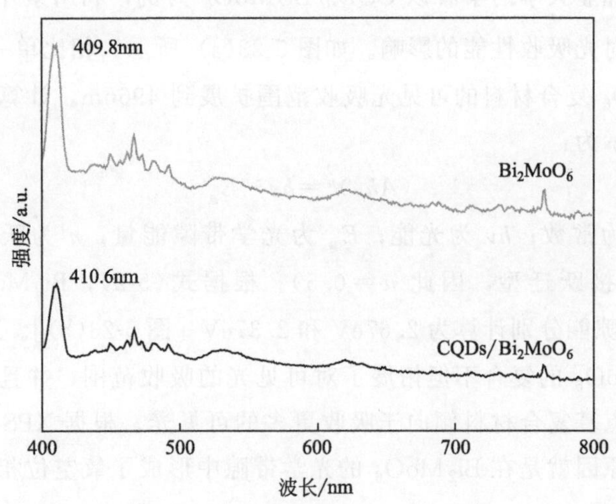

图 5-24　Bi_2MoO_6 和 $CQDs/Bi_2MoO_6$ 在 320nm 激发波长下的发射光谱

于 Bi_2MoO_6 中载流子的分离。

5.5.3.11 木质基碳点负载对净化有机染料废水的影响

来自东北林业大学的学者利用可见光催化有机染料亚甲基蓝（MB）研究了碳点负载对光催化剂净化有机染料废水的影响。图 5-25(a) 显示了不同材料在可见光下对 MB 的光降解性能，空白实验证明了在不添加任何光催化剂时，MB 不会发生自降解，在可见光下可以长期稳定存在。此外，木质基 CQDs 在可见光照射期间几乎没有对 MB 的降解能力。在 90min 内，Bi_2MoO_6 的光催化活性较差，这是由于单一的 Bi_2MoO_6 中电荷复合速率较快。相比 Bi_2MoO_6，木质基 CQDs 负载后的复合材料具有增强的光催化活性，对染料的降解效率提高了 30.2%，这可以归因于 CQDs/Bi_2MoO_6 复合材料中电荷快速的分离和相对慢的重组。学者们认为，木质基 CQDs 的光诱导电子转移特性是增强 Bi_2MoO_6 光催化性能的关键因素。通过一阶方程式可以得到两种催化材料的一级速率常数 k (min^{-1})，如式(5-3) 所示：

$$-\ln(C/C_0)=kt \tag{5-3}$$

学者们根据该公式分别计算了 Bi_2MoO_6 和 CQDs/Bi_2MoO_6 的动力学速率，如图 5-25(b) 显示，由于木质基碳点的负载提高了复合材料的光催化活性，因此，CQDs/Bi_2MoO_6 的 k 值是 Bi_2MoO_6 的 3.7 倍。随后学者们进行光催化循环测试评估了碳点基复合材料的稳定性，结果如图 5-25(c) 所示，他们发现经过四次光催化循环测试后，碳点基复合材料具有良好的光催化稳定性。

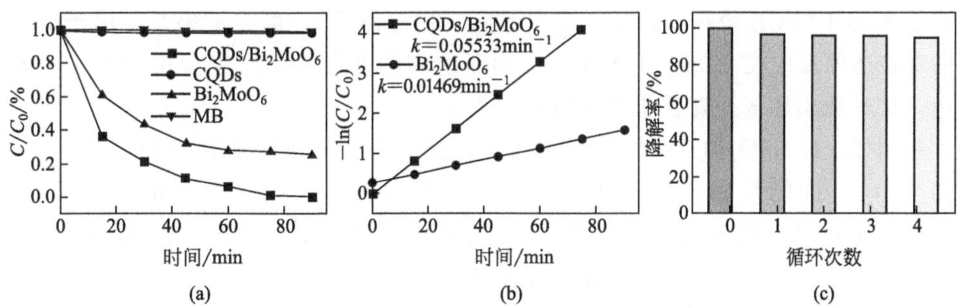

图 5-25 在可见光下不同样品对 MB 的光降解 (a)；对 MB 降解曲线的动力学速率 (b)；CQDs/Bi_2MoO_6 的四次光催化循环测试 (c)

5.5.3.12 木质基碳点提高光催化性能的机制

以 CQDs/Bi_2MoO_6 为例，来自东北林业大学的学者们认为，碳点提高光催化性能的主要机制是 CQDs 的光诱导电子转移特性引起了 Bi_2MoO_6 中快速的电荷分离和相对慢的电荷重组。当 CQDs/Bi_2MoO_6 复合材料受到光激发时，Bi_2MoO_6 被可见光光子驱动，电子受到激发后向导带转移，而空穴则留在价带中。CQDs 的负载显著增加了复合材料的表面缺陷，从而在 Bi_2MoO_6 的价带顶部形成了新的能级，引起了吸收谱带的红移并减小了禁带宽度，提高了光吸收性能以及载流子的分离效率。在 CQDs/Bi_2MoO_6 复合材料中，受到激发的电子可以在电子受体 CQDs 分子和电子给体 Bi_2MoO_6 光催化剂之间发生转移，CQDs 有效地捕获了电子，从而诱导了电子和空穴从 Bi_2MoO_6 内部区域快速迁移到表面。因此，与单一的 Bi_2MoO_6 相比，CQDs/Bi_2MoO_6 复合材料对有机染料的净化作用更佳。

5.5.4 木质基碳点异质结复合材料水污染净化功能

在光催化过程中，空穴和电子是光催化剂吸收光能后的产物，同样，它们的分离效率决定了光催化效率。值得一提的是，半导体耦合，即构造半导体异质结构是一种有效提高光催化效率的重要途径，这是由于多组分光催化剂通常会表现出比单组分光催化剂更高的光催化活性和可见光响应性。异质结由两个具有交错带构型的半导体组成，根据带隙和电子亲和能，存在三种情况：Ⅰ型、Ⅱ型和Ⅲ型[85]。如图 5-26(i) 所示，对于Ⅰ型，Sem 1 的导带（CB）较低，而其价带（VB）较高，因此，电子和空穴移动到 Sem 1 的 CB 和 VB，这不利于分离电子-空穴对。对于Ⅲ型，重叠的带隙在电子-空穴对的分离中起负面作用，相反，Ⅱ型的构造有利于提高光催化效率。如图 5-26(ii) 所示，电子迁移至 Sem 2，这是由于 Sem 1 的 CB 较高，相反，空穴进行反向迁移[86]。最终结果是，由于电子的存在还原反应在 Sem 2 上发生，而由于空穴的存在氧化反应会在 Sem 1 上发生，这种现象显著提高了能量转换效率[87]。

例如，以 SnO_2-TiO_2 异质结构为例，提高的光催化降解速率归因于 SnO_2 和 TiO_2 不同能级的耦合，从而改善了电荷分离。光电化学测量结果显示，SnO_2-TiO_2 耦合膜可实现更高的光子-光电流转换效率。同样，TiO_2 或 ZnO/CdS 也是著名的耦合半导体系统，可改善电荷分离[88]。

近年来，研究人员对木质基耦合半导体展开了相关的研究，例如，高立坤等人[89]在 2017 年使用木质纤维作为基质，通过两步水热法和煅烧相结合的方式制备了 WO_3/TiO_2 光催化剂。木质纤维基材可提供较高的表面积，因此，他们所制备的这种 WO_3/TiO_2 的 BET 表面积约为常规 WO_3/TiO_2（不存在木质纤维的情况下获得的）的 3.6 倍。此外，木质纤维的存在会诱导球形 TiO_2 和放线型 WO_3 花的均匀生长。关于光催化活性的结果，与 TiO_2-木质纤维相比，WO_3/TiO_2-木质纤维对 MO、MB 和 RhB 具有更快的去除能力和更高的光降解效率。

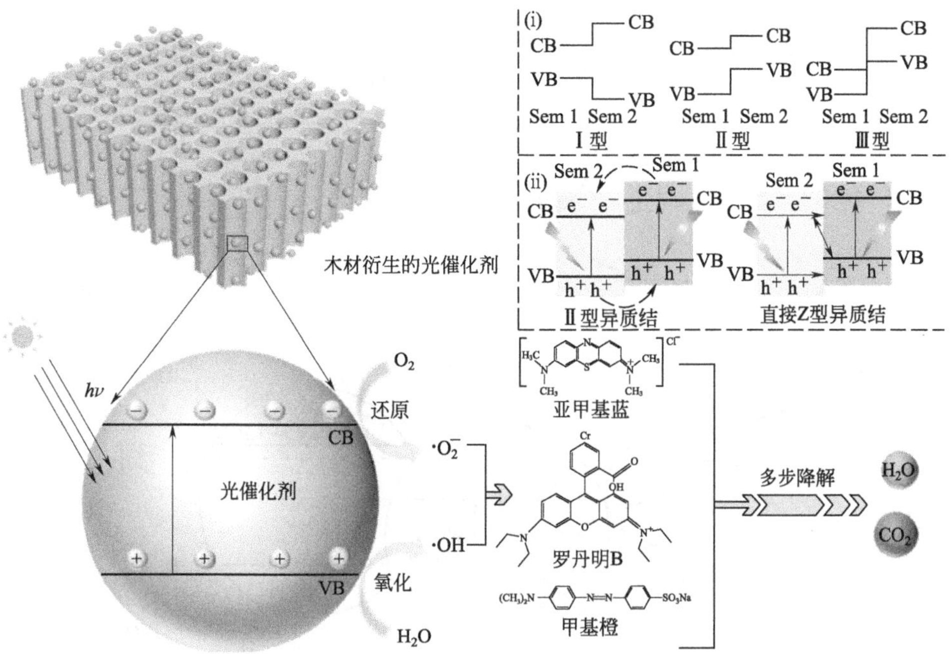

图 5-26 木质基光催化剂（包括木材负载的 TiO_2 或 ZnO）的光催化机理示意图：（ⅰ）建立半导体异质结构（Ⅰ型、Ⅱ型和Ⅲ型），以提高光诱导电荷分离的效率[85]；（ⅱ）Ⅱ型和直接 Z 型异质结的电子和空穴转移[87]

随后 Gao 的小组分析了催化机理（如图 5-27 所示），即被紫外线或可见光照射激发的电子从 WO_3 的 CB 移动到 TiO_2 的 CB，从而限制了这两种半导体的 VB 中的电子-空穴对复合。此外，这些空穴直接迁移到半导体界面或从 TiO_2 转移到 WO_3，重组的限制是光活性增强的主要原因。

5.5.4.1 木质基碳点异质结复合材料制备技术

Bi_2MoO_6 作为典型的 VLD 半导体光催化剂可应用于处理废水中的有机染料，尽管取得了一些喜人的成果，但是，由于单一的 Bi_2MoO_6 中电子-空穴对的复合速率相对较快，催化效果依然不是十分理想。令人鼓舞的是，许多文献已经报道了许多基于 Bi_2MoO_6 构建的半导体异质结构，例如 $BiOBr/Bi_2MoO_6$、Bi/Bi_2MoO_6 和 CeO_2/Bi_2MoO_6 等，结果表明，半导体的耦合，即异质结的制备能够表现出更高的可见光响应性。

据报道，二氧化铈（CeO_2）与 Bi_2MoO_6 构建的异质结构相比这两种单组分表现出增强的光催化活性，这主要归因于 CeO_2 优异的 VLD 光催化性质。此外，与 CeO_2 相比，掺杂 Zr^{4+} 所获得的铈基金属化合物——铈锆复合氧化物

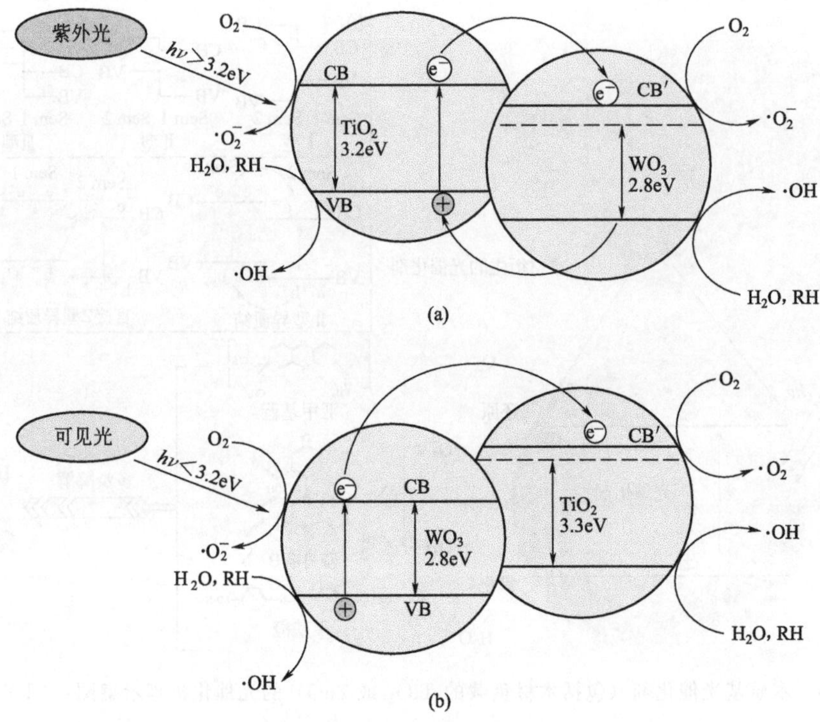

图 5-27 以木质纤维为基体的耦合 WO_3/TiO_2 的光催化机理[89]

($Ce_xZr_{1-x}O_2$) 具有改善的电子结构、表面特性、光吸收特性以及氧化还原性能等优势，因此，$Ce_xZr_{1-x}O_2$ 是与 Bi_2MoO_6 构建异质结构更有希望的单组分候选物。碳纳米材料中的石墨烯通常应用于修饰异质结构光催化剂的性能，然而，由于石墨烯苛刻的制备条件、高昂的原材料成本以及可能会引起的环境污染，其实际应用存在一定的局限。碳点作为碳纳米材料的后起之秀，它们与异质结构的复合很有研究价值。

来自东北林业大学的学者以 $Ce_{0.7}Zr_{0.3}O_2$ 与 Bi_2MoO_6 光催化剂作为单组分构建了异质结 $Ce_{0.7}Zr_{0.3}O_2$@Bi_2MoO_6，随后将落叶松木材衍生的木质基 CQDs 与半导体异质结物理混合设计了一种碳点基异质结复合材料 CQDs/$Ce_{0.7}Zr_{0.3}O_2$@Bi_2MoO_6。将制备的复合材料应用于可见光催化降解有机染料罗丹明 B (RhB)，利用一系列测试表征系统地研究了碳点负载对异质结的电子跃迁、表面缺陷、光吸收性能、电子转移过程以及电化学性能的影响。

5.5.4.2 木质基碳点异质结复合材料的基本结构

来自东北林业大学的学者利用 (HR) TEM 图像研究了木质基碳点/异质结

$CQDs/Ce_{0.7}Zr_{0.3}O_2@Bi_2MoO_6$ 复合材料的微观结构。如图 5-28(a)～图 5-28(c)所示，Bi_2MoO_6 以一层膜的形式覆盖在 $Ce_{0.7}Zr_{0.3}O_2$ 立方体纳米粒子的表面，以 $Ce_{0.7}Zr_{0.3}O_2$ 为核，Bi_2MoO_6 为壳，形成了核@壳型异质结。如图 5-28(f)的 HRTEM 图像显示，在 $CQDs/Ce_{0.7}Zr_{0.3}O_2@Bi_2MoO_6$ 复合材料的表面上观察到了木质基 CQDs 纳米粒子［如图 5-28(e) 所示］，这证实了木质基 CQDs 负载在异质结的表面上。图 5-28(h) 显示了 $CQDs/Ce_{0.7}Zr_{0.3}O_2@Bi_2MoO_6$ 的相应 EDS 光谱，所检测到的铜元素主要来自导电树脂和金属喷涂，在光谱中同时检测到了 Bi、Mo、Ce、Zr、O 和 C 元素。这些结果进一步证实了木质基 CQDs 与 $Ce_{0.7}Zr_{0.3}O_2@Bi_2MoO_6$ 异质结之间实现了牢固的表面接触，形成了碳点基异质结复合材料。

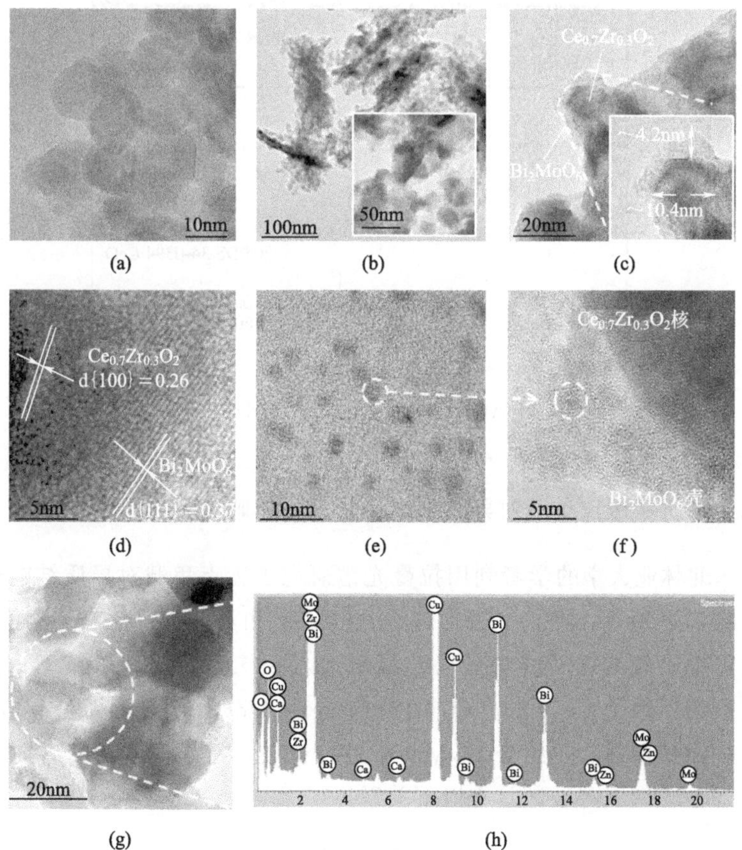

图 5-28 $Ce_{0.7}Zr_{0.3}O_2@Bi_2MoO_6$ (b) 和 (c) 和 $CQDs/Ce_{0.7}Zr_{0.3}O_2@Bi_2MoO_6$ (g) 的 TEM 图像；$Ce_{0.7}Zr_{0.3}O_2$ (a)、$Ce_{0.7}Zr_{0.3}O_2@Bi_2MoO_6$ (d)、CQDs (e) 和 $CQDs/Ce_{0.7}Zr_{0.3}O_2@Bi_2MoO_6$ (f) 的 HRTEM 图像；$CQDs/Ce_{0.7}Zr_{0.3}O_2@Bi_2MoO_6$ (h) 的 EDS 光谱

来自东北林业大学的学者利用 XRD 谱图研究了木质基碳点/异质结复合材料的基本结构，如图 5-29 所示，将 $CQDs/Ce_{0.7}Zr_{0.3}O_2@Bi_2MoO_6$ 复合材料的 XRD 结果与 $Ce_{0.7}Zr_{0.3}O_2@Bi_2MoO_6$ 异质结进行比较时发现，木质基 CQDs 负载后，并没有明显改变 $Ce_{0.7}Zr_{0.3}O_2@Bi_2MoO_6$ 的物相结构，证明了木质基 CQDs 是高度分散在异质结的表面上。

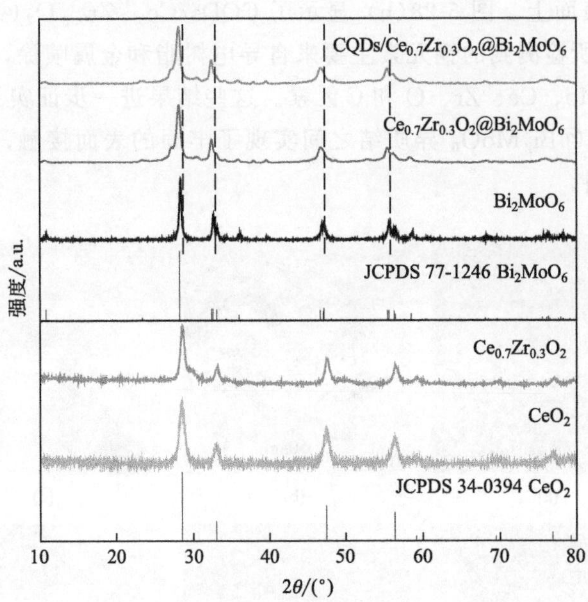

图 5-29 木质基碳点/异质结复合材料的 XRD 谱图

5.5.4.3 木质基碳点负载对异质结电子跃迁的影响

来自东北林业大学的学者利用拉曼光谱研究了碳点负载对异质结电子跃迁的影响。如图 5-30 所示，在 $Ce_{0.7}Zr_{0.3}O_2@Bi_2MoO_6$ 和 $CQDs/Ce_{0.7}Zr_{0.3}O_2@Bi_2MoO_6$ 的拉曼谱图中出现的振动峰均可以归属于 Bi_2MoO_6，没有观察到 $Ce_{0.7}Zr_{0.3}O_2$ 的拉曼谱线的原因是 $Ce_{0.7}Zr_{0.3}O_2$ 的结构被 Bi_2MoO_6 包裹了而没有被检测到。将异质结的拉曼谱线与单组分 Bi_2MoO_6 进行比较，结果发现，前者向较低波数位移，内部振动模式与波数具有以下关系：

$$\overline{\nu}=\frac{1}{2\pi c}\sqrt{\frac{k}{\mu}} \tag{5-4}$$

式中，$\overline{\nu}$ 为波数；c 为电磁波的速度；k 为化学键的力常数；μ 为两个相关原子的相对质量。拉曼谱线向低波数的位移对应于化学键力常数的减小，这意味着键长的增加和键能的降低。化学键的键能与电子激发能之间的关系：键能越低，激发电子所需的能量就越低。因此，学者们认为，相比异质结，碳点基异质结复合材料更容易被光子驱动。这种现象也会发生在分子的电子能级跃迁过程中，拉曼峰的红移说明 $CQDs/Ce_{0.7}Zr_{0.3}O_2@Bi_2MoO_6$ 复合材料中光致电子的跃迁概率增加，这有助于提高光催化效率。

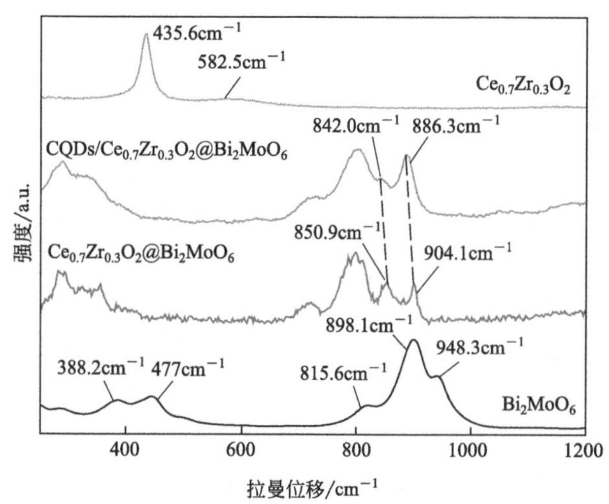

图 5-30 光催化剂的拉曼光谱

5.5.4.4 木质基碳点负载对异质结表面缺陷的影响

来自东北林业大学的学者利用 XPS 测试研究了碳点负载对异质结表面缺陷的影响。图 5-31 显示了记录在材料上的 O_{1s} XPS 光谱，如图 5-31 所示，样品的不对称 O_{1s} XPS 光谱可以在低结合能区域（529.4～530.5eV）和高结合能区域（531.3～531.8eV 和 532.9～533.1eV）拟合出三部分，它们分别归属于标记为“O_β”的晶格氧（O^{2-}），以及吸附在表面氧空位上的活性氧物种（O_2^-、O_2^{2-} 或 O^-），其标记为“O_α”，表 5-2 列出了相应的 O_{1s} 曲线中每个拟合峰的峰面积及其 O_α 与 $O_总$ 的峰面积比。O_α ∶ $O_总$ 的相对峰面积比对应于表面氧空位缺陷的相对含量比，因此，木质基 CQDs 的负载显著地提高了异质结的表面缺陷含量。

表 5-2 O_{1s} 曲线拟合的峰面积以及 O_α 与 $O_总$ 的峰面积比

光催化剂	O 物种峰面积及峰面积比①			
	O_2^-	O_2^{2-}	O^{2-}	$(O_2^-+O_2^{2-})/O_总$
$Ce_{0.7}Zr_{0.3}O_2$	985.8	719.4	1521.9	0.53
Bi_2MoO_6	520.5	184.1	868.4	0.45
$Ce_{0.7}Zr_{0.3}O_2@Bi_2MoO_6$	1127.7	1518.2	1553.9	0.63
$CQDs/Ce_{0.7}Zr_{0.3}O_2@Bi_2MoO_6$	2882.7	2319.4	964.9	0.84

① 根据 XPS 数据计算得出。

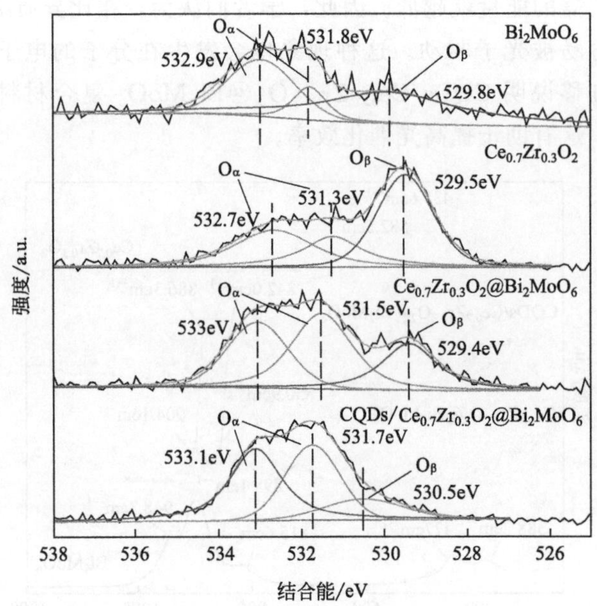

图 5-31　光催化剂的 O_{1s} XPS 光谱以及拟合曲线

5.5.4.5　木质基碳点负载对异质结光吸收性能的影响

来自东北林业大学的学者利用紫外漫反射测试研究了碳点负载对异质结光吸收性能的影响。如图 5-32 所示，异质结在 200～607nm 波长范围内显示出强烈的光吸收，木质基碳点的负载使 CQDs/$Ce_{0.7}Zr_{0.3}O_2$@Bi_2MoO_6 复合材料的光

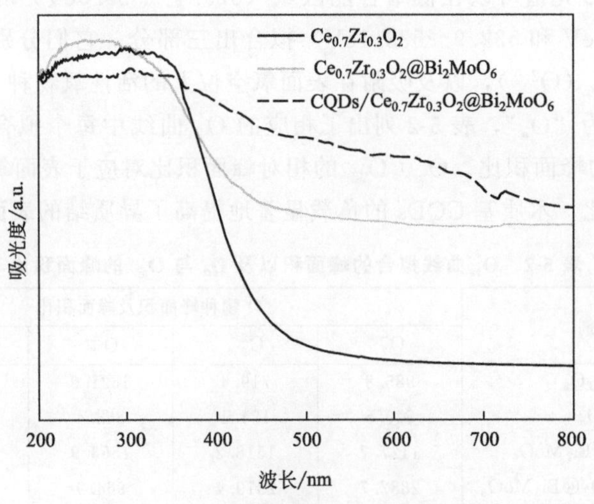

图 5-32　光催化剂的紫外-可见吸收光谱

吸收带边缘拓展至849nm，显著地增强了异质结的光吸收性能。计算光学带隙能量的公式可以表示为：

$$E_g=1240/\lambda_g \tag{5-5}$$

式中，λ_g 为光吸收波长阈值，nm。$Ce_{0.7}Zr_{0.3}O_2@Bi_2MoO_6$ 异质结获得了较低的带隙能（$E_g=2.04eV$），当与木质基CQDs复合后，$CQDs/Ce_{0.7}Zr_{0.3}O_2@Bi_2MoO_6$ 复合材料的带隙能进一步降低（$E_g=1.46eV$），因此倾向于吸收更多的可见光，证明了木质基CQDs的负载可以显著地增强异质结的光吸收性能。

5.5.4.6 木质基碳点负载对异质结电子转移过程的影响

来自东北林业大学的学者利用PL寿命测试研究了碳点的负载对异质结电子转移过程的影响，光谱记录在图5-33中。用于计算PL寿命的公式如下：

$$\tau=\sum A_n\tau_n^2/A_n\tau_n \tag{5-6}$$

式中，n 取1、2。学者们证明了异质结的电荷转移途径为Ⅱ型。负载木质基CQDs后，$CQDs/Ce_{0.7}Zr_{0.3}O_2@Bi_2MoO_6$ 复合材料的PL寿命缩短，这表明木质基CQDs可以充当异质结的助催化剂，捕获了电子并促进了异质结的Ⅱ型电荷转移过程。

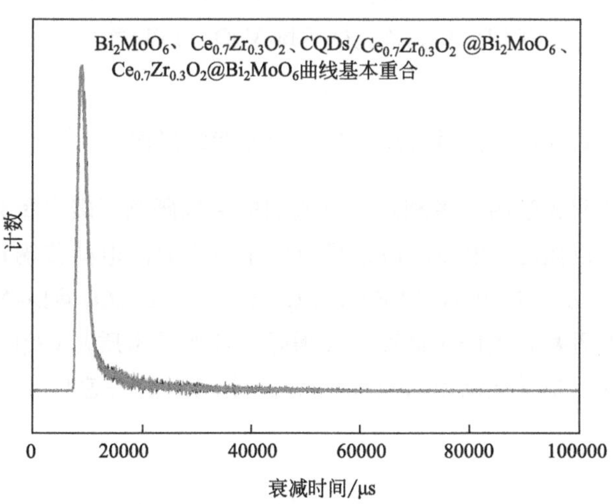

图5-33 光催化剂的PL衰减曲线

5.5.4.7 木质基碳点负载对异质结载流子分离的影响

来自东北林业大学的学者利用光致发光测试研究了碳点负载对异质结载流子分离的影响。图5-34的PL光谱显示了在320nm的激发波长下，$Ce_{0.7}Zr_{0.3}O_2@$

Bi_2MoO_6 和 $CQDs/Ce_{0.7}Zr_{0.3}O_2@Bi_2MoO_6$ 表现出相似的典型蓝色谱带，相比 $Ce_{0.7}Zr_{0.3}O_2@Bi_2MoO_6$，$CQDs/Ce_{0.7}Zr_{0.3}O_2@Bi_2MoO_6$ 的 PL 发射强度有所降低，这表明木质基碳点的负载促进了异质结复合材料中载流子的分离并抑制了它们的重组。

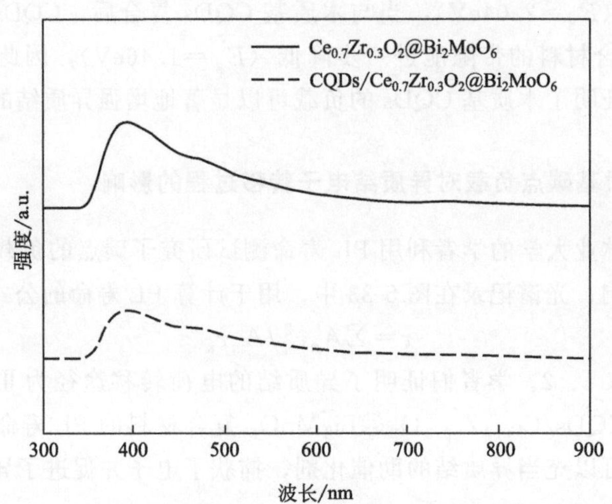

图 5-34　在 320nm 的激发波长下，$Ce_{0.7}Zr_{0.3}O_2@Bi_2MoO_6$ 和 $CQDs/Ce_{0.7}Zr_{0.3}O_2@Bi_2MoO_6$ 的 PL 光谱

5.5.4.8　木质基碳点负载对异质结电化学性能的影响

来自东北林业大学的学者利用光电流响应测试研究了碳点负载对异质结电化学性能的影响。较强的光电流响应信号对应于更高效的电荷传输过程，如图 5-35 所示，相比 $Ce_{0.7}Zr_{0.3}O_2@Bi_2MoO_6$，$CQDs/Ce_{0.7}Zr_{0.3}O_2@Bi_2MoO_6$ 的光电流信号强度由于木质基碳点的负载而明显增强，证明了木质基 CQDs 能够有效地捕获电子，促进碳点基异质结复合材料中电子-空穴对的快速传输，从而降低对输入光的时间响应。

5.5.4.9　木质基碳点负载对异质结净化有机染料废水的影响

来自东北林业大学的学者利用可见光催化降解有机染料 RhB 来研究碳点负载对异质结净化有机染料废水的影响［图 5-36(a)］。结果表明，$CQDs/Ce_{0.7}Zr_{0.3}O_2@Bi_2MoO_6$ 复合材料与 $Ce_{0.7}Zr_{0.3}O_2$、Bi_2MoO_6 和 $Ce_{0.7}Zr_{0.3}O_2@Bi_2MoO_6$ 相比，表现出最高的光催化活性，学者们认为，木质基 CQDs 的助催化特性是增强异质结光催化活性的关键因素。此外，由于较高的光催化活性，$CQDs/Ce_{0.7}Zr_{0.3}O_2$

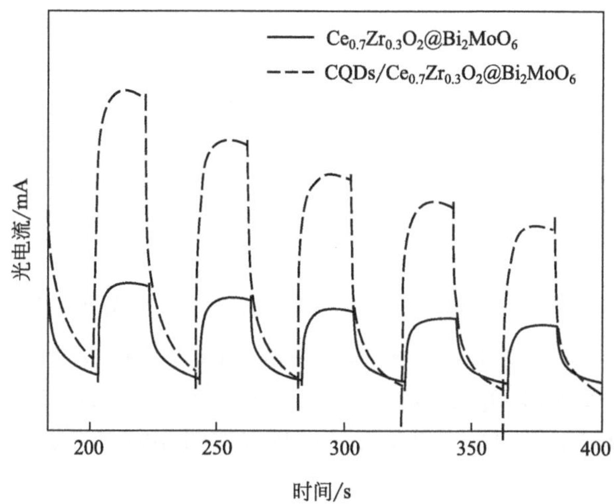

图 5-35 $Ce_{0.7}Zr_{0.3}O_2$@Bi_2MoO_6 和 CQDs/$Ce_{0.7}Zr_{0.3}O_2$@Bi_2MoO_6 的光电流响应信号

@Bi_2MoO_6 的动力学速率 k 值是 Bi_2MoO_6、$Ce_{0.7}Zr_{0.3}O_2$ 和 $Ce_{0.7}Zr_{0.3}O_2$@Bi_2MoO_6 k 值的 4.1、3.5 和 1.5 倍［图 5-36(b)］。利用光催化循环测试以评估碳点基异质结复合材料的稳定性，结果如图 5-36(c) 所示，经过六次光催化循环测试，木质基碳点/异质结复合材料对 RhB 的降解效率保持稳定，可以确认其良好的稳定性和耐久性。

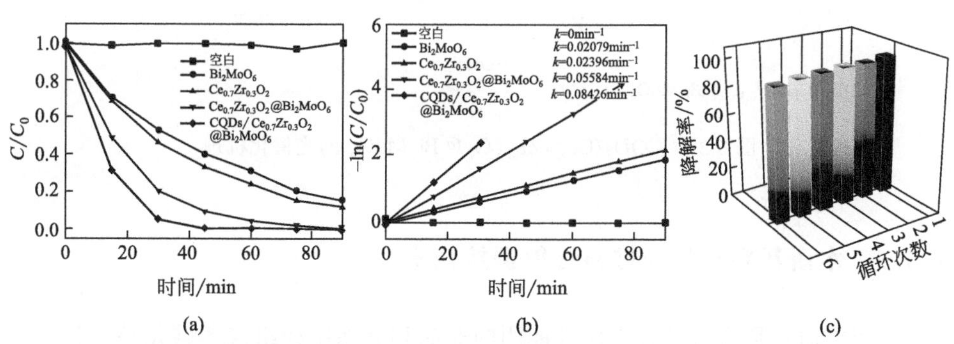

图 5-36 光催化剂对 RhB 的可见光催化降解性能 (a)；降解曲线的动力学拟合 (b)；CQDs/$Ce_{0.7}Zr_{0.3}O_2$@Bi_2MoO_6 的六次光催化循环测试 (c)

5.5.4.10 木质基碳点提高异质结光催化性能的机制

木质基 CQDs 负载后，碳点基异质结复合材料在可见光下表现出改善的光催化性能，最可能的原因是 CQDs 可以为异质结构筑快速的电荷传输通道，改善了异质结的电荷传输性能。来自东北林业大学的学者以 $CQDs/Ce_{0.7}Zr_{0.3}O_2@Bi_2MoO_6$ 为例，讨论了碳点提高异质结光催化性能的机制。在光照下，在异质结构中的 $Ce_{0.7}Zr_{0.3}O_2$ 和 Bi_2MoO_6 很容易被可见光光子驱动，受到激发的电子向导带迅速跃迁，而相对稳定的空穴则留在价带中。随后，跃迁到 Bi_2MoO_6 导带上的电子“滑向” $Ce_{0.7}Zr_{0.3}O_2$ 的导带，同时 $Ce_{0.7}Zr_{0.3}O_2$ 价带上的空穴转移到 Bi_2MoO_6 的价带，发生了Ⅱ型电荷转移过程。此时，负载在异质结表面上的木质基CQDs作为助催化剂有效地捕获了导带上的电子，为异质结构筑了快速的电荷传输通道，促进了Ⅱ型电荷转移过程，提高了电荷分离效率。有效分离的电子和空穴转移到碳点基复合材料和染料溶液之间的界面上同时参与了光催化反应：电子能够将吸附的 O_2 还原为 $\cdot O_2^-$，空穴与 $\cdot O_2^-$ 都是极强的氧化剂，能够将染料氧化为 CO_2 和 H_2O 等小分子产物（如图5-37所示）。

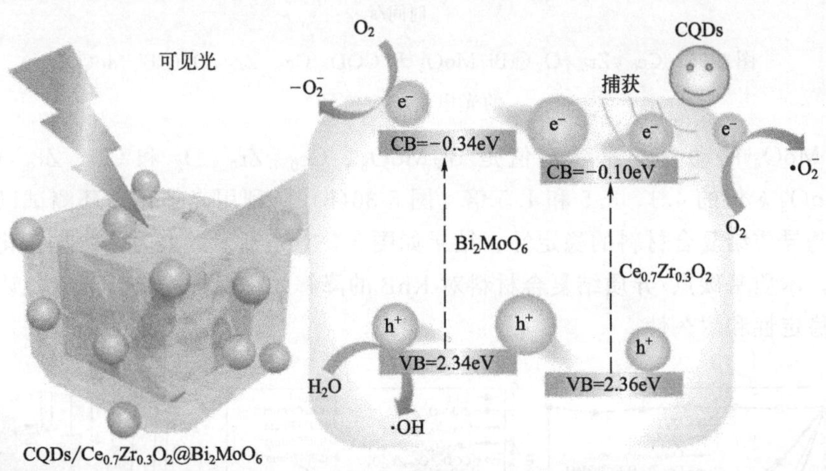

图5-37 $CQDs/Ce_{0.7}Zr_{0.3}O_2@Bi_2MoO_6$ 的光催化机理

5.5.5 木质基碳点复合材料性能调控技术

CQDs通常是指由具有表面官能团的非晶和晶态结构组成的碳化核，许多研究工作已经表明存在结晶 sp^2 碳部分的CQDs，显示出较差的结晶度，并且它们比点内具有石墨烯晶格的GQDs具有更多缺陷，类似于单层或少层石墨烯的晶体结构。目前，学者们提出了许多CQDs的结构模型，他们认为CQDs具有类金刚石结构或石墨/氧化石墨结构或无定形碳结构。众所周知，影响光催化性能的一个关键因素是光催化剂的表面/界面化学特征，化学吸附和表面能量特性在电子和能量的传递、控制光催化剂表面氧化还原反应的超电势、速率和选择性方面发挥着关键作用。因此，为了提高CQDs的光催化活性，经常需要对其表面进行适当的修饰与调控[90]。

除了杂原子掺杂外，还可以通过调整表面化学性质（缺陷状态）而无需改变其核心成分（本征状态）来改变材料的定义和所需特性，例如学者们[91]研究了调控表面基团对 CQDs 的光致发光和光催化性能的影响，含有 O 和 N 自由基的 CQDs 表现出较强的 PL，而 CQDs 中 O 和 Cl 自由基的共存也会导致较高的光催化活性。这可能是由于 CQDs 表面的 O、Cl 和 N 自由基引起的能带从内部到表面弯曲的不同方向和程度：包含 O 和 N 的表面基团诱导向上带弯曲，而含 Cl 的表面基团导致下带弯曲。Cl-CQDs 的高光催化活性可归因于 O-和 Cl-基团的共存，如图 5-38 所示，含 O-基团和含 Cl-基团分别诱导了带向上和向下弯曲的形成，在 CQDs 上等于内部电场（E_{in}）的产生。在石墨烯量子点中，E_{in}迫使光生电荷载流子相反迁移[92]，这不仅促进了光生载流子的空间分离并抑制了复合速率，而且还会导致 Cl-CQDs 两侧的氧化还原反应。研究人员通过溶胶-凝胶法将 TiO_2 与落叶松衍生物碳纳米点（CNDs）结合在一起，以光催化降解四环素，它们所制备的碳纳米点显示出具有不同晶格结构的分散良好的球形颗粒。CND_{200}的平均直径为 20.35nm，并且通过 TEM 图像确定了表面的条纹状六方结构，而 CND_{260}的平均直径为 6.48nm，具有立方体形状。水热反应温度是合成 CQDs 的重要参数，主要涉及脱水、聚合、芳构化和碳化，较高的反应温度有利于碳化以制备具有结晶碳结构的小尺寸碳点，这项研究表明，在水热过程中升高的反应温度会导致 CND_t 的尺寸减小，并且其晶格结构会发生变化。此外，废纸中衍生的碳点具有无定形结构，并且 HRTEM 显示其没有可辨别的晶格结构，例如由纸灰合成的碳点，它也具有无定形性质。L. Cao 等人[93]报道了一种使用表面官能化的小碳纳米粒子作为有效光催化剂的新策略，碳纳米粒子用低聚物（乙二醇）聚二胺（PEG_{1500N}）进行功能化，并涂有金或铂。这种带有金或铂涂

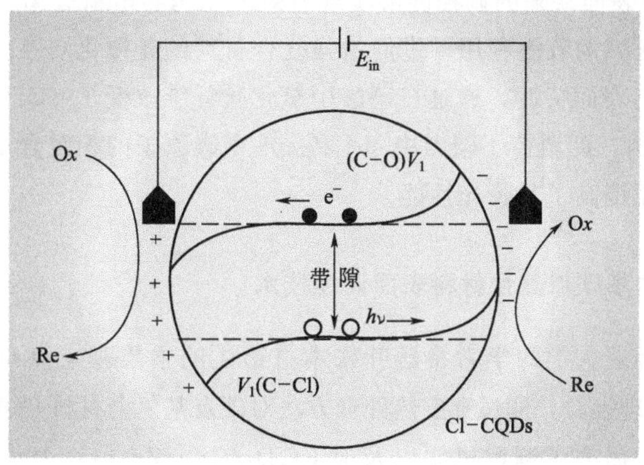

图 5-38 具有高光催化活性的 Cl-CQDs[91]

层的功能化碳纳米粒子在可见光下对 CO_2 的转化和水产氢都具有良好的光催化性能。从原理上讲，通过表面钝化的小碳纳米粒子的光激发形成了表面固定的电子和空穴，功能化的碳纳米粒子可以收集可见光来驱动光还原过程，并且粒子表面缺陷可以通过捕获电荷载流子来促进电子-空穴对的分离。纳米碳基光催化剂有很多独特的优势，例如强烈的可见光吸收、均匀介质下光反应的水溶性以及光生电子和空穴与粒子表面的结合，这些都可以通过涂覆金或铂作为助催化剂来促进更有效的电子收集。

众所周知，光催化剂中的缺陷可以捕获电子，并阻止电子和空穴的重新复合，因此，缺陷的存在是影响光催化性能的重要因素之一。2011 年，研究人员通过在氢气气氛中高温煅烧纳米 TiO_2 粉末，在其表面引入了大量氧空位和无序结构，显著地改善了 TiO_2 可见光催化产氢效率。至此，如何调控光催化剂的表面氧空位缺陷成为当前光催化研究的热点之一。学者们已经总结了一些表面氧空位的引入方法，包括高能粒子轰击法、加温氢化法、离子掺杂法、机械化学力法、气氛脱氧法和化学反应法等。其中，作为气氛脱氧法的一类重要分支，在真空条件下对材料进行高温加热（＞400℃）有利于氧空位缺陷的形成。作为复合光催化剂最常见的一类晶体缺陷，表面氧空位的形成，对复合材料的电子结构、光吸收特性、表面吸附特性、光化学特性等都有重要的影响。学者们将 CQDs 与纳米光催化剂 ZnO 复合，研究了 CQDs/ZnO 复合光催化剂有机染料或有毒气体的光催化性能。结果表明，CQDs 负载在纳米基体表面，形成“Dyade”结构，在可见光照射下提供光诱导电荷转移跃迁的通道，在 Dyade 结构中，光生电子被转移到位于 CQDs 的联合电荷转移态，而空穴位于 ZnO 附近，这一过程可以有效地抑制光生电荷载流子的复合，保证光生电子和空穴的高反应性。因此，可以推断，CQDs 表面缺陷的调控能够实现有效的光诱导电荷分离，提高复合材料对整个太阳光区域的有效利用，进而增强复合材料的光催化活性。例如，有学者就针对 CQDs 的表面特性，通过在硝酸中氧化碳纤维改变了 CQDs 拉曼光谱中 D 峰和 G 峰的比例，即调控了碳点中 sp^3 和 sp^2 型碳原子的相对含量，通过引入了大量的缺陷进而提高了其荧光性能。

5.5.5.1 木质基碳点复合材料表面调控技术

来自东北林业大学的学者将落叶松木材衍生的木质基碳点与纳米光催化剂 $Ce_{0.7}Zr_{0.3}O_2$ 物理混合，通过真空热处理方法对碳点基复合材料 CQDs/$Ce_{0.7}Zr_{0.3}O_2$ 进行表面调控，研究了调控机制以及对 CQDs/$Ce_{0.7}Zr_{0.3}O_2$ 复合材料光催化性能的影响。

5.5.5.2 木质基碳点复合材料的性能优化

来自东北林业大学的学者通过真空热处理方式制备了 CQDs/$Ce_{0.7}Zr_{0.3}O_2$-cal，利用热重和拉曼测试研究了真空热处理期间碳点基复合材料的结构变化。CQDs/$Ce_{0.7}Zr_{0.3}O_2$ 和 CQDs/$Ce_{0.7}Zr_{0.3}O_2$-cal 的热重分析如图 5-39 所示，TGA 结果［图 5-39(a)］显示，CQDs/$Ce_{0.7}Zr_{0.3}O_2$ 的失重率约为 79.2%，而 CQDs/$Ce_{0.7}Zr_{0.3}O_2$-cal 的失重率约为 44.5%。通过处理 TGA 曲线获得了图 5-39(b) 所示的 DTG 曲线，CQDs/$Ce_{0.7}Zr_{0.3}O_2$ 位于 312.8℃的主峰可归因于羧酸的气化，位于 300.2℃的肩峰可归因于水和表面残留物的蒸发，而位于 381.6℃的尖峰可归属于酸酐的分解；CQDs/$Ce_{0.7}Zr_{0.3}O_2$-cal 位于 337.4℃和 377.2℃处的两个峰分别归属于醚键和酸酐的分解。这表明真空热处理后，碳点基复合材料中除了大量水和表面残留物的蒸发，木质基 CQDs 表面上部分含氧官能团发生了热解：一些羧酸分解成酸酐，羟基转化成醚。

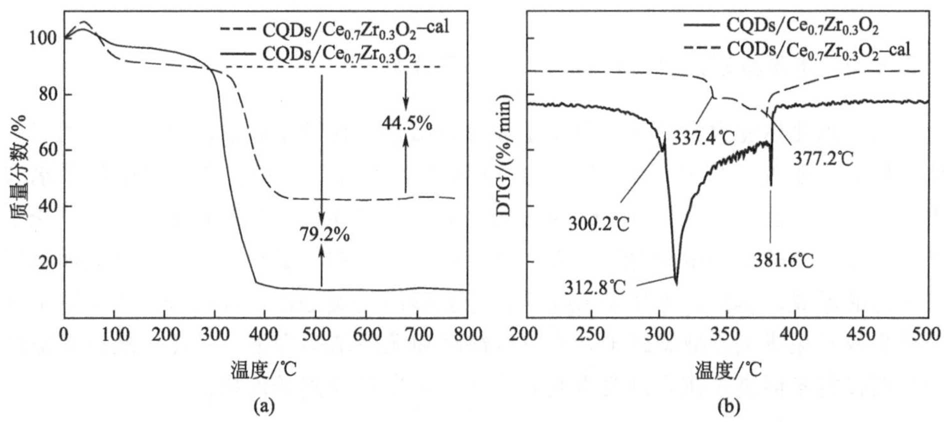

图 5-39 CQDs/$Ce_{0.7}Zr_{0.3}O_2$ 和 CQDs/$Ce_{0.7}Zr_{0.3}O_2$-cal 的 TGA 曲线 (a) 和 DTG 曲线 (b)

木质基 CQDs 和 CQDs/$Ce_{0.7}Zr_{0.3}O_2$-cal 的拉曼光谱如图 5-40 所示，两种样品在 1393.6 cm^{-1} 和 1362.0 cm^{-1} 处的 D 谱带可归因于 sp^3 型碳原子的振动，是由 Raman 非活性呼吸振动模式 A_{1g} 引起的，它代表缺陷和无序结构；而 1590.7 cm^{-1} 和 1592.4 cm^{-1} 处的 G 谱带归属于 sp^2 型碳原子的振动，指有序的碳结构，是由两个 E_{2g} Raman 活性振动模式产生的。分别对两种样品的拉曼光谱进行分峰拟合，量化 D 谱带和 G 谱带的峰面积，以计算 D 峰与 G 峰的相对峰面积比，用于估算 sp^3 和 sp^2 型碳原子的相对含量。木质基 CQDs 的主要碳结构类型为 sp^2 型碳原子，缺陷与无序结构含量较少（A_D ∶ A_G＝0.37），真空热处理后，碳点基复合材料中木质基 CQDs 的 D 谱带比例显著增加了 70.3%（A_D ∶ A_G＝

0.63)，这表明在真空热处理期间，木质基 CQDs 的部分 sp^2 型碳原子减少或转化成 sp^3 型碳原子。

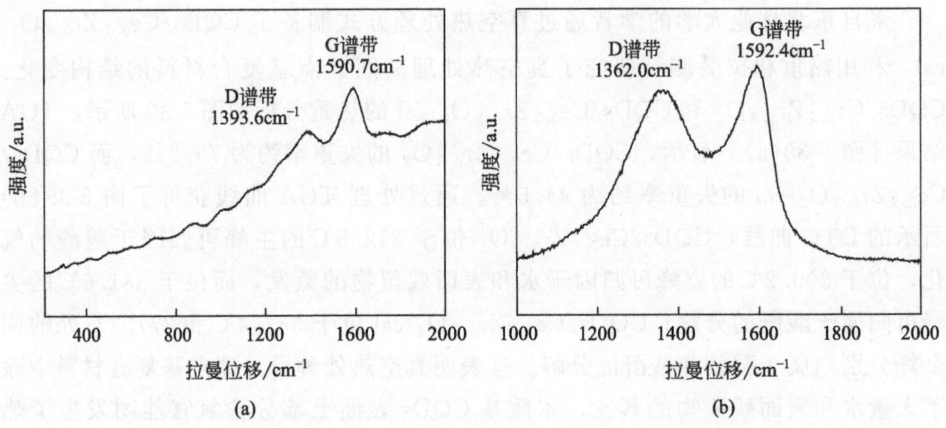

图 5-40 CQDs（a）和 $CQDs/Ce_{0.7}Zr_{0.3}O_2$-cal（b）的拉曼光谱

5.5.5.3 木质基碳点复合材料的表面调控机制

来自东北林业大学的学者基于上述分析结果，讨论了碳点基复合材料的表面调控机制。如图 5-41 所示，首先，真空热处理期间碳点基复合材料中除了水和表面残留物的蒸发，木质基 CQDs 表面上的含氧官能团发生了热解，一部分羧基和羟基分别热解成酸酐和醚键，在此过程中，脱离的大量氧原子有利于表面氧空位缺陷的形成；其次，木质基 CQDs 的主要碳结构类型由有序的 sp^2 型碳原子部分减少或转化成 sp^3 型碳原子，此时以缺陷和无序结构为主。因此，通过真空热处理调控技术促进了碳点基复合材料中表面氧空位缺陷的形成。

5.5.5.4 调控木质基碳点复合材料的表面缺陷

来自东北林业大学的学者利用 XPS 表征技术研究了表面调控技术对碳点基复合材料表面缺陷的影响。通过 O_{1s} XPS 光谱分析了 $CQDs/Ce_{0.7}Zr_{0.3}O_2$ 与 $CQDs/Ce_{0.7}Zr_{0.3}O_2$-cal 中不同氧物种含量的差异，如图 5-42 所示，两种样品在低结合能区（529.4～530.5eV）和高结合能区（531.3～533.2eV）分别拟合出晶格氧“O_β”，以及吸附在表面氧空位缺陷上的氧物种“O_α”。表 5-3 列出了 O_{1s}曲线中每个拟合峰的峰面积以及O_α 占 $O_总$ 峰面积的比，$A_{O_\alpha}:A_{O_总}$ 的值对应于表面氧空位缺陷的相对含量比，经计算发现其含量高低顺序如下：$CQDs/Ce_{0.7}Zr_{0.3}O_2$（36%）＜$CQDs/Ce_{0.7}Zr_{0.3}O_2$-cal（79%）。证明了真空热处理方法能够调控碳点基复合材料表面氧空位缺陷，提高其氧空位缺陷含量。

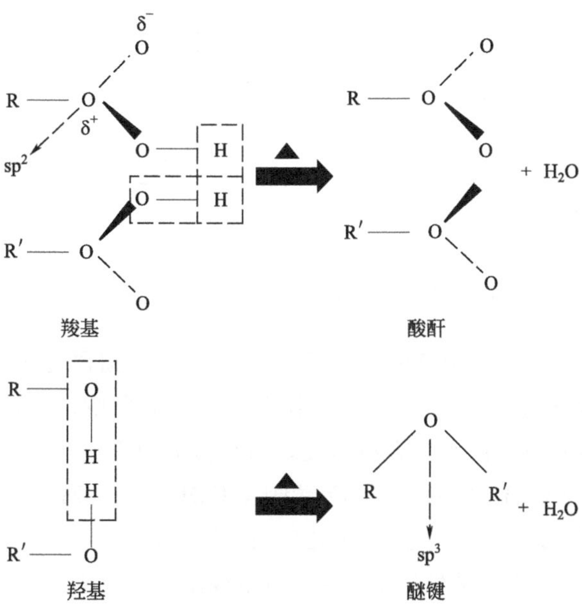

图 5-41　通过真空热处理向 $CQDs/Ce_{0.7}Zr_{0.3}O_2$ 中引入表面氧空位缺陷的机理

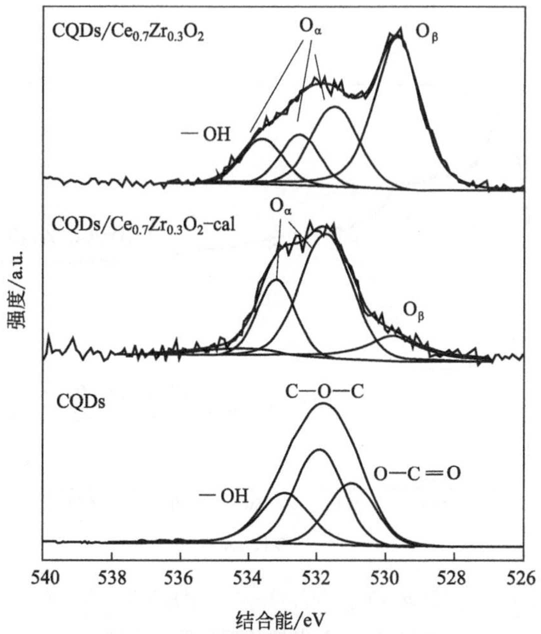

图 5-42　$CQDs/Ce_{0.7}Zr_{0.3}O_2$ 和 $CQDs/Ce_{0.7}Zr_{0.3}O_2$-cal 的 O_{1s} XPS 光谱和拟合曲线

表 5-3 O_{1s} 曲线拟合的峰面积以及 O_α 占 $O_总$ 峰面积的比例

光催化剂	O 物种峰面积及峰面积比①		
	A_{O_β}	A_{O_α}	$A_{O_\alpha}/A_{O_总}$
$CQDs/Ce_{0.7}Zr_{0.3}O_2$	14063.5	9884.3	0.36
$CQDs/Ce_{0.7}Zr_{0.3}O_2$-cal	1007.9	4926.7	0.79

① 由 XPS 数据计算所得。

5.5.5.5 调控木质基碳点复合材料的载流子分离

来自东北林业大学的学者利用光致发光（PL）光谱研究了表面调控技术对碳点基复合材料 $CQDs/Ce_{0.7}Zr_{0.3}O_2$ 载流子分离的影响。如图 5-43 所示，在 365nm 的激发波长下，两种复合材料表现出相似的典型蓝色谱带，对应于 Ce^{3+} 的 4f-5d 跃迁。与 $CQDs/Ce_{0.7}Zr_{0.3}O_2$ 相比，$CQDs/Ce_{0.7}Zr_{0.3}O_2$-cal 的 PL 发射峰强度有所降低，这说明：①真空热处理向 $CQDs/Ce_{0.7}Zr_{0.3}O_2$ 表面引入的缺陷进一步捕获了电子，有效地促进了复合材料中载流子的分离并抑制了它们的重组；②表面缺陷可以作为荧光猝灭位点和陷阱，当受到光激发时，$CQDs/Ce_{0.7}Zr_{0.3}O_2$-cal 内部的部分能量转移到引入的表面氧空位缺陷位上，即荧光猝灭位点，从而导致了荧光猝灭现象。

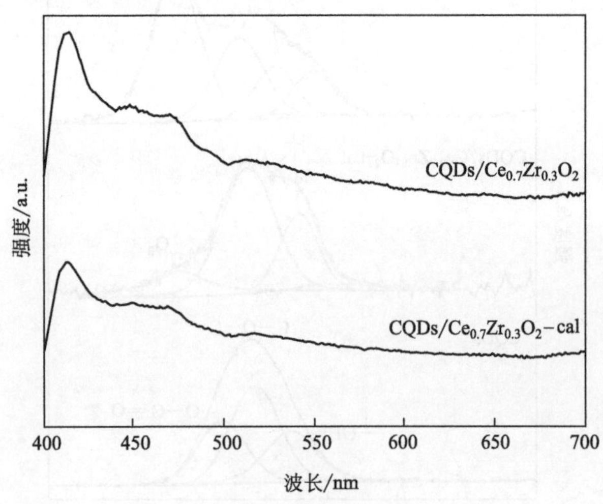

图 5-43 $CQDs/Ce_{0.7}Zr_{0.3}O_2$ 和 $CQDs/Ce_{0.7}Zr_{0.3}O_2$-cal 在 365nm 激发波长下的发射光谱

5.5.5.6 调控木质基碳点复合材料的电化学性能

电化学阻抗谱（EIS）是研究电极过程中材料界面反应机理的一种动力学方法，因此，来自东北林业大学的学者利用 EIS 研究了真空热处理对碳点基复合材料电化学性能的影响，EIS 奈奎斯特（Nynquist）图上弧的半径大小反映了电子和空穴的分离速率。如图 5-44 所示，在可见光照射下，与 CQDs/$Ce_{0.7}Zr_{0.3}O_2$ 薄膜电极相比，CQDs/$Ce_{0.7}Zr_{0.3}O_2$-cal 薄膜电极的电弧辐射 EIS 奈奎斯特曲线半径减小，验证了表面调控技术提高了碳点基复合材料中载流子的分离效率。

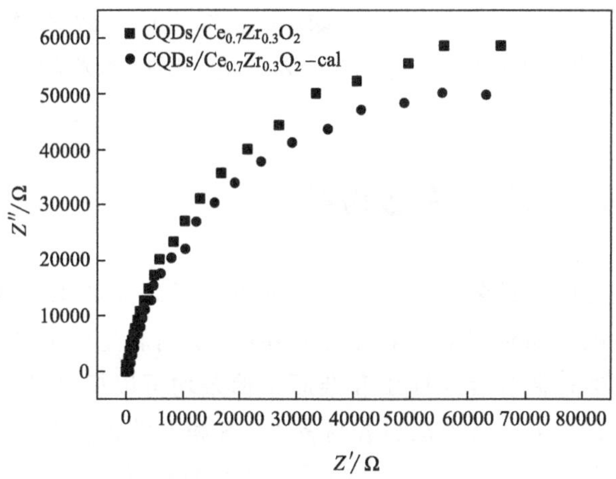

图 5-44 可见光照射下 CQDs/$Ce_{0.7}Zr_{0.3}O_2$ 和 CQDs/$Ce_{0.7}Zr_{0.3}O_2$-cal 薄膜电极的 EIS 变化

5.5.5.7 调控木质基碳点复合材料的光催化性能

来自东北林业大学的学者利用可见光催化降解有机染料 MB 来评估表面调控技术对碳点基复合材料净化有机染料废水的影响［图 5-45(a)］，显然，与 CQDs/$Ce_{0.7}Zr_{0.3}O_2$ 相比，CQDs/$Ce_{0.7}Zr_{0.3}O_2$-cal 表现出增强的光降解效率。该结果表明，真空热处理方法向碳点基复合材料中引入的大量表面氧空位缺陷是提高光催化性能的关键因素。如图 5-45(b) 所示，由于增强的光催化活性，CQDs/$Ce_{0.7}Zr_{0.3}O_2$-cal 的 k 值比 CQDs/$Ce_{0.7}Zr_{0.3}O_2$ 的 k 值提高了大约 1.4 倍。为了确定表面调控后碳点基复合材料的稳定性，随后收集了每次反应后的 CQDs/$Ce_{0.7}Zr_{0.3}O_2$-cal 复合材料，经过洗涤、干燥、研磨后进行光催化循环测试，结果显示在图 5-45(c) 中，在四个反应周期后，CQDs/$Ce_{0.7}Zr_{0.3}O_2$-cal 的光降解效率保持稳定，证实了表面调控后碳点基复合系统的稳定性。

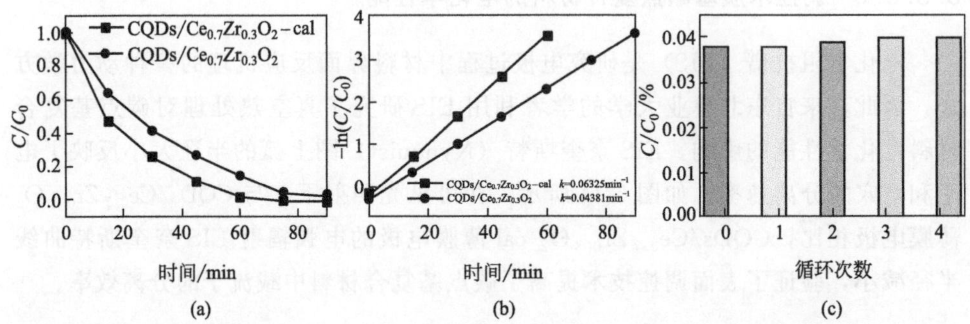

图 5-45 可见光下 $CQDs/Ce_{0.7}Zr_{0.3}O_2$ 和 $CQDs/Ce_{0.7}Zr_{0.3}O_2$-cal 对 MB 的光降解效率（a）；降解曲线的动力学拟合（b）；$CQDs/Ce_{0.7}Zr_{0.3}O_2$-cal 的四次光催化循环测试（c）

5.6 绿色碳点的生产及应用挑战

在所有提到的碳点优势中，环保和低成本对于碳点的工业规模生产非常重要。在碳点制备的早期研究中，学者们使用某些碳材料生产了具有低 QY 和低溶解度的碳点，并通过调节表面性质和杂原子掺杂均可以提高其 PL 效率。然而，他们发现，使用绿色的制备方法更容易将 N、S 和 P 等掺杂剂添加到碳点中，这是因为“绿色前驱体”是从天然、丰富或废物来源获得的，这些来源已经自然而然地含有这种掺杂物。所制备的碳点的物理化学特征取决于方法和前驱体，因此可以将任何一种绿色前驱体用作碳点来源。

研究人员已在文献中提出了各种各样的绿色前驱体，包括植物、叶片、果汁、生物质、动物衍生生物材料，甚至于细菌等特有物种，丰富多样的材料和废料在内的天然资源始终是潜在的碳点来源。学者们观察到，使用绿色前驱体生产的碳点与传统方法生产的碳点相比没有任何显著性差异，此外，绿色 CQDs 的 PL 效率和生物相容性均高于常规方法产生的碳点。因此，预计使用绿色化学方法生产生物质基碳点将在未来几年引起更多的关注。除了绿色前体的拓展，未来还应该研究使用绿色前体生产统一和批量碳点的可行性和规模研究，未来几年中，碳点的尺寸控制、修饰策略的改进以及 PL 特性的微调将有助于其工业规模生产。

碳点（无论是否是生物质衍生的）的广泛应用，如传感、生物成像、光催化、药物传递系统、电子和光热癌症治疗等，为纳米科技带来了许多新的技术。然而，生物质衍生的碳点在传感器和生物成像的应用中，仍存在未发现的领域。而且，在传感器应用中，对碳点的不同材料共轭的研究还不够深入，这会影响碳点对各种信号增强方法的适用性。因此，传感器在检测具有不同共轭（如适体、酶或抗体）的各种分析物方面存在空白。此外，对于将碳点用于多种电转换方法（例如 SPR、SERS、椭圆偏光法或 QCM），已经进行了有限的研究。另外，使用绿色的制备方法也无法很好地研究生物成像中的多峰策略。

出色的光收集能力以及独特的光诱导电子转移能力，使碳点成为光催化应用的绝佳候选者，相关的文献报道已经陆陆续续地出现在催化领域，但是继续探索高效、稳定的碳点材料仍然有很大的空间。很多学者总结了用于改善碳点的光催化性能（包括纯碳点作为光催化剂）的策略和最新进展，例如掺杂、表面功能性调控以及与半导体或金属形成复合材料。其中，元素掺杂或表面功能化是使碳点具有良好催化活性的有效方法。而且，开发新的合成策略来调节碳点的固有光物理性质，并因此制备具有增强催化活性的杂原子掺杂碳点也是一个不错的选择。

为了改善和扩展纳米光催化材料的功能，通常将碳点与其他功能性纳米材料结合以形成碳点基纳米复合材料。用于构建碳点基复合催化剂的纳米材料主要有金属、氧化物、铋基金属化合物和碳材料。其他一些功能纳米材料，如生物材料和硫族铜，很少被报道。这类碳点基复合材料的构建策略主要包括物理混合、化学键合和原位生长，复合材料的组合类型对它们的催化应用有重要影响，两者之间不同的相互作用机理下会影响界面电荷转移和能量转移的效率，因此，需要做出更多的努力来开发用于构建碳点基复合催化剂的新方法，新型碳点基复合材料的构建对于扩大其催化应用具有重要意义。

在催化领域，碳点基复合材料主要用于光催化，在其他催化反应中，特别是在电催化和化学催化中，对碳点的探索还很欠缺。而且，碳点通常在基于碳点的复合催化剂中用作载体或助催化剂，但是很少有直接用作活性相的例子。总之，碳点基复合材料作为一种新型催化剂，尽管仍存在一些争论和挑战，但仍有广阔的前景。这些基于碳点的纳米复合光催化剂在环境净化、太阳能分解和合成化学方面显示出良好的光催化性能。这一研究进展表明，基于碳点的光催化剂正在发挥作用，并将继续在环境保护以及寻找可再生和清洁能源技术方面发挥重要作用。

虽然在开发高效的碳点基复合光催化剂方面取得了显著的进展，但仍存在许多有待进一步研究的问题，其中一个重要障碍是光诱导电荷载流子的分离效率不理想，由于碳点的表面很容易进行功能化，因此对碳点进行表面调控被认为是可以提高碳点基复合光催化剂活性的有效途径。通过对纳米复合材料进行适当的化学操作，未来可以期望设计性能更优异的碳点基复合光催化剂，并应用于净化水体污染物。

虽然碳点已被证明在催化领域有很大的应用前景，但仍有许多问题和挑战需要进一步研究。第一，发展先进的合成方法是低成本和大规模生产高 PYs 生物质衍生（尤其是木材衍生）碳点的必要条件，从木质生物质的组分（纤维素、半纤维素和木质素）的角度揭示深层的形成机制需要一种可行的策略)。第二，碳点的缺陷对它们的光学和电子性能有很大的影响。然而，目前还没有精确控制碳点缺陷数量的方法和技术。第三，虽然学者们对碳点基复合材料的结构进行了大量的研究，然而，碳点基复合材料的简单可控结构仍然是关键问题。第四，关于碳点基复合材料的光稳定性的研究很少，这代表了这种光催化剂开发的一个主要挑战。第五，碳点的荧光机理尚不清楚，表明光生电子的转移路线有待进一步研究。最后，大多数用于光催化的碳点在紫外区表现出较强的吸收能力，表明其捕光能力有限，因此进一步的研究使碳点在可见光甚至近红外区域被激发是非常需要的。

参考文献

[1] Liu Y S, Yang H Y, Ma C H, et al. Luminescent transparent wood based on lignin-derived carbon dots as a building material for dual-channel, real-time and visual detection of formaldehyde gas [J]. ACS Applied Materials & Interfaces, 2020, 12: 36628-36638.

[2] Thangaraj B, Solomon P R, Ranganathan S. Synthesis of carbon quantum dots with special reference to biomass as a source: A review [J]. Current Pharmaceutical Design, 2019, 25: 1455-1476.

[3] Hardman R. A toxicologic review of quantum dots: Toxicity depends on physicochemical and environmental factors [J]. Environ Health Perspect, 2006, 114 (2): 165-172.

[4] Dong Y, Shao J, Chen C, et al. Blue luminescent graphene quantum dots and graphene oxide prepared by tuning the carbonization degree of citric acid [J]. Carbon, 2012, 50 (12): 4738-4743.

[5] Liang Z, Kang M, Payne G F, et al. Probing energy and electron transfer mechanisms in fluorescence quenching of biomass carbon quantum dots [J]. ACS Appl Mater Interfaces, 2016, 8 (27): 17478-17488.

[6] Zhang J, Yu S H. Carbon dots: Large-scale synthesis, sensing and bioimaging [J]. Mater Today, 2016, 19 (7): 382-393.

[7] Hu B, Wang K, Wu L, et al. Engineering carbon materials from the hydrothermal carbonization process of biomass [J]. Adv Mater, 2010, 22 (7): 813-828.

[8] Wang T, Zhai Y, Zhu Y, et al. A review of the hydrothermal carbonization of biomass waste for hydrochar formation: Process conditions, fundamentals, and physicochemical properties [J]. Renew Sustain Energy Rev, 2018, 90: 223-247.

[9] Yang Q, Duan J, Yang W, et al. Nitrogen-doped carbon quantum dots from biomass via simple

one-pot method and exploration of their application [J]. Applied Surface Science, 2018, 434: 1079-1085.

[10] Shen J, Shang S, Chen X, et al. Facile synthesis of fluorescence carbon dots from sweet potato for Fe^{3+} sensing and cell imaging [J]. Materials Science & Engineering C Materials for Biological Applications, 2017, 76: 856-864.

[11] Mahat N A, Shamsudin S A. Transformation of oil palm biomass to optical carbon quantum dots by carbonisation activation and low temperature hydrothermal processes [J]. Diamond and Related Materials, 2020, 102: 107660.

[12] Jones S S, Sahatiya P, Badhulika S. One-step, high-yield synthesis of amphiphilic carbon quantum dots derived from chia seeds: A solvatochromic study [J]. New Journal of Chemistry, 2017, 41: 13130-13139.

[13] Cailotto S, Mazzaro R, Enrichi F, et al. Design of carbon dots for metal-free photoredox catalysis [J]. ACS Applied Materials & Interfaces, 2018, 10: 40560-40567.

[14] Murugan N, Sundramoorthy A K. Green synthesis of fluorescent carbon dots from Borassus flabellifer flowers for label-free highly selective and sensitive detection of Fe^{3+} ions [J]. New Journal of Chemistry, 2018, 42: 13297-13307.

[15] Yang Q, Duan J, Yang W, et al. Nitrogen-doped carbon quantum dots from biomass via simple one-pot method and exploration of their application [J]. Applied Surface Science, 2018, 434: 1079-1085.

[16] Meng Y, Zhang Y, Sun W, et al. Biomass converted carbon quantum dots for all-weather solar cells [J]. Electrochimica Acta, 2017, 257: 259-266.

[17] Ding H, Ji Y, Wei J S, et al. Facile synthesis of red-emitting carbon dots from pulp-free lemon juice for bioimaging [J]. Journal of Materials Chemistry B, 2017, 5 (26): 5272-5277.

[18] Xue M, Zhan Z, Zou M, et al. Green synthesis of stable and biocompatible fluorescent carbon dots from peanut shells for multicolor living cell imaging [J]. New Journal of Chemistry, 2016, 40 (2): 1698-1703.

[19] Wu Y, Chen Y, Wang H, et al. Efficient ORR electrocatalytic activity of peanut shell-based graphitic carbon microstructures [J]. Journal of Materials Chemistry A, 2018, 6 (25): 12018-12028.

[20] Prasannan A, Imae T. One-pot synthesis of fluorescent carbon dots from orange waste peels [J]. Industrial & Engineering Chemistry Research, 2013, 52 (44): 15673-15678.

[21] Zhou J, Sheng Z, Han H, et al. Facile synthesis of fluorescent carbon dots using watermelon peel as a carbon source [J]. Materials Letters, 2012, 66 (1): 222-224.

[22] Jie S, Shang S, Chen X, et al. Facile synthesis of fluorescence carbon dots from sweet potato for Fe^{3+} sensing and cell imaging [J]. Materials Science & Engineering C Materials for Biological Applications, 2017, 76: 856-864.

[23] Sun D, Ban R, Zhang P H, et al. Hair fiber as a precursor for synthesizing of sulfur-and nitrogen-co-doped carbon dots with tunable luminescence properties [J]. Carbon, 2013, 64: 424-434.

[24] Liu R, Zhang H, Liu S, et al. Shrimp-shell derived carbon nanodots as carbon and nitrogen sources to fabricate three-dimensional N-doped porous carbon electrocatalysts for the oxygen reduction reaction [J]. Physical Chemistry Chemical Physics, 2016, 18 (5): 4095-4101.

[25] Wei J, Zhang X, Sheng Y, et al. Simple one-step synthesis of water-soluble fluorescent carbon dots from waste paper [J]. New Journal of Chemistry, 2014, 38 (3): 906-909.

[26] Hu Y, Yang J, Tian J, et al. Waste frying oil as a precursor for one-step synthesis of sulfur-doped carbon dots with pH-sensitive photoluminescence [J]. Carbon, 2014, 77: 775-782.

[27] Du F, Zhang M, Li X, et al. Economical and green synthesis of bagasse-derived fluorescent carbon dots for biomedical applications [J]. Nanotechnology, 2014, 25 (31): 315702.

[28] Chen Z, Zhao Z, Wang Z, et al. Foxtail millet-derived highly fluorescent multi-heteroatom doped carbon quantum dots towards fluorescent inks and smart nanosensors for selective ion detection [J]. New Journal of Chemistry, 2018, 42 (9): 7326-7331.

[29] Krysmann M J, Kelarakis A, Giannelis E P. Photoluminescent carbogenic nanoparticles directly derived from crude biomass [J]. Green Chemistry, 2012, 14 (11): 3141-3145.

[30] Liu Y, Zhao Y, Zhang Y. One-step green synthesized fluorescent carbon nanodots from bamboo leaves for copper (Ⅱ) ion detection [J]. Sensors & Actuators B Chemical, 2014, 196: 647-652.

[31] Amjadi M, Hallaj T, Mayan M A. Green synthesis of nitrogen-doped carbon dots from lentil and its application for colorimetric determination of thioridazine hydrochloride [J]. RSC Advances, 2016, 6 (106): 10467-10473.

[32] Zhu L, Shen D, Wu C, et al. State-of-the-art on the preparation, modification, and application of biomass-derived carbon quantum dots [J]. Industrial & Engineering Chemistry Research, 2020, 59 (51): 22017-22039.

[33] Yla C, Chong Z A, Ying G B, et al. Biomass-derived nitrogen self-doped carbon dots via a simple one-pot method: Physicochemical, structural, and luminescence properties [J]. Applied Surface Science, 2020, 510: 145437.

[34] Jiang Y, Zhao Y, Feng X, et al. Tempo-mediated oxidized nanocellulose incorporating with its derivatives of carbon dots for luminescent hybrid films [J]. RSC Advances, 2015, 6 (8): 6504-6510.

[35] Rai S, Singh B K, Bhartiya P, et al. Lignin derived reduced fluorescence carbon dots with theranostic approaches: Nano-drug-carrier and bioimaging [J]. Journal of Luminescence, 2017, 190: 492-503.

[36] Gao X, Zhou X, Ma Y, et al. Facile and cost-effective preparation of carbon quantum dots for Fe^{3+} ion and ascorbic acid detection in living cells based on the' on-off-on' fluorescence principle [J]. Applied Surface Science, 2019, 469: 911-916.

[37] Li W, Chen Z J, Yu H P, et al. Wood-derived carbon materials and light-emitting materials [J]. Advanced Materials, 2020: 2000596.

[38] Ding Z Y, Li F F, Wen J, et al. Gram-scale synthesis of single-crystalline graphene quantum dots derived from lignin biomass [J]. Green Chemistry, 2018, 20 (6): 1383-1390.

[39] Niu N, Ma Z, He F, et al. Preparation of carbon dots for cellular imaging by the molecular aggregation of cellulolytic enzyme lignin [J]. Langmuir, 2017, 33: 5786.

[40] Sevilla M, Fuertes A B. The production of carbon materials by hydrothermal carbonization of cellulose [J]. Carbon, 2009, 47 (9): 2281-2289.

[41] Li W, Chun S, Li Y, et al. Corrigendum to advances in preparation, analysis and biological activities of single chitooligosaccharides [J]. Carbohydrate Polymers, 2017, 167: 365.

[42] Li X, Wang H, Shimizu Y, et al. Preparation of carbon quantum dots with tunable photolu-

minescence by rapid laser passivation in ordinary organic solvents [J] . Chemical Communications, 2011 (47) : 932-934.

[43] Xu X, Ray R, Gu Y, et al. Electrophoretic analysis and purification of fluorescent single-walled carbon nanotube fragments [J] . Journal of the American Chemical Society, 2004, 126 (40) : 12736-12737.

[44] Sun Y P, Zhou B, Lin Y, et al. Quantum-sized carbon dots for bright and colorful photoluminescence [J] . Journal of the American Chemical Society, 2006, 128 (24) : 7756-7757.

[45] Liu M, Xu Y, Niu F, et al. Carbon quantum dots directly generated from electrochemical oxidation of graphite electrodes in alkaline alcohols and the applications for specific ferric ion detection and cell imaging [J] . Analyst, 2016, 141 (9) : 2657-2664.

[46] Peng H, Travas S J. Simple aqueous solution route to luminescent carbogenic dots from carbohydrates [J] . Chemistry of Materials, 2009, 21 (23) : 5563-5565.

[47] Liu H, Ye T, Mao C. Fluorescent carbon nanoparticles derived from candle soot [J] . Angewandte Chemie International Edition, 2007, 46 (34) : 6473-6475.

[48] Zhu H, Wang X, Li Y, et al. Microwave synthesis of fluorescent carbon nanoparticles with electrochemiluminescence properties [J] . Chemical Communications, 2009, 34: 5118-5120.

[49] Wu Q, Li W, Wu Y, et al. Pentosan-derived water-soluble carbon nano dots with substantial fluorescence: properties and application as a photosensitizer [J] . Applied Surface Science, 2014, 315: 66-72.

[50] Zhou Y, Liu Y, Li Y, et al. Multicolor carbon nanodots from food waste and their heavy metal ion detection application [J] . RSC Advances, 2018, 8 (42) : 23657-23662.

[51] Jing S, Zhao Y, Sun R C, et al. Facile and high-yield synthesis of carbon quantum dots from biomass-derived carbons at mild condition [J] . ACS Sustainable Chemistry & Engineering, 2019, 7: 7833-7843.

[52] Zhao Y, Jing S, Peng X, et al. Synthesizing green carbon dots with exceptionally high yield from biomass hydrothermal carbon [J] . Cellulose, 2020, 27: 415-428.

[53] Wang Z, Yu J, Zhang X, et al. Large-scale and controllable synthesis of graphene quantum dots from rice husk biomass: A comprehensive utilization strategy [J] . ACS Applied Materials & Interfaces, 2016, 8: 1434-1439.

[54] Temerov F, Belyaev A, Ankudze B, et al. Preparation and photoluminescence properties of graphene quantum dots by decomposition of graphene-encapsulated metal nanoparticles derived from kraft lignin and transition metal salts [J] . Journal of Luminescence, 2019, 206: 403-411.

[55] Dai X, Zhang Z, Jin Y, et al. Solution-processed, high-performance light-emitting diodes based on quantum dots [J] . Nature, 2014, 515: 96-99.

[56] Shen J, Zhu Y, Yang X, et al. Graphene quantum dots: emergent nanolights for bioimaging, sensors, catalysis and photovoltaic devices [J] . Cheminform, 2012, 48 (31) : 3686-3699.

[57] Wang L, Li W, Wu B, et al. Facile synthesis of fluorescent graphene quantum dots from coffee grounds for bioimaging and sensing [J] . Chemical Engineering Journal, 2016, 300: 75-82.

[58] Zhang X, Wang H, Ma C, et al. Seeking value from biomass materials: Preparation of coffee bean shell-derived fluorescent carbon dots via molecular aggregation for antioxidation and bioimaging applications [J] . Materials Chemistry Frontiers, 2018, 2: 1269-1275.

[59] Ding H, Zhou X, Qin B, et al. Highly fluorescent near-infrared emitting carbon dots derived from lemon juice and its bioimaging application [J]. Journal of Luminescence, 2019, 211: 298-304.

[60] Sahu S, Behera B, Maiti T K, et al. Simple one-step synthesis of highly luminescent carbon dots from orange juice: application as excellent bio-imaging agents [J]. Chemical Communications, 2012, 48(70): 8835-8837.

[61] Guo J, D Liu, Filpponen I, et al. Photoluminescent hybrids of cellulose nanocrystals and carbon quantum dots as cytocompatible probes for in vitro bioimaging [J]. Biomacromolecules, 2017, 18: 2045-2055.

[62] Wang Z, Fan X, He M, et al. Construction of cellulose-phosphor hybrid hydrogels and their application for bioimaging [J]. Journal of Materials Chemistry B, 2014, 2(43): 7559-7566.

[63] Wu B, Zhu G, Dufresne A, et al. Fluorescent aerogels based on chemical crosslinking between nanocellulose and carbon dots for optical sensor [J]. ACS Applied Materials & Interfaces, 2019, 11: 16048.

[64] Caglayan M O, Mindivan F, Ahin S. Sensor and bioimaging studies based on carbon quantum dots: The green chemistry approach [J]. Critical Reviews in Analytical Chemistry, 2020(1): 1-34.

[65] Radhakrishnan K, Panneerselvam P, Marieeswaran M. A green synthetic route for the surface-passivation of carbon dots as an effective multifunctional fluorescent sensor for the recognition and detection of toxic metal ions from aqueous solution [J]. Analytical Methods, 2019, 11: 490-506.

[66] Wu D, Huang X, Deng X, et al. Preparation of photoluminescent carbon nanodots by traditional Chinese medicine and application as a probe for Hg^{2+} [J]. Analytical Methods, 2013, 5(12): 3023-3027.

[67] Lu W, Qin X, Asiri A M, et al. Green synthesis of carbon nanodots as an effective fluorescent probe for sensitive and selective detection of mercury(Ⅱ) ions [J]. Journal of Nanoparticle Research, 2013, 15(1): 1344.

[68] Wang C, Shi H, Yang M, et al. Facile synthesis of novel carbon quantum dots from biomass waste for highly sensitive detection of iron ions [J]. Materials Research Bulletin, 2020, 124(4): 110730-110738.

[69] Gao N, Yang W, Nie H, et al. Turn-on theranostic fluorescent nanoprobe by electrostatic self-assembly of carbon dots with doxorubicin for targeted cancer cell imaging, in vivo hyaluronidase analysis, and targeted drug delivery [J]. Biosens Bioelectron, 2017, 96: 300-307.

[70] Barua S, Gogoi S, Khan R. Fluorescence biosensor based on gold-carbon dot probe for efficient detection of cholesterol [J]. Synthetic Metals, 2018, 244: 92-98.

[71] Li Y, Zhong Y, Zhang Y, et al. Carbon quantum dots/octahedral Cu_2O nanocomposites for non-enzymatic glucose and hydrogen peroxide amperometric sensor [J]. Sens Actuators B Chem, 2015, 206: 735-743.

[72] Mintz K J, Zhou Y, Leblanc R M. Recent development of carbon quantum dots regarding their optical properties, photoluminescence mechanism, and core structure [J]. Nanoscale, 2019, 11: 4634-4652.

[73] Wu Q, Li W, Wu Y, et al. Pentosan-derived water-soluble carbon nano dots with substantial fluorescence: properties and application as a photosensitizer [J]. Applied Surface Science,

2014, 315: 66-72.

[74] Sahu S, Liu Y, Wang P, et al. Visible-light photoconversion of carbon dioxide into organic acids in an aqueous solution of carbon dots [J]. Langmuir, 2014, 30 (28): 8631-8636.

[75] Zhang Z, Zheng T, Li X, et al. Progress of carbon quantum dots in photocatalysis applications [J]. Particle & Particle Systems Characterization, 2016, 33 (8): 457-472.

[76] Yu S, Zheng W, Wang C, et al. Nitrogen/boron doping position dependence of the electronic properties of a triangular graphene [J]. ACS Nano, 2010, 4 (12): 7619-7629.

[77] Pan J, Sheng Y, Zhang J, et al. Preparation of carbon quantum dots/TiO_2 nanotubes composites and their visible light catalytic applications [J]. Journal of Materials Chemistry A, 2014, 2: 18082-18086.

[78] Zhang H, Ming H, Lian S, et al. Fe_2O_3/carbon quantum dots complex photocatalysts and their enhanced photocatalytic activity under visible light [J]. Dalton Trans, 2011, 40: 10822-10825.

[79] Zhang H, Huang H, Ming H, et al. Carbon quantum dots/Ag_3PO_4 complex photocatalystswith enhanced photocatalytic activity and stability under visible light [J]. Journal of Materials Chemistry, 2012, 22 (21): 10501-10506.

[80] Wang F, Chen P, Feng Y, et al. Facile synthesis of N-doped carbon dots/g-C_3N_4 photocatalyst with enhanced visible-light photocatalytic activity for the degradation of indomethacin [J]. Applied Catalysis B: Environmental, 2017, 207: 103-113.

[81] Zhao Q, Liu L, Li S, et al. Built-in electric field-assisted charge separation over carbon dots-modified Bi_2WO_6 nanoplates for photodegradation [J]. Applied Surface Science, 2019, 465: 164-171.

[82] Zhu L, Zhang W D, Chen C H, et al. Solvothermal synthesis of bismuth molybdate hollow microspheres with high photocatalytic activity [J]. Journal of Nanoscience and Nanotechnology, 2011, 11 (6): 4948-4956.

[83] Zhao X, Liu H, Shen Y, et al. Photocatalytic reduction of bromate at C_{60} modified Bi_2MoO_6 under visible light irradiation [J]. Applied Catalysis B: Environmental, 2011, 106 (1-2): 63-68.

[84] Yang Z, Shen M, Dai K, et al. Controllable synthesis of Bi_2MoO_6 nanosheets and their facet-dependent visible-light-driven photocatalytic activity [J]. Applied Surface Science, 2018, 430: 505-514.

[85] Wang Y, Wang Q, Zhan X, et al. Visible light driven type Ⅱ heterostructures and their enhanced photocatalysis properties: A review [J]. Nanoscale, 2013, 5 (18): 8326-8339.

[86] Gao G, Jiao Y, Waclawik E R, et al. Single atom (Pd/Pt) supported on graphitic carbon nitride as an efficient photocatalyst for visible-light reduction of carbon dioxide [J]. Journal of the American Chemical Society, 2016, 138 (19): 6292-6297.

[87] Xu Q, Zhang L, Yu J, et al. Direct Z-scheme photocatalysts: principles, synthesis, and applications [J]. Materials Today, 2018, 21 (10): 1042-1063.

[88] Ozcan C, Turkay D, Yerci S. Optical and electrical design guidelines for ZnO/CdS nanorod-based CdTe solar cells [J]. Optics Express, 2019, 27 (8): A339-A351.

[89] Gao L K, Gan W, Qiu Z, et al. Preparation of heterostructured WO_3/TiO_2 catalysts from wood fiber and its versatile photodegradation abilities [J]. Scientific Reports, 2017, 7 (1): 1102.

[90] Tong H, Ouyang S, Bi Y, et al. Nano-photocatalytic materials: Possibilities and challenges [J]. Advanced Materials, 2012, 24 (2): 229-251.

[91] Hu S, Tian R, Dong Y, et al. Modulation and effects of surface groups on photoluminescence and photocatalytic activity of carbon dots [J]. Nanoscale, 2013, 5 (23): 11665-11671.

[92] Thompson T L, Yates J J. Surface science studies of the photoactivation of TiO_2-new photochemical processes [J]. Chemical Reviews, 2006, 38 (1): 4428-4453.

[93] Cao L, Sahu S, Anilkumar P, et al. Carbon nanoparticles as visible-light photocatalysts for efficient CO_2 conversion and beyond [J]. Journal of the American Chemical Society, 2011, 133 (13): 4754-4757.

6

木材仿生与智能响应材料制备技术

木材是源自可再生资源的材料，具有出色的机械性能和突出的（生物）功能性能。木材的化学成分和层次结构为功能化和改性提供了广泛的可能性，以便获得具有特定和复杂性能的先进生物基功能材料。木材是一种具有强各向异性的多孔材料，由细胞的几何形状和细胞壁的结构组织决定。它由呈空心管形式的纤维细胞组成，其中的细胞壁代表了一种复杂的天然纤维复合材料，该复合材料由硬质纳米纤维素原纤维制成，嵌入柔软的生物大分子基质中。类似于人造纤维复合材料，尤其是平行堆积的纤维素原纤维的取向对于细胞壁的定向机械和物理性能至关重要。

由于在分子和纳米级上对木材进行改性和功能化从而通过固有的层次结构控制和改善宏观性能具有特殊的可能性，因此，学者们已经进行了各种有关木材改性的研究。过去，研究人员将重点一直放在改善木材性能方面，以解决实际应用中的问题，但是最近，木材已被越来越多地视为一种可用于新型特性的功能化生物基材料。学者们对于大量木材的处理，近年来遵循了两个主要的方向，包括改性和功能化，第一种方法是使用木材的纳米结构和微观结构作为模板来制备具有原始木材结构方向性的非晶陶瓷。第二种方法旨在保留整个细胞壁或至少部分细胞壁生物大分子，但用聚合物或矿物质对细胞壁进行改性，以获得木质材料的新特性和新功能。在这两种情况下，木材的层次结构被用来在宏观水平上进行大规模的纳米级和微观结构木材改性。第三种方法涉及单个细胞壁成分（纤维素、半纤维素和木质素）的使用，在这方面，研究人员在生物基和木材衍生的材料［例如微纤化纤维素（MFC）和纳米纤维素］的功能化和组装方面取得了很大的进步。

6.1 仿生材料设计的基本原则

如果我们能受到生物的启发，将人造或生物构架组装到复杂的多尺度复合材料中，从而扩大目前材料性能和功能的范围，这将具有巨大的实际应用价值。在自然界中，大规模的承载结构已经成功地发展起来，例如树木和动物骨骼，这两个示例均显示了基于复杂层次结构的多种功能。尽管结构层次是多细胞生物生物合成机制的一个明显结果，但这种结构安排也具有功能优势。例如，骨材料由胶原和其他蛋白质基质中的羟基磷灰石纳米粒子组成，但也包含神经，并且出于诸如血液供应、细胞再生和机械功能之类的目的而在更大的尺度上被构建起来。同样，植物细胞壁从分子到微尺度被雕刻，并且在水合生物聚合物基质中含有强纤维素微纤维。这种规模对于植物的修复和重塑很重要，并且模块化的多细胞组织使生物体能够适应环境变化。对于较大规模的植物结构，形状和组织将机械功能与水力传输结合在一起。

自然界中承载材料的最显著特征是组织本身是组织良好的纳米级复合材料，这种结构原理已广泛激发了仿生材料的研究。在骨骼或珍珠层中，生物灵感来源于不同长度尺度的协同化学成分和特定的结构组织，这是技术性复合材料的理想之选。如上所述，多层级结构有利于多功能特性，但在机械性能的背景下，这可能是最好的理解。诸如韧性之类的属性依赖于复杂的变形机制，并从多个长度尺度中获得贡献。但是，尽管骨骼和木材的韧性对于人造多层次结构的设计很重要，但是仍需要更好地理解基本的材料设计原则。

用于制造工程材料的生物材料，它们具备的另一个特点是在加工和材料使用方面的高能效，包括其回收利用。各种生物分子能够在适宜的温度与水体环境中组装成具有空间结构与生物功能的生物有机体，由于控制了材料相和层次结构之间的界面特性，在这些节能条件下合成的复合材料和混合物是高度复杂的。此外，作为生物灵感来源的高潜力生物系统往往是相当简单的生物，它们不依赖高度复杂的神经系统，因此功能通常直接嵌入材料中。一个例子是蜘蛛，它们的腿上有流动和振动传感器。在植物中也可以找到类似的系统，例如捕蝇草，当猎物与叶片内表面的感官毛发接触时，植物的叶片迅速折叠，从而导致自主折叠反应。值得注意的是，即使是死亡的组织和器官（如松果或芒草）也可以基于对相对湿度变化的被动响应来进行定向运动。因此，传感器和执行器是在材料本身中实现的，并且纳米尺度上的功能通过复杂的层次结构转移到宏观效应中。嵌入式功能意味着活的植物不需要额外的生理控制即可响应环境刺激。在这方面，这些生物系统是功能工程材料的有趣模型，并且可能提供新的概念，刺激新的研究和产品开发。

6.2 木材的微纳米结构

木材是一种复杂的天然生物聚合物，具有多层次的结构特征。木材细胞壁的结构（主要由纤维素、半纤维素和木质素组成的层状结构）对于木材功能化极为重要，是当前考虑木质结构重建的出发点：层状结构的存在为有序加工和获得不同成分的木材衍生物提供了可能。其中，木材细胞壁共有三个结构化区域：初生壁、次生壁和胞间层。高度木质化的胞间层在黏附和填充相邻细胞方面起着重要作用，而次生壁占木材结构的很大一部分，通常包括三个不同的区域：S1、S2和S3[1]。由之前阐述的内容可知，木材细胞壁的超微结构由三种天然聚合物组成：纤维素，以排列的基本原纤维形式存在；半纤维素，可与纤维素交联并促进木材中其他天然聚合物之间的相互作用；最后是木质素，一种与半纤维素紧密相关的非晶态苯丙烷型生物聚合物。

除了批量使用木材，木材还被切成片状和块状，应用于新兴的先进材料和设备。功能性薄木的第一份报告是一个多世纪以前的，在那个阶段木材被压缩，以增强其机械强度。在最近的几十年中，这种木质薄膜在各种新兴材料和器件中得到了广泛的研究，包括电极、离子导体、绿色电子和功能工程材料。木材固有的物理和化学特性（包括微尺度多层级的孔隙和排列的通道、各向异性细胞壁纤维和氢键）可实现这些应用，这些特性可用于木材的进一步功能化。木材有两种类型：软木和硬木，它们具有不同的纳米结构和微观结构，包括细胞类型、化学成分、纤维形态和纤维排列。软木中的主要细胞是管胞，占总细胞的90%～95%，而硬木中的主要细胞是纤维和导管分子，导致结构更加复杂。软木中的纤维（长度为3～5mm，宽度为20～35μm）比硬木中的纤维更粗更长（长度为0.75～1.5mm，宽度约为20μm）。此外，软木在横截面（横向表面）上的纤维排列比硬木更有规律，从而形成了更均匀的微观结构。

大多数薄木的功能化是基于其形成纵向通道的分层多孔结构（如图6-1所示）[1,2]，木材在横截面上有中孔，在径向和切向截面上都有纳米孔。所有的中孔均由纵向的木材细胞形成，其沿径向和切向方向分别形成0.8～1.6mm的排列通道（硬木）以及2～4mm的排列通道（软木）。除中孔外，木材还具有丰富的纳米孔，包括沿着横截面的纹孔和径向薄壁组织的木射线细胞。这些孔隙和通道在木材生长中的作用极大地启发了人们将木材加工成新兴设备，木材中的所有纵向细胞作为水传输的传质通道，并提供结构支持。同样，纹孔是用于横向传质的通道，其中流体在两个相邻细胞之间交换以进行细胞间的交流。类似地，电极、分离器、离子导体和脱盐设备需要分层的多孔结构以及具有足够表面积并良好排列的通道，以进行有效的电荷和质量传递。随着材料研究的发展，木材细胞在纵向上被拉长，并沿着树干形成直的细胞通道，这可以显著减少传质路径并且提高传递效率。这一特性使木片能够作为低弯曲度的高质量超薄电极，用于锂氧阴极和钠金属阳极电极，以及具有短传质途径的分离器。尽管在该领域已经取得了一定程度的进步，研究人员应该进一步研究源自不同类型木材的不同多孔结构和通道，这是由于不同树种细胞的几何形状都有显著变化，甚至在不同地区生长的同一树种，其多孔结构和通道也可能非常不同。

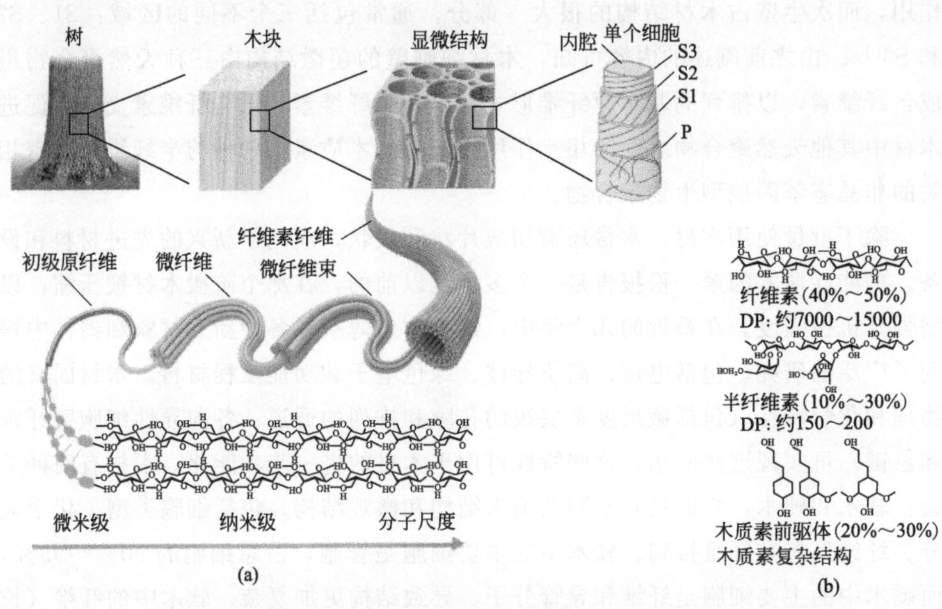

图 6-1　木材的层次结构和组成[3-6]：木材具有明显各向异性的分层细胞结构（a）；木材的三种主要木质纤维素组成，包括纤维素、半纤维素和木质素（b）

已被探究用于先进材料的木材，其另一个固有特征是具有各向异性纤维排列。S2 层中的纤维素微纤维是木材细胞壁的主要部分，并沿纵向略有倾斜（10°～20°），这有助于木材的各向异性。这些纤维素微纤维之间的纳米级缝隙是高度各向异性的，适合于外部离子转移的通道。另外，纤维素微纤维的化学修饰是通过 2,2,6,6-四甲基哌啶-1-氧基（TEMPO）介导的氧化将 C6 羟基转化为羧基，从而增强了微纤维的表面负电荷，进而改变了传质通道的表面电荷，因此，可以显著提高选择性传质的效率。

6.3 木材结构的调控技术

树木在这个蓝色星球上存活了数亿年，同时伴随着进化出最有效的微观结构，以适应世界上恶劣的环境变化。木材源自树木，是一种无处不在的材料，自古以来就被用作基本工具和燃料，到现代一直作为多功能材料使用。木材以其出色的性能而著称，包括低密度、高强度和刚度、良好的韧性、出色的可机械加工性、生态友好性和可持续性等。由于这些优点，木材现在已被广泛应用于制造、建筑、家具、包装、装饰以及运输等几乎每个领域，并且还为体育事业做出了贡献，包括各种先进的体育器械与用品等。在这些传统应用中，木材由于其进化良好的分层细胞木质纤维素结构，因此主要作为承重结构。近年来，木材多尺度和分级多孔的结构特性，尤其是木材结构中特殊的离子输运行为，引起了人们的广泛关注，学者们对木材结构的深入研究开辟了一个机遇巨大的非重点研究领域。在讨论先进的基于木材结构纳米材料的制备技术和应用之前，我们必须首先了解木材内在结构和组成、木材结构中的离子传输行为以及木材结构的可调性。

6.3.1 自上而下和自下而上调控方法

通常，有两种方法可以制备基于木材结构的高新材料：自上而下和自下而上。自上而下可以定义为这样一种处理过程，即使用原木作为起始原料，而无需经过繁重的除颤过程，并且最终产品中很大程度上保留了木材的分层细胞微观结构。而自下而上的过程始于有原纤维的纤维素构件，这些构件被进一步组装成体相结构，例如一维（1D）超细纤维或长纤维、2D 薄膜或膜以及 3D 气凝胶或海绵，水凝胶或复杂的结构，而这其中木材的分层细胞微观结构通常是不存在的。例如，脱木素的木材是最具代表性的自上而下的木基结构之一，它们可以通过自上而下的脱木素工艺由天然木材制成。经过脱木素处理后，木质素组分与部分纤维素和半纤维素一起从细胞壁中完全去除，因此，可以保留从细胞、纤维素纤维到分子链的多尺度各向异性的分层细胞结构。相比之下，纤维素膜作为一种典型的自下而上的木基结构，可以将有原纤维的纤维素分散在水中（固体质量分数为0～2%），通过过滤工艺制成，在此过程中，可以去除大量的水，并将有原纤维的纤维素组装成多孔薄膜。在不进行进一步处理（例如湿拉伸）的情况下，所获得的纤维素膜通常具有各向同性的结构，该结构具有随机缠绕的纤维，这与各向异性的、分级细胞的木材结构显著不同。

6.3.2 脱木素调控方法

自上而下和自下而上木质材料的一个显著特征是其具有多样化的可调控性，这种多样化的可调控性之所以能够实现是由于木材微观结构的复杂层次以及木材成分，特别是纤维素纤维的多功能化学组成[1]。通过合适的修饰策略，例如物理改性（仅涉及物理过程，包括致密化、表面涂层、表面图案化处理、微波处理等）、化学改性（仅涉及化学过程，包括氧化、乙酰化、糠基化、热分解、聚合、矿化、去木质素、表面功能化、离子交联、反离子交换等）或组合改性（例如，至少涉及两个物理和/或化学过程，脱木素结合致密化、脱木素继之以表面图案化处理、进行热分解后再进行矿化、脱木素然后聚合等），可以轻松地调整木基结构。例如，脱木素，然后聚合（例如孔的大小、多孔性和孔隙弯曲）可以通过脱木素、致密化或它们的组合来调整，这为调节木材结构中的离子和流体传输以及其他性能提供了很大的机会。同样，我们也可以通过表面功能化、脱木素、表面图案化处理和/或涂层来调节木材的表面性质，包括 ζ 电势、表面的润湿性和表面的官能团。另外，还可以通过调节纤维的尺寸（例如长度、直径）和组成，以赋予木基结构更多的可调性。在分子规模上，通过修饰木基结构的相结构（例如从纤维素Ⅰ到纤维素Ⅱ或 Na-纤维素复合物）和/或结晶度（例如增加或降低结晶度），可以实现更精确的可调谐性，这使得以纳米尺度和分子尺度调节离子传输成为可能。

脱木素可以定义为通过酶或化学方法从木材的组织中去除木质素成分，在所有木材结构修饰策略中，脱木素被认为是调整自上而下的木基结构最流行以及最强大的方法之一，它不但能够将木材结构（例如孔隙度和孔径）调制到纳米尺度，还可以调控其组成和表面性质（例如表面官能团、表面电荷和表面润湿性）。过去的几十年中，学者们在脱木素木材生产（在这种情况下，保留了木材分层多孔的微观结构）或造纸制浆（在这种情况下，最终产品是原纤化的纤维素微纤维）中已开发出各种木材脱木素化学工艺[7,8]，包括酶处理、酸处理、碱处理、有机处理、离子液体处理和光催化剂处理。一般原理是修饰木质素结构中的某些官能团或键，通过将大分子分解成小分子和/或提高其亲水性，以更好地分散和去除木质素组分。

例如，在碱性溶液基脱木素工艺中使用 NaOH 和 Na_2SO_3 混合溶液，木质素中的酚类 α-苯基醚、酚类 α-烷基醚和酚类 β-芳基醚会受到热碱溶液的攻击，诱导电子转移［图 6-2(a)］[9,10]。在此过程中，碱性化学物质不会通过取代反应直接攻击和分解木质素，而是会与醌甲基化物或烯酮类型的其他中间体发生反应。在碱性介质中，酚类结构会形成酚类阴离子，游离酚羟基的存在很容易转化为醌甲基化物类型（Ⅰ）的中间体，并且可以消除 α-取代基（Ⅱ）。β-芳基醚键中的 β-碳原子被亚硫酸盐离子作为亲核体攻击，从而消除了 β-芳基取代基。因此，这会导致 β-芳基醚键的断裂和小分子片段（Ⅲ）的产生。生成的小分子碎片和具有改善的亲水性的木质素结构单元可以通过水溶液溶解或分散，从而产生具有分层细胞微观结构但没有木质素成分的木材结构。图 6-2(b) 清楚地显示了脱木素处理前后木材的外观、形貌和结构的演变，脱木素后，由于去除了光吸收成分（主要是木质素），并且在细胞壁之间和细胞壁内产生了大量的微孔和纳米孔，增强了孔隙中空气与固体细胞壁边界处的光散射，因此，我们可以观察到天

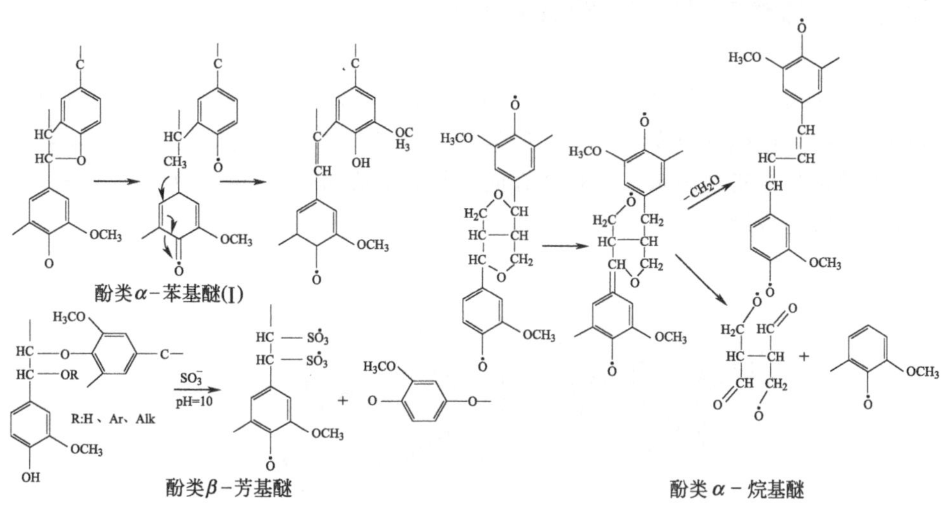

(a)

结构演化

天然木材

脱木素

脱木素木材

200μm 100μm 10μm

200μm 100μm 1μm

(b)

图 6-2 经过脱木素处理的木基材料

(a) 使用含有 NaOH 和 Na_2SO_3 的碱性溶液进行典型化学处理的脱木素[11]；(b) 结构演化

然木材的颜色从褐色变为白色。进一步观察其微观结构发现，一个明显的变化是细胞（导管和纤维）的分离，这些细胞本质上是由半纤维素和木质素聚合物基质结合的。此外，纤维素纳米纤维也因为同样的原因被分离——去除了聚合物基质，并在脱木素的木材结构中引入大量的纳米通道。在宏观上，值得注意的是，可以保留木材的各向异性分层多孔结构，并将这种独特的结构与其他特性相结合，使这种脱木素的木材结构可以面向各种新兴应用，例如固体粒子、流体和离子的运输和调节。

6.4 木材多层次结构的独特功能

通过使用木材的分层结构（图 6-3）作为高级功能化方案的支架，我们也许能够绕开组装过程的研发工作，并实现新型功能性木质材料的开发[12]。尽管自下而上的过程在实现纳米结构材料方面已经非常成功，但是以大型承载结构形式存在却具有挑战性。

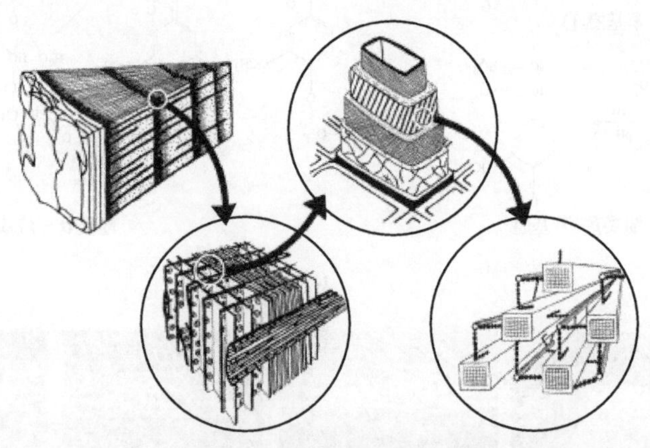

图 6-3 木材的分层结构显示不同的水平[12]

在木材作为支架的使用中，不同结构层次上的结构和功能特征的协调配合是非常重要的，该支架应以保留的纤维素原纤维网络和纳米级孔隙度为特征，然后可以以内部多尺度孔隙度为起点设计木材功能化工艺[13]，赋予其新的功能，其中，多尺度孔隙度具有两种不同尺度的孔径，包括 10μm 的管腔孔隙度，以及细胞壁中的分子和纳米尺度孔隙度。

具有科学意义的一种加工目标是对功能化材料进行全面的纳米结构控制，以实现更广泛的性能。诸如逐层（LbL）沉积、无机纳米粒子沉淀、先进的聚合和聚合物接枝、表面功能化、矿化或金属化等方法可以轻松地应用于木材支架[14]。

例如，生物矿化过程，在骨或海绵中，类似的功能化以矿化的形式发生在预先安排的生物支架中，支架为材料的转化提供了层次结构和局部划分。同样，可以利用木材固有的结构特征，这其中就包括液体传导、承载功能（强度、刚度和低密度下的韧性）和性能各向异性。

在纳米结构水平上，功能化处理的主要目标是木材细胞壁的大分子复合材料，在活树中，木材的细胞壁含有约 30%的水，因此可以看作是水凝胶，其中的水分子可以被其他化合物代替。AFM 研究表明，直径为 3nm 的纤维素纤维形成了较大的所谓纤维素聚集体（20～30nm）[15]，几乎很难被嵌入。但是，由半纤维素和木质素组成的基质是纳米多孔的，允许进行功能化处理，因此，可以利用特定的支架特征，例如细胞壁中首选的纳米纤维素纤维取向模式，然后，在加工材料过程中，木材的承载性能与新的特征相结合。纳米结构聚合物复合材料中的木材-聚合物或木材/无机混合物可以通过这样的方式制备：新的无机相或有机/聚合相存在于预先设计的位置，例如在木材细胞腔壁内部，作为管腔壁的涂层，或填充细胞腔空间。

另一种越来越受到关注的方法是木材细胞壁的脱木素处理，同时保留木材的宏观结构[16]。这种方法可提高木材细胞壁的纳米尺度，随后通过聚合物的浸渍过程，促进木材模板陶瓷制品的制备。H. Yano 等人[17]制备了脱木素的木材支架，目的是最大限度地提高木材-PF(酚醛树脂）复合材料的机械性能。研究人员后来将这种方法应用于增加细胞壁纳米孔隙率[18,19]，目的是应用于其他类型的支架功能化。脱木素木材的优点是保留了原始木材结构的整体形态和细胞结构，同时极大地增加了细胞壁的孔隙度。然而一个最明显的挑战是木材支架的机械强度会受到损害，因此，在没有结构损坏的情况下处理可能更困难。图 6-4 显示了可用于生物功能化处理的细胞壁支架[20]，参考了在细胞壁木质化和心材形成方面加工的生物学作用模型。最近，透明木材的制造在该领域取得了很大的进展，这将会在下一小节进行更详细的讨论。

此外，人们不仅可以从细胞壁水平的木材结构中受益，而且还可以从细胞和组织水平的微尺度孔隙度中受益，这种尺度在制造过程中提供了较短的扩散距离，并且可以利用木材的各向异性和分层特性调控性能。尤其是在这种微观尺度上，可以从自然界提供的自然多样性中获利，并可以通过选择物种来适应功能。虽然木材细胞壁水平的变化相对较小（例如密度、纤维复合结构），但物种之间的细胞和组织特性却千差万别。人们能够根据最终木质材料的目标功能，选择最合适的结构特征。因此，最明显的特征是密度，范围从轻木这样的树种（约 100kg·m^{-3}）到譬如愈创木这样重量重的树种（1200kg·m^{-3}）。此外，当选择木材支架的树种时，细胞的结构组织可以作为标准，具有早材和晚材层组织结构的软木提供了一种不同强度和液体电导率交替带的微观结构模式，这在落叶松

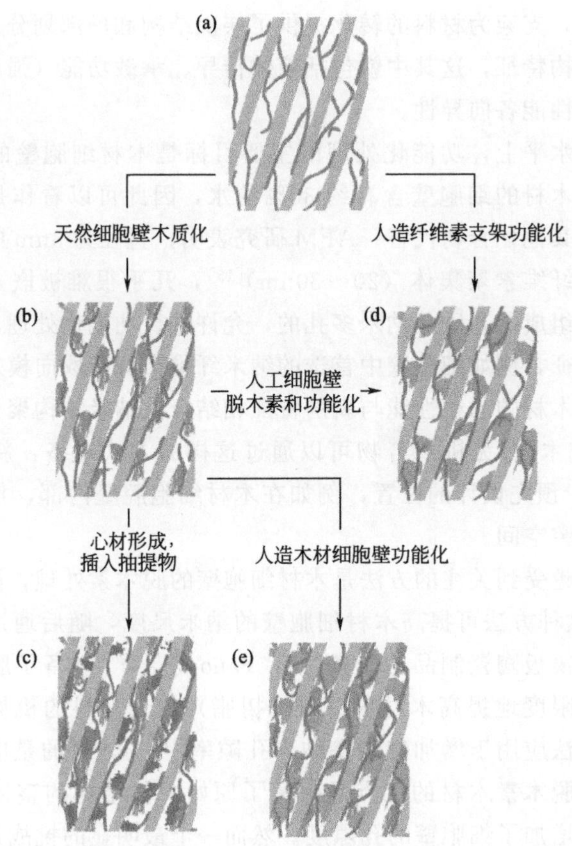

图 6-4　天然细胞壁形成、修饰过程和人工生物激发细胞壁功能化的相互依赖性

用细胞壁的简化示意图说明：细胞壁的纤维素支架（纤维素纤维和半纤维素）(a)；木质化木材细胞壁（纤维素纤维、半纤维素和木质素）(b)；心材形成后的木材细胞壁（纤维素纤维、半纤维素、木质素和抽提物）(c)；脱木素后的细胞壁功能化纤维素支架（纤维素纤维、半纤维素和插入材料相）(d)；功能化木材细胞壁（纤维素纤维、半纤维素、木质素和插入材料相）(e)

木材中尤其明显，由于管胞是单个单元，因此它们可以被描述为功能化方面的微组成部分，那么它们可以用作微反应容器，这就是一个优势。然而，这也是一个具有挑战性的功能化方案，例如关于电导率方面，仅用导电材料对内腔表面进行简单修饰是不够的，因为未改性的木材细胞壁充当电绝缘体，因此，需要更复杂的功能化处理以及更多的纳米结构控制[16]。

根据液体导电容器的长度、直径、数量和分布，可以选择硬木物种进行功能化。对于这些元素，单个细胞作为基本结构单元的原理并不总是与材料功能相关。对于流体运输，数百个至数千个细胞协同形成一个大导管，因为每个细胞的末端都已经被移除（横切壁），这类似于通过连接多个导管元件而构建的一个长的输水导管。当木材支架被功能化后用作过滤器或膜的主要材料元素时，不同树种的导管结构特征的多样性对其性能是非常有益的。像橡树或白蜡树这样的散孔木物种拥有直径达 500μm 以及长度达几米的早木导管，这对于高流量应用具有潜在利用价值[4]。诸如枫树、山毛榉或杨树之类的散孔木物种具有更均匀和直径较小的均匀分布的导管，这可能在膜技术的特定功能化后发挥作用。根据选定的代表性实例，图 6-5 显示了不同物种之间的组织多样性[1]。

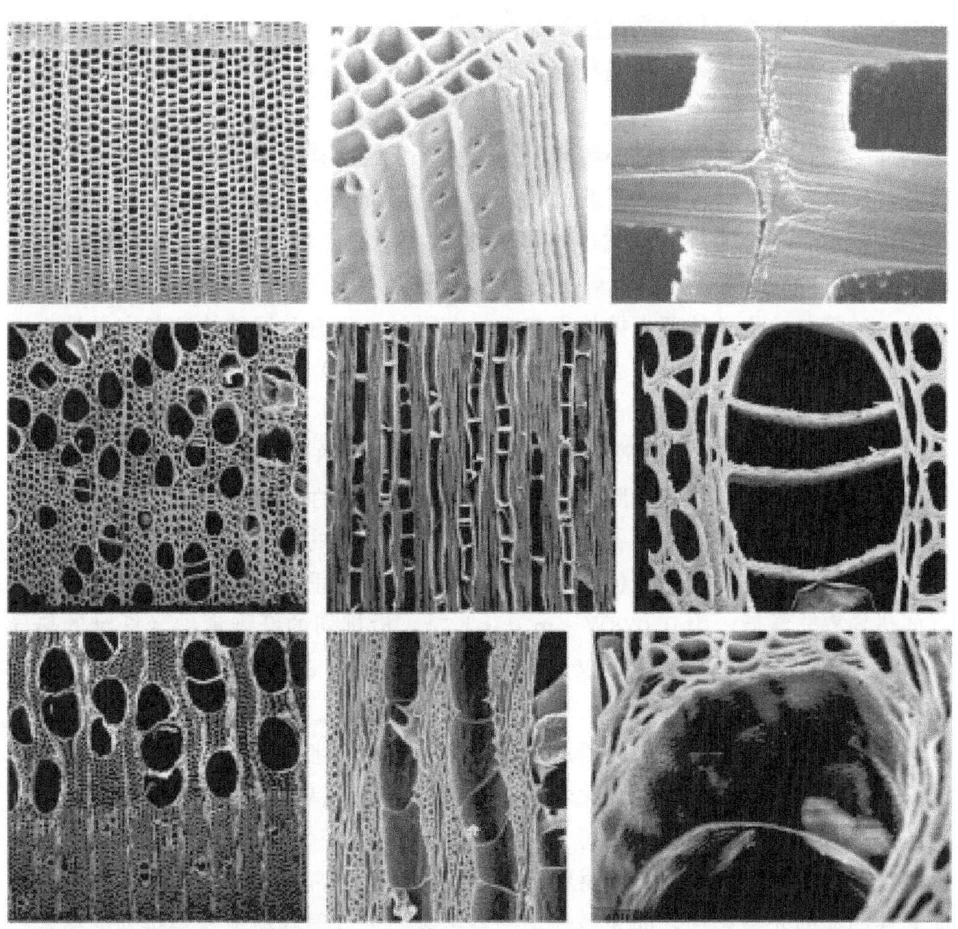

图 6-5 冷杉、柳树和白蜡树的 SEM 图像在不同的放大率和侧面视图中显示横截面，以说明软材中木材结构的微观多样性，以及散孔和环孔硬材[1]

6.4.1 自上而下组装策略

木材纳米技术蓬勃发展，但是与纳米纤维素基材料设计的自下而上策略不同，木材的天然三维（3D）结构独特地保留了木材-纳米纤维素的取向。因此，学者们设想了一种自上而下的策略，以去除木质素和半纤维素，从而保留了天然排列的木质纳米纤维素。木质结构重建策略通常包括去除以及随后的化学和机械处理，赋予木质纳米材料前所未有的功能。与纳米纤维素基功能材料自下而上的组装策略相比，木材3D结构衍生材料的组装策略通常从自上而下的组成去除开始。由于木质素的完整性和填充性，天然木材不具有弹性，这种机械特性极大地限制了木材在需要弹性体的区域中的应用。此外，木质素的填充导致木材中排列的纳米纤维无法显示与纳米尺度相对应的化学和机械特性。虽然研究人员一直以来都倾向于研究纳米纤维素基材料，但是自下而上的组装策略往往需要烦琐的程序和高昂的成本。

近年来，胡良兵的研究小组提出了一种基于脱木素木基材料自上而下的组装策略，这为纤维素材料提供了新的设计思路[1]。此外，在2018年，学者们利用$NaOH/Na_2SO_3$体系沸煮天然木材，通过H_2O_2沸煮以去除木质素，然后，将脱木素木材冷冻干燥24h，得到了一种木材气凝胶[21]（图6-6）。这种木材气凝胶是通过简单的化学处理直接从天然木材获得的，具有分层结构和各向异性，这是由于破坏了木材细胞壁（去除了半纤维素和木质素）所致。这种气凝胶具有优异的机械性能和压缩弹性（经过10000次压缩循环后，可逆压缩率为60%，应力保持率约为90%）。气凝胶的每个单独的堆叠层由许多排列整齐的纤维素纳米纤维组成，在整个木材气凝胶结构中具有一致的方向性。一维纤维素纳米纤维单元的排列组装使二维堆叠层各向异性，而二维堆叠层的逐层组装使三维木材气凝胶具有整体的各向异性和机械弹性。这种木材气凝胶垂直于排列的纤维素纳米纤维的热导率非常低，为$0.028W \cdot m^{-1} \cdot K^{-1}$，沿排列的纤维素纳米纤维的热导率为$0.12W \cdot m^{-1} \cdot K^{-1}$，不仅远低于原始木材（约3.6倍），而且低于大多数传统的隔热材料。

由于具有空间优势，剥离后的组分（去木质素和半纤维素）中排列的纳米纤维素单元为材料的机械性能和化学反应的设计奠定了良好的基础，因此，随后开发的大多数木质功能材料都经历了这种自上而下的去除过程。纳米纤维素单元在去除组分前后始终保持天然木材特有的原始排列是非常重要的，这是木质材料各向异性明显的先决条件，即无需烦琐的自组装即可以很容易地获得排列的纳米纤维。综上所述，自上而下的解构对木材内部结构的影响主要体现在以下几点。

① 构建木材多层孔隙结构。木质素和半纤维素填充物的去除会导致木材内

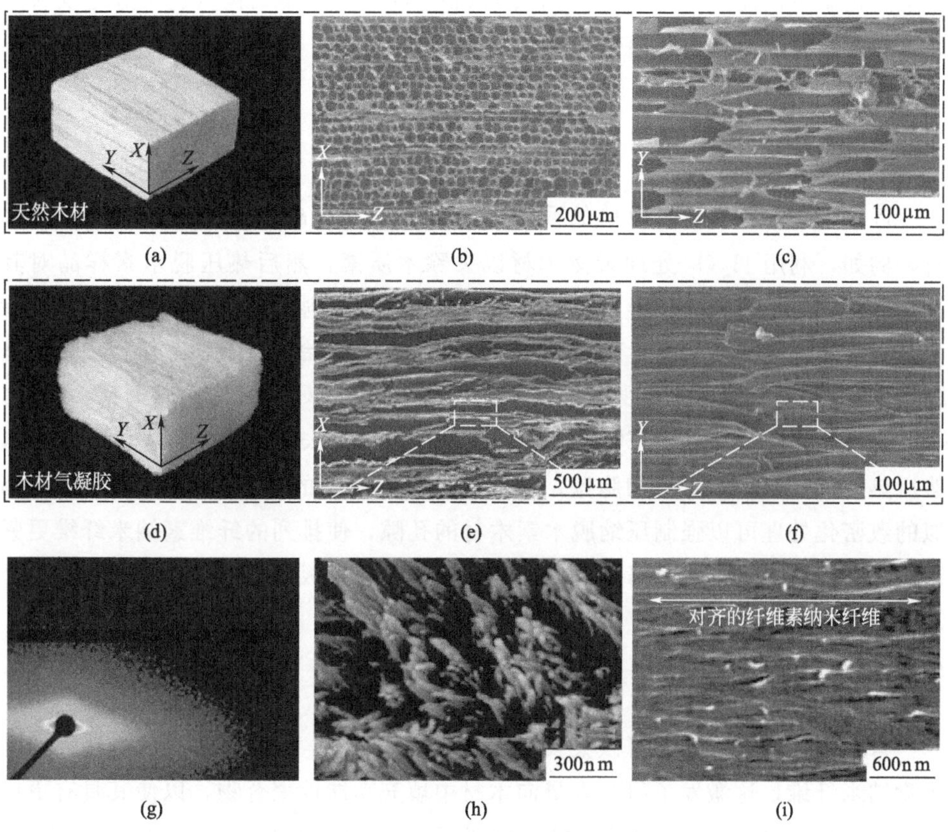

图 6-6　天然木材和木材气凝胶的结构特征

天然木材的照片（a）；天然木材的 SEM 图像：木材管腔结构的横截面图像（b）及沿生长方向显示管腔（在 YZ 平面上）的纵向图像（c）；木材气凝胶照片（d）；木材气凝胶的 SEM 图像：XZ 平面中层状结构的横截面 SEM 图像（e）及 YZ 平面破坏的木材气凝胶的纵向 SEM 图像（f）；木材气凝胶的二维 SAXS 图案（g）；木材气凝胶的放大横截面 SEM 图像，显示纤维素纳米纤维（h）；纤维素纳米纤维的放大扫描电镜图像[21]（i）

部的介观孔隙结构的进一步富集。更多的微孔/纳米孔出现在原始的填充位置，这同时也改变了木材的密度、孔隙率和孔径分布。

② 构建机械加工空间和功能化空间。移除组分会将木材中最初填充的空间变成空的空间，可以对其进行进一步处理（例如，压缩或填充以使其起作用）。

③ 暴露排列的纳米纤维。去除包裹在纳米纤维周围的木质素和半纤维素会暴露出大量的纳米纤维。排列整齐的纳米纤维不仅具有出色的力学性能，而且由于良好的暴露性还表现出很高的化学可及性（木质素和半纤维素的包裹会影响纤

维素的化学可及性)。可以说,“孔隙-纤维-空间”的三维结构重建很好地反映了自上而下去除对木材内部结构的影响。

6.4.2 致密化

近年来,学者们通过简单的致密化开发了一系列高性能和高强度的木基材料,例如,利用 H_2O_2 处理天然木材以去除木质素,然后热压脱木素样品对其进行致密化,从而轻松获得坚固的木质基辐射冷却材料。他们发现,这种材料除了具有优异的冷却效果外,新型冷却木材的强度是原始木材的 8.7 倍,坚韧性是原始木材的 10.1 倍,比强度是广泛使用的 Fe-Mn-Al-C 型结构钢的 3 倍。此外,研究人员使用 $NaOH/Na_2SO_3$ 体系沸煮天然木材,去除了木质素和半纤维素,然后热压以完全破坏木材细胞壁,从而产生高度致密的超强木材[21]。与热压相似的致密化处理可以强制压缩脱木素木材的孔隙,使排列的纤维素纳米纤维更紧密。这种力学性能重建策略可以启发基于多孔材料模板的其他高性能材料。

6.4.3 填充

自上而下的去除策略可以大大增加木材的孔隙率,并暴露出许多高活性的纤维素纳米纤维,这激发了研究人员向木材中填充功能性聚合物,以使其具有更广泛更创新的用途。受天然木材的管状孔隙和多层次结构的启发,Q. Fu 等人[22]通过脱木素作用获得了具有纳米级孔和微米级管腔通道的亲水性脱木素木模板,然后用活性环氧胺系统进一步功能化脱木素模板,制备一种木质基油/水分离材料,并因此获得了固体体积分数仅为12%的木材/环氧树脂生物材料,且具有优异的疏水/亲油性能,吸油能力高达 $15g \cdot g^{-1}$,抗压屈服强度和模量高达 18MPa 和 263MPa。结果表明,木材/环氧树脂生物材料的出色性能归因于天然木材的分级蜂窝状结构,初始脱木素木模板的亲水性允许水通过自发润湿和毛细管效应被吸收,这意味着脱木素木材不具有选择性吸油能力。环氧树脂填充物赋予脱木素木模板疏水性和选择性吸油能力,这反映了填充功能性聚合物的木材多孔材料的价值。研究人员利用聚甲基丙烯酸甲酯(PMMA)填充脱木素的木模板,以使表面乙酰化,从而得到透明木材,透光率为 93%。因此,能够预见到,学者们可以通过在木模板上填充聚合物来开发各种功能性复合材料,以管理从纳米、微米到宏观尺度的分层结构。用于填充的功能聚合物的选择可以通过不同的化学修饰来定制复合材料的功能,从而提供预期的性能并使这些材料可以应用于各种领域。

6.5 木材结构衍生新型功能材料

综上所述，木材为进一步实现特定目标的化学和物理功能化提供了独特的机会，用于功能材料的木材纳米科学可以利用细胞壁本身的纳米多孔性，并且还可以通过化学预处理方法（例如脱木素方案）来提高细胞壁纳米多孔性。纳米多孔纤维素支架可以以许多不同的方式进行功能化，这些方法包括将有机分子附着到支架的内表面、填充功能性聚合物以及无机纳米粒子在孔隙空间中的沉淀等。这些分子定制活动的范围与1960年及以后开发的方法不同，后者侧重于通过经验方法解决尺寸稳定性和保存问题。利用纳米级表征技术探索木材纳米科学的新材料，可以将木材研究扩展到通用功能材料领域。

6.5.1 木材-聚合物复合材料

以往对木材-聚合物复合材料的研究主要是解决水分稳定性问题的实际需求，此外，这项工作往往受到建筑部门“基体材料”所需低成本生产的限制。从本质上来说，聚合物功能化方面的新尝试更具探索性，它将木材科学与化学和化学工程相结合，以合成新的木材-聚合物纳米结构，产生新的材料概念和新的制备方法。聚合物相的位置对于材料的性能和功能而言显然很重要，有学者给出了一些近期修订的选择方案（图6-7）。

可以对内部细胞壁表面进行表面修饰（细胞壁-腔界面），也可以对细胞壁进行修饰（细胞壁修饰），并且可以使用聚合物填充内腔（管腔填充），这其中存在一个重要的进步因素是开发新的纳米技术来表征改性的木材细胞壁。尽管透射电子显微镜已经存在很长时间了，但是该技术需要烦琐的样品制备过程，并且除非使用特定的标记物，否则并不总能在不同的聚合物之间提供足够的对比度。拉曼显微镜是一种更简单且功能强大的技术，用于映射聚合物在细胞壁中的分布，该方法的原理已在其他地方进行了阐述[24,25]，这些表征方法对于最终实现功能化木材中聚合物分布的纳米结构控制是必不可少的。

纳米结构控制意味着我们可以控制聚合物相的位置和分布。这与用于能量存储（电导率）、水净化或响应系统中的高级功能性木材-聚合物复合材料有关，这些系统由于pH值、温度、相对湿度、光或外加电场（磁、电等）的变化，材料特性会发生变化。在聚合物制备方面，控制聚合方法对于合成明确定义的聚合物（例如受控的摩尔质量的嵌段共聚物或均聚物）非常重要。在木材支架的背景下，“嫁接”方法尤为重要[26]，其中原子转移自由基聚合、可逆加成-断裂链转移聚

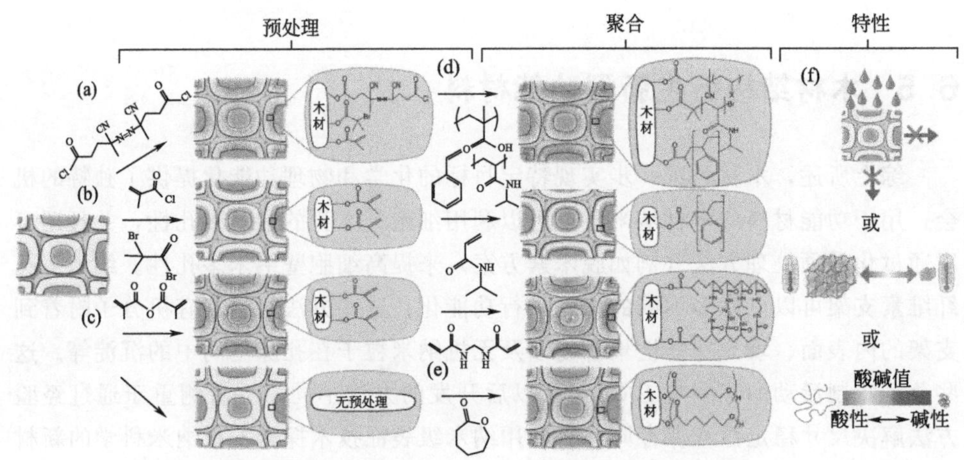

图 6-7 通过聚合物的示范性模块化改性方法的原理

聚合引发剂附着在羟基上（a）；羟基与甲基丙烯酰氯和溴异丁基溴引发剂的 ATRP 反应（b）；羟基官能团与甲基丙烯酸酐的反应（c）；苯乙烯、甲基丙烯酸、*N*-异丙基丙烯酰胺等不同单体的原位聚合（d）；ε-己内酯的开环聚合（e）；改性木材的潜在性能，例如增加尺寸稳定性、对温度或 pH 变化的反应（f）[23]

合和开环聚合都可以通过表面接枝以实现功能化，并且表面引发的聚合方案（SI-ATRP、SI-RAFT 与 SI-ROP）均可用于木材改性。在早期的尝试中，自由基引发剂附着在细胞壁内的羟基上，将苯乙烯带入细胞壁[27]，采用自由基聚合法聚合，所得的木材-聚合物复合材料显示出疏水特性。在另一项研究中[25]，细胞壁内部通过双键功能化，然后将苯乙烯单体引入内部并聚合，然后可以通过引发物种的分布来控制聚合物的分布。经典的自由基聚合反应也可以通过将引发剂附着在木材支架内而用于接枝，这可能会导致新的木材功能化，举一个例子，即插入 pH 响应性聚合物：将聚丙烯酸（PMA）聚电解质与另一种聚电解质，聚(2-二甲基氨基）甲基丙烯酸乙酯（PDMAEMA)，进行了比较[27]，两者均在细胞壁内聚合，PMA 改性木材在碱性条件下吸附较多的水，而 PDMAEMA 复合材料在酸性条件下吸附较多的水。接枝聚合物的功能行为也表现在改性木材中，当然，共价接枝的另一个优点是，即使材料完全浸入水中，聚合物仍会保留在木材结构内部。

功能性复合材料的重要领域是导电材料，电导率与太阳能电池、电池、超级电容器和电致变色设备有关，具有成本效益的能源生产和存储是重要的关注领域，而低成本的生物基材料确实具有大规模应用的潜力。S. Trey 等人[28]在桦木单板中成功地聚合了苯胺，并且报道了由于聚苯胺在管腔空间中的高导电性。对于导电材料，木材的各向异性结构在方向性方面具有特殊的优势。有学者发表了使用聚吡咯的类似研究[29]，他们注意到了材料的机械柔韧性，并建议将其用作电子应用的导电支撑结构。其他功能优势包括提高阻燃性和降低衰减敏感性。

6.5.2 木材-矿物和木材-金属混合物

从历史上看，木材防腐和阻燃处理通常都基于无机物，然而，纳米结构的有机-无机木材混合物可能会在科学和工业潜力方面提供新的可能性。因此，一个重要的研究目标是能够控制木材组织中无机物的纳米级分布，并了解纳米粒子对木材性能的影响机理。图 6-8 举例说明了在木材结构中不同的木材-矿物复合材料和不同的分布模式，取决于所选择的矿物成分和功能化处理[30,31]。

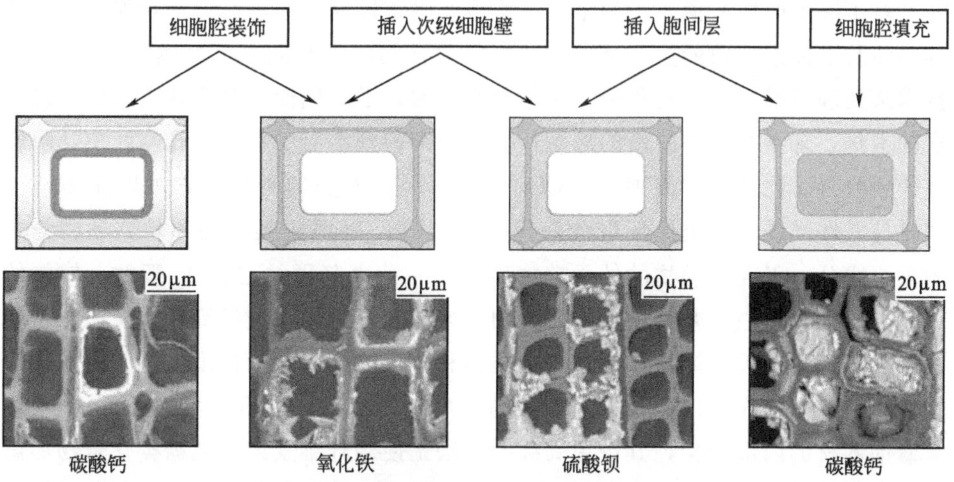

图 6-8 不同矿物在木材细胞和细胞壁中的分布模式示意图和 SEM 显微照片[32]

其他有机-无机混合物通常是基于有机分子功能化的纳米结构和多孔无机支架，这些分子附着在多孔支架的内表面上，而木材支架提供了新的可能性，因为它们由高刚度和韧性结构材料组成，此外，比表面积也可能很高，因为木材纳米纤维素气凝胶的比表面积可以达到 $500\sim600m^2\cdot g^{-1}$。因此，人们可以将木材视为低成本、纳米结构的基材，用于先进的混合应用，例如催化剂载体、液体、电极、绝缘材料和光子材料的吸附和净化。

硅烷是木材改性的通用化合物，当然，还有各种各样的化合物和化学功能可用。四烷氧基硅烷处理可以提高木材的尺寸稳定性和阻燃性，并且可以很容易引起细胞壁内部的反应。硅烷方法是基于单体或低聚物扩散到木材细胞壁，其中一个优点是溶液可以很容易浸渍到细胞壁，较小的分子可以使功能化结构具有更好的性能。

磁功能是无机粒子沉淀可以实现的一个很好的例子，在第一次尝试纤维素材料时，R. H. Marchessault 等人[33]在离散的木材纤维中沉淀出磁性纳米粒子；R. T. Olsson 等人[34]随后在纤维素纳米纤维水凝胶中形成钴铁氧体纳米粒子；V. Merk 等人[31]通过相关的沉淀方法成功制备了磁性木材，X 射线衍射和拉曼分析表明，木材结构内部形成了多区域的铁氧体粒子，以有序的方式修饰了管腔壁的内部。这项磁性木材研究表明了木材结构各向异性对混合物磁性能的特定影响，磁化主要沿轴向发生，与木材管胞和导管的方向平行，因此，木材结构可以被磁场操纵，潜在应用于执行器或磁性开关等。S. Trey 等人[35]的研究表明磁性纳米粒子也可以沉淀在木材细胞壁内。

对于许多应用来说，工程木材结构需要阻燃性作为一项必要的功能，由于这其中涉及了卤素、磷酸盐、硫酸盐和相关化合物的毒性问题，显然需要“绿色”技术来处理阻燃木材。近年来，为达到此目的，学者们使用黏土片层来修饰脱木素的木材，悬浮在水中脱落的纳米片扩散到细胞壁本身的亚微米孔空间中，阻燃性得到改善。此外，碳酸钙（$CaCO_3$）也引起了人们的兴趣，它可以作为解决木材易燃性问题的一类更环保的替代品，$CaCO_3$ 是甲壳类动物和软体动物壳中的重要成分，甲壳类动物的外骨骼本质上是一种由坚硬的 $CaCO_3$ 颗粒、较软的甲壳素纤维和蛋白质基质组成的复合物。生物合成过程中的沉淀和生长机制与生物激发的材料有关，同样，通过粒子类型和含量方面的功能梯度来调整生物体的硬度、刚度和强度可以激发人造材料的产生。目前有几项研究使用 $CaCO_3$ 来化学修饰木材的内部结构，其中更高级的方法是使用纤维素或其他糖类化合物的离子化表面基团，以使 $CaCO_3$ 结晶成核，而挑战之一是还要对大部分木质材料进行改性。在纳米科学的背景下，人们还希望在木材细胞壁内部而不是在管腔空间中使 $CaCO_3$ 粒子成核。最后，针对绿色技术的生物启发方法最好在环境条件下和水溶液中进行。

在最近的研究中[36]，研究人员对木材细胞壁进行了合成钙化来满足上述许多标准，在生物矿化过程中，无定形碳酸钙（ACC）处于过渡相，并被离子、生物聚合物或蛋白质稳定。在此过程中，所有前体均存在于溶液中，并且在给定的刺激下它们会反应形成 ACC。碳酸二甲酯是液态 CO_2 的来源，并且在钙离子存在下水解，该反应是在弱碱性条件下，在整个木材结构中开始的。碳酸钙确实在结构内部形成，并且主要在细胞壁中形成，因此，基本保留了原始的木材孔隙率，并且可以达到高达 20% 的质量增益，通过热解燃烧流动量热法测量的总放热率和峰值放热率降低到未改性木材的约三分之一，这说明了采用可扩展的纳米技术进行生物启发的矿化方法在木材改性和功能化方面的潜力。

6.5.3 透明木材

近年来，将木质复合材料改性为透明木材（transparent wood，TW）的研究已经引起了研究人员和工业公司的关注，这就是一个很明显的例子，即纳米技术可以根据材料成分的选择和材料结构的设计产生意想不到的材料概念。TW 首次被用于木材形态学研究，随后研究人员讨论了 TW 在工程应用中的可能性[37]，并报告了其物理性质，在此之后，许多研究都考虑了其在建筑物、太阳能电池和光子学中的应用，例如，文献［37］中指出，TW 还具有热导率低的优点。对透明度的第一个要求是去除化学基团的光吸收。光传播时因与物质中分子（原子）作用而改变其光强的空间分布、偏振状态或频率的过程为光的散射。当光在物质中传播时，物质中存在的不均匀性（如悬浮微粒、密度起伏）也能导致光的散射（简单地说，即光向四面八方散开），因此光散射可能源自空气-组织界面，也可能源自细胞壁孔隙。

透明的木质复合材料可在建筑中用作具有特殊光学特性与良好透光性能的承重板，以节省能源并增加日光穿透力。TW 也可以看作是进一步功能化的起始材料，例如，管腔空间以及细胞壁的内部可以被聚合物和纳米粒子的液体混合物浸渍，如图 6-9 所示，有研究人员[38]使用分散在甲基丙烯酸甲酯（MMA）单体/低聚物液体中的量子点（QDs）进行聚合来制备发光木材。光致发光光谱显示了发射点的均匀分布［图 6-9(b)］，给出了发射光谱和吸收光谱［图 6-9(c)］，并确认了波长的成功偏移。因此他们得出结论，由于量子产率高（36%，与起始 QD-MMA 液体相同），量子点也很好地分散在 TW 内部。后来的研究[39]使用了 γ-Fe_2O_3@YVO：Eu^{3+} 纳米粒子以及类似的制备方法，并提出了针对不同目的的修改方案[40]，即根据具有近红外（NIR）吸收特性的 Cs_xWO_3 纳米粒子，来考虑制造用于窗户的隔热透明木材。

改性透明木材的制备也可以基于活性化合物的浸渍，其次是单体浸渍和聚合。E. Vasileva 等人[41]利用木材来研究波导和“木材激光”的潜力，他们使用有机染料溶液浸渍木材，然后进行了 MMA 单体/低聚物浸渍和聚合，并且确实证实了激光发射。受到泵浦光的作用，木材管胞（纤维）充当光学谐振器，这导致木质材料产生了激光作用。纳米粒子或分子染料的质量分数通常较低（小于 1%），这是因为在较高质量分数下光透射率会降低。对于建筑应用，需要较大规模的结构，因此，未来的挑战包括增加透明木材的厚度和样品尺寸，以及可控的透射率和雾度。在讨论木材表面之前，应该指出，除透明木材外，另一个快速发展的研究领域是木质设备，该区域包括超级电容器和各向异性导体以及太阳能蒸汽发生装置，后一个示例特别有趣，因为它具有生物启发的意义，即利用了木材中的液体传输功能。

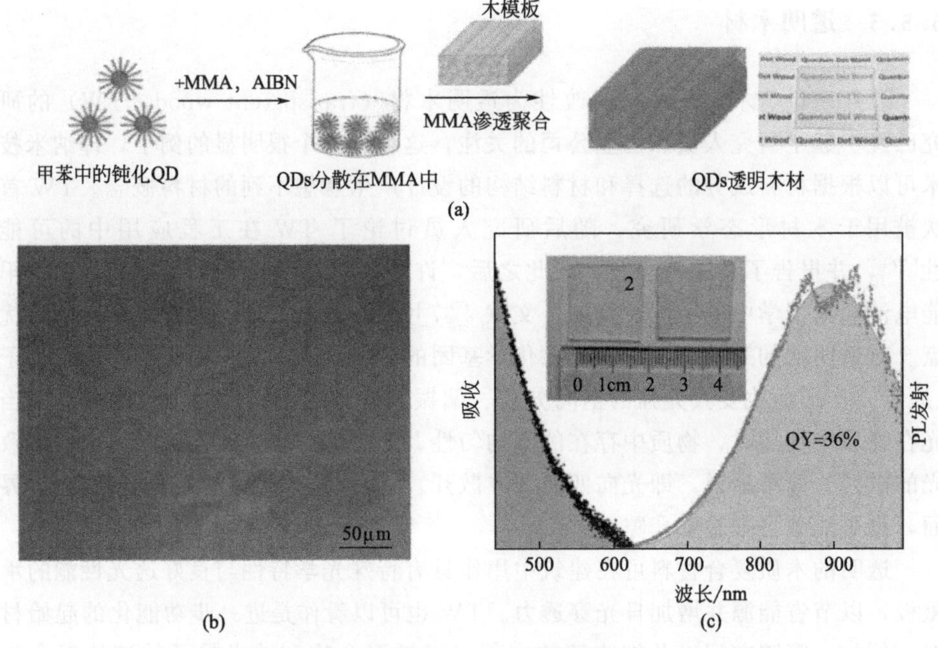

图 6-9 透明木材与硅量子点（QD）结合制备的发光木材

分散在有机溶剂中的 QDs，以 AIBN 为引发剂，加入甲基丙烯酸甲酯（MMA），浸渍脱木素支架，获得透明度（a）；样品中 QDs 的光致发光（PL）映射，显示了均匀分布（b）；含 QD 发光木材的吸收和 PL 发射，量子产率为 36%，表现出良好的 QD 分散性（与液体 QD 分散相同），嵌入图是视觉样本外观的图像[20]（c）

6.5.4 木材表面利用和功能化

在科学技术日新月异的背景下，对于现代体育竞技而言，其本质上就是科技的竞争，纳米技术在体育各个项目中都获得了广泛的应用，甚至成为体育运动项目胜负的决定性因素，而体育器材作为体育运动中的重要工具，也逐渐成为人们关注的焦点[42]。体育器材对运动员竞技水平的高低具有直接影响，因而人们对体育器材提出了更高的要求。而高新材料的发展在体育科技水平的提高方面发挥着积极作用，通过高新材料的应用，有效改进和优化了体育器材的性能。一般来说，高新材料在体育器材领域的应用表现为间接和直接的应用，前者是指与信息报道、运动场地、指挥通信、裁判设备等相关的材料需求，后者是指运动员的比赛器材、运动帽、运动服装、训练器材、运动鞋等。传统体育器材基本来源于自然，如橡胶、金属、木材、玻璃、皮革等，是以最初的体育设定为依据而予以使用制备，相对简单，易于推广，能满足人们的体育竞技要求。然而随着现代竞技体育的发展，传统体育器材所用的材料已经无法满足实际运动要求，在特殊要求、可塑性、硬度、使用周期、耐磨性与防腐性等方面有所欠缺，因此传统材料需随时代的发展和科技的进步而不断更新发展，并会在未来以全新的形象重新随体育运动的发展而发展。例如体育用品中的板形器材，特别是普及型板形器材，如篮球板、乒乓球拍底板等，均采用木板或木材胶合板，在室外使用时，经过风吹雨淋日晒，易变形、易受潮腐烂、易开裂，因此使用寿命短，因此在该木材应用领域，当木材不再被树皮屏蔽时，就需要通过木材表面处理来对其进行保护。

在木材表面处理方面的研究有着悠久的传统和广泛的专业知识，紫外线照射、水和微生物是导致木材表面劣化的主要驱动因素，例如颜色变化、裂纹和降解。木材表面处理措施通常是利用合成聚合物进行表面涂层，这些聚合物含有紫外线吸收剂（如纳米粒子）或受阻胺光稳定剂以及各种蜡因此这种处理方式会对木材表面形成良好的保护，但是保护性聚合物涂层也会因紫外线照射而降解，因此它的长期稳定性仍然是一个问题。近年来，人们采取了几种方法来改性木材表面，尤其是使用可以控制在纳米结构水平上的金属氧化物涂层。当建立一个致密涂层时，此类处理可形成一层薄的完全无机的紫外线防护层，并且由于高度的纳米结构控制，可以在表面上生长不同的结构，例如长宽比不同的棒状结构或薄片结构。

其中一些方法的灵感来自莲花效应的基础研究和相关的技术应用，以及猪笼草植物，生物启发性的纳米图案和微缩成像的组合已经被学者证明对几种表面功能化处理有益，木材能够提供微结构化的表面图案，因此可以作为一种理想的基材，在这方面，人们甚至可以从特定的木材特征中获利，例如就早材和晚材的交替微观结构而言。但是，由于木材的化学和结构不均一性以及在相对湿度的共同波动下表面会发生尺寸变化，从而导致应力和应变，最终导致涂层和/或木材表面的裂纹，因此木材对于任何类型的表面处理也是一种具有挑战性的基材。在木材表面上建立 LbL 涂层的最新工作表明，通过聚电解质实现木材表面功能化是可能的，但是由于木材表面存在不均匀性，因此为了建立具有高度纳米结构控制的薄涂层需要延长清洗和浸渍时间。一些研究通过 LbL 技术对木材表面进行了功能化处理，以形成一种用于抗紫外线或疏水特性的薄涂层，然而，研究人员发现木材独特的表面图案也可以用于在表面上建立新的特性。

另一种选择是利用木材的内外表面作为生物基且易于扩展的过滤器，用于油水分离或废水处理。M. S. H. Boutilier 等人测试了针叶树木材用作过滤器以去除饮用水中细菌的能力，他们可以证明，即使不进行任何木材改性或功能化，多孔木材结构也可以用于滤除细菌，其消除率可以超过 99.9%[43]。在此基础上，针叶树木材标本可以作为一种廉价且可生物降解的合成膜替代品，应用于发展中国家的压力驱动过滤设备中。M. Blanco 等人在一项关于使用木盘进行油水分离的研究中表明，同样用于饮用水过滤，仅仅使用未改性的木材结构即可带来足够的效率。这是因为只要保持完全水饱和状态，木材就具有超疏油性，从而可以以超过 99%的排除率从油中分离水[44]。该系统不及纳米纤维素基超疏水和亲油海绵那样精细，但木材便宜得多，并且易于扩展以达到与应用相关的尺寸。在对木材内表面进行功能化之后，可以设想更广泛地应用木材过滤器系统，例如，研究人员用钯纳米粒子修饰木材的内表面，并可以在废水处理中显示出这种木质膜的高效率，这可以通过从流过功能化木材结构的水溶液中去除亚甲基蓝来证明[22]。这些研究工作的例子表明，活树中木材对水传输和机械稳定性的结构优化可用于各种分离方法，这些方法具有很强的优势，可以轻松地扩展到技术应用中[45]。

6.5.5 多孔材料

木材模板的局限性在于预定的层次结构，在化学工程应用中，通常需要设计具有不同孔隙率和各向异性特性的新型组合结构。木质纤维素纳米纤维（CNF）的使用提供了这样的机会，纳米纤维素材料具有独特的性能，例如光学透明性、高强度、高延展性、水分稳定性、低热膨胀性以及化学惰性等，其结构包括多孔纳米纸、聚合物基质纳米复合材料、低密度气凝胶、泡沫以及蜂窝结构。纳米纤维本身（或多孔结构）已经使用无机纳米粒子和功能性聚合物以与木材混合物和模板相似的方式进行了改性。CNC 的成本也远高于 CNF 的成本，并且可能限制其大规模应用，相比之下，木材 CNF 是一种低成本的柔性纳米纤维，它们很容易形成适用于功能改性的牢固结构网络[46]。

化学纸浆纤维是重要的木纤维产品，化学制浆涉及的过程几乎可以去除所有的木质素，且半纤维素含量可以降低至 6%～13%。A. H. Fawcett 等人早在 1994 年就对化学木浆纤维进行了机械分解[47]，该过程产生了称为 MFC 的小直径纤维素纤维，将 MFC 分散在水中可以形成水胶体悬浮液，H. Yano 及其同事表明[48]，这种悬浮液可以被过滤形成多孔模板，随后利用苯酚和甲醛浸渍，然后通过干燥和热交联步骤，得到坚硬而牢固的聚合物基质纳米复合材料。纤维素木浆的酶催化或化学预处理降低了裂变所需的能量，并提供了较小的平均纳米纤维直径，最近的经过酶预处理的木质纤维素纳米纤维（CNF）的长度超过 1mm，平均直径在 5～7nm 之间。MFC 通常指相当粗的纳米纤维（直径 20～100nm），而纳米原纤化纤维素（NFC）或纤维素纳米纤维（CNF）是指 3～15nm 直径范围内的纳米纤维，因此推荐使用 CNF 作为描述性术语。

可以过滤 CNF 的水胶体悬浮液以形成湿凝胶，湿的“纳米纸”凝胶结构是一个物理缠结的网络，可以干燥和致密化以形成具有特殊机械性能的光学透明纳米纸薄膜。多孔网络表面的高分辨率 FE-SEM 显微照片如图 6-10 所示[46]，图中的多孔 CNF 网络很容易被单体或预聚物浸渍，然后进行致密化和原位聚合或固化反应。CNF 纳米复合材料的实例包括与基于超支化聚合物、环氧树脂、苯酚甲醛、丙烯酸酯和聚己酸内酯的连续基质相结合的 CNF 网络。对于“高”CNF 含量（按体积计 20%～80%），物理性能往往受 CNF 网络支配，但聚合物基质的性质却很重要，例如机械性能、光学透明性、湿热稳定性和耐化学性对聚合物基体特性高度敏感。

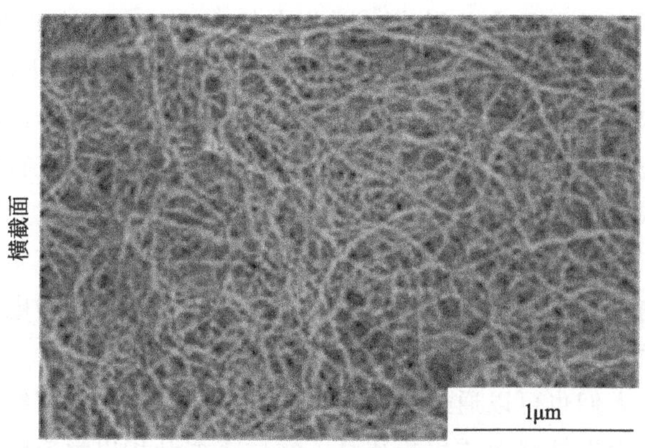

图 6-10　低密度纳米纤维 CNF 气凝胶横截面的 FE-SEM 显微照片，密度为 $30kg \cdot m^{-3}$[46]

在纳米孔 CNF 网络的受限环境中会发生聚合物反应，单个 CNF 之间的平均距离通常为 2～5nm，具体取决于网络结构、CNF 体积分数和直径，因此，反应物与 CNF 纤维的相互作用可能会产生强烈的影响。当超支化聚合物在纳米纤维网络内的有限空间内交联时，与本体交联相比，聚合物的玻璃化转变温度 T_g 增大，对于这种情况，原因在于共价聚合物-CNF 键，因为 CNF 表面是反应性的。对于 CNF 网络内的环氧胺固化，环氧化物也会与 CNF 表面反应，所得的生物复合材料显示出优异的韧性和水分稳定性。这是因为纤维素的水合作用发生在原纤维表面，因此局部化学纤维素改性可用于减少水分吸收。

初级植物细胞壁主要由水合聚合物基质中的纳米纤维素网络组成，可能为人造生物复合材料提供灵感。在聚合物基质几乎处于液态的情况下，A. J. Svagan 等人[49]阐明了物理缠结 CNF 网络对薄膜力学性能的重要性。S. E. C. Whitney 等人[50]制备了纤维素纳米纤维水凝胶，其中木糖葡聚糖半纤维素通过吸附到纤维素纳米纤维上提供了物理交联，这类似于原代细胞壁中半纤维素的分子尺度组织。Z. Qi 等人[51]讨论了如何利用良好的聚合物基体分布来改善复合材料的力学性能，例如 CNF 被描述为“核-壳纳米纤维”，其中聚合物基质被吸附到 CNF 上以控制纳米结构，通过聚合物涂层提高纤维的延展性。与聚合物基质相的随机分布相比，这种方法可改善纳米复合材料的性能，这也表明了半纤维素-木质素基质在次生木材细胞壁中的纳米级分布是非常有利的。在木材混合物和模板概念中，纤维素纳米纤维的起始纳米级分离是独特的，并且可能无法通过自下而上的合成方法（例如三维打印）来实现。

各向同性聚合物泡沫具有许多吸引人的特性，例如低密度、低导热性、良好的机械特性（包括通过塌陷过程吸收的能量）和浮力。通过添加微米级直径的纤维来改善机械性能的尝试通常是不成功的，因为纤维不能用作细胞壁的增强材料，细胞壁的厚度通常只有几微米，因此直径 10～30mm 的纤维无法有效地对其进行加固。A. J. Svagan 等人[52]在初级植物细胞壁的启发下，制备了由 CNF 增强的淀粉泡沫，并显示出改善的机械性能，甚至该性能优于发泡聚苯乙烯泡沫，较小的细胞尺寸可以提供改进的性能。将稀释的悬浮液进行冷冻干燥可以制备出密度比泡沫更低的气凝胶结构，这样的结构可以是具有优异隔热性能的三维纳米纤维网络，也适合于用作无机纳米粒子的支架。此外，有学者认为，通过导电聚合物包裹纳米纤维是可能实现的，并且所得的膜可以作为电活性材料，这是一项十分令人关注的研究成果。

有报道称，人们也可以通过冷冻铸造的方式制备二维蜂窝结构，温度梯度用于在胶体悬浮液中以柱状形式生长冰晶，然后将冰升华以形成蜂窝结构。该技术用于 CNF，并将 CNF 与层状硅酸盐结合使用以调整机械性能。此外，硅酸盐和纤维素的结合，对阻燃性也十分有利。最近，CNF 还与石墨烯结合使用，以构建新颖的多功能材料，与木材“蜂窝”模板相比，尽管准备大型结构似乎具有挑战性，但其密度可以更低且成分选择更广泛。

制备纤维素-无机混合物的一种更优雅的方法是使用 CNF 气凝胶作为模板，将该模板浸入盐溶液中，然后从溶液中沉淀出纳米粒子，这样做是为了形成磁性纳米复合材料和磁性纳米粒子薄膜。随后，使用离散的 CNF 原纤维进行沉淀，从而形成了由磁性纳米粒子修饰的原纤维，它们被用来制备新型扬声器膜和可模塑复合材料。正如已经讨论过的，沉淀概念也已经用于木材混合物和模板，二氧化钛还与纳米纤维素混合制备光学透明和硬质的薄膜（图 6-11）[46]。

纳米纤维素材料的应用时间可能比预期的要近，日本、瑞典、芬兰、挪威和加拿大等国家/地区的几家工业公司都拥有用于纳米纤维素生产的中试规模设备，首先是以模塑复合材料的包装材料和产品形式出现在工业应用中，然后在更多高科技产品中得到应用，包括用于柔性显示器的光学透明薄膜、作为阻隔薄膜的无

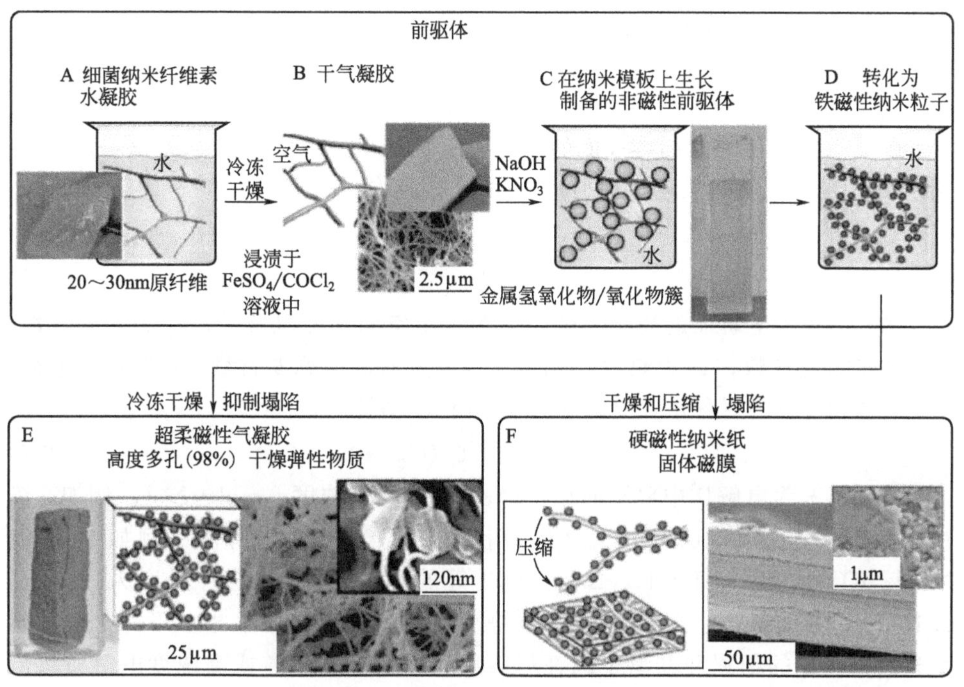

图 6-11 磁性气凝胶或磁性纳米纸的制备路线：无机纳米粒子沉淀在纤维素纳米纤维模板上，然后将粒子转化为磁性纳米粒子；气凝胶本身可以用作磁性材料，也可以折叠成纳米纸薄膜

机-有机混合物以及用于阻燃结构的防护涂层；在生物医学应用领域，考虑将纳米纤维素水凝胶用于支架材料；过滤的应用也很有趣，因为可以将 CNF 进行功能化以选择性吸附诸如重金属、染料和带电分子之类的物质。

6.6 木材结构中离子传输行为

离子传输和调节是与能量存储和转换、环境修复、传感、离子电子学和生物技术有关的各种设备和应用的基本过程。通过自上而下或自下而上的方法制造的木质基材料具有独特的分层多孔纤维结构，为多尺度离子调节提供了诱人的材料平台。这些材料中的离子传输行为可以通过从宏观尺度到纳米尺度的结构和组成工程来调节，从而赋予木质结构多种功能，以适应各种新兴材料的应用[1]。对木质结构中离子传输行为的基本了解可以增强高性能离子调节装置的设计能力，并促进可持续木材材料的利用。

6.6.1 离子传输行为的基本概念

对离子传输行为的基本理解：将固体物体浸入电解质中时，将形成电双层(EDL)，其中包括靠近固体表面的腹层和延伸至液体的可移动层。被称为“德拜长度 λ_d”的特征筛选长度可以通过式(6-1) 表示[53,54]：

$$\lambda = \sqrt{\frac{\varepsilon_0 \varepsilon_r kT}{2N_A e^2 I}} \tag{6-1}$$

式中，I 为电解质的离子强度；ε_0 为自由空间的介电常数；ε_r 为介电常数；k 为玻尔兹曼常数；T 为热力学温度；N_A 为阿伏伽德罗常数；e 为元素电荷。对于在 298K 下的对称水性电解质，可以将 λ_d 估计为：

$$\lambda_d(\text{nm}) \approx 9.6/(C_0^{1/2} z) \tag{6-2}$$

式中，z 为电解质中离子的化合价；C_0 为摩尔浓度，mol·L^{-1}。例如，浓度为 $0.01\times10^{-3}\sim10$mol·L^{-1} 的单价（$z=1$）水性电解质（例如 NaOH、NaCl、KOH、KCl、LiOH、LiCl、HCl 等的水溶液)，其德拜长度 λ_d 范围从 0.1nm 到 100nm[55]。在 EDL 中，电势从界面到通道中心呈指数下降，表面电荷通过反离子的积累和共离子的耗尽得以平衡。在微通道或高浓度电解质溶液中，德拜长度 $\lambda_d \ll h$（通道尺寸)，离子传输具有整体行为。当通道尺寸减小到纳米级和/或电解质溶液的浓度较低时，λ_d 等于或大于 h。纳米尺度通道内的离子浓度由表面电荷控制，并且在这种纳米通道中的离子传输行为与本体行为有显著的不同：纳米通道内部的离子传输显示出典型的纳米流体效应，即无论本体电解质溶液的离子浓度如何，离子电导几乎恒定。这种纳米流体离子传输行为已在各种离子调节装置中得到了广泛的探索。

6.6.2 木材结构中的离子传输行为

木材作为地球上最丰富的资源之一，对于离子传输应用而言，最重要的是木材具有分层的多孔结构，该结构由大量具有明显各向异性的空心细胞组成，这些空心细胞是经过数百万年的进化而获得的。这种多层次的细胞结构为水、养分和离子传输提供了多尺度的通道，从而支持活树中发生的光合作用过程。通过从宏观到纳米的结构工程，可以调节木材及其衍生结构中的离子传输行为，以适应各种应用。最吸引人的目标之一是通过在木质结构中构建许多纳米级通道来促进木材中的快速和/或选择性离子传输，从而产生可与其他材料相当的高离子电导率。木材的分层纤维结构即使在湿润状态下也能提供较高的机械强度，这对于通常在水性环境中运行的设备来说很有吸引力。大规模木材的简易加工（例如，样本大小为几十厘米至几十米)、机械柔韧性和可持续性也带来了其他好处，所有这些功能使木质结构成为离子调节和新兴应用的有前途的材料平台。2020 年，胡良兵团队[1]发表了多尺度结构工程在木材结构中的离子调节方面的最新进展，他们讨论了木材结构中的基本离子传输行为，深入探讨了这种行为的关键影响因素和调节策略，重点阐述了木材结构中离子输运行为，最后，他们对这一领域的挑战和未来的研究和商业化提出了展望和意见。

6.6.3 离子传输的调控技术

离子的传输行为可以通过调节表面性质［主要是表面电荷密度或 Zeta 电位(本体溶液和剪切面之间的电位差)］、通道大小或它们的组合来进行调节。分层的纤维状木质结构提供了大量的多尺度通道（例如，木材中管胞、导管和纤维的细胞腔作为微尺度上的通道，相邻纤维素纤维之间的纳米间隙作为纳米尺度通道）用于离子传输，通过在多尺度上修饰尺寸和形态（例如，孔隙率、孔径和纤维排列)，可以改变木质材料的表面特性（例如，官能团、润湿性和表面电荷）和/或分子结构（例如，离子嵌入/交换、从纤维素Ⅰ转变为纤维素Ⅱ)，从而可以轻松地调节离子的传输行为，使这些材料能够在各种设备中实现功能化。

6.6.3.1 表面电荷特性的调控

电解质溶液中多孔介质的表面电荷密度会受到表面官能团、晶体结构缺陷和电解质的 pH 值的影响，然而表面电荷密度很难通过实验来测量。Zeta 电位是固体界面表面电位的指示器，可以通过实验进行测量。因此，通过测量固体的 Zeta 电势，可以根据式(6-3) 来评估其表面电荷密度[56]：

$$\sigma=\varepsilon\varepsilon_0\zeta/\lambda_d \tag{6-3}$$

式中，σ 为表面电荷；ε 为介电常数；ε_0 为真空介电常数；ζ 为 Zeta 电位；λ_d 为德拜长度。对于木质材料来说，由于纤维素表面上有大量羟基，它们通常具有较小的负 Zeta 电位。此外，它们的 Zeta 电位可以通过表面功能化来调节，例如，通过醚化过程将阳离子官能团［例如 $(CH_3)_3N^+Cl^-$］接枝到纤维素骨架上，天然木材的 Zeta 电位可以从负（−27.9mV）调整为正（+37.7mV)[57]。氧化处理（例如通过 TEMPO 处理）是调节纤维素和木材材料的 Zeta 电位的另一种有效策略，通常可以将羟基转化为羧基［图 6-12(a)］[56]，这些羧基更倾向于分解成带负电荷的羧酸盐，因此，与−45mV 的未氧化样品相比，可以获得更负的 Zeta 电位（−78mV）［图 6-12(b)］，这会导致在表面控制的离子传输区域内（低于 10^{-3} mol/L)，与未修饰的对应物相比，未氧化的对应物

(1.1mS·cm^{-1}) 的电导率更高 (≈2mS·cm^{-1}) [图 6-12(c)]。值得注意的是，在大多数固体电解质体系中，通过调节电解质溶液的 pH 值可调控固体表面和电解质中的官能团之间的相互作用，在调节固体的表面电荷性质方面起着相当大的作用。

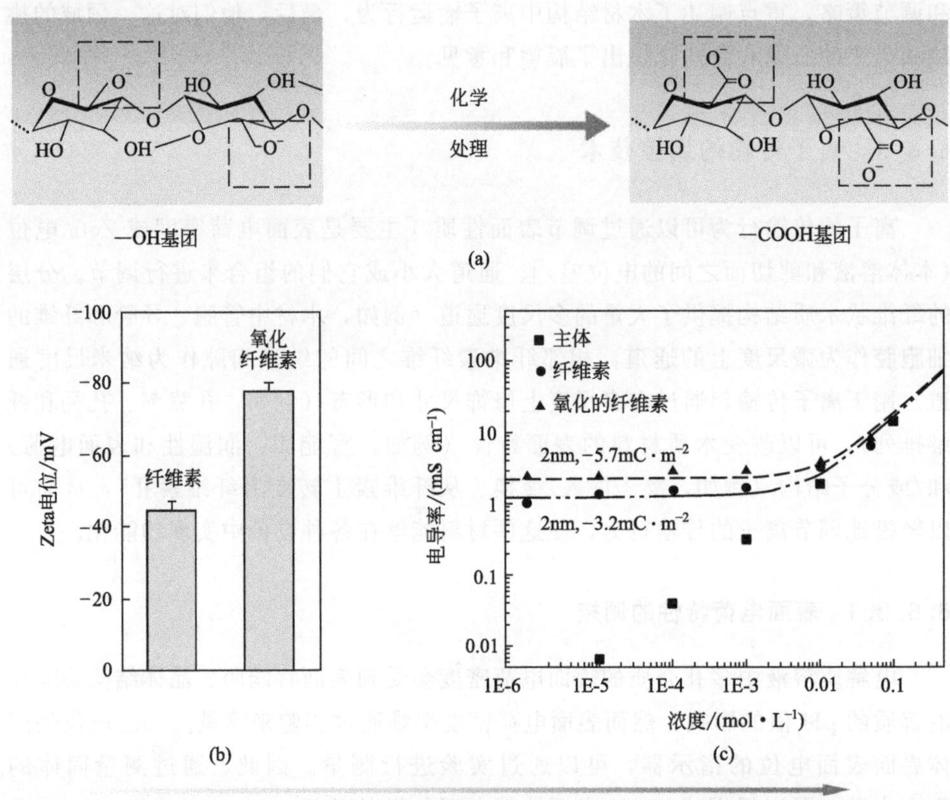

图 6-12 通过调节表面电荷 (Zeta 电位) 来调节离子传输行为：TEMPO 氧化处理后羟基向羧基转变的示意图 (a)；原始和氧化纤维素膜的 Zeta 电位 (b)；本体溶液、原始纤维素膜和氧化纤维素膜的离子电导率 (c)[56]

6.6.3.2 通道大小的调控

通道的大小在固体电解质系统的离子传输行为中起着决定性的作用。通过调节通道尺寸，特别是将通道尺寸从微米级减小到纳米级，通道内的表面电荷密度和电势分布会发生巨大变化，因此，离子传输行为可以从本体行为到纳米行为进行实质上的调节。即使在纳米尺度范围内，离子调节仍然有很大的空间，特别是调节离子传输速率。尤其是对于木质结构，无论是自上而下还是自下而上，可以通过多种策略（例如脱木素、致密化、拉伸、溶胀、混合等）很好地调整通道大小，进而调节离子传输行为。

例如，在最近的一项研究中，学者将一维纤维素纳米纤维与二维石墨片机械混合，然后进行致密化，大量构建了纳米级通道［图 6-13(a)］[58]。在这个混合结构中，一维纤维素纳米纤维与二维石墨薄片的表面紧密结合，形成了毛状纤维素-石墨结构单元，然后进一步组装成堆叠的块体结构，其中，在相邻的毛状纤维素-石墨层之间构造了许多大小为 1～1.5nm 的纳米通道。当充满电解质时，负离子（共离子）会被排斥，而正离子（反离子）则可以通过这种受限的纳米通道快速传输。更有趣的是，通过在受限模型（加入外力抑制纤维素-石墨混合膜的增大和通道的扩大）与溶胀模型（未施加外力来使纤维素-石墨混合膜增大和通道扩大）之间控制设备，可以将通道大小调整在 1～1.5nm 之间

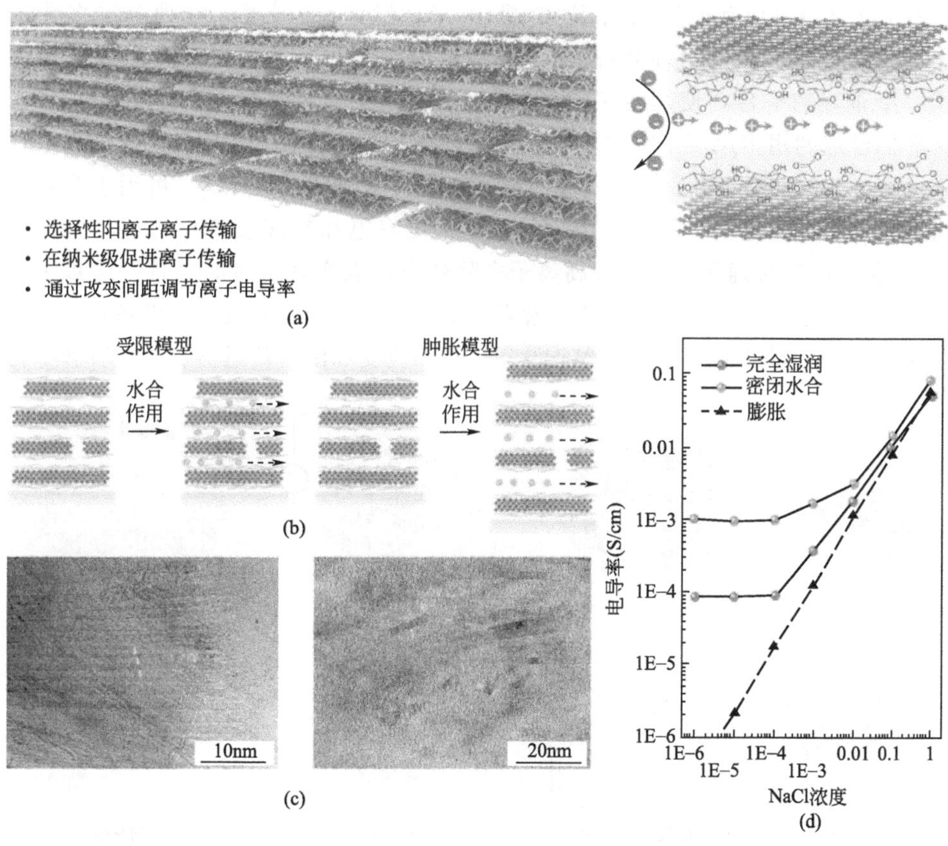

图 6-13 通过调整通道大小来调节离子传输行为：含大量纳米级离子传输通道的纤维素-石墨混合膜的示意图 (a)；混合膜通道尺寸控制的示意图和透射电子显微镜表征 (b) 和 (c)；本体溶液、全湿纤维素-石墨混合膜和受限水合纤维素-石墨混合膜的离子电导率 (d)[58]

[图 6-13(b)和图 6-13(c)]。结果是，具有受限纳米通道的纤维素-石墨离子设备显示出比具有扩展纳米通道的设备更高的离子电导率[(在盐浓度高达 0.1mol·L^{-1}时为$1\times10^{-3}S\cdot cm^{-1}$ vs. $8.5\times10^{-5}S\cdot cm^{-1}$，图 6-13(d)]。

6.7 仿生木材离子传输的新兴材料

离子运输及其调控在包括植物、动物和人类在内的生物系统中至关重要，而木材的离子传输功能已经扩展到新颖的木材衍生材料领域。树干的定向通道可以看作是生命通道，可以输送必需的养分，运输的“营养物质”可以是气体或液体，在树木的生命组织之间输送水和养分的能力在其整个生命过程中发挥了至关重要的作用。运输过程发生在木材进化的分层多孔结构内，该结构提供了在 3D 空间内相互连接的宏观/微观/纳米/亚纳米的通道。这种分层多孔的木材结构通过适当的物理和/或化学改性，为研究多尺度离子传输和调节提供了一个很好的平台，使其能够在各种类型的新型材料和设备中进行应用。最近，学者们已经利用多尺度工程化木质结构的优势开发了各种基于木材结构的新兴技术（图 6-14）[56,59-63]，例如：①机械稳固的离子选择性/调节膜，可用于多种能源应用（例如，电池、超级电容器、盐度梯度发电和热能收集）；②木质 2D 和 3D 设备，可同时确保高通量和高离子去除效率，以实现水过滤（特别着重于重金属离子的去除）和水脱盐（特别着重于防盐式太阳能脱盐装置）设备；③具有目标信号和传感功能的功能性木质设备（例如应变和湿度传感器、晶体管和生物

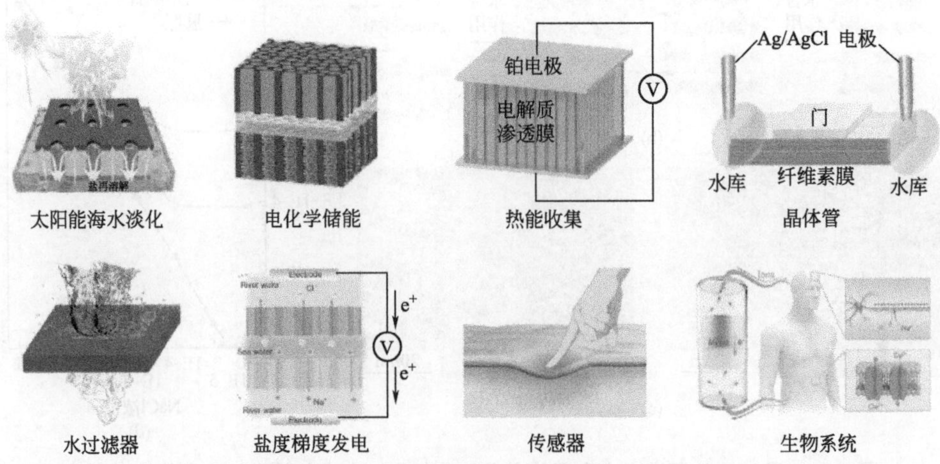

图 6-14 木质材料在水处理（太阳能海水淡化和水过滤器）、储能和转换（电化学储能、盐度梯度发电和热能收集）和信号/传感（晶体管、传感器和生物系统）等各种设备[56,59-63]中的新应用

系统）。此外，离子的传输效率和选择性是许多应用的决定因素，可以通过修饰材料和/或装置的多尺度结构来针对不同的需求进行调整。孔隙（或通道）尺寸的结构工程对于调节木材离子传输行为尤为关键，当通道尺寸从宏观/微米级减小到纳米级时，离子传输的作用可能会大不相同。实际上，在纳米尺度上调节离子传输行为是一种设计高性能水和能量设备的有效方法，在该尺度上，通道宽度小于离子的德拜长度（λ_d）。

以目前的科技水平，尽管可以实现高的离子电导率和/或选择性，但是挑战仍然是多方面的。首先，以较低的价格制造具有大规模纳米通道的大型材料是很难实现的，并且这类材料的报道很少；其次，这些材料大多数是石油基的且不可再生，无法满足现代社会日益增长的可持续发展需求；最后，这些石油基材料中某些成分（例如，聚丙烯、聚乙烯、聚苯乙烯和聚对苯二甲酸乙二酯）的降解需要数百年的时间，从而导致严重的塑料污染。对于某些应用，例如便携式和可穿戴电子设备，高机械强度和灵活性是必不可少的要求，然而，使用诸如陶瓷的主要成分（例如，BN、二氧化硅、黏土）、介孔碳等材料很难满足这些需求，对于实际使用，尤其是长期运行，稳定性始终是一个挑战。

6.7.1 木材水凝胶

水凝胶由于具有3D结构、出色的柔韧性、生物相容性和高水含量，因此是目前模拟天然组织的最佳候选材料之一，可以用于生物医学和生物工程应用，例如药物输送、电化学装置和人造肌肉等。但是，大多数人造纤维素基水凝胶的力学性能较差（<10MPa，生物组织的强度）且结构无序，因此严重限制了它们的应用。近年来，学者们通过定向冻结、反应扩散过程、静电排斥、应变或压缩诱导的重新定向以及自组装等方式，已经开发出各种类型的各向异性水凝胶，这些水凝胶均表现出增强的力学性能和改善的各向异性。然而，由于缺乏增强的结构和有效的能量耗散，常规水凝胶的拉伸应力仍不能达到10MPa[64]。

生物组织具有发达的微观结构，尤其是活生物体的软组织，例如肌肉、软骨、肌腱和韧带，由生物凝胶组成，这些生物凝胶具有高度各向异性的力学性能、有序的分层纳米复合结构以及离子和小分子的运输通道，因此在生物体的功能中起着至关重要的作用。人体骨骼肌组织包含由多核肌细胞组成的高度定向、密集填充的肌纤维束，这种有序的结构对于肌肉纤维有效地传递力量和收缩是必不可少的，虽然肌纤维的数量在婴幼儿时期就恒定不变了，但是肌肉的排列结构决定了其具有适应其需要完成工作的能力，随着外界环境的变化，肌肉在正常生长发育的过程中会不断进行着适应性的变化，肌肉的结构和功能均产生改变，以适应外界环境的需要。

例如，人体会通过后天的锻炼将原有的肌纤维变粗（肌纤维横截面积增大）、肌肉体积增加。在短期运动过程中，运动对肌肉的影响是有限的，结构和功能变化也不会很大，因此，在运动开始阶段，运动负荷、运动时间、运动频率须与肌肉自身结构和功能状态相适应，否则极易导致损伤的发生。而运动对肌肉的影响主要来自长期运动，会对肌肉体积、结构、化学成分及肌神经兴奋性等多方面产生影响，这其中包括肌肉体积、肌肉脂肪、肌纤维中线粒体、肌肉内物质成分以及肌肉内结缔组织：①运动能明显使肌肉的体积增大，但不同的运动方式使肌肉增大的部位和程度不一样，有氧运动可引起慢肌纤维选择性肥大，速度、爆发力运动可使快肌纤维选择性肥大；②在运动量较少的情况下，骨骼肌表面和肌纤维之间会产生脂肪堆积，肌肉内的脂肪在肌肉收缩时会产生摩擦，降低肌肉收缩效率；③有氧运动能够使快肌和慢肌纤维线粒体数量都有所增加，其中快缩肌纤维中线粒体数量增加尤为明显，线粒体的增加为肌肉收缩提供更多能量以适应耐力的需要；④长期运动可使肌肉组织的化学成分发生变化，如肌肉中肌糖原、肌球蛋白、肌动蛋白、肌红蛋白和水分含量等都会增加，而肌球蛋白和肌动蛋白是肌肉收缩的基本物质，这些物质的增多提高了肌肉的收缩力，肌肉内水分的增加有利于肌肉内氧化反应的进行，也有助于肌肉力量的增长；⑤力量性运动可以使肌肉内的结缔组织明显增厚，速度性运动则不那么明显，肌肉收缩反复的拉扯使肌腱和韧带中细胞增殖而变得坚实粗大，从而使肌肉抗拉的能力提高。

因此，将肌肉高度有序的纳米复合结构和功能引入水凝胶网络将是一种能够获得具有优异的各向异性和高强度的水凝胶的有效方法，这种水凝胶还可以进行生物工程应用。受生物体肌肉排列结构的启发，胡良兵和他的团队通过充分利用天然木材的高拉伸强度以及水凝胶的柔韧性和高含水量，首次将刚性排列的木材纳米纤维与弱而有弹性的聚丙烯酰胺（PAM）水凝胶相结合，开发出一种具有高度各向异性、高强度且导电的木材水凝胶。他们通过一系列的实验证明了由于木材中排列的纤维素纳米纤维（CNF）与聚丙烯酰胺（PAM）聚合物之间的牢固结合和交联，该木材水凝胶沿纵向表现出36MPa的高拉伸强度。该木材水凝胶强度是细菌纤维素水凝胶（7.2MPa）和未改性PAM水凝胶（0.072MPa）的5倍和500倍，代表了有史以来最强的水凝胶之一。由于带负电荷的CNF，木材水凝胶还是一种出色的纳米流体管道，离子电导率可达$5\times10^{-4}S\cdot cm^{-1}$，在低浓度下具有高度选择性的离子传输能力，类似于生物肌肉组织。这项工作为制备各种高强度、各向异性、柔性和离子导电的人造水凝胶提供了一种很有前途的策略，可用于制备潜在的生物材料。

图6-15说明了木材水凝胶的独特结构及其具有出色的力学性能的机制[65]，木材水凝胶具有与肌肉类似的各向异性结构［图6-15(a)］，并且可以在结构没有明显变化的情况下可逆地变形［图6-15(b)］。为了进一步使读者了解木材水凝

胶的出色力学性能，胡良兵等人[65]进行了多层次的结构分析，结果在图 6-15(c)中进行了描述：通过简单的脱木素工艺，白木中的木质素可以完全去除，从而释放纤维之间的紧密连接，同时保持排列的纤维素纳米纤维（CNF）的固有结构。随后在用 PAM 水凝胶前驱体填充残余木材通道后，采用自由基聚合法合成了木材水凝胶。具体而言，就是将丙烯酰胺（AM）单体、过硫酸铵（APS）引发剂和 N,N'-亚甲基双丙烯酰胺（MBA）交联剂在 60℃的白木通道中反应，并与 CNF 形成牢固的氢键［图 6-15(c)］，具有突出的机械强度和柔韧性。因此，排列的 CNF 的增强骨架、PAM 水凝胶的能量耗散以及水凝胶的牢固界面结合是获得具有各向异性和高强度木材水凝胶的关键因素。他们通过该方法合成的木材水凝胶拉伸强度为 36MPa，沿生长方向（L）的弹性模量为 310MPa，而相对于生长方向（R）的拉伸强度为 0.54MPa，弹性模量为 0.135MPa，这些值明显高于未改性的 PAM 水凝胶（0.072MPa 拉伸强度和 0.01MPa 弹性模量）。这种简便的方法充分利用了高拉伸强度排列的 CNF 束的优势，可普遍应用于多种类型的水凝胶，并且不会失去其固有的柔韧性和高含水量等特点。Hu 等人还证明，

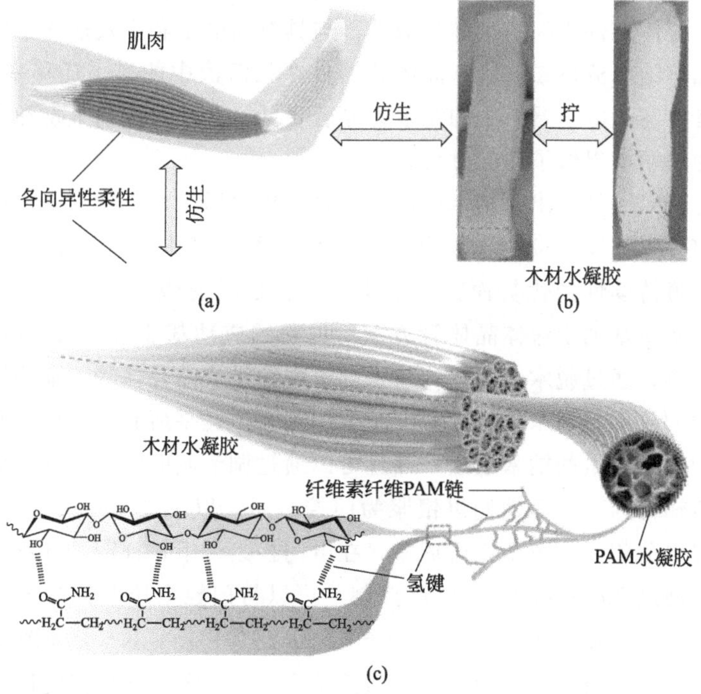

图 6-15 木材水凝胶的微观结构：常规的骨骼肌组织示意图，以模拟木材水凝胶（a）；一个 7cm 长的木材水凝胶样品被扭曲 180°的图像（b）；木材水凝胶氢键的分解和 PAM 链之间的共价交联（c）

他们制备的木材水凝胶还表现出独特的光学和离子传输能力特性，包括高透明度、光学各向异性和纳米流体离子行为。这些出色的机械、光学和离子性能使木材水凝胶能够集成到多功能设备中，以用于潜在的生物医学应用。

6.7.2 信号和传感设备

木质基离子设备，包括晶体管、传感器和生物系统，已经应用在各种信号和传感中，学者们通过调节这些设备中的离子传输行为，可以记录输出信号，并将其用于检测外部环境的变化并调整离子电和/或生物系统的性能。

6.7.2.1 晶体管

在纳米流体装置中，可以通过调节表面电荷来控制电解质中的移动电荷，这使得单向离子传输（也称为离子整流）成为可能，类似于传统固态二极管中的定向电荷（即电子和空穴）传输。开发纳米流体二极管和晶体管的想法源于传统二极管和纳米流体器件之间的这种相似性，与具有高电子和空穴迁移率的成熟半导体器件相比，纳米流体二极管和晶体管器件在稀溶液中的离子迁移率要低得多，这使得后者在高速电子器件中的竞争力显著降低，然而，控制生物和化学物种流动的能力为该领域提供了新的机会。

自从有研究人员提出了纳米流体晶体管的概念以来，开发了许多材料，包括 Al_2O_3、SiO_2、Al_2O_3-SiO_2、聚合物和木质材料。其中，就制造设备、可扩展性、成本和可持续性的优势而言，木质材料特别具有吸引力。但是，到目前为止，在构建木质基纳米流体晶体管方面所取得的成功却非常有限，研究人员[56]以木材为原料，通过脱木素工艺构建了纤维素纳米流体晶体管，证明了这一开创性工作。他们从木材的木质纤维素细胞壁中除去了几乎所有的木质素和部分半纤维素后，构建了大量的纳米通道，并且可以通过调节其间距大小和表面电荷以调节离子的传输行为。随后他们以银浆为门控金属，以 10^{-6} mol/L KCl 溶液作为电解质，以电荷相反的离子为通道壁，在电门控条件下，证明了纤维素膜的离子整流效应。通过 Keithley 2400 电源控制，可以将门控电压调整为负电压或正电压，以调节离子传输行为：在负门控电压（$V_g<0$）下，K^+ 局部浓度的增加导致较大的阳离子电流密度；相反，正门控排斥 K^+，导致电流密度比中性门控条件更低。因此，通过控制门控电压，可以连续调整离子电流：在负门控电压下，离子电导率大约是正门控电压下的十倍，这表明负门控会积聚正离子。这项工作为使用可持续的生物资源材料，并开发大规模具有成本效益的离子调节纳米流体晶体管器件打开了新的大门。

6.7.2.2 传感器

传感器是一种可以检测并响应来自外部环境的某种类型输入的设备。根据工作机制，传感器可分为不同类别，例如应变敏感型、湿度敏感型、热敏感型、光学敏感型和化学敏感型设备。胡良兵和他的课题组详细阐述了基于离子的传感器，他们讨论了离子的传输和调节在其中所起的重要作用。这些传感器设备的工作原理是基于响应外部环境（例如应变、湿度、热量、光线和化学物质）的离子信号变化。

木质材料因其出色的持水能力、离子调节能力以及较大的材料和结构工程空间，在传感器应用中具有广阔的前景。自上而下和自下而上的木质材料都已经被探索用作传感器，例如，有学者通过将离子导电聚合物网络［聚（可聚合的深共晶溶剂）、聚（PDES)］与脱木素木基质混合，开发了一种柔性、延展性良好并且导电的透明木质基传感器。其中，脱木素处理为木材结构引入了丰富的孔隙，从而有利于多孔脱木支架内部聚（PDES）的原位聚合。这种导电透明木材即使在低应变下也显示出对应变的高敏感性，另外，高的机械强度和延展性使导电透明的木质基传感器在可穿戴和便携式领域中更具吸引力。自上而下的木质材料也被用作比色传感器来检测重金属离子，例如，基于 Hg^{2+} 触发的 MB 还原辅助信号放大检测机制，构建了包裹金纳米粒子的多孔木膜，并将其用于比色检测水溶液中的 Hg^{2+}［图 6-16(a)］[66]。学者发现，金纳米粒子可以与 Hg^{2+} 反应形成金汞合金，从而启动金的催化活性，因此可以作为 Hg^{2+} 结合的特定识别元素。Hg^{2+} 的检测极限为 $32\times10^{-12}\,mol\cdot L^{-1}$，表明这种木质基比色传感器在环境监测和生物样品方面具有巨大的应用潜力。

与自上而下的木质材料相比，自下而上的木质材料在传感器应用中显示出更多的可设计性。由本书之前阐述的内容可知，纤维素结构单元可以很好地分散在各种溶液中，并可以与聚合物、金属离子和/或离子液体混合以构建水凝胶或离子凝胶。例如，受贻贝的启发，学者们通过在共价聚合物网络中构建单宁酸包裹的纤维素纳米晶体、聚丙烯酸链和金属离子之间的多个协同配位键，制备了一种离子凝胶[66]。这三个组件之间的可逆和动态配位相互作用有助于实现出色的机械强度、自修复性能和高黏合强度。离子凝胶还可以作为柔性应变传感器，在监测大运动和细微运动方面表现出优异的应变灵敏度。在另一项研究中，研究人员通过改变凝胶材料的氢拓扑网络，通过纤维素、离子和 H_2O 开发了一种具有可调机械性能、离子电导率和自愈特性的离子凝胶材料［图 6-16(b)］[67]。该离子凝胶在不同的含水条件下表现出两种拓扑状态：在有限的 H_2O 状态（质量分数约为 6%）下，H_2O 和离子主要与纤维素结合，离子凝胶会表现出优秀的附着

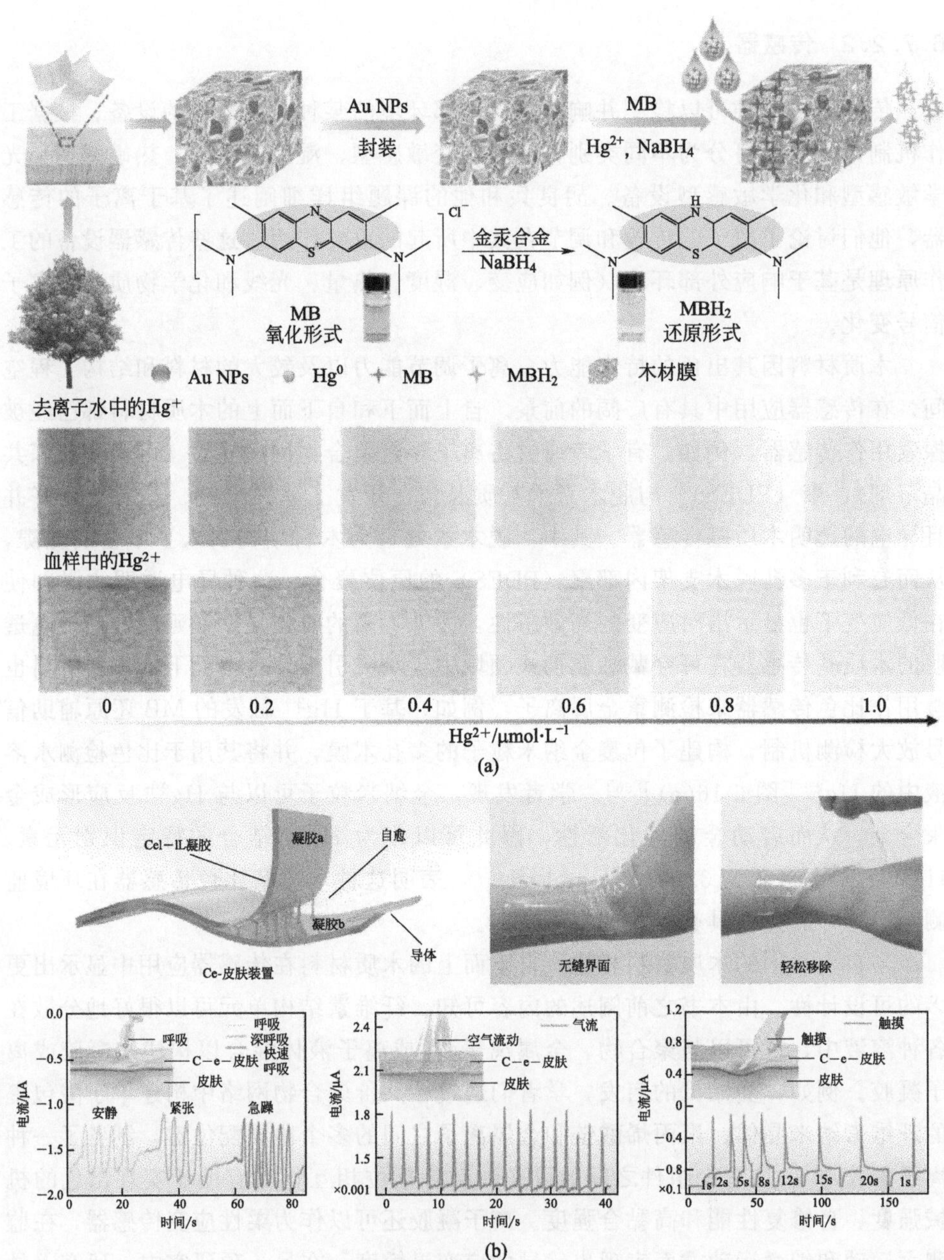

图 6-16　使用木质材料的传感器装置：一种基于 Au 纳米粒子（NP）涂层木膜（Au@wood）的放大比色传感器示意图，用于汞离子（Hg^{2+}）的检测[65]（a）；基于纤维素凝胶的传感器示意图、照片以及传感器传感呼吸的电流波形（b）[67]

力、自修复特性和相对较低的离子电导率；在丰富的 H_2O 状态（质量分数约为32%）下，更多的 H_2O 和离子会释放出来，赋予凝胶良好的延展性和较高的离子电导率。

柔性压力传感器是一种用于感知物体表面作用力大小的柔性电子器件，能贴附于各种不规则物体表面，在医疗健康、机器人、生物力学等领域有着广泛的应用前景。随着科学技术的发展，柔性压力传感器能否兼具柔韧性和准确测量压力分布信息等功能成为人们关注的焦点。这是由于微结构不仅能够提高传感器的灵敏度，还能更快地恢复传感器的弹性形变，具备快速响应能力。在体育运动方面，把柔性传感器集成在鞋子里，不仅可以检测运动员的体重，还能感知到运动员跑步时发力的姿势是否正确，攀岩时是否很好地掌握了身体的平衡。此外，它还能被集成在高尔夫球杆上，这样，可以检测到运动员抓球杆的方法是否正确，挥杆的动作是否存在变形等。在健康检测方面，柔性传感器也有用武之地，例如，目前的智能手表要检测人的心跳，只能通过光学穿透皮肤来检测。而使用柔性传感器制作的血流探测仪，可以紧贴皮肤工作，实时探测皮肤表层的血液流动，即使是人在剧烈运动中也可以准确探测。纤维素动态凝胶具有优异的柔韧性、黏附性、自愈性和可调节的离子电导率，是柔性传感器应用的一种很有前途的候选材料。纤维素动力凝胶可以与人体皮肤形成无缝界面，并且易于去除或转移，此外，基于纤维素动态凝胶的传感器设备对呼吸、气流和韧性表现出良好的灵敏度，因此在人机交互系统、电子皮肤以及人体运动行为监测等领域有了更为广阔的应用前景，这也成为当今智能材料的研究方向。随着科学技术的快速提高，人类更加重视自身健康，这种特殊的传感器材料，可以对人体的健康状态进行实时监控。如今，在可穿戴的柔性应变传感器中，延展性以及灵敏度是一项重要的性能评价指标，这样就便于对人体一些细小的部位以及对人体的运动姿态进行实时的监控，例如对人体的手指弯曲活动监测和面部肌肉拉伸监测，因此，如何提高木质基传感器的延展性和灵敏度也是当今科研人员所面临的一个挑战。

6.7.3 生物医学设备

离子运输和调节是普遍存在的过程，涉及包括人类、动物、植物和微生物在内的所有生物。例如，人体可以被视为离子传输网络，其中人脑充当离子信号处理中心，它可以对来自外界系统的刺激做出反应，并通过神经系统将反应传递回来。在这一过程的每一步中，离子作为电荷载体起着至关重要的作用，在合成离子系统中模仿该过程，甚至在人类生物系统中调节离子传输行为，已成为该领域的重要研究课题。当前，基于离子的生物学应用的研究重点包括调节疾病治疗中的离子运输、用于健康监测的离子信号的检测以及用于人工智能的人（离子）-机器（电子）界面的构建。在所有这些基于离子的生物应用中，材料是基本的（例如，对离子传输的基本理解以及如何通过材料工程和设计来调节这种传输）和应用（例如，如何将材料集成到设备和人体中，并且具有良好的兼容性和高质量的人机界面）的关键。在这方面，木质材料，尤其是自下而上的纤维素材料因其出色的生物相容性、持水能力、离子调节能力和生物安全性而备受青睐。

木质基传感器对人类活动（例如，说话、呼吸、触摸、咳嗽等）能够表现出敏感的反应，在监测人类健康方面具有巨大潜力。通过模仿人类的离子系统，研究人员开发了一种基于倒置电池设计的离子发生器，用于生物系统接口(图 6-17)[68]，与传统电池不同的是，离子在电池内部传输，电子通过电路传输到电源装置，离子发生器设备允许电子从负极传输到正极，而离子则通过外部离子电缆传输，形成离子电路［图 6-17(a) 和图 6-17(b)］。在没有启动电压（V_E）的情况下调整电位时，离子发生装置（离子系统）显示出快速的线性电流变化，这与传统电池（电气系统）有本质区别［图 6-17(c)］。在没有 V_E 的情况下，电流在电位变化时的线性响应可以通过从零而不是从 V_E 来微调离子电流，鉴于生物系统中大多数离子过程的电流和电压都很低，这一点特别有吸引力［图 6-17(d)］。

迄今为止，在基于离子的生物应用中对木质材料的研究主要集中在基础研究和简单的设备集成上，而在人工离子系统和生物离子系统方面留下了很大的空白。电子皮肤和人工智能的最新发展，对刺激有更智能的响应和更高水平的集成度，为基于木材的生物设备提供了新的机会。用具有生物相容性、离子导电性和可持续性的木质材料构建电子皮肤和人工智能，将离子传输和调节、信号检测、驱动和负载等多种功能结合在一起，代表了该领域未来的有希望的研究方向。

6.7.4 能源设备

不断增长的能源消耗加剧了现代社会的能源短缺问题，为了满足该需求，学者们已经开发了各种能量存储和转换技术。一些传统的能源技术，例如化石燃料发电，已经产生了全世界所需总能源的很大一部分，但这是以环境污染为代价的。可持续发展的目标促进了对绿色能源技术的探索，它从原材料、制造过程、设备的操作和使用材料的回收等方面，对环境友好性提出了更高的要求。在这种情况下，基于离子的储能技术，包括电化学储能（例如电化学电池和超级电容器)、盐度梯度发电、热能收集（例如热-电转换）已成为一些最有吸引力的代表。在这些离子能量装置中，离子的调节起着至关重要的作用，它从可持续的丰

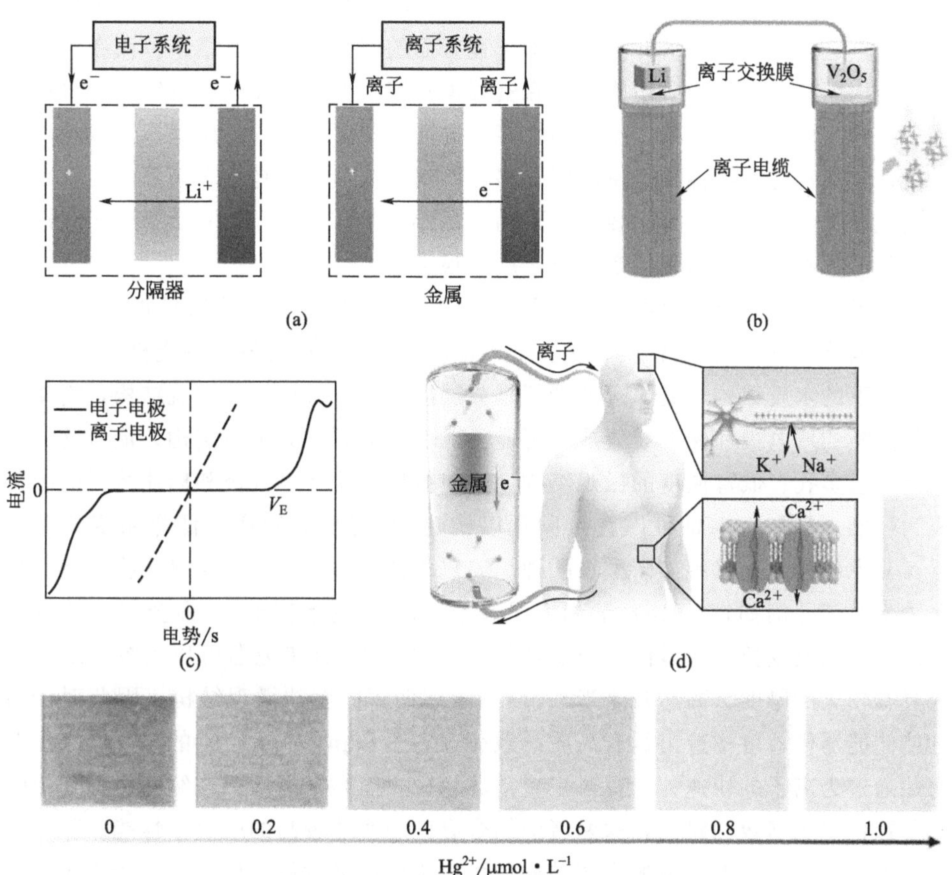

图 6-17 一种生物系统用的纤维素离子发生器：传统电池的原理图（左）和电子电池（右）(a)；含锂金属阳极、V_2O_5 纳米线阴极和纤维素离子电缆的电子电池示意图 (b)；传统电池和电子电池与离子系统相互作用的 *I-V* 曲线 (c)；纤维素离子发生器在离子信号调节生物系统中的应用 (d)[68]

富的能源中收集能量并储存起来供以后使用。从材料的角度来看，木质材料由于其丰富、可再生、具有成本效益和可持续的特性而特别有吸引力。这种可持续材料与可再生能源以及无害环境的能源储存和转换设备相结合，是朝着绿色和负担得起的能源方向发展的一个有希望的方向。

6.7.4.1 电化学电池和超级电容器

近年来，可充电电池和超级电容器作为两种最受欢迎的电化学储能装置，由于其高能量和/或功率密度、循环寿命长和可靠性好等优点，引起了学术界和工业界的广泛兴趣。在过去的40年中，不仅能源密度有了很大的提高，而且成本降低了，这主要是由材料开发和结构工程方面的创新所推动的结果。而在各种材料和结构创新中，生物质衍生材料在资源丰富度、可再生性、可持续性、材料成本、结构和成分可调性以及电化学性能等方面表现出了独特的优势。尤其是木质材料，它们具有层次性、低弯曲度、多孔微观结构（主要是自上而下的结构）以及高机械强度和柔韧性（主要是自下而上的结构），这对于电化学能量存储特别是对于低成本固定电网和便携式电子产品很重要。

学者们已经对于自上而下和自下而上的木质结构作为重要组件进行了研究，例如集电器、分离器/电解质、黏合剂以及电池和超级电容器中的电极[69]。对于自上而下的木质结构，最显著的特征是分层的多孔、低扭矩的微观结构，它使制造低扭矩的厚电极和储能装置成为可能。对于自上而下的木质结构，最显著的特征是分层多孔、低弯曲度的微观结构，这使得低弯曲度厚电极和储能装置的制造成为可能。例如，木材可以直接碳化以构建3D导电、轻质、低弯曲度的集电器，其中各种电极材料如磷酸铁酸锂、二氧化锰、钴（Ⅱ）类氢氧化物、硫、金属纳米粒子［例如钌（Ru）纳米粒子和银（Ag）纳米粒子］、锂金属和钠金属可以浸渍到或生长在通道内。由于这种碳化木材的3D集电器可以很容易地制造成具有较大的厚度（高达几毫米），而不破坏低弯曲度的微观结构，因此对于高性能储能器件，可构造出具有高质量载荷（高达$80mg \cdot cm^{-2}$）的超厚电极。低弯曲通道为离子的快速传输提供了直接的途径，而高导电性、连续的碳框架为电子传输提供了高效的路径，这两者的结合有助于实现较高的电化学性能。除了用作集电器之外，自上而下的木质结构还可以用作电极材料（例如，直接碳化，调节天然木材变成非定形硬碳用于钠的储存）和分离器（例如，液体或凝胶电解质直接渗入天然木材通道）。此外，木材还可以充当模板来构建具有分层多孔、低弯曲度微观结构人造木材的电极和固态电解质。

6.7.4.2 盐度梯度发电

盐度梯度能量是海河界面中最丰富的绿色能量（或所谓的“蓝色能量”）之一，以淡水和海水之间的盐度差异形式存储。根据盐水混合的熵变化，这种盐度梯度可以在海河界面产生约为$0.8kW \cdot h \cdot m^{-3}$的能量密度，比化石燃料的能量密度低几个数量级。然而，鉴于地球上有大量的咸淡水，这种“蓝色能量”极具吸引力，学者们已经开发了例如反向电渗析（RED）和阻压式渗透等用于小规模盐度梯度能量采集的几种技术。然而，由于成本高、稳定性差和性能相对较低，大规模应用仍未成熟。研究人员在材料创新方面做出了巨大的努力，目的就是致力于解决这些问题，他们经过多年的努力，证明了1D纳米流体材料、2D

层状膜和3D多孔膜可以用于盐度能量收集[70]。但是，就可扩展性和成本而言，大规模工业应用和实验室规模的演示之间仍然存在很大的差距。

天然木材资源丰富、成本低廉，而且更具吸引力的是，木材可以被认为是具有丰富层次孔隙的天然膜，这些功能使木材具有低成本和可扩展盐度梯度发电的潜力。最近，研究人员演示了一种全木质RED设备，该设备使用带正电荷和负电荷的电离木膜进行盐度梯度发电[62]。他们通过将纤维素链上的羟基分别原位修饰成羧基或季铵，使带负电荷的天然木材变得带更多负电或带正电荷。改性的木质膜中的大孔和介孔被渗透的环氧聚合物阻塞，从而避免了不同盐浓度的水流的直接毛细管混合，只留下了排列的带电纳米通道，用于极性相反的选择性离子传输通过木质膜。由于存在丰富的定向电荷纳米通道，两种改性的木质膜均显示出比本体溶液更高的离子电导率，这表明在盐浓度低于$1\times10^{-3}\,mol\cdot L^{-1}$的情况下，表面电荷决定了木质膜中的离子传输，这是纳米流体效应的特征。由于纳米受限通道内的选择性离子传输，电荷可以有效地分离，并产生电化学电位差，该电位差与浓度有关。通过堆叠100对这些木膜，从合成河水和海水系统产生了高达9.8V的输出电压，这表明全木质RED设备在河流界面具有产生大规模盐度梯度发电的潜力。

6.7.5 水污染处理设备

水是地球上最丰富的资源之一，超过71%的地球表面都被海洋覆盖着，其他水资源则来自河流、湖泊和地下。但是，只有不到3%的水资源是淡水，而地球上97%的水来源于海洋，所以是咸的，不能直接饮用。然而，不仅快速增长的人口每天消耗大量的淡水，随着全球工业化的发展，河流和地下水的污染更加严重，情况变得更糟，因此现如今，缺水已经成为全球危机中压力最大的问题之一，超过12亿的人口缺乏清洁饮用水。人们对清洁（饮）水的需求推动了对有效且价格合理的水处理技术的探索，这些技术包括反渗透膜、过滤、沉降、蒸馏、氯化和日照淡化。在这些技术中，太阳能海水淡化和过滤具有一些优势，例如无需复杂设施的简单设备以及无需电力即可使用的可负担能源（太阳能和重力能）。木材独特的分级、多层次、多孔以及多通道结构通过从海水或废水中分离离子、分子和其他污染物，为水处理提供了新的机会。例如，胡良兵团队讨论了如何利用分层多孔的木材结构，从海水或废水中去除这些多尺度污染物，尤其是离子[1]。

6.7.5.1 太阳能淡化

太阳能淡化（或太阳能蒸发）是一种通过专门设计的设备（称为太阳能蒸发

器）从海水或盐水中生产饮用水的技术，该设备吸收太阳能以驱动海水蒸发并捕获所产生的蒸汽，这些蒸汽可以进一步冷凝成淡水，通过此过程，可以除去大多数盐并将其留在本体溶液中。由于该技术结合了最丰富的太阳能和水资源，而又不需要复杂的设施，因此被认为是最有希望的清洁水生产技术之一，特别是在严重缺乏电力和设施的农村地区。为了实现高蒸发效率，理想的太阳能蒸发器应满足以下要求：①有效的光吸收和光热转换；②快速供水，保证供水充足；③良好的热管理能力，以避免热量泄漏到本体溶液和环境中；④采用合理的淡水收集冷凝系统，而不影响光吸收和热局部化。为此，学者们期望能够开发出在整个太阳光谱（250～2500nm）具有高的光吸收（例如95%以上）、快速的水传输路径以及良好的热管理能力（例如，较低的热导率可将热量集中在蒸发表面上）的太阳能蒸发器。

在这些太阳能蒸发器中，木质材料特别引人注目，因为它们具有天然存在的输水通道（即导管腔、纤维和管胞、射线细胞以及细胞壁上的纹孔）、亲水性和低导热性。天然木材显示出较低的光吸收，但是学者们在2017年证明了可以通过各种修饰将木材的光吸收显著提高到95%～99%[71-73]，例如还原氧化石墨烯（RGO）涂层、CNT涂层和表面碳化。并且从那时起，人们开发了更多的改性策略来改善本质蒸发器的光吸收（例如，通过涂层的光热材料，如石墨粒子、金属等离子体纳米粒子和半导体纳米粒子）、水传输（例如，通过部分或完全脱木素）、蒸发面积（例如，通过在木材表面上布孔）和/或热定位（例如，通过倒树设计和孔结构优化）。

尽管可以实现较高的蒸发速率，但仍无法解决盐分积聚的问题，因为盐分积聚会阻塞水的输送通道并降低光吸收，这限制了木质太阳能蒸发器在较短的运行时间内处理高浓度的盐水以及低浓度海水的长期运行。研究人员受到电解液通道大小相关的水力传导率的启发，开发了一种孔隙工程策略来解决这种盐的累积和阻塞问题（图6-18）[74]。他们将天然木块进行钻孔，人工制造毫米级大小的孔，这些孔与木材中天然存在的微通道一起形成了双峰多孔结构。由于其不同的水力传导率，毫米大小的钻孔通道保持类似于本体溶液的低盐浓度，而盐在太阳蒸发后会集中在微型天然木材通道内，从而在毫米大小通道与微型通道之间形成盐浓度梯度。这种浓度梯度的结果是，自发的通道间盐交换通过1～2μm的纹孔发生，导致盐在微型木材通道中被稀释。具有高水力电导率的钻孔通道在避免盐的积累方面起着至关重要的作用，通过从高度浓缩的微通道中重新溶解盐，并将盐与本体溶液快速交换，从而使蒸发器能够实时自再生［图6-18(a)］。如果没有这种毫米大小的钻孔通道，则在木材通道和顶面内部会生成盐分，这不仅阻塞了水的传输路径，而且降低了光吸收效率［图6-18(b)］。因此，该太阳蒸发器在1次太阳辐照下在高浓度盐溶液［20%(质量分数) NaCl溶液］中显示出约

1.04kg·m^{-2}·h^{-1}的高蒸发速率（相当于约75%的蒸发效率），以及长期稳定性（连续运行超过100h），这超过了其他脱盐设计［图6-18(c)～图6-18(e)］。收集的淡水Na^+浓度大大降低，为3.54mg·L^{-1}（比盐水的初始离子浓度低四个数量级），可以满足世界卫生组织（WHO）饮用水标准。与之形成鲜明对比

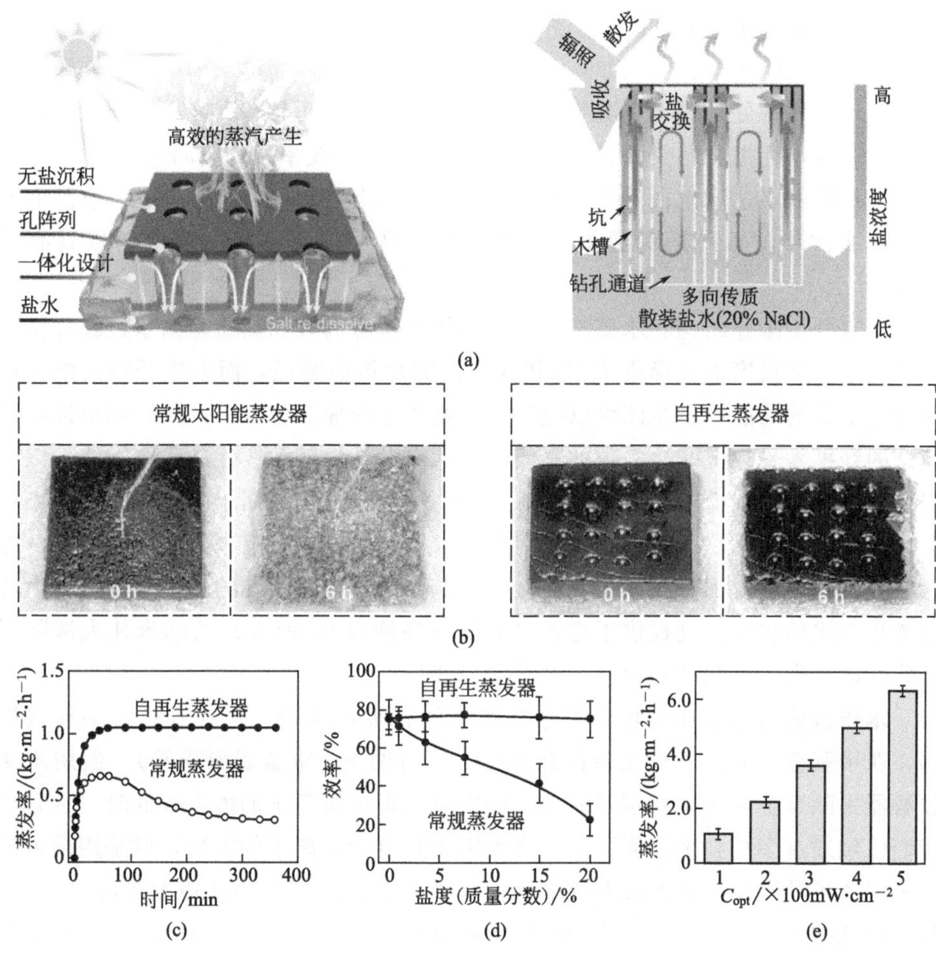

图6-18 木材对脱盐、太阳能脱盐的孔隙工程结构：(左) 木质自再生型太阳能蒸发器的设计和 (右) 蒸发器内的多向传质的示意图(a)；照片图像显示，在20%NaCl溶液中连续测试6h后，在1次太阳辐照下，在传统的太阳能蒸发器表面和自再生蒸发器的无盐表面进行盐阻塞(b)；1次太阳辐照下，常规和自再生蒸发器在20%NaCl溶液中具有随时间变化的蒸汽生成 (c)；盐浓度对常规和自再生蒸发器蒸汽产生效率的影响 (d)；自再生蒸发器在不同太阳辐射值（1～5次太阳辐照）下的太阳蒸汽性能 (e)[59]

的是，在没有这种大型人工通道设计的双层木材蒸发器中，由于连续生成的盐阻塞了木材通道，因此在长期运行过程中，蒸发速率和效率大大降低了。

6.7.5.2 水过滤

水过滤是用于水处理的另一种广泛使用的技术，整个过程是使污染的水流过多孔滤膜而去除污染物（例如重金属离子、有机分子、病毒、细菌和固体颗粒）。为了实现较高的处理效率，滤膜需要在水和污染物之间具有高度的选择性，也就是说，允许水在捕获污染物的同时流过。除了处理效率外，处理速度对于低成本、可扩展的水过滤也很重要，但是，它们总体上通常彼此相互冲突，较高的处理效率通常伴随着较低的通量，因此，实现高处理效率和高通量仍然具有挑战性。

具有分层多孔结构和木质纤维素成分的木材为高效和高通量的水过滤提供了新的机会：多尺度的孔形成了 3D 相互连接的水传输路径，而木质纤维素细胞壁表面上丰富的功能性官能团可以充当污染物去除的捕获位点。此外，还可以在细胞壁的纤维素骨架上嫁接其他的官能团，从而设计出各种改性的木质结构，以实现更好的污染物捕获效果。除化学嫁接外，物理吸附也是用于多尺度去除污染物的另一种机制：木材可以被碳化和活化，以构建具有遗传下来的大孔和微孔（即管腔和纹孔）以及通过二氧化碳活化处理赋予的其他纳米孔的碳基过滤器。大孔和微孔为水的快速流动提供了途径（即实现高通量），而丰富的纳米孔为清除污染物（即实现了高效率）提供了大量的捕获位点。

木质过滤器已被证明可以去除废水中的各种污染物，包括有机污染物（例如，亚甲基蓝（MB）、黄光碱性蕊香红、罗丹明 B、重金属离子等）。使用木质过滤器去除重金属离子特别吸引人，特别是当重金属离子的浓度较低时。尽管学者们已经通过多种技术证明了从污染水中去除重金属离子的方法，但是用微量的重金属离子处理废水仍然具有挑战性。另外，在实际应用中还需要解决高成本、相对较低的效率以及难以推广的问题。木材的可再生性、低成本和 3D 介孔结构可以满足这些要求，但重金属离子的去除效率尚不清楚。最近，Z. Yang 等人[74]报道了一种具有多层堆叠结构的巯氢基功能化木材（SH-wood）膜，用于低成本、可扩展和高效地去除废水中的重金属离子。结果证明，这种木膜可以获得高饱和度的吸收能力［Cu(Ⅱ)、Pb(Ⅱ)、Cd(Ⅱ）和 Hg(Ⅱ）离子的吸收能力分别为 $169.5mg \cdot g^{-1}$、$384.1mg \cdot g^{-1}$、$593.9mg \cdot g^{-1}$和 $710.0mg \cdot g^{-1}$］，这归因于 3D 介孔结构以及巯基官能团，当重金属离子流过孔隙时可以有效地嫁接重金属离子。此外，当通量率接近 $1.3\times10^3 L \cdot m^{-2} \cdot h^{-1}$时，可保持 97%以上的高处理效率，从而使处理后溶液中的 Cu^{2+}浓度大大降低，可以达到世卫组织的饮用水标准。大多数重金属离子具有吸光能力，能够使多层 SH-木材过滤器有效地从污水处理厂的污染水中去除 Cu(Ⅱ)、Pb(Ⅱ)、Cd(Ⅱ) 和 Hg(Ⅱ) 等各种重金属离子，并且具有 $1.3\times10^3 L\cdot m^{-2}\cdot h^{-1}$ 的高通量率。这项工作提出了一种很有前途的策略，可以在不影响高通量的前提下，从污水中高效地去除重金属离子以进行环境修复，并且具有可扩展性和成本效益。在另一项研究中，有学者开发了一种“横流式”木材过滤装置，其结构采用了倒树式设计，即废水主要通过射线细胞、纹孔和纳米孔垂直于纵向输送，用于去除包括有机染料和重金属离子在内的污染物[75]。在这种“横流式”过滤装置中，污染物颗粒/离子与木材通道表面的捕获位点之间可以实现强烈的相互作用，从而以高流率（高达 $1.6\times10^4 L\cdot kg^{-1}\cdot h^{-1}$）、高处理效率（约 99%）以及高周转频率（1mol Pd 1min 内吸收 2.2mol MB）获得出色的处理性能。

6.8 木材结构功能化应用前景与挑战

目前，包括分子和纳米级在内的先进木材功能化的新兴领域仍处于探索阶段，需要进一步发展。最初用于研究但最终落实到工业技术的关键挑战是提高改性和功能化木材细胞壁的纳米结构控制，这包括控制细胞壁有限孔隙中的化学和物理过程，以及控制材料成分的最终分布。该方法的重要特征是细胞壁纳米结构得以保留和发挥功能，并有助于结构和承载性能，由于可以将新功能添加到木材的原始特性中，因此它们具有很高的吸引力。一方面，对木材纳米技术的研究确实需要在诸如功能性涂料和半透明面板等大规模应用方面实现切合实际的长期目标；另一方面，木材纳米技术研究本质上必须是探索性的。这对于纳米材料的一般领域是固有的，因为许多小规模的现象很难理解，例如，在制备受生物启发的木材-矿物混合物时，控制细胞壁纳米隔室中的成核位点非常重要，这种控制水平是接近生物学角色模型的纳米结构复杂性的先决条件。功能性木质复合材料的目标应该是特定的性能特征，这取决于纳米结构，但也取决于更高层次的结构组织，这可以通过选择木材种类、相对密度、层压策略和成型操作来控制。

显然，我们正处于功能性木质材料研究的早期阶段。例如，就电性能而言，使木材具有导电性的第一次尝试不是很成功，尽管从研究的角度出发推动了这项工作，但是这个例子说明了用电功能木材替代现有材料所面临的挑战。问题的关键在于材料的加工方法，需要使功能成分（例如导电聚合物）的沉积非常精确，不但要可行，还要可以大规模进行。因此，正如本章所讨论的，树木生物工程是另一个令人兴奋的前景，这包括转基因树，其中正在生长的树会显示出变化的特征，例如在细胞壁组成或木质聚合物结构或分布方面，可以在功能化之前将树木生物工程作为预处理步骤，以扩大改性的可能性。微生物代表了另一个生物工程方面，真菌通常是在木材降解的背景下考虑的，但是它们还可以被用来以一种受控的方式特定地降解木材。例如，真菌或酶系统可以用来改变或打开木材结构，并促进进一步的功能化处理。对于树木的基因修饰，存在的一个共同的目标是减少木质素含量或减轻木质素降解，以生产纸浆和生物燃料。因此，快速发展的树木生物工程领域和木材材料科学领域的结合可以进一步提高功能化潜力。

受生物启发的木材功能化将使设计新型功能性木材-无机混合物和木材-聚合物复合材料成为可能，其中纳米级结构控制与木材模板的层次结构相结合。当木材固有的低密度和高刚度特性与新功能结合在一起时，特殊的材料特性组合是可能的，并且这些混合材料在现代可持续建筑中具有革新木材工程的潜力。木材支架有几个独特的功能可以加以利用，例如，木材结构的各向异性可用于开发在电导率、热导率或磁性能方面具有特定方向性的多尺度复合材料；木材中的天然水输送通道可用于液体流动或热能存储；在较小规模的木质结构中插入响应性聚合物会制造出应用于生物医学和水处理的功能材料；可以将智能木质材料设计为传感器、执行器以及对相对湿度变化作出反应的刺激响应设备。这种先进的工程木材材料可以应对建筑领域向可持续建筑发展的挑战，同时在建筑材料中实现智能化和多功能化，以实现高居住舒适度，此外，这些材料还可以满足性能调节的需求。因此，总的来说木材结构是有利的，因为目标功能可以直接小规模地嵌入木材内部。

分层的木材结构是一类出色的模板和支架，可以用于开发细胞壁混合物并以新材料的性能特征进行复制，这些特性甚至会超过或完全不同于天然木材的性能。此外，它为木材衍生的纳微米化合物（例如 MFC、纳米纤维素或木质素纳米粒子）的各种规模的组装过程提供了理想的模式。对于未来，我们能够预见到木质材料功能化的巨大潜力，因为木材种类的多样性及其固有内在层次结构允许纳米尺度的改性，从而对物理和化学性质产生深远影响，并同时提高与应用相关的规模。到目前为止，主要利用的是天然木材，但未来我们可能会设想将其与生物技术和化学功能化相融合。

为了实现当前探索阶段的这些愿景，我们需要更好地控制基本过程，并从生物启发性加工尝试中获得新知识，还需要使用简化的反应条件和绿色化学方法，并将研究重点专注于技术实现和实施。在应用纳米技术工具优化和功能化木材时，需要考虑的一个方面是这些处理方法对所得混合物和复合材料的可持续性和可回收性的影响。虽然生物起源在可持续性方面很有帮助，但在化学处理和聚合物改性方面仍然存在挑战。从长远看，绿色化学是必需的，单体必须是生物基的，而无机成分应该是环保且无毒的，而且，在生命周期结束时，应该可以毫无困难地进行分离或高能效利用。对于大多数矿化处理而言，这些目标几乎可以实现，开发新的“绿色溶剂”或生物基聚合物将是避免通过功能化处理破坏木材可持续性的重要步骤。对于聚合物改性的材料，将木材降级为用于生物复合材料的纤维，这样的回收方案是可行的，天然存在的无机物与类似方案兼容，而考虑用于大规模用途的其他无机物则需要进行具体的分析。

关于功能化木质材料的大规模制造，木材支架不仅以大型树状结构的形式广泛使用，而且用于收获和加工的基础设施也已经存在，并且材料成本非常低。但是，纳米技术在木材建筑中的大规模应用依然面临两个关键挑战：

① 由于改性化合物必须扩散到复杂的木材结构中，完全处理非常大的结构可能是不经济的，因为改性剂的全纳米结构控制和靶向分布很难在大体积内实现。

② 对于纳米结构经过精心修饰的材料，宏观的木材缺陷和纤维晶粒方向的变化等是不可接受的。一种可能的解决方案是使用木材单板，它也适合作为研究材料的基材。由于在胶合板和大梁结构单层板积材中使用，单板在技术上很重要，由于厚度低，扩散距离短，单板可以很容易通过纳米技术方法进行功能化，因此，将功能化的单板组装成更大的结构是可行的，并且还可以将单板用作功能表面层。尽管提出的木材纳米技术方法尚处于早期阶段，但科学领域为创造性和多学科材料的交叉研究以及大规模应用的潜力提供了丰富的可能性。

离子的运输和调节在生物系统中起着至关重要的作用通过两种不同方法构造的木质材料，包括直接从天然木材中进行自上向下的制造以及木质纤维素构件的自下而上的组装，为离子输运、离子调节和功能化提供了一个诱人的材料平台。通过修饰木质结构来调节多种长度尺度（低至纳米尺度和分子尺度）离子传输行为的能力为开发用于储能和转换、环境修复、离子电子学、传感器和生物应用的木质离子调节装置提供了巨大的机会。碳足迹为零的广阔且可再生的原材料使木质材料对于低成本、可扩展且可持续的离子调节装置和应用更具吸引力。但是，目前仍然存在一些关键挑战，需要进一步研究以弥合学术研究与实际应用之间的差距：

① 尽管大多数木材纳米技术已显示出比其他纳米技术更好的可扩展性，但纳米级木质材料的改性增加了大规模生产以满足实际应用需要的难度。然而，更具可扩展性的制造（例如米级）的一个主要关键点是化学品在整个木材结构中的不均匀和低效的扩散。要解决此问题，必须从根本上了解化学扩散过程以及如何加速这一过程。另一个可能的方向是采用木材工业中的单板技术，这样，可以将大型木块切成薄木片，以实现更有效的化学扩散，可以在化学修饰后通过接缝组装。

② 进一步提高现有设备的性能并开发新的木质离子调节设备对于进一步推动该领域至关重要。为了实现这一目标，必须开发新的结构改性、更高级的表征

技术和计算模拟，以及进行材料科学、化学、物理和工程学之间的跨学科研究。在结构改性方面，以往大多数的成就是在宏观到纳米尺度上取得的，而在木质结构的分子尺度工程方面取得的成功十分有限，若能够突破这一尺寸限制则可能潜在地导致出现新的离子和流体传输现象，从而进一步增强现有设备的性能，激发设备新的功能和应用。此外，更先进的表征技术和计算模拟不仅可以增强我们对多种长度尺度上的木质结构和相关离子传输行为的基本了解，而且可以帮助我们进一步在纳米和分子尺度上对这些结构进行修饰。

③ 我们必须考虑到木质材料和设备对水、热、光、细菌和真菌的多级稳定性，特别是对于室外和水下应用。尽管已证明某些策略（例如涂覆、杂化、乙酰化作用、反离子交换和离子交联）可改善木质材料的水稳定性，但在改善其热稳定性和紫外线稳定性方面进展甚微。另外，设备和系统级的稳定性对暴露于室外风化和水下条件提出了更高的要求，对于木质设备，还应考虑热稳定性，甚至耐火性，阻燃表面涂层和杂化是增强木质材料耐火性的有效方法。

④ 木质离子调节技术和设备的商业化取决于性能的可靠性、制造成本的降低以及全球对可持续发展的推动力。与其他材料（例如石油基碳质和聚合物材料、金属和金属氧化物）相比，木质设备的可持续性是一个明显的优势。鉴于这种明显的优势，在过去十年中，以木材为基础的产品在全球市场上呈指数级增长。但是，对于离子调节技术和设备来说，与其他市售材料相比，它们在性能可靠性和制造成本方面的竞争力尚不清楚，因此需要学术界和工业界不断努力。尽管大多数木质离子调节设备尚处于起步阶段，但我们相信有一天它们将会实现并支持我们社会的可持续发展。

参考文献

[1] Chen C J, Hu L B. Nanoscale ion regulation in wood-based structures and their device applications [J]. Advanced Materials, 2020: 2002890.

[2] Sjostrom E, Wood chemistry: Fundamentals and applications [M]. Amsterdam: Gulf Professional Publishing, 1933.

[3] Chen C J, Kuang Y, Zhu S, et al. Structure-property-function relationships of natural and engineered wood [J]. Nature Reviews Materials, 2020, 5: 642.

[4] Chen F, Gong A S, Zhu M, et al. Mesoporous, three-dimensional wood membrane decorated with nanoparticles for highly efficient water treatment [J]. ACS Nano, 2017, 11 (4): 4275.

[5] Barthelat F, Zhen Y, Buehler M J. Structure and mechanics of interfaces in biological materials

[J]. Nature Reviews Materials, 2016, 1(4): 16007.

[6] Li T, Zhang X, Lacey S D, et al. Cellulose ionicconductors with high differential thermal voltage for low-grade heatharvesting [J]. Nature Materials, 2019, 18(6): 608-613.

[7] Frey M, Widner D, Segmehl J S, et al. Delignified and densified cellulose bulk materials with excellent tensile properties for sustainable engineering [J]. ACS Applied Materials & Interfaces, 2018, 10: 5030.

[8] Li T, Song J, Zhao X, et al. Anisotropic, lightweight, strong, and super thermally insulating nanowood with naturally aligned nanocellulose [J]. Science Advances, 2018, 4(3): 3724.

[9] Gierer S J. Book review [J]. Wood Science and Technology, 1982, 16(4): 259-260.

[10] Gierer J. The chemistry of delignification. A general concept [J]. Holzforschung, 1982, 36(1): 43-51.

[11] Huang D, Wu J Y, Chen C, et al. Precision imprinted nanostructural wood [J]. Advanced Materials, 2019, 31: 1903270.

[12] Speck T, Rowe N P, Spatz H C. Pflanzliche achsen, hochkomplexe verbundmaterialien mit erstaunlichen mechanischen eigenschaften [J]. BIONA-Report, 1996, 10: 101-131.

[13] Thomas A. Functional materials: from hard to soft porous frameworks [J]. Angewandte Chemie International Edition, 2010, 49(45): 8328-8344.

[14] Nassif N, Pinna N, Gehrke N, et al. Amorphous layer around aragonite platelets in nacre [J]. Proceedings of the National Academy of Sciences of the United States of America, 2005, 102(36): 12653-12655.

[15] Fahlén J, Salmén L. Cross-sectional structure of the secondary wall of wood fibers as affected by processing [J]. Journal of Materials Science, 2003, 38(1): 119-126.

[16] Segmehl J S. Wood and wood-derived cellulose scaffolds for the preparation of multifunctional materials [D]. Zurich: ETH Zurich, 2017, 24340.

[17] Yano H, Hirose A, Collins P J, et al. Effects of the removal of matrix substances as a pretreatment in the production of high strength resin impregnated wood based materials [J]. Journal of Materials Science Letters, 2001, 20(12): 1125-1126.

[18] Li Y, Fu Q, Yu S, et al. Optically transparent wood from a nanoporous cellulosic template: Combining functional and structural performance [J]. Biomacromolecules, 2016, 17: 1358.

[19] Zhu M, Song J, Li T, et al. Highly anisotropic, highly transparent wood composites [J]. Advanced Materials, 2016, 28(26): 5181-5187.

[20] Berglund L A, Burgert I. Bioinspired wood nanotechnology for functional materials [J]. Advanced Materials, 2018, 30(19): 1704285.

[21] Song J, Chen C, Yang Z, et al. Highly compressible, anisotropic aerogel with aligned cellulose nanofibers [J]. ACS Nano, 2018, 12: 140-147.

[22] Fu Q, Ansari F, Zhou Q, et al. Wood nanotechnology for strong, mesoporous, and hydrophobic biocomposites for selective separation of oil/water mixtures [J]. ACS Nano, 2018, 12(3): 2222-2230.

[23] Burgert I, Merk V, Keplinger T. Holztechnologie [J], 2016, 57: 38.

[24] Agarwal U P. Raman imaging to investigate ultrastructure and composition of plant cell walls: distribution of lignin and cellulose in black spruce wood (Picea mariana) [J]. Planta, 2006, 224(5): 1141-1153.

[25] Keplinger T, Cabane E, Chanana M, et al. A versatile strategy for grafting polymers to wood cell walls [J]. Acta Biomaterialia, 2015, 11 (1): 256-263.

[26] Matyjaszewski K. Macromolecular engineering: From rational design through precise macromolecular synthesis and processing to targeted macroscopic material properties [J]. Progress in Polymer Science, 2005, 30 (8-9): 858-875.

[27] Cabane E, Keplinger, Merk T V, et al. Renewable and functional wood materials by grafting polymerization within cell walls [J]. Chemsuschem, 2014, 7 (4): 1020-1025.

[28] Trey S, Jafarzadeh S, Johansson M. In situ polymerization of polyaniline in wood veneers [J]. ACS Appl Mater Inter, 2012, 4 (3): 1760-1769.

[29] Lv S, Feng F, Wang S, et al. Novel wood-based all-solid-state flexible supercapacitors fabricated with a natural porous wood slice and polypyrrole [J]. RSC Advances, 2015, 5 (51): 40953-40963.

[30] Merk V, Berg J K, Krywka C, et al. Oriented crystallization of barium sulfate confined in hierarchical cellular structures [J]. Crystal Growth & Design, 2017, 17 (2): 677-684.

[31] Merk V, Chanana M, Gierlinger N, et al. Hybrid wood materials with magnetic anisotropy dictated by the hierarchical cell structure [J]. ACS Applied Materials & Interfaces, 2014, 6 (12): 9760-9767.

[32] Merk V. Mineralization of wood cell walls for improved properties [D]. ETH Zurich, 2016, 23690.

[33] Marchessault R H, Ricard S, Rioux P. In situ synthesis of ferrites in lignocellulosics [J]. Carbohydrate Research, 1992, 224: 133-139.

[34] Olsson R T, Samir M, Salazar-Alvarez G, et al. Making flexible magnetic aerogels and stiff magnetic nanopaper using cellulose nanofibrils as templates [J]. Nature Nanotechnology, 2010, 5 (8): 584-588.

[35] Trey S, Olsson R T, Strom V, et al. Controlled deposition of magnetic particles within the 3-D template of wood: making use of the natural hierarchical structure of wood [J]. RSC Advances, 4 (67): 35678-35685.

[36] Merk V, Chanana M, Keplinger T, et al. Hybrid wood materials with improved fire retardance by bio-inspired mineralisation on the nano- and submicron level [J]. Green Chemistry, 2015, 17 (3): 1423-1428.

[37] Li Y, Fu Q, Yu S, et al. Optically transparent wood from a nanoporous cellulosic template: Combining functional and structural performance [J]. Biomacromolecules, 2016, 17: 1358.

[38] Li Y, Yu S, Veinot J, et al. Luminescent transparent wood [J]. Advanced Optical Materials, 2017, 5 (1): 1600834.

[39] Gan W, Xiao S, Gao L, et al. Luminescent and transparent wood composites fabricated by poly (methyl methacrylate) and γ-Fe_2O_3@YVO_4: Eu^{3+} nanoparticle impregnation [J]. ACS Sustainable Chemistry & Engineering, 2017, 5 (5): 3855-3862.

[40] Yu Z Y, Yao Y J, Yao J N, et al. Transparent wood containing Cs_xWO_3 nanoparticles for heat-shielding window applications [J]. Journal of Materials Chemistry A Materials for Energy & Sustainability, 2017, 5: 6019.

[41] Vasileva E, Li Y, Sychugov I, et al. Lasing from organic dye molecules embedded in transparent wood [J]. Advanced Optical Materials, 2017, 5: 1700057.

[42] 高娟娟．乒乓球拍底板与击球技术分析［J］．当代体育科技，2016，6（16）：151-152.

[43] Boutilier M S H，Lee J H，Chambers V，et al. Water filtration using plant xylen［J］. PLoS One，2014，9（2），e89934.

[44] Blanco M，Fischer E J，Cabane E. Underwater superoleophobic wood cross sections for efficient oil/water separation［J］. Advanced Materials Interfaces，2017，4（21）：1700584.

[45] Torgovnikov G，Vinden P. Microwave method for increasing the permeability of wood and its applications［M］//Advances in Microwave and Radio Frequency Processing. Springer，Berlin，Heidelberg，2006：303-311.

[46] Burgert I，Cabane E，Zollfrank C，et al. Bio-inspired functional wood-based materials-hybrids and replicates［J］. International Materials Reviews，2015，60（8）：431-450.

[47] Fawcett A H，Hania M，Lo K W，et al. Oligomers of a polyester network［J］. Journal of Polymer Science Part A Polymer Chemistry，1994，32（5）：815-827.

[48] Nakagaito A N，Yano H. Novel high-strength biocomposites based on microfibrillated cellulose having nano-order-unit web-like network structure［J］. Applied Physics A，2005，80（1）：155-159.

[49] Svagan A J，Samir M A，Berglund L A. Biomimetic polysaccharide nanocomposites of high cellulose content and high toughness［J］. Biomacromolecules，2007，8（8）：2556-2563.

[50] Whitney S E C，Gothard M G E，Mitchell J T，et al. Roles of cellulose and xyloglucan in determining the mechanical properties of primary plant cell walls［J］. Plant physiology，1999，121（2）：657-664.

[51] Qi Z，Malm E，Nilsson H，et al. Nanostructured biocomposites based on bacterial cellulosic nanofibers compartmentalized by a soft hydroxyethylcellulose matrix coating［J］. Soft Matter，2009，5（21）：4124-4130.

[52] Svagan A J，Samir M，Berglund L A. Biomimetic foams of high mechanical performance based on nanostructured cell walls reinforced by native cellulose nanofibrils［J］. Advanced Materials，2010，20（7）：1263-1269.

[53] Dukhin A S，Goetz P J，Dukhin A S. Characterization of liquids，Nano- and microparticulates and porous bodies using ultrasound［M］. Amsterdam：Elsevier，2010.

[54] 刘忠，段韦江，刘鹏涛，等．利用德拜长度分析纤维素纳米晶体虹彩膜及其成膜研究［J］．天津科技大学学报，2018，33（4）：6.

[55] Abgrall P，Nguyen N T. Nanofluidic devices and their applications［J］. Analytical Chemistry，2008，80（7）：2326-2341.

[56] Li T，Li S X，Kong W，et al. A nanofluidic ion regulation membrane with aligned cellulose nanofibers.［J］. Science Advances，2019，5：eaau4238.

[57] Chen G G，Li T，Chen C J，et al. A highly conductive cationic wood membrane［J］. Advanced Functional Materials，2019，29：1902772-1902781.

[58] Wang C，Miao C，Zhu X，et al. Fabrication of stable and flexible nanocomposite membranes comprised of cellulose nanofibers and graphene oxide for nanofluidic ion transport［J］. ACS Applied Nano Materials，2019，2：4193.

[59] Kuang Y，Chen C，He S，et al. A High-performance self-regenerating solar evaporator for continuous water desalination［J］. Advanced Materials，2019，31（23）：1900498-1900506.

[60] Li T，Zhai Y，He S，et al. A radiative cooling structural material［J］. Science，2019，364

(6442): 760-763.

[61] He S, Chen C, Li T, et al. An energy-efficient, wood-derived structural material enabled by pore structure engineering towards building efficiency [J]. Small Methods, 2019, 4 (1): 1900747.

[62] Wu Q Y, Wang C, Wang R, et al. Salinity-gradient power generation with ionized wood membranes [J]. Advanced Energy Materials, 2019, 10 (1): 1902590.

[63] Song J, Chen C, Zhu S, et al. Processing bulk natural wood into a high-performance structural material [J]. Nature, 2018, 554 (7691): 224-228.

[64] Kong W Q, Wang C W, Jia C, et al. Muscle-inspired highly anisotropic, strong, ion-conductive hydrogels [J]. Advanced Materials, 2018: 1801934-1801941.

[65] Hai J, Chen F, Su J, et al. Porous wood members-based amplified colorimetric sensor for Hg^{2+} detection through Hg^{2+}-triggered methylene blue reduction reactions [J]. Analytical Chemistry, 2018, 90 (12): 4909-4915.

[66] Shao C, Wang M, Meng L, et al. Mussel-inspired cellulose nanocomposite tough hydrogels with synergistic self-healing, adhesive, and strain-sensitive properties [J]. Chemistry of Materials: A Publication of the American Chemistry Society, 2018, 30: 3110-3131.

[67] Zhao D, Zhu Y, Cheng W, et al. A dynamic gel with reversible and tunable topological networks and performances [J]. Matter, 2019, 2 (2): 390.

[68] Wang C, Fu K, Dai J, et al. Inverted battery design as ion generator for interfacing with biosystems [J]. Nature Communications, 2017, 8: 15609.

[69] Shen F, Luo W, Dai J, et al. Ultra-thick, low-tortuosity, and mesoporous wood carbon anode for high-performance sodium-ion batteries [J]. Advanced Energy Materials, 2016, 6: 1600377.

[70] Hwang J, Kataoka S, Endo A, et al. Enhanced energy harvesting by concentration gradient-driven ion transport in SBA-15 mesoporous silica thin films [J]. Lab on a Chip, 2016, 16 (19): 3824.

[71] Chen C, Li Y, Song J, et al. Highly flexible and efficient solar steam generation device [J]. Advanced Materials, 2017, 29 (30): 1701756.

[72] Liu K K, Jiang Q, Tadepalli S, et al. Wood-graphene oxide composite for highly efficient solar steam generation and desalination [J]. ACS Applied Materials & Interfaces, 2017, 9 (8): 7675-7681.

[73] Xue G, Liu K, Chen Q, et al. Robust and low-cost flame-treated wood for high-performance solar steam generation [J]. ACS Applied Materials & Interfaces, 2017, 9: 15052.

[74] Yang Z, Liu H, Li J, et al. High-throughput metal trap: sulfhydryl-functionalized wood membrane stacks for rapid and highly efficient heavy metal ion removal [J]. ACS Applied Materials & Interfaces, 2020, 12: 15002.

[75] He S, Chen C, Chen G, et al. High-performance, scalable wood-based filtration device with a reversed-tree design [J]. Chemistry of Materials, 2020, 32: 1887.

7 木材仿生材料环境净化功能

众所周知，纳米材料具有显著的表面效应、体积效应、量子尺寸效应、宏观量子隧穿效应和介电约束效应等，因此纳米材料制备的相关研究引起了学者们的关注。大体上，制备纳米材料的常用方法包括物理和化学方法，其中，物理方法包括物理粉碎法、物理凝聚法和喷射法；化学方法则包括化学气相沉积法、化学沉淀法、溶胶-凝胶法、水热法以及接下来将要详细阐述的模板法[1]。纳米材料模板合成法的历史要追溯于20世纪90年代，自1990年以来，这项制备方法一直是前沿技术，同时也是近年来已经被广泛使用的非常有效的纳米材料合成方法。1999年初，韩国科学家T. W. Kim等人以MCM-48介孔二氧化硅为模板，合成了三维立方介孔碳CMK-1[2]。同一年，日本科学家以阳离子表面活性剂CTAB为模板，以酚醛树脂为碳源合成无序碳材料。模板法的优势在于对制备条件不敏感，并且易于操作和实施，可通过模板材料（模板）控制纳米材料的结构、形貌和粒径。

7.1 模板法制备技术

模板法主要通过控制纳米材料制备过程中的晶体成核和生长来改变产物的形态[3,4]。利用模板法合成纳米材料的途径一般分为三个步骤：①准备模板；②在模板的作用下，采用如水热法、沉淀法、溶胶-凝胶法等常用的合成方法合成目标产物；③模板的去除。去除模板是模板法合成纳米材料的最后一步，也是关键的一步，因此必须选择适当的去除方法，以使目标产品的物理和化学性质不受影响。去除模板的过程是通过化学或物理手段去除用于构建模板或支架的基底，从而得到具有所需结构的特定材料，去除模板的意义通常是赋予材料多孔性能。例如木材模板本质上是多孔的，因此所制备的材料可以轻松地在一定范围内获得具有孔隙率的高比表面积。常见的去除方法包括物理和化学方法，例如溶解、烧结和蚀刻。去除模板的化学方法是使用能够溶解模板的溶剂，通常在接近环境的条件下进行以保持精细的结构，例如，可以将苯酚甲醛（PFs）树脂与 CNC 悬浮液混合，以产生具有可调颜色的虹彩聚合物复合膜[5]。通过碱处理去除 CNC 模板，形成具有高强度和柔韧性的介孔 PF 膜，这是普通 PF 膜所不具备的。或者，通过物理手段，通常使用高温加热来去除模板并留下所得到的结构，该方法通常用于金属氧化物和陶瓷。例如，以滤纸中的 CNFs 作为模板，随后通过煅烧去除 CNFs 获得了多孔 TiO_2/Fe_2O_3 纳米复合材料，并且这种 TiO_2/Fe_2O_3 纳米复合管是锂离子电池潜在的新型电极[5]。

选择制备纳米材料的模板至关重要，目前常用的模板材料通常可以分为两大类：天然物质（纳米矿物、生物分子、细胞和组织等）和合成材料（表面活性剂、多孔材料和纳米粒子等）[3,4]。毋庸置疑，选择纳米材料的前驱体同样十分关键，前驱体是形成另一种物质的物质，其中一个例子是由聚苯胺（PANI）涂层 BC 衍生的碳网络[6]，在碳纳米纤维（CFs）上掺入 MnO_2 纳米颗粒可以有效地改善超级电容器复合材料的电化学性能。与其他碳纳米纤维相比，碳化的 BC-PANI 碳网络的成本较低，易于制造，并且对环境的影响较小。碳化的 BC-PANI 碳网络为集成活性电极材料提供了导电支撑，这些活性电极材料比其他常见的 MnO_2 多孔碳超级电容器具有更高的能量密度。下面将更详细地讨论三种特定的模板技术策略：无机模板法、有机模板法以及生物模板法。

7.1.1 无机模板法

硬模板是一种刚性材料，其稳定的结构直接决定样品粒子的大小和形态，由于它们的特殊结构和对粒度限制的影响，它们在许多领域都发挥着重要作用[7,8]。而无机模板通常是指具有规则形貌的硬模板，由于其物理稳定性和结构特性，无机模板可以严格控制产品的形貌和结构。目前常见的模板包括氧化物、碳酸钙和碳材料等，此外，由于合成的许多无机模板均具有规则的形貌，因此可将它们用于进一步合成其他材料。

氧化物模板种类很多，例如 SiO_2 和 Cu_2O，其共同点是它们已经具有规则的形貌结构。为了确保目标元素可以附着在模板表面，模板应该能够通过物理吸附或化学吸附将金属离子吸附在其表面上。氧化物模板的去除方法根据模板的组成而不同，例如，氧化还原反应主要用于蚀刻氧化物模板，然后使外层的氢氧化物或氧化物具有规则的形貌。在以往的报告中，研究人员通过精确控制 Cu_2O 模

板与 Fe^{3+} 之间的氧化还原反应以及铁的水解反应，成功地合成了空心 $Fe(OH)_x$ 立方结构（如图 7-1 所示）[9]：图 7-1(a)～图 7-1(d) 清晰地显示了样品的规则空心立方体结构和立方体核-壳结构，此外，如图 7-1(e) 所示，通过控制反应时间和分布，也可以得到具有核-壳结构和双壁结构的氧化物。近年来，以 Cu_2O 为模板合成了许多具有特殊形貌的材料，如 Ag/Cu_2O、Co_3O_4 和 In_2O_3 等。

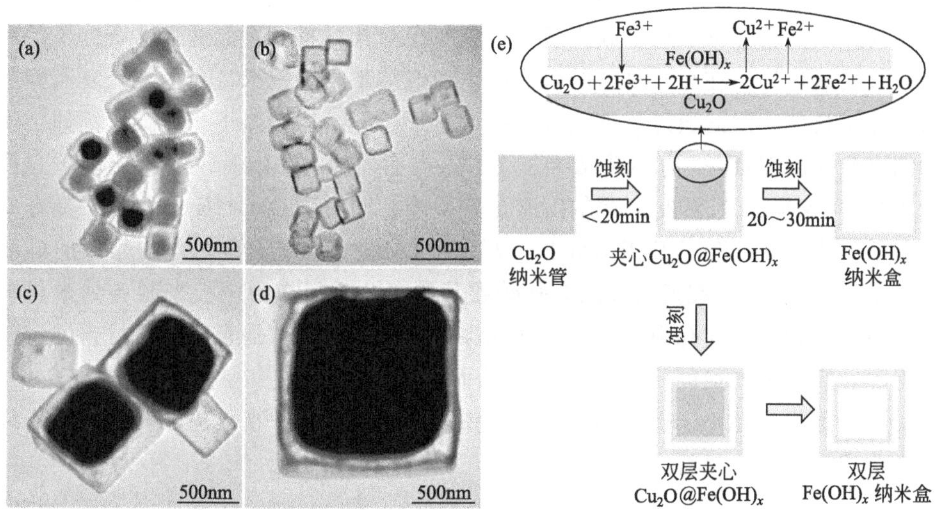

图 7-1 Cu_2O@$Fe(OH)_x$ 核-壳结构（a）、$Fe(OH)_x$ 纳米盒（b）、用模板法合成 Cu_2O 立方体的核-壳结构的 TEM 图像（c）和（d），以及单壁或双壁空心结构的形成示意图（e）[10]

除了 Cu_2O，氧化硅也通常用作无机模板，例如，有学者以 SiO_2 管为模板，利用三步法成功地合成了分层双壁 MnO_2 空心纳米纤维[11]。首先，他们为了使阴离子 MnO_4^- 附着在模板的内表面和外表面，对模板 SiO_2 管进行了胺功能化处理。由于氨基的静电吸附，阴离子 MnO_4^- 被吸附在模板的内表面和外表面上，随后，在水热条件下，MnO_2 纳米片通过氧化还原沉积在模板上生长，并通过 HF 的酸蚀成功地获得了分层双壁 MnO_2 空心纳米纤维（MHNFs）。碳酸钙是一种具有规则形貌的模板，根据处理的不同，碳酸钙模板的形貌也可以不同。例如，研究人员以商业碳酸钙颗粒为硬模板，以双氰胺为前驱体，通过热缩聚反应合成了介孔碳氮化物（mpg-C_3N_4）。他们在通过酸蚀工艺去除模板并在 520℃下煅烧样品之后，获得了具有层状结构的产物，合成后的样品不仅具有高的比表面积，而且在 460～800nm 之间具有增强的可见光吸收范围。

碳模板主要由 C 元素组成，也常用于合成特定结构的氧化物，例如球形、管状和花朵状等。在许多情况下，碳材料在起结构导向的作用后，通过煅烧将其除去。例如，有学者以碳球为模板合成了具有优异光催化性能的ZnO空心球，发现当通过煅烧去除模板后，制备的ZnO可以完美地复制碳球的形貌。研究人员利用碳纤维模板法结合水热反应工艺，合成了包覆In_2O_3纳米粒子的ZnO纳米棒，这种复合材料是由许多针状粒子组成的空心管状结构，而这种空心的管状结构是由于在水热反应过程中碳纤维模板的支撑所致，随着高温煅烧过程中碳纤维模板的去除，空心结构逐渐地出现了。由于介孔碳的孔径是均匀的并且结构是有序的，因此它经常被用作碳模板来合成有序介孔材料，例如纳米沸石分子筛和介孔金属氧化物。在介孔材料的合成中，通过纳米复制技术将介孔碳孔复制到新的介孔材料中，因此通过该方法获得的粒子形态和结构类似于介孔碳。例如，学者们以介孔碳CMK-3为模板成功合成了六方有序介孔MgO[12,13]，还以碳介孔分子筛（CMKs）为模板合成介孔沸石分子筛，同时利用CMK-1合成了具有立方晶系的铝硅酸盐分子筛RMM-1，以及由CMK-3合成了具有六方晶系的硅酸铝分子筛RMM-3。在通过使用介孔碳或其他多孔材料作为模板来制备纳米材料时，前驱体倾向于在孔隙内结晶或在孔隙外沉积，当孔隙的直径大于材料的初级晶胞时，则孔隙的空间将容纳晶胞，从而形成与孔隙结构相似的晶体材料。相反，当孔隙的直径小于初级晶胞时，晶体倾向于形成核并在孔隙之间生长，最终成为不规则的晶体材料。

7.1.2 有机模板法

顾名思义，有机模板是由有机化合物组成的，最常见的有机模板包括乳胶微球、聚合物和表面活性剂，例如聚乙烯吡咯烷酮（PVP）、柠檬酸、微球乳液和有机衍生物。有机分子本身包含大量的官能团，因此它们特别容易吸引金属离子，因此可以用作模板，并且大多数有机模板需要通过煅烧除去。例如，有学者利用溶剂热法成功地合成了钙钛矿型$PbBiO_2Br$均匀多孔微球光催化剂[14]，在合成过程中，离子液体-PVP复合体系不仅充当溶剂和反应物，而且还充当模板，在控制形成$PbBiO_2Br$的多孔结构方面起着重要作用。扫描电子显微镜图像显示，通过添加PVP模板制备的样品具有规则的球形结构，直径约为3 μm，另外，这些球体由许多光滑的纳米片组成。例如，研究人员以柠檬酸为模板合成了具有良好光催化活性的$BiFeO_3$材料，扫描电镜观察表明，加入柠檬酸合成的样品呈球形，不添加柠檬酸的样品接近正方形，加入的柠檬酸含量不同还会影响样品的粒径大小[15]。

作为模板，通常需要合成微乳液，然而，与表面活性剂模板相比，合成的微乳液模板通常具有类似于无机模板的规则形貌，并且还更易于用于合成空心结构的样品。合成聚合物微球的方法有乳液聚合、微乳液聚合、无皂乳液聚合、悬浮聚合以及分散聚合等，并且通过控制聚合速率，还可以控制粒径。有学者通过研究各种因素（如分散稳定剂、单体、引发剂、反应介质的极性、反应温度和搅拌速度）对颗粒的影响，成功地合成了粒径在 1～10μm 范围内的聚苯乙烯微球[16]。聚合物微球具有良好的分散性和易于调节的粒度，通常用于在修饰颗粒表面后合成球形粒子或近球形的核壳和空心结构。研究人员通过浸渍法以自制聚苯乙烯-丙烯酸微球（PSA）为模板，合成了 PSA/ZnS/CdS 核-壳结构化合物[17]。然后，用甲苯溶液去除模板 PSA，最后得到 ZnS/CdS 复合空心微球，其微球尺寸可以通过乳化剂的量来调节，图 7-2 显示了各个制备阶段的粒子形貌[18]。有学者以甲醛溶液和三聚氰胺为原料，合成了三聚氰胺-甲醛聚合物微球模板（MF），然后以 MF 为模板，通过溶胶-凝胶法合成了掺镱的 TiO_2 空心球。SEM 表征结果表明，所合成的样品能够很好地再现模板的形貌和结构，并且空心球样品的光催化性能要优于商用 P25。

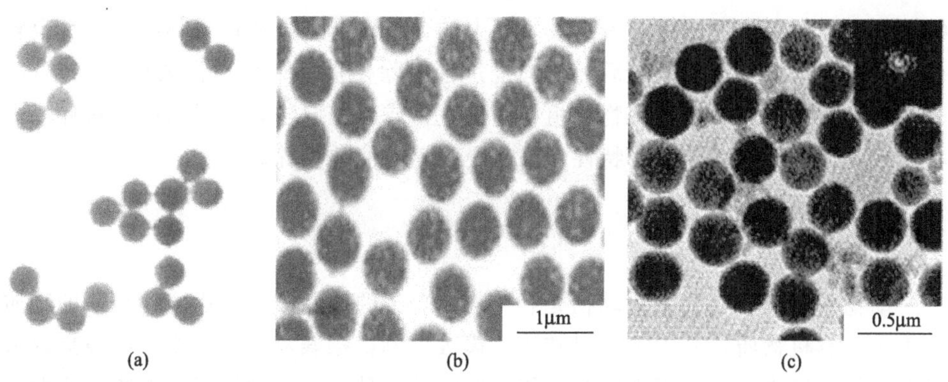

图 7-2 用 PSA 制备 ZnS/CdS 复合空心微球的 TEM 图像：
PSA(a)；PSA/ZnS/CdS(b)；ZnS/CdS(c)[18]

一些有机衍生物也可以用作合成具有特殊结构氧化物的模板，例如，有学者以海藻酸钠为模板，通过一步法合成具有优异光催化性能的 Cu_2O@碳纳米胶囊复合材料[19]。第一步是海藻酸钠和 Cu^{2+} 的结合过程，第二步是沉淀过程，其中 Cu^{2+} 在氢氧化物自由基的作用下转化为 $Cu(OH)_2$，最后一步是在氮气保护下于 500℃、800℃和 1100℃下煅烧制备 Cu_2O@碳纳米胶囊复合材料（如图 7-3 所示）。

7.1.3 生物模板法

生物模板涵盖的范围非常广泛，包括植物成分模板、动物成分模板和微生物模板。大多数生物模板是由有机物质组成，它们的表面通常含有大量易于吸附或

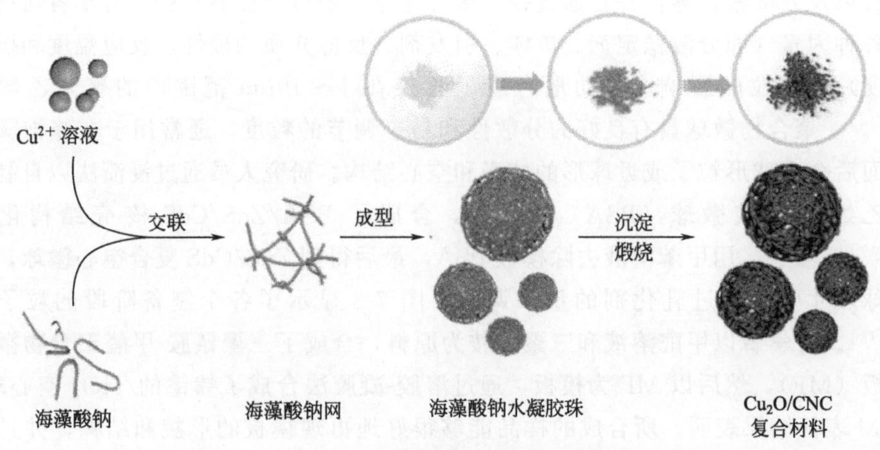

图 7-3 Cu_2O@碳纳米胶囊复合材料的合成路线[19]

结合金属离子的官能团，附着在其表面上的金属离子可以通过水热或沉淀反应转化为氢氧化物或氧化物，最后通过煅烧过程去除模板后形成所需要的特定结构。另外，生物模板通常来自动物、植物、微生物或其提取物，一般情况下对环境无害，因此，它的绿色和经济特性越来越受到学者们的青睐。

7.1.3.1 动物模板

动物成分模板主要来自动物壳和生物大分子的某些成分，由它们组成的物质基本上是有机物质，其中一些以整体为模板，例如蝴蝶翅膀。其中一些被提取形成单一的有机物质，而壳聚糖是使用最广泛的一种。壳聚糖模板主要来自小龙虾壳的提取物，小龙虾壳通常被当作废料处理，在过去，处理这种废料的资源有很多，然而，从小龙虾壳制备壳聚糖模板不仅经济，而且为合成具有特殊形貌的氧化物提供了一种绿色环保的方法。有学者的最新报道证实了用壳聚糖模板合成的珊瑚状 5% TiO_2/ZrO_2 复合材料比不使用模板合成的 ZrO_2 微纳米粒子具有更高的比表面积[20]，样品的比表面积与其光催化性能密切相关，因此，珊瑚状 5% TiO_2/ZrO_2 复合材料具有更优异的光催化活性。

一些生物大分子也可以用作合成具有特殊形貌和结构的微纳米材料的模板。近年来，学者们已经发表了一些关于使用 DNA、氨基酸和其他生物大分子作为模板制备具有特殊结构的微纳米材料的报道。例如，A. F. Alkaim 等人[21]以谷氨酰胺为模板，通过声化学/水合-脱水过程合成了具有优异光催化活性的棒状纳米/微米结构 ZnO 材料。光催化性能测试结果表明，在 500℃下煅烧的棒状 ZnO 样品具有优异的光催化性能，与 SEM 的结果相对应，即在 500℃下煅烧的样品的棒状结构是最规则的。

7.1.3.2 微生物模板

除动植物成分模板外，一些微生物模板（例如酵母、大肠杆菌、病毒噬菌体和枯草芽孢杆菌）通常用于合成具有特殊形貌和结构的微纳米材料。这些微生物模板的尺寸通常小于植物模板，并具有规则的形态，同时，在它们的表面上含有大量的官能团，例如氨基、羟基和羧基，这些特征表明了将它们用作模板的可行性。例如，有学者以酵母为模板合成了 Fe 掺杂的 CeO_2 空心微球：首先，酵母的细胞壁可以阻止金属离子进入细胞壁，由于酵母细胞壁的表面上有许多官能团，因此，金属阳离子可以通过静电吸引或协同作用吸引到细胞壁上；然后，当添加碱性溶液时，在其表面会形成氢氧化物，并与吸附的阳离子反应；最后，在煅烧过程中，去除酵母模板并形成空心结构的氧化物[22]。N_2 吸附-脱附曲线表明，模板法制备的 Fe 掺杂 CeO_2 空心微球的比表面积明显高于普通沉淀法制备的 Fe 掺杂 CeO_2 纳米颗粒的比表面积。此外，UV-Vis 漫反射光谱分析表明，空心结构样品的带隙较小，因此 Fe 掺杂 CeO_2 空心微球的光能利用率更高。

7.1.3.3 植物模板

自然界中有许多植物模板，它们的特点是经济、尺寸规整、无毒且无害，尤其符合绿色化学的概念。其中，最常见的植物模板是花粉、木棉纸浆和纤维素等，花粉模板因其多样性和独特的形貌而被广泛使用，例如，学者们以油菜花粉和油菜花粉壁（盐酸蚀刻的花粉）为模板，通过微波溶剂热法成功地合成了鳞片状的 ZrO_2 空心微球和多孔 ZrO_2 空心微球[9]，并且证明了以花粉壁为模板合成的样品具有较高的比表面积和吸附性能。此外，研究人员以松花粉为模板，并通过水热过程合成了 ZnCoAl-LDH 材料（合成过程如图 7-4 所示）[23]，由于花粉表面含有大量官能团，因此 Al^{3+}、Zn^{2+} 和 Co^{2+} 成功地聚集在其表面上。随后他们通过浸渍法将 $BiPO_4$ 负载在水滑石的表面上，最后通过煅烧形成了 C 掺杂的具有球形结构的 $BiPO_4$/ZnCoAl-LDO 复合材料。除松花粉外，油菜花粉、向日葵花粉和莲花花粉也经常用作模板来合成独特的空心氧化物材料。

除了上述花粉模板外，木棉纸浆和纤维素也是植物衍生的常见模板，它们的形貌主要是丝状和球形。纤维素作为一种优良的植物生物模板，已被 Y. Yuan 等人作为形貌导向剂用于合成具有褶皱球形形貌的 ZnO 纳米晶体材料[24]。光催化实验表明，该样品不仅具有优异的光催化性能，而且具有良好的催化循环性。五个循环后样品的晶体结构和形貌与原始样品相似。G. Kale 等人[25]以纸为模板成功地合成了 ZnO 和 N-ZnO 纳米结构样品，扫描电子显微镜（SEM）表征结果证明，合成后的样品具有致密的网络形貌和结构。光催化性能测试表明，表面形貌和结构特征在控制光催化剂的催化性能方面起着至关重要的作用。

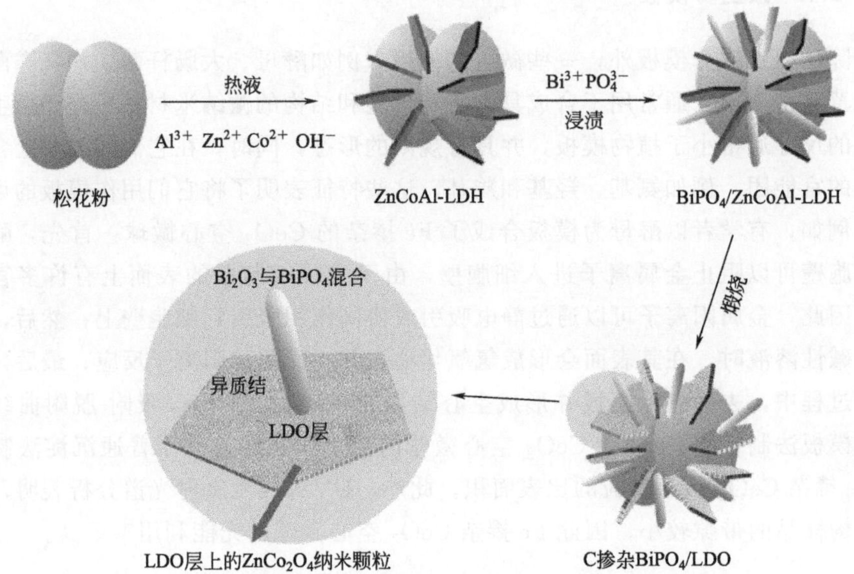

图 7-4 C 掺杂的 $BiPO_4$/ZnCoAl-LDO 复合材料的合成方案[23]

7.1.3.4 生物模板技术

生物模板技术是一种利用天然存在的结构化资源（例如植物组织、木材、木质纤维素、甲虫和蝴蝶鳞片、微生物、藻类、细菌和病毒等）和加工过的材料（例如纸、纸板、纤维板和复合材料等）作为制造无机化合物的原料的技术[9]。从宏观到纳米尺度，几乎所有生物材料都是层次结构，如果在无机相的形成过程中可以保留原始模板的结构特征，那么具有单向孔隙结构和分层细胞壁组装的木材模板，其应用价值对于制造复杂的分层结构无机材料来说是不言而喻的。

首次在碳化物陶瓷材料中复制木材的宏观和微观结构的方法显示出了有趣的机械性能，这些最初的研究激发了一个广阔的研究领域，如今，学者们已经可以获得具有复杂结构的多种无机结构，这是目前任何其他方法都无法获得的。对于生成复杂的、层次结构材料的问题，一个可行且具有吸引力的解决方案是在模板材料结构上进行无机相的化学合成或沉积，这是模板方法的总体概述，即在模板材料结构的“指导”下生成无机结构。使用现有结构的一个缺点是限制了材料结构的选择自由，但是，可用的生物结构不胜枚举，而模板方法导致产生了各种各样的复杂无机材料。几乎任何（生物）有机材料（可溶或不可溶）及其各自的结构都可以用作模板，除了更复杂的形式和诸如泡沫和生物组织（木材）之类的细胞材料，模板几何形状可能会有所不同，从纤维或棒到层，再到球形，或者是其他任何几何形状。无机相的形成总是在模板的存在下进行，通常，模板会充当最终无机材料体系结构的模型，模板可能是人工形成的（强制或通过自组装），也可以在代谢生物学过程中形成（生物模板），模板可以是惰性的，或者它们也可以参与相的形成，这取决于所选择的化合物和无机相形成的工艺路线。随着无机材料的发展，在逐渐开发出无机-有机混合物或纯无机相的同时，模板的去除是可选择的（图 7-5）[26]。

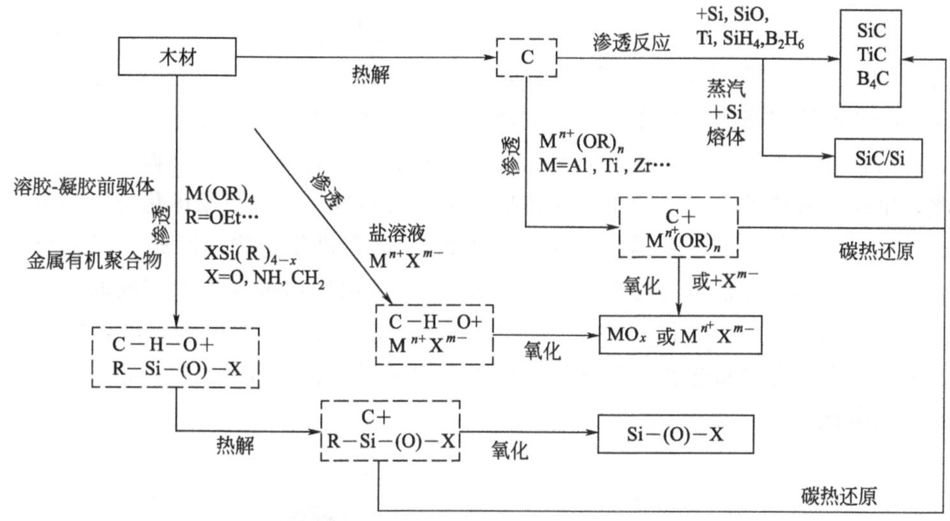

图 7-5 用于制造无机非金属材料的木材模板法：合成（混合）氧化物、碳化物、氧碳化物和金属盐的路线

虚线方格：混合物和 C；实线方格：无机材料

7.2 木材模板制备技术

在有机化学中，具有精细的三维（3D）形貌复合材料结构的设计和制造一直都非常成功，而分层无机结构的产生却相对滞后，因此，形成并生产分层无机结构的复合材料仍然是主要的挑战。大多数用于复合材料结构的应用制造技术要么涉及自上而下，要么涉及自下而上的战略，除了毋庸置疑的优势，这两种方法都具有固有的缺点：对于自上而下的策略，主要限制之一是当减小粒子尺寸时能源消耗会急剧增加；自下而上的技术，例如超分子自组装，由于其从纳米级初级粒子中的加性生长，通常会受到进入微尺度结构复杂性的限制，这将导致基体材料最终没有或仅形成有限的层次结构。

7.2.1 木材模板技术路线

木材是一种非常有价值的生物模板材料，因为它基本上在不同层次上表现出各向异性的结构特征，而其他任何化学或材料制造方法都很难产生这种结构特征：它还包含一个在微米范围内相互连接的单向孔隙网络结构，这是渗透溶液和/或化学试剂所必需的。经过一些纯化步骤（有机溶剂和水提取工艺）后，木材的化学本质上是指基本的生物聚合物成分，即纤维素、半纤维素和木质素，这是木材样品制备过程中重要的一步，因为它可以去除所有低分子量成分（提取物），因此可以在所有可用尺度上成功进行模板化[27,28]。由于其复杂的化学性质和各种功能性官能团的存在，它们可能与渗透的化合物发生不可逆的反应。生物聚合物官能团的取代和偶联剂的使用大大扩展了适用的前驱体化合物的范围，因此，生物模板技术的主要加工步骤包括生物模板制备、无机前驱体化合物的渗透或改性以及前驱体在温度诱导下转化为无机-生物有机化合物。原始木材模板的去除是可选的，通常是通过在高温下（400℃）氧化生物聚合物来完成的。无机前驱体的选择取决于所设想的产品（图 7-6），使用木材作为模板，已经制备了多种单一和混合的氧化物、碳化物、碳氧化物和其他非金属无机化合物，例如碱土金属卤化物[26]。

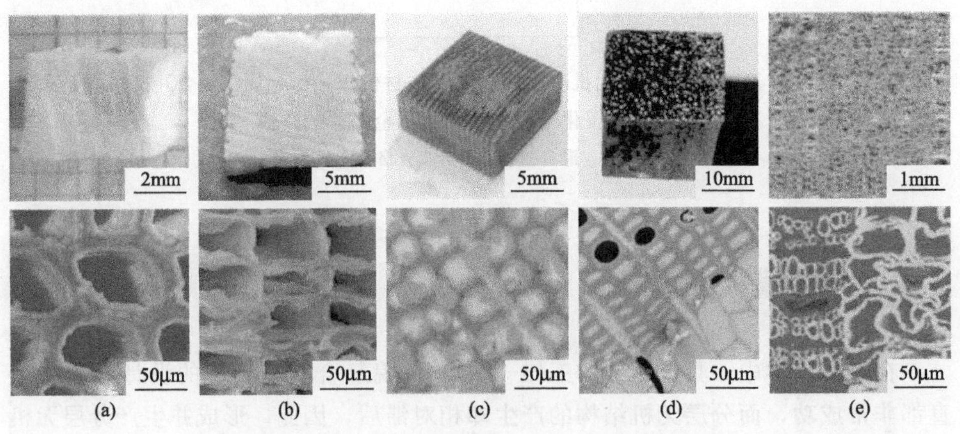

图 7-6　软木衍生无机非金属材料的典型照片和扫描电子显微照片（PM、SEM）：二氧化硅（a）、钇（b）、硅碳化物（c）、氧碳化物（d）以及氟化钡（e）

应该提到的是，与木材形成有关的自然生长过程相当缓慢。在微观上，例如一年之内，早材和晚材的年轮宽度从几百微米到毫米不等，软木通常在八十年后采收，一些快速生长的硬木（如杨树）则可以在四十年后甚至更早采收，而对于橡木，它可能需要一百八十年的时间才能采伐。这与生物模板法材料制造工艺相比是很长的，因为后者只需要几个小时，最多需要几个星期，其中无浸出物样品的提取（制备）仅需要一天或两天，随后，例如真空辅助矿物溶胶在木材结构中的渗透可以在 12h 内完成，最后，仔细煅烧或热解则需要另一个工作日。

主要采用两种不同的方法将木材结构转变为无机化合物。一种是反应性模板技术，其是用于将木材结构转变为碳化物基的无机材料（如碳化硅 SiC 和碳化钛 TiC）。该路线还分为两个单独的处理步骤[29]：首先，在惰性气体中，在高于 500℃的温度下，通过热解将天然木材转化为碳，产生含碳物质，从而将木材的原始细胞结构保持在微观水平；随后，木材衍生的碳结构与碳化物形成的金属反应，要么与熔融物反应，要么与各自的金属蒸气在高于 1200℃ 的高温下反应，这取决于所选择的金属；最后，通过来自生物模板衍生的碳与相应金属的反应形成相应的金属碳化物。另一种途径是复制（或替代）技术：在这里，木质纤维素材料（或碳化木材结构）被金属盐溶液、溶胶-凝胶前驱体［例如硅酸四乙酯(TEOS)］或陶瓷前聚合物（例如聚硅氧烷）渗透；在渗透之后，通过施加真空，液相被巩固在模板内（凝胶形成，固化），这个过程产生了一种无机-有机材料，可以以混合状态使用；在大多数情况下，木材结构中的生物聚合物（纤维素、多糖与木质素）或碳随后在 500℃以上的高温下被氧化去除，产生相应的金属氧化物。热诱导模板氧化法优于大多数其他方法，通常在几小时内即可完成，而木质材料的化学或生物降解要慢得多。在煅烧期间，浸透的物质被氧化，这在金属有机（烷氧化物）前驱体的情况下尤为重要，它们通常逐步水解和冷凝。煅烧温度的控制特别重要，如果温度过低，不完全缩合反应会导致羟基富集的网络；而如果温度太高，则二氧化硅网络的固化、结晶和随后的晶体生长最终导致纳米结构的坍塌。学者们目前使用上述方法制备了各种金属氧化物，例如二氧化硅（SiO_2）、二氧化钛（TiO_2）、氧化锆（ZrO_2）、氧化锌（ZnO）以及掺 Eu 的氧化钇（Y_2O_3），甚至是复合金属氧化物，例如 $Al_6Si_2O_{13}$ 和 $SrAl_2O_4$。其他无机材料（非氧化物和非碳化物）可以通过用盐溶液渗透木材结构和随后的温度诱导反应成功地制备。举例说明，有研究人员[30]制备了掺杂了 Eu^{2+} 的碱土金属卤化物 BaFBr，这是一种十分重要的具有木材结构的发光材料。

文献中报道的大多数生物模板化木材衍生材料产生了微结构材料，该材料成功复制了木材模板的微观甚至特定的解剖特征。由于最终分层结构复制的渗透和前驱体系统的选择受到其进入细胞壁中纳米孔的能力的限制，因此，最有效的前驱体是低分子量的金属有机化合物，例如硅酸四乙酯（TEOS，$d<1nm$）。与仅填充细胞腔的熔体渗透相反，有机金属前体能够扩散到细胞壁中，特别是样品事先经过脱木素处理的情况。硅酸四乙酯溶液被证明是在自然结构中精确沉积材料

的非常有效的前体，其与乙醇完全相容，因此可以在任何浓度下使用。在文献中[31,32]，TEOS以其单体或预水解的低聚物状态使用，而乙醇是一种可以将TEOS和大多数烷氧基前体渗透到木质纤维素模板中的合适溶剂，因此，乙醇溶液具有足够的亲水性，足以润湿细胞壁，但不会过早水解前体。细胞壁中存在的水分子充当区域选择性缩合剂，在TEOS存在的情况下，醇盐的缩合反应会产生纯的无机水合金属氧化物。其他金属有机前驱体，如芳基或烷基取代硅有机化合物，也可用于制造无机-有机木质复合材料，但是，很难证明渗透的前体与模板的生物聚合物之间存在共价化学键。就木材而言，它们具有种类繁多的共价键类型，这与通过渗透新引入的共价键类型相似，因此使它们的光谱鉴定复杂化，所以通过红外光谱或固态核磁共振技术来鉴定。相对于分子总数，结合的前驱体分子的数量可能低于大多数光谱技术的检测极限，但是，电化学阻抗光谱法（ESI）已被证明是研究化学改性木材中共价键状态的有力工具。从本质上讲，这是提供可以证明沉积的无机相与木材之间产生共价化学键的唯一方法。在ESI中的一个主要限制是，这种方法只为基体材料提供信息，而空间分辨率特别有限。

7.2.2 木材模板技术面临的挑战

在生物模板化复杂的多层次结构（尤其是木材）中面临的主要挑战是将模板结构的多尺度缩小到纳米级。分级纳米尺度转换的主要问题是渗透反应溶液或反应物液体进入细胞壁的可达性，由于细胞壁非常致密，并且主要的结构元素（纤维素原纤维）嵌入木质素基质中，并伴有半纤维素（请参阅本书第2章），因此可以通过热处理或化学处理确保可及性，一般情况下通过除去木质素基质可以提供进入纤维素原纤维的途径。因此，在温和的反应条件下谨慎操作以避免由于纤维分离而导致组织解体非常重要，这可能是由于连接单个细胞的富含木质素的胞间层的降解所致。应当注意的是，通过脱木素工艺引起的结构劣化会被转移到最终的无机材料中，到目前为止，尚未解决在分级转换过程中出现的这种困难，并且极大地限制了由木材衍生的具有改善的机械性能的多孔无机材料的生产。学者发现，可以通过马来酸酐在二甲基乙酰胺中的溶胀和功能化来扩大部分脱木素木材中原纤维（羟基）的亲水表面，结果表明，这种特殊处理导致不可逆的溶胀达13%[29]，并显著稳定了经过化学处理的木材结构，最终可以提高最终材料的产量。

先前对木材模板化和相应结构复制的研究要么省略了一个或几个基本模板预处理步骤，要么使用了预水解或结晶的前驱体，这主要会导致产品的结构层次不完整。据报道，首次尝试复制分层的木材结构是通过利用表面活性剂处理使细胞壁膨胀，而未应用脱木素步骤，然而，并不能明确地显示木材结构完全复制到了纳米级水平。与未处理的木材相比，硫酸盐纸浆的模板化明显表明，在纳米尺度上制备具有纤维结构的木材衍生二氧化硅需要同样的纳米孔模板。随后，采用脱木素步骤首次成功地复制了木材细胞壁结构，然后用纳米粒子渗透（氧化铈/氧化锆），不同微纤丝角度的复制和煅烧木材样品的小角度X射线散射模式清楚地证实了纳米细胞壁结构的复制，并进一步将整个层次结构保持到宏观尺寸。近年来，这种特殊的脱木素方法被学者们应用于二氧化硅对木材结构的复制，并通过添加马来酸酐处理步骤对纳米脱木素化木材结构进行稳定，此外，TEOS在乙醇中的渗透会导致二氧化硅对整个木材分层结构详细且稳定的复制（图7-7）[29]。

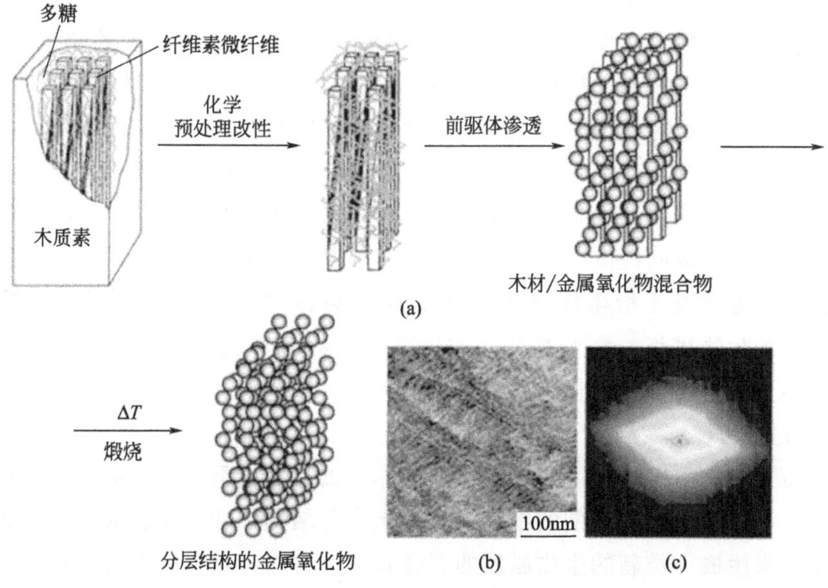

图7-7 木材分层结构模板化：处理步骤（a）；纳米复制细胞壁的透射电子显微照片（b）；小角X射线散射图案（c）[29]

利用煅烧过程中的原位小角度X射线散射来跟踪TEOS浸润木材过程中渗透材料的结构演化。这项工作清楚地表明，对于脱木素（和可选的功能）木材，直径仅为2～3nm的纤维素纳米原纤维被转化为直径大致相同的孔，从而证实了木材中最低层次水平的复制。研究还表明[31]，TEOS单体能够通过膨胀的聚糖穿透纤维素纤维，生成具有嵌入纤维素纳米纤维的聚糖/二氧化硅基体。在模板氧化过程中，首先分解多糖（300℃），然后在约400℃左右分解纤维素纳米纤维。结果是，在所得的二氧化硅材料中形成了平行的螺旋孔，其完全类似于原始木材的纳米结构。

7.2.3 木材模板技术的优势

生物模板材料的结构和功能（机械、热或光学）特性通常由分层的细胞结构和相组成而决定，尤其是生物模板化的非金属无机材料的力学性能是指生物组织的层次结构和各向异性结构[33]。与径向和切线方向的载荷相比，木材衍生的硬质合金材料的轴向强度和断裂应变表现出明显更高的值。例如，木材衍生二氧化硅的纳米压痕实验表明，各向异性结构微孔的存在增强了材料的延展性指数，这是分层纳米材料结构导致的。同样，通过获得的微孔性，这种分层的木材衍生二氧化硅的韧性得以提高，因为该材料可以通过孔隙的不可逆塌陷来消耗更多的能量。微观结构-性能关系的取向依赖性对于发展先进的各向异性轻质结构材料具有重要意义，受生物启发的光学科学是一个相对较新且正在扩展的领域，例如，由天然细胞模板（例如木材）加工而成的具有层次结构的光学材料非常吸引人，因为它们可能在短时域内显示出更高的灵敏度、更高的空间分辨率以及加速的信号处理能力。具有单向细胞微观结构的生物模板化荧光粉材料对于高分辨率屏幕和成像设备非常有用，这是因为生物模板的分层细胞组织为无机荧光粉光学材料的尺寸、形状和取向提供了合适的微环境，可以表现出持久的磷光或光激发发光(PSL)，因此是光子衍生能量积累和储存的潜在材料[34]。特别是 esp 模式的 PSL 荧光粉生物模板材料对高分辨率屏幕和生物医学成像设备具有吸引力，这些材料在无电力照明、信息存储设备和公共照明停电情况下的安全标签方面也有潜在的应用。

总而言之，由于进化演变过程，自然界提供了大量具有多种细胞微结构的生物材料，将天然组织和解剖的细胞设计转化为与结构和功能工程应用相关的材料组合物，来生成一类新的生物激发的非金属无机材料，是一种非常有吸引力的方法。生物模板是构建复杂的无机材料结构比较合适的合成工具，通过利用木材固有的化学特性并应用先进的木材化学（选择性脱木素、化学功能化、反应前驱体渗透），可以获得力学或光学等性能增强的材料，以及超过 $500m^2 \cdot g^{-1}$ 的高表面积，从而能够从多个长度尺度上的整个层次结构中获得它们的增强性能。

7.3 模板技术制备纳米氧化物功能材料

模板法制备的微纳米氧化物材料具有良好的分散性、特殊且规则的结构以及高比表面积的优势，可以应用于许多领域，例如重金属离子吸附、光催化制氢、能量转换/存储、微/纳米药物载体、传感器、电磁干扰（EMI）屏蔽和催化材料。并且，在某些领域，学者们观察到它们表现出比常规氧化物材料更好的性能。例如，在染料废水的处理中，模板法制备的吸附剂和催化材料的处理效率甚至要远远高于常规样品。学者们阐述了关于无机、有机和生物模板在制备具有特殊形貌的微纳米氧化物材料方面的进展[9]，以及制备的材料作为吸附剂和光催化剂在染料废水处理中的作用。他们总结了模板法制备的氧化物在传感器、药物载体、能源材料等领域的应用。

7.3.1 吸附剂

各种工业废水中金属离子（例如 Cr^{6+}、Pb^{2+}、Ni^{2+} 和 Co^{2+} 等）的浓度通常较高，如果处理不当，将会对河流、农作物和土壤造成危害，并严重威胁人们的健康和安全，由于吸附法的操作非常简单，因此已成为处理金属离子方面最有前途的方法[35]。吸附剂的模板制备目前也成了研究热点，例如，研究人员以简单的有序介孔硅酸盐（KIT-6）为模板，合成了具有高比表面积的纳米有序磁性介孔 Fe-Ce 双金属氧化物（nanosized-MMIC）[36]。并且利用 As(Ⅴ）和 Cr（Ⅵ）的混合溶液研究了纳米 MMIC 吸附剂对重金属离子的吸附能力，结果表明，纳米 MMIC 对 As(Ⅴ）和 Cr(Ⅵ）的最大吸附能力分别为 $111.17mg \cdot g^{-1}$ 和 $125.28mg \cdot g^{-1}$，均比大多数报道的吸附剂的吸附能力高得多。同时，循环测试结果表明，纳米 MMIC 大体上可以保持对 As(Ⅴ）和 Cr(Ⅵ）的吸附能力，因此，优异的循环性能证明了所制备的样品是可以进行实际应用的。

有机染料已经对自然界的水源造成了严重污染，而吸附剂能够有效地将有害物质吸附到表面，然后通过物理、化学或物理-化学方法进行回收，从而达到污水处理和废物回收的效果。通过无机模板法制备吸附材料是一项很有前途的研究，且绝大多数样品具有独特的片状、空心管、空心球或空心立方体结构，它们具有规则的形态、良好的分散性和较高的比表面积，且独特的结构可以提供更多的吸附位，因此它们比普通的吸附剂具有更好的吸附性能。

例如，研究人员以碳酸钙微球和碳酸钙立方体为模板分别制备 ZrO_2 空心微球和 ZrO_2 空心微盒[37]，并将它们作为吸附剂来处理有机染料废水。研究发现，煅烧前的空心立方体样品具有 $247.88m^2 \cdot g^{-1}$ 的高比表面积，比煅烧后的空心立方体（$44.23m^2 \cdot g^{-1}$）和 ZrO_2 微纳米粒子（$122.47m^2 \cdot g^{-1}$）的比表面积要高得多。此外，吸附测试的实验结果表明，在所有样品中，煅烧前的 ZrO_2 空心微盒对刚果红的吸附能力最强，平衡吸附达到 $132.69mg \cdot g^{-1}$。Y. Shao 等人[38]以碳球为模板，通过水热煅烧工艺合成了具有双孔结构的 Mn_2O_3 立方体（图 7-8），且扫描电子显微镜（SEM）图像显示该前驱体是一个嵌入了许多碳球的立方体结构。随着煅烧过程中碳球的去除，获得了具有大孔径的 Mn_2O_3

立方体，N_2 的吸附-脱附曲线表明，所制备的样品具有 $37m^2 \cdot g^{-1}$ 的高比表面积。染料溶液的吸附实验［图 7-8(a) 和图 7-8(b)］表明，Mn_2O_3 立方体对刚果红具有优异的吸附性能，其在 60min 内吸附量可达 $125mg \cdot g^{-1}$。图 7-8(c) 直观地说明了通过模板法制备的样品由于具有规则的形态和丰富的孔结构而可以提供更多的活性吸附位点，以容纳更多的刚果红离子。

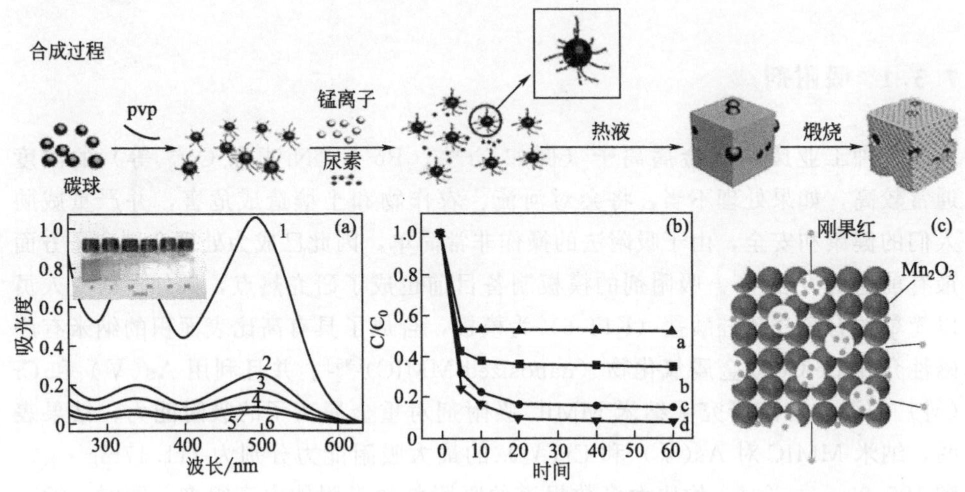

图 7-8　双孔 Mn_2O_3 立方体的制备原理图、染料溶液的吸收光谱和光学图像（嵌入）(A)；C1 Mn_2O_3（线 a）、Mn_2O_3-碳（线 b）、Mn_2O_3-碳（线 c）和 DP Mn_2O_3-碳-PVP（线 d）上去除 CR 的吸附速率（B）；刚果红在样品上的吸附示意图（C）[38]

利用有机模板和生物模板合成的材料在吸附剂领域也很有前途。例如，研究人员以异丙醇铝为铝源，嵌段共聚物 P123 为模板，采用溶胶-凝胶法结合喷雾干燥技术合成了具有高比表面积的磁性介孔 γ-Al_2O_3/$ZnFe_2O_4$ 微型碗[39]。随后以刚果红水溶液为模拟染料废水，研究了介孔 γ-Al_2O_3/$ZnFe_2O_4$ 的吸附性能。结果表明，介孔 γ-Al_2O_3/$ZnFe_2O_4$ 微型碗的最大吸附容量为 $413mg \cdot g^{-1}$，远高于大多数报道的磁性吸附剂。有学者以十二烷基硫酸钠（SDS）为模板，利用一步水热法合成了具有优良吸附性能的三维 MgAl-LDH[40]，合成的球形样品对 MO 和 RhB 的最大吸附容量分别为 $377.89mg \cdot g^{-1}$ 和 $48.29mg \cdot g^{-1}$。另外，吸附动力学拟合结果表明，MgAl-LDH 在染料分子上的吸附是化学吸附过程。在最近的研究中，研究人员以薄页纸为模板，合成了具有改善的吸附性能的分层多孔 $BiOBr/ZnAl_{1.8}Fe_{0.2}O_4$ 吸附剂[41]，他们发现在 550℃下煅烧的样品具有由纳米片组成的花状结构，并且对刚果红染料溶液的最大吸附容量达到

$210.5mg \cdot g^{-1}$，这表明 $BiOBr/ZnAl_{1.8}Fe_{0.2}O_4$ 吸附剂在从污水中去除有机染料方面具有很大的应用价值。

7.3.2 光催化制氢材料

氢是一种可再生的清洁能源，具有很大的潜在应用价值。光催化制氢是一种环保、经济且有前途的技术，例如，G. Tomboc 等人[42]以壳聚糖为模板，经水热处理合成了具有多孔大立方体结构的 Co_3O_4 催化剂，由于壳聚糖模板的作用，合成的 Co_3O_4 具有立方形态和海绵状表面。光催化制氢实验表明，多孔大立方体结构 Co_3O_4(1g) 的产氢速率为 $1497.55mL \cdot min^{-1}$。有学者以二氧化硅胶体为模板，通过冷冻铸造工艺，合成了三模态（微、中、宏观）孔的 $SrTiO_3/TiO_2/C$（STC）异质结构[43]。在该复合材料中，存在的 C 元素在增强光吸收和电荷载流子分离方面起着重要作用。另外，由于硅胶模板的作用，复合样品的壁由具有鳞片褶皱状相互连接的介孔表面组成，整个样品为分层多孔结构。由于这种独特的结构，样品具有较高的比表面积（$300m^2 \cdot g^{-1}$）。结合以上优点，紫外线照射下 $SrTiO_3/TiO_2/C$(1g) 的光催化能力是普通商用催化剂 P25 的 1.5 倍，并且氢产率为 $2.52mmol \cdot h^{-1}$。

7.3.3 能量储存材料

储能材料的开发对于新能源和电极材料的应用是必不可少的。例如，有学者以乙二醇酸钛固体球为模板和钛源，通过简便的溶剂热锌离子交换法成功地合成了 $Zn_2Ti_3O_8$[44]。他们制备的 $Zn_2Ti_3O_8$ 呈球形，具有良好的分散性、均匀的尺寸和约 200nm 的直径。电化学测试结果表明，在 $300mA \cdot g^{-1}$下，作为锂离子电池阳极的 $Zn_2Ti_3O_8$ 实心球的传递能力明显高于 TiO_2 和 $TiO_2/ZnTiO_3$ 实体球。更值得注意的是，在 $2000mA \cdot g^{-1}$ 的条件下经过 1000 次循环后，$Zn_2Ti_3O_8$ 的可逆容量仍可达到 $146.7mA \cdot h \cdot g^{-1}$，$Zn_2Ti_3O_8$ 实心球的优异电化学性能归因于其良好的晶体结构和高度发达的多孔结构。研究人员以小球藻为模板，利用超临界二氧化碳流体合成了小球藻/SiO_x 微球，然后利用小球藻对重金属离子的生物吸附能力将 MnO 嵌入小球藻/SiO_x 微球中，从而形成小球藻/SiO_x 微球/MnO_2 产品（图 7-9）[45]。随后，将小球藻/SiO_x 微球/MnO_2 产品的表面涂上有机物（聚苯乙烯和二甲基甲酯），并在氮气的气氛下煅烧，以获得具有良好的循环稳定性和高倍率性能的锂离子负极电池材料 C/MnO/SiOC。

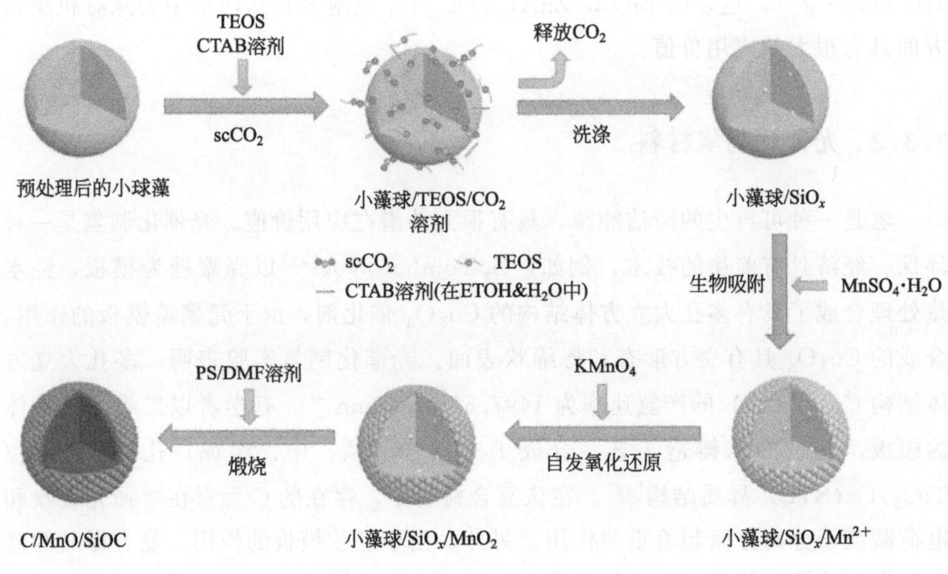

图 7-9　C/MnO/SiOC 复合材料合成工艺示意图[45]

7.3.4　药物载体

具有特殊结构的微纳米材料在医学领域中的应用同样不可忽视。一些无机物、有机化合物和石墨烯材料是无毒无害的，它们可以用作人体中的药物载体，并且不会损害人体的正常机能。近年来，许多研究都集中于特殊结构氧化物材料在生物医学中的应用，例如抗癌药物、抗菌药物以及以可控的速率释放药物。其中，抗菌药物成为运动员常用的治疗药物，在运动损伤中，很多关节疾病属于无菌感染，也就是说患处并没有细菌的直接作用，也出现了炎症。肌酸激酶（creatine kinase，CK）的活性变化是评定肌肉承受刺激和了解骨骼肌微细损伤及疲劳恢复的主要生化指标之一，也是教练员在训练过程中调节训练强度的依据之一。研究人员在监控训练负荷的过程中发现，服用抗菌药物能引起 CK 值的大幅度增高，例如，张和莉与潘建武等人通过对四川省一名优秀皮划艇运动员训练中急发右下腹疼痛，在使用悉复欢抗菌药物后出现血清 CK 值异常升高的病例进行分析研究，探讨了喹诺酮类抗生素对血清肌酸激酶的影响，为科研人员和教练员运动训练中的生化监控提供一定指导。

S. M. Seyed-Talebi 等人[46]采用一种绿色、经济、简单的方法，以碳球为模板合成了 TiO_2 空心微球，所得到的介孔 TiO_2 空心微球直径小于 200nm，壳厚度约为 40nm。由于制备的 TiO_2 空心微球具有较高的比表面积和丰富的孔结构，因此在空心球中加入庆大霉素后，可作为抗菌药物载体。另外，释放试验的结果表明，释放时间更长，因此所制备的 TiO_2 空心微球具有作为长效药物载体的潜力。在某些情况下，用于制备药物载体的模板通常具有良好的生物相容性，为了在动物或人体中发挥更好的作用，将不会除去模板，而是将其与加载在模板上的纳米粒子一起作用。例如，有学者受模板方法启发，首先以角蛋白为模板合成了金属氧化物 MnO_2（MnNPs@角蛋白）和 Gd_2O_3（GdNPs@角蛋白）纳米粒子，这些金属氧化物纳米粒子具有良好的生物相容性和稳定性。另外，这些角蛋白包裹的纳米粒子作为具有氧化还原反应性药物释放能力的药物载体具有巨大的潜力[47]。

7.3.5 传感器

在一些研究报告中，通过模板法制备的具有特殊结构的氧化物传感器也变得越来越有前途。例如，研究人员以丝素蛋白纤维（SFF）为模板，通过生物矿化策略制备了纳米粒子/氧化锌纳米管（AuNPs/ZnONTs)，与传统的传感器相比，模板法制造的传感器既具有柔性的仿生形态，又具有较高的机械稳定性[48]。AuNPs/ZnONTs 对 H_2O_2 的安培响应实验结果表明，H_2O_2 的催化还原电位正移至 0.05V，极大地避免了其他可能共存物质的干扰。有学者以氧化亚铜为模板，通过牺牲模板法和煅烧工艺成功制备了具有双壳结构的八面体状 CuO/In_2O_3 材料[49]。气敏测量结果表明，与原始氧化铜相比，八面体状 CuO/In_2O_3 作为硫化氢检测材料，具有更强的传感响应和更快的响应/恢复速度。他们认为，其性能增强的主要原因是复合材料的异质结构、电阻调制效应和独特的形貌。

7.3.6 光催化材料

除吸附外，光催化也是处理有机染料废水的常用方法。染料分子降解的第一步类似于吸附，染料分子吸附在材料的表面或周围；然后，在一定波长的可见光或紫外光的照射下，材料价带中的电子迁移到导带，从而形成电子-空穴对。这些电子和空穴可以氧化水中的羟基、自由氧和其他物质，形成活性自由基，这些活性物质可以将有害的染料分子分解为 CO_2、H_2O 和其他无毒物质。另外，光催化剂通常具有优异的再循环性能，这也是处理染料废水一种经济适用的方法。

通过模板法制备的光催化剂具有较高的比表面积和规则的形貌，这些特性可以为光催化剂提供更多的活性吸附位点，促进光催化剂与染料分子的接触，并改善其光催化性能。目前，越来越多的有机和无机模板已被学者用于合成具有各种特殊形态的光催化剂，例如，S. A. H. Juybari 等人[50]以花状 ZnO 纳米棒为自酸蚀模板制备了分级多孔 SnO_2，并证明了其对亚甲基蓝（MB）的光催化作用有效，他们发现，分级多孔 SnO_2 在紫外光下 30min 内对 MB 染料溶液的光催化降解率可以达到 94%。另外，该样品的高光催化活性可以维持 3 个循环，这些研究结果都表明它在实际工业中具有巨大的应用潜力。

有学者以乙二醇为有机模板，制备了 BiOI 分层微球，在 50min 内，BiOI 分层微球对 MB 的光催化降解率达到了 98.09%[51]，该结果表明 BiOI 分级微球是一种具有广阔应用前景的光催化剂。有研究人员以聚醚 P123 嵌段共聚物为模板，合成了具有介孔结构的氧化钨，紫外光下的光催化实验表明，该氧化钨在 200min 内对罗丹明 B($6mg \cdot L^{-1}$) 的降解率可达到 79%。此外，学者们使用改性聚苯乙烯球作为模板，制备了具有空心结构的 $TiO_2@Pt@C_3N_4$ 复合材料（图 7-10）[52]，如图 7-10(a)～图 7-10(c) 所示，合成产物具有优异的分散性、规

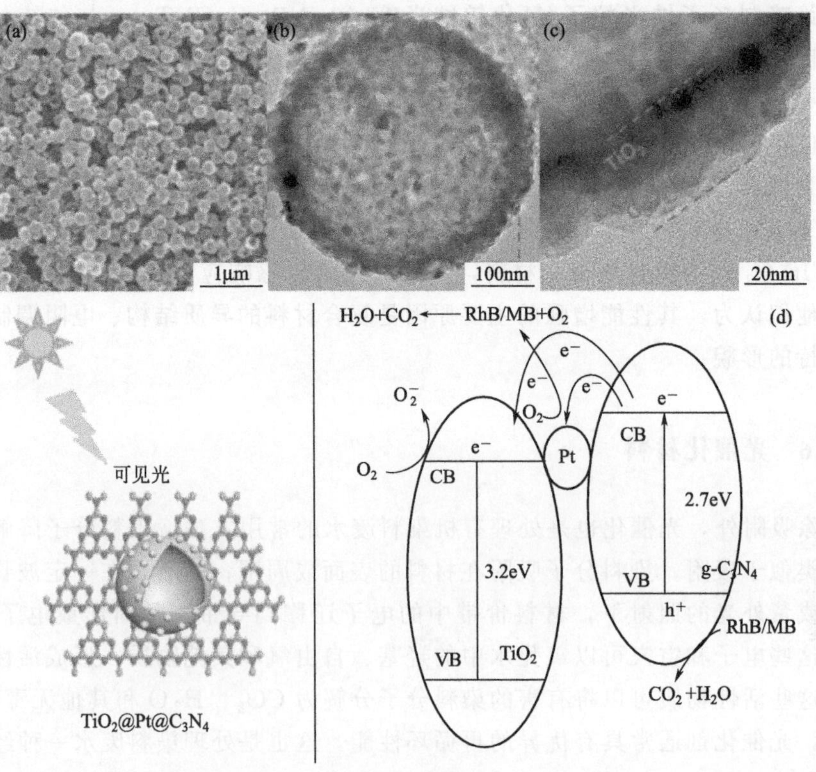

图 7-10 $TiO_2@Pt@C_3N_4$ 空心球的 SEM(a)、TEM 图像（b）和（c）以及光催化机理示意图（d）[52]

则的形貌和球形壁。同时，他们以罗丹明B溶液为模拟染料废水，测定了TiO_2@Pt@C_3N_4复合材料的光催化活性，并将具有空心多壁结构的TiO_2@Pt@C_3N_4复合材料的光催化过程示于图7-10(d)中。他们发现，在固态空心球结构、C_3N_4层和Pt粒子的协同作用下，样品可以更有效地吸附染料离子，并能够通过可见光照射下产生的活性物质将它们降解为CO_2和H_2O等小分子。光催化结果表明，TiO_2@Pt@C_3N_4复合材料对罗丹明B(50mL，$5mg \cdot L^{-1}$)溶液的降解率在90min内可以达到99%。

研究人员以不同分子量的壳聚糖为模板，通过微波水热法合成了具有不同形貌的ZrO_2材料，随着壳聚糖模板分子量的降低，合成样品的形态依次为聚集体、纳米立方体和纳米片，其中，聚集体形貌结构的比表面积最低，为$8.94m^2 \cdot g^{-1}$。当降低壳聚糖模板的分子量后，制得的纳米立方体和纳米片样品的比表面积显著增加，分别为$27.74m^2 \cdot g^{-1}$和$59.96m^2 \cdot g^{-1}$。随后，他们通过光催化测试证明了聚集体、纳米立方体和纳米片样品对罗丹明B的光催化降解率分别为64.4%、72.7%和86.2%。所有样品的化学组成、晶体结构和煅烧温度均相同，但主要区别在于，样品的形貌和结构不同，则其比表面积也不同。

以上结果表明，样品的光催化性能与比表面积密切相关。有学者以酵母为模板，通过沉淀法合成了酵母/$In(OH)_3$前驱体，并通过煅烧工艺成功地制备了In_2O_3空心微球[53]，随后，他们将制备的In_2O_3空心微球用作活性材料，并将其装载到泡沫镍上以形成光电极。染料降解测试结果表明，当偏压为0.5V时，In_2O_3空心微球在4h后对亚甲基蓝的光电催化降解率可达到92.5%，高于其光催化降解率（80.2%）。

具有特殊结构的微纳米氧化物不仅可以用于降解染料分子，还可以用于降解、氧化其他有机物。通过模板法制备的材料通常具有较高的比表面积，可以暴露出更多的活性位点，因此在催化领域具有较高的应用价值。

例如，研究人员以离子液体水微乳液为模板，合成了对环丙沙星（CIP）具有良好光催化降解效果的BiOCl空心材料[54]，结果表明，BiOCl空心材料的比表面积为$31.85m^2 \cdot g^{-1}$，与BiOCl纳米片相比，BiOCl空心材料对环丙沙星和盐酸四环素（TC）的降解表现出显著增强的光催化活性。有学者以新型气泡为模板，通过溶剂热法成功地合成了直径约为300nm的空心$WO_3 \cdot 0.5H_2O$微球。在合成过程中，以EtOH-H_2O混合溶液作为溶剂，以尿素作为发泡剂，随后，$WO_3 \cdot 0.5H_2O$纳米粒子在气泡（CO_2和NH_3）壁的表面上生长，形成$WO_3 \cdot 0.5H_2O$空心微球，最后，通过在200℃下煅烧24h，制得多孔$WO_3 \cdot 0.5H_2O$空心微球。制备的多孔$WO_3 \cdot 0.5H_2O$空心微球(30mg)在苯甲醇被催化降解为苯甲醛的试验中表现出较强的活性，在10h内苯甲醇（2mmol）的转化率可达到99.2%。他们最终得到的结论是，多孔$WO_3 \cdot 0.5H_2O$空心微球的优异催化活性归因于其独特的多孔空心结构和富含羟基的表面。

7.4 木材仿生催化剂环境净化功能

在可持续的社会发展中，生物材料——木材备受人们的关注，但很少能在未经修饰的情况下将其用于先进的应用，因此，设计一种基于环境友好途径的化学策略将木材进行功能化是十分可取的。木材是可再生资源，并且经过长年累月的自然设计和优化，可以承受高负荷并为生物体提供长期的耐用性。木材的高比强度和刚度来源于其管状纤维的各向异性排列和从宏观到纳米的分层结构，管状纤维细胞的细胞壁厚度为几微米，周围的圆柱形孔隙空间（官腔）直径约20μm。细胞壁是在木质素和半纤维素的水合聚合物基质中的一类牢固的、轴向排列的纤维素纳米纤维组成的纳米复合材料，通过化学处理和/或适当的干燥步骤，该细胞壁可以变成纳米孔，而保留了坚固的纳米纤维，这种具有分层孔隙率的各向异性木材结构适合作为一种新型先进生物复合材料中的多孔模板增强材料。这样的生物复合材料不仅可以具有良好的结构性能，并且纳米孔细胞壁结构也可以通过新颖的途径修饰获得更多的木材功能。例如，纳米粒子可以扩散到木材细胞壁中以制备具有特殊结构的纳米催化材料，相比传统的催化材料具有良好的分散性、规则的结构和高比表面积。因此，在染料废水的处理中，模板法制备的吸附剂和催化材料的处理效率高于常规样品。

当直接利用块状木材制备光催化剂时，该方法称为自上向下工艺，此外，通过自上而下（即纳米分解）和自下而上（重新组装）过程，可以将块状木材转变为各种各向同性的重组体（即1D纤维、2D薄膜和3D水凝胶或气凝胶）[55]。更重要的是，与块状木材相比，这些重组体具有更高的机械强度、更大的比表面积和孔体积以及更大的柔韧性。对于重组装机理的描述是，从木材细胞壁上分解下来的纤维素链具有良好的分散性，可以基于各种方法（例如溶剂蒸发和添加抗溶剂）通过氢键相互作用将它们相互重新连接，最终对木材进行重新组装(图7-11)[55]。

形貌是表征材料特性的一个重要参数，尤其是在介孔材料中，形貌、粒径、比表面积和孔结构共同决定了介孔材料的性能，并因此确定它们的应用。例如，介孔薄膜作为薄膜状材料，与其他不同形状的纳米材料相比，在吸附和分离方面具有无可比拟的优势。在光催化领域，光催化活性物质的微观形态也至关重要，因此，在合成过程中控制光催化剂的微观结构是有意义的。以水热合成为

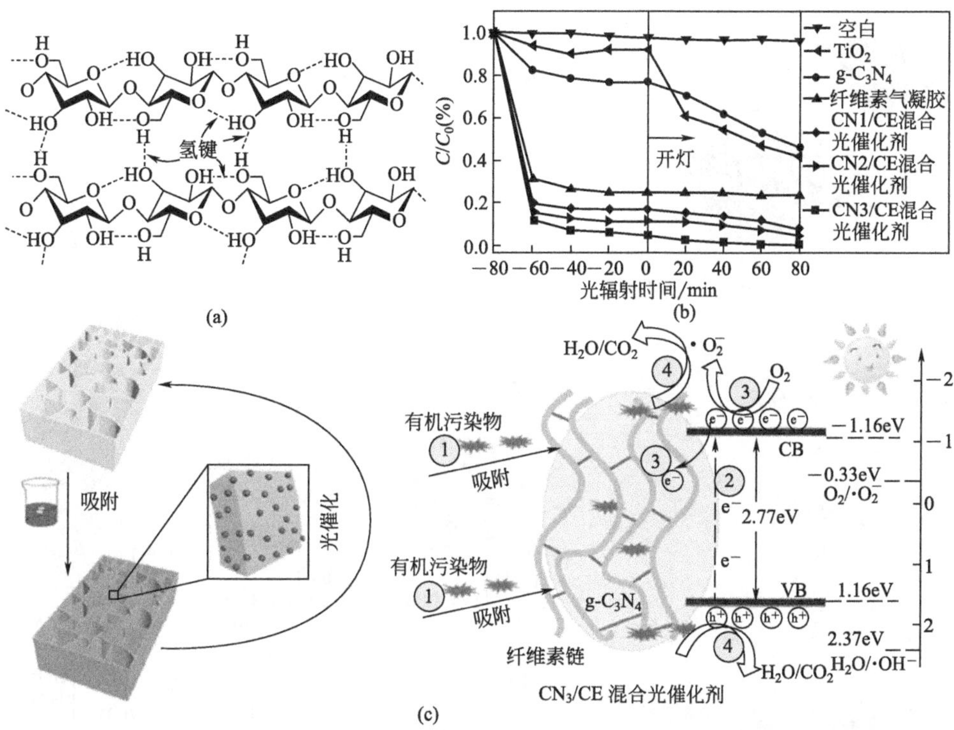

图 7-11 g-C_3N_4/纤维素复合光催化剂对 MB 的去除能力：纤维素链重复单元示意图 (a)；不同样品在可见光照射下的吸附和对 MB 的光催化降解 (b)；用于 MB 降解的 g-C_3N_4/纤维素复合光催化剂的示意图 (c)[55]

例，我们在水热过程中通常会调节各种反应参数，例如 pH 值、反应时间和浓度等，来获取光催化剂不同的形态。例如，学者们采用形态可控的超临界水热法制备了各种 TiO_2 纳米结构[56]，通过在不同 pH 值（即 14.1、13.2 和 12.4）下特定的晶体相生长，可以成功地获得 TiO_2 的多种形态（包括球形、片状和棒状）[图 7-12(a) ～图 7-12(c)]。他们对该机理进行了讨论，得出定向生长与棒的产生有关，并且同一层中原子之间更强的键合相互作用会导致薄片的形成[图 7-12(d)]。

同样，李莹等人[57]在 2018 年使用水热法合成了一种木质基钼酸铋光催化剂(W-BMO)，他们通过用 NaOH 水溶液调节 pH 值，可以很好地控制 W-BMO 的微观形貌。当 pH 值从 5 增加到 9 时，W-BMO 的晶体形貌从微球逐渐变为立方晶体［图 7-13(a)］。此外，如图 7-13(b) 所示，不同晶体形貌的 W-BMO 对 RhB 的降解效果也不同，光照之前，W-BMO-6 由吸附引起的 RhB 降解可能达到 37%，当 pH 值为 6 时，W-BMO 样品的光降解效率最高，光照 60min 后 RhB

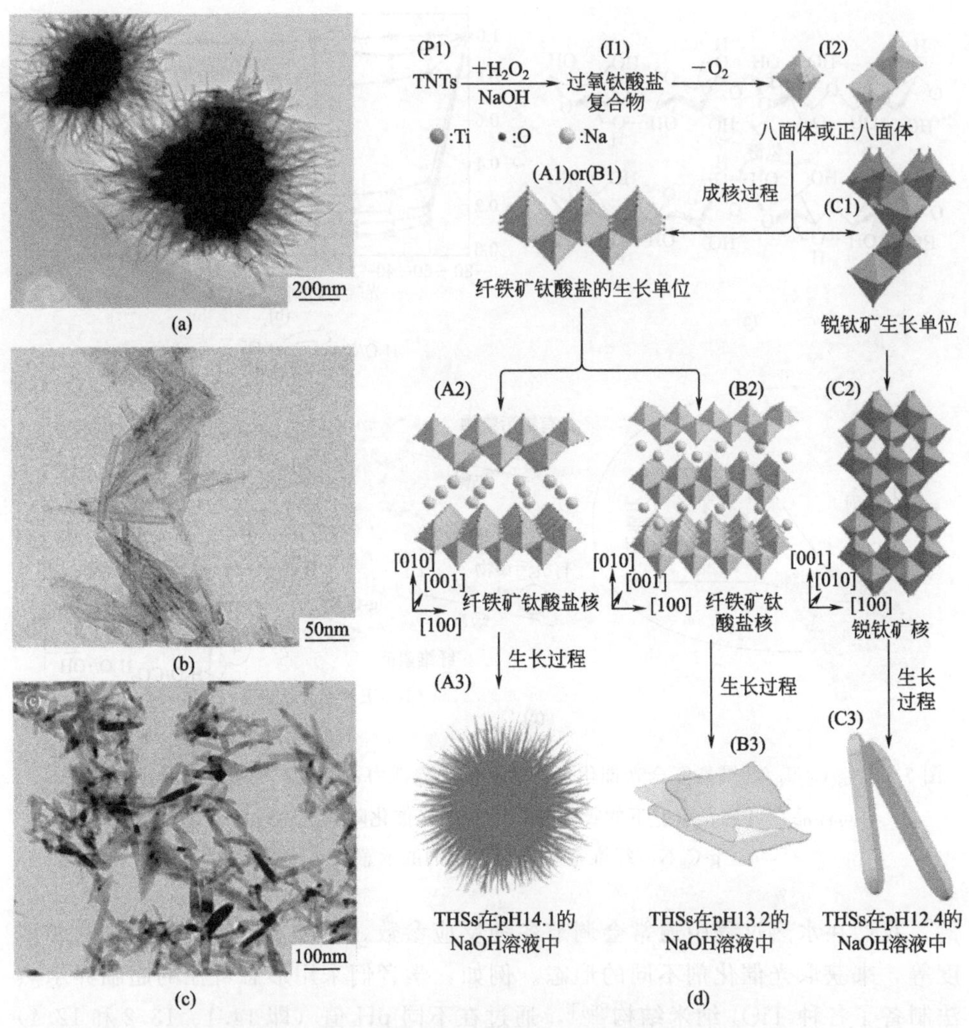

图 7-12　通过微形态控制提高了 TiO_2 纳米结构的光催化活性：THS、TNS 和 ANRs 的 TEM 图像（a）～（c）；不同 TiO_2 纳米结构的形成机制（d）[56]

的降解率接近 99%。他们认为，该突出的特性是因为在 pH＝6 时形成的晶体形貌具有最大的孔体积，可以提供更多的表面活性位点，有助于改善光催化活性。W-BMO 和 Bi_2MoO_6 样品的光吸收特性通过 UV-Vis 漫反射光谱（DRS）进行评估，图 7-13(c) 表明两个样品的光谱具有几乎相同的形状，在可见光范围内，较强的光吸收表明该复合氧化物在该光范围内具有光响应活性，此外，还可以观察到吸收强度随 pH 值的变化而变化。

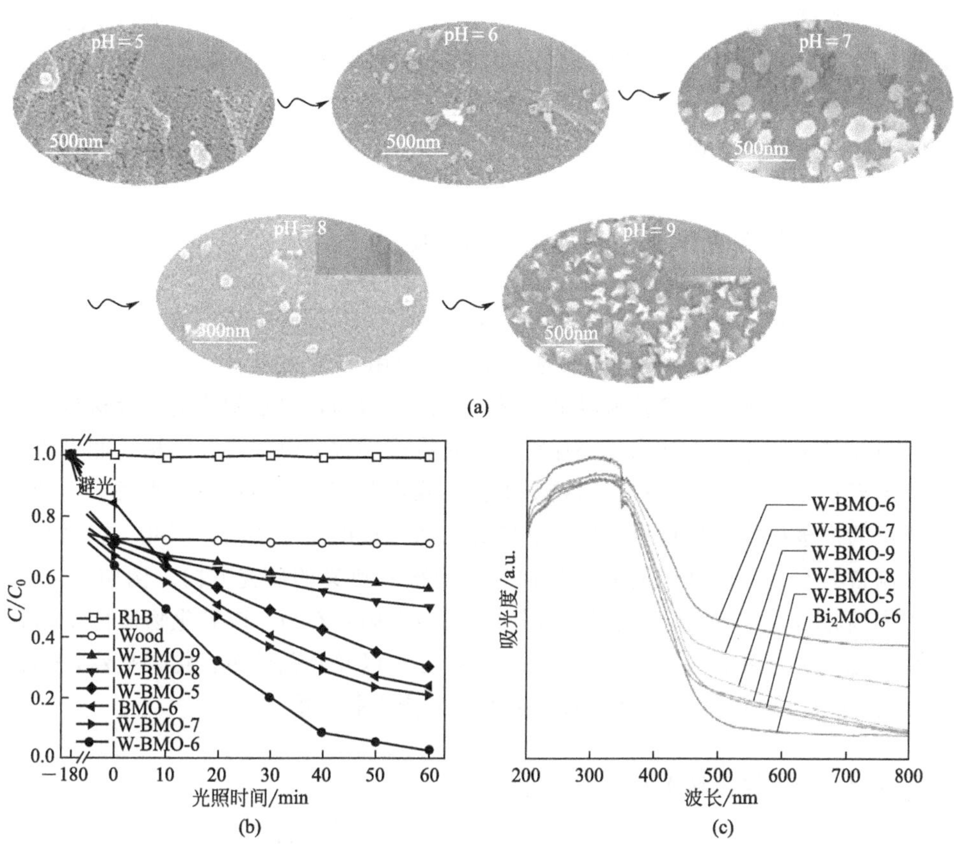

图 7-13　通过微形态学控制来改进 W-BMO 的光催化性能：不同 pH 值下 W-BMO 样品的 SEM 图像（a）；不同样品对 RhB 的光催化降解效率（b）；UV-Vis DRS（c）[57]

在 2017 年，研究人员使用微波辅助水热技术制备了木质纤维素/ZnO 前驱体，然后将其热转化为 ZnO/碳复合材料[58]，通过在 N_2 中煅烧，纤维素变成无序的碳颗粒，并且 ZnO 晶体紧密地附着在碳表面上。当 Zn^{2+} 的浓度为 0.02mol・L^{-1} 时，产生了纳米花状的 ZnO 晶体；当 Zn^{2+} 的浓度增加到 0.06mol・L^{-1} 时，会获得更高的结晶度。当 Zn^{2+} 浓度为 0.02mol・L^{-1} 和 0.06mol・L^{-1}时制备的复合材料对亚甲基蓝（MB）的降解率分别为 74.49%和 96.67%（紫外光光照 240min），对 RhB 的降解率分别为 52.93%和 55.61%，因此，证明了 Zn^{2+} 浓度为 0.06mol・L^{-1}倾向于获得更高的活性。有学者采用一种简便的热压方法来制备聚乙烯/纳米 ZnO/木纤维（PZW）复合材料，随着 ZnO 含量的增加，复合材料的表面颜色从 PZW0(0%ZnO) 到 PZW4(8%ZnO) 逐渐褪色。而且，随着 ZnO 含量的增加，复合材料的表面微观形貌逐渐变得粗糙。通过光催化实验可以证明，在紫外光照射 300min 后，PZW4 对 MO 的降解效果最好（约 84%），表明较高的 ZnO 含量提高了其光催化活性。除了上述方法外，还有其他一些方法（例如磁控溅射和化学镀层），它们还能够通过控制光催化剂的微观形貌来调节光催化性能。

7.4.1 木材仿生光催化剂水污染净化功能

多孔材料因具有丰富的孔隙结构在环境净化领域显示了良好的应用前景[59,60]，学者们已经将多孔材料的特殊形貌应用到工业催化中，并取得了阶段性成果。模板法是制备多孔材料最常见的方法，然而，目前常用的模板材料其成本较高并且不环保。木材属于环保材料，具有多层次、分级多孔结构，如果将木材的废弃物，如木块、木片、木粉等进行回收再利用，不但可以获得成本更低且更环保的模板材料，还可以降低木材废弃物所造成的环境负荷，因此，以木材为模板制备具有特殊孔结构的光催化剂是当前很有意义的研究方向。例如，Liu Z 等人[61]利用木材模板法合成了具有分级多孔结构的 ZnO，该氧化物遗传了木材独特的孔结构，具有包括 0.1～1μm 的大孔分布以及介孔分布，结果显示，相比常规的 ZnO，分级多孔 ZnO 具有更强的紫外光吸收性能。

7.4.1.1 木材模板技术制备光催化剂

近年来，由于木材的高丰度和可持续性以及这些材料的高反应活性和独特的结构特征，木材纳米技术在光催化降解水生环境中的有机污染物方面受到了广泛的关注。在此，来自东北林业大学的学者选择杨木木粉为木材模板，首先对模板进行抽提预处理，目的是将纹孔中的杂质除去，在后续模板浸渍过程中提高溶液的流动性。其次，将预处理后的木材模板直接添加到钼酸铋的前驱体溶液中进行水热反应，通过模板来控制无机物前驱体晶粒的有序生长，得到钼酸铋/木材模板的复合体系，随后在氧气的气氛下焙烧，通过氧化作用去除木材模板，最后制备出具有木材特殊孔结构的钼酸铋 W-Bi_2MoO_6。随后利用一系列表征技术分析了 W-Bi_2MoO_6 与常规的 Bi_2MoO_6 在形貌、结构、表面性能、光吸收性能、电化学性能等方面的差异，研究了其在光催化降解有机染料废水方面的性能。

7.4.1.2 基本表征技术

研究木材模板制备的光催化剂结构和性能的基本表征技术包括：①扫描电子显微镜（scanning electron microscope，SEM)；②能量色散 X 射线光谱（energy dispersive X-ray spectroscopy，EDS)；③透射电子显微镜（transmission electron microscope，TEM)；④X射线衍射（diffraction of X-rays，XRD)；⑤X射线光电子能谱（X-ray photoelectron spectroscopy，XPS)；⑥拉曼（Raman）光谱；⑦红外光谱（infrared spectroscopy，FT-IR)；⑧氮气吸附-脱附等温线（N_2 adsorption-desorption isotherm）和比表面积测试（Brunner-Emmet-Teller，BET)；⑨紫外-可见漫反射（diffuse reflectance spectrum，DRS)；⑩光致发光（photoluminescence，PL）光谱；⑪光电流（photocurrent）等。

7.4.1.3 木材模板调控光催化剂的形貌

来自东北林业大学的学者以钼酸铋为例来研究木材模板对光催化剂形貌的调控，学者们利用SEM图像观察其形貌，并使用EDAX进行元素分析（图7-14)。

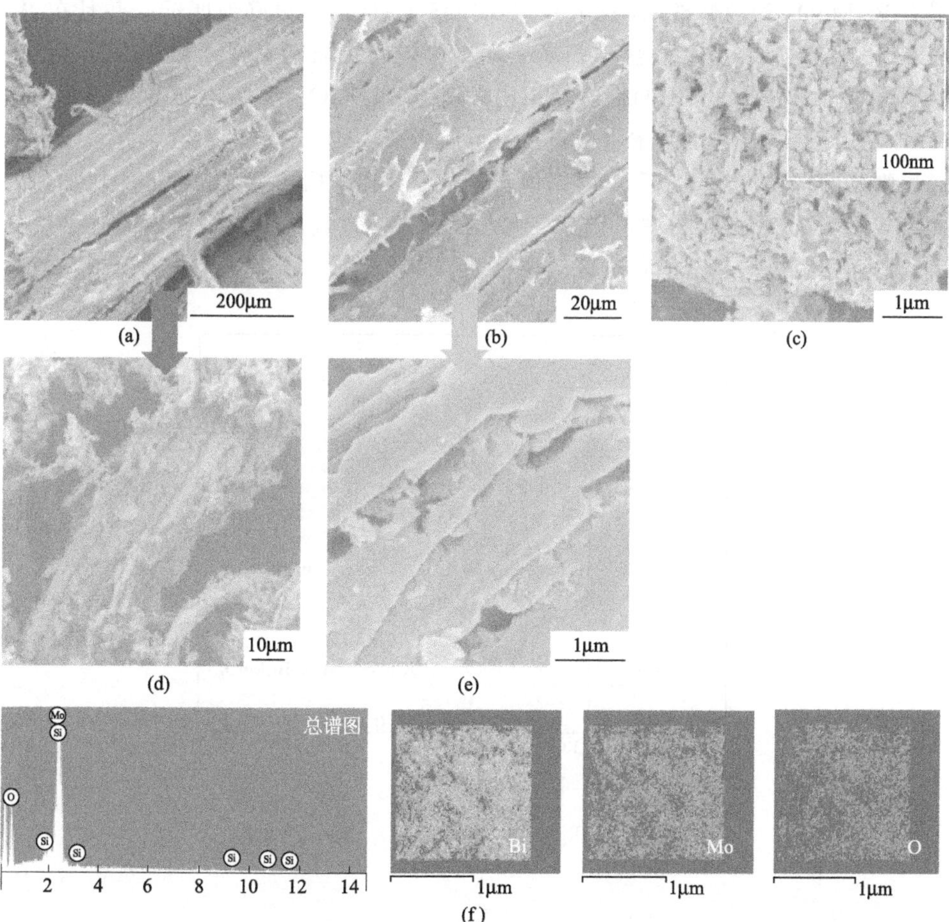

图7-14 木粉（a）和（b)、Bi_2MoO_6(c）以及W-Bi_2MoO_6（d）和（e）的SEM图像和W-Bi_2MoO_6的EDS能谱图和FESEM图像（f）

如图 7-14(a)、图 7-14(b)、图 7-14(d)、图 7-14(e) 所示，木材模板法制备的 W-Bi_2MoO_6 较完整地将木粉的形貌复制了下来，可以观察到沿轴向断裂的片状结构，体现了木材的结构特征。图 7-14(f) 显示了 W-Bi_2MoO_6 的 EDS 光谱，结果表明，所制备的 W-Bi_2MoO_6 仅由 Bi、Mo 和 O 元素组成，没有检测到源自木材的碳元素。此外，如图 7-14(c) 所示，常规的 Bi_2MoO_6 并没有体现出木材的形貌特征，只是大量随机取向的纳米片团聚在一起。

7.4.1.4 木材模板调控光催化剂的基本结构

来自东北林业大学的学者利用 XRD 谱图记录了 W-Bi_2MoO_6 的晶相，如图 7-15所示，常规的 Bi_2MoO_6 与 W-Bi_2MoO_6 出现的所有衍射峰都可以与斜方晶系 Bi_2MoO_6 相的标准 XRD 卡片（JCPDS 77-1246）很好地匹配，并且在 W-Bi_2MoO_6 的谱线中并未观察到归属于木材模板的特征衍射峰。此外，还可以观察到，源自 W-Bi_2MoO_6 的衍射峰相比常规的 Bi_2MoO_6 均略向 2θ 更低的角度偏移，且强度减弱。这说明木材模板技术可能会减小纳米粒子的粒径，并且发生了晶格膨胀的现象。对于多孔材料来说，若存在大孔结构，则其晶面间距增加，因此，W-Bi_2MoO_6 的结构中可能存在大孔分布，导致其原子间距离即晶胞参数变大，进而衍射峰向较低的角度区域位移。

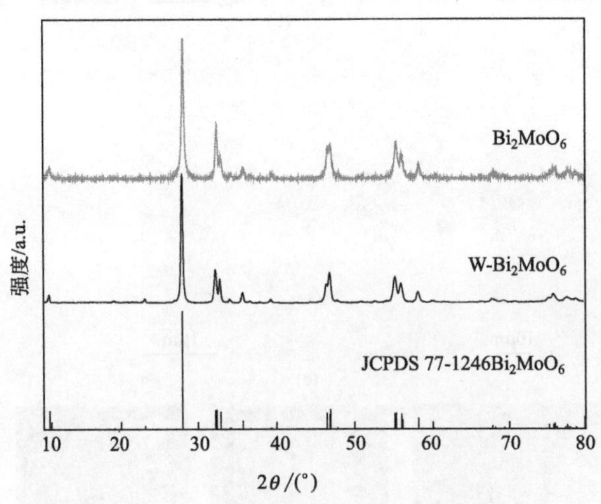

图 7-15 W-Bi_2MoO_6 和 Bi_2MoO_6 的 XRD 图谱

7.4.1.5 木材模板调控光催化剂的电子跃迁

来自东北林业大学的学者利用拉曼测试研究了木材模板对光催化剂电子跃迁

的调控。如图 7-16 所示，对于常规的 Bi_2MoO_6，出现在 388.2cm^{-1}处的拉曼峰归属于 Bi—O 键的拉伸振动模式；峰值位于 447.0cm^{-1}处的拉曼峰归因于 Mo—O—Bi 的振动；而位于 815.6cm^{-1}、898.1cm^{-1}和 948.3cm^{-1}处的拉曼峰代表 MoO_6^{2-} 八面体中 Mo—O 键的拉伸振动。在 W-Bi_2MoO_6 中均可以观察到以上这些化学键的拉曼振动峰，然而，与常规的 Bi_2MoO_6 进行峰位置的比较发现，源自 W-Bi_2MoO_6 的拉曼峰均明显向低波数偏移。拉曼波数的降低一方面意味着 W-Bi_2MoO_6 的晶面间距增加，这与 XRD 结果相一致；另一方面也意味着 W-Bi_2MoO_6 结构中化学键力常数的减小、键长的增加以及键能的降低，这种现象通常会发生在分子的电子能级跃迁过程中，因此，拉曼峰的红移证明木材模板提高了光催化剂中光生电子的跃迁概率。

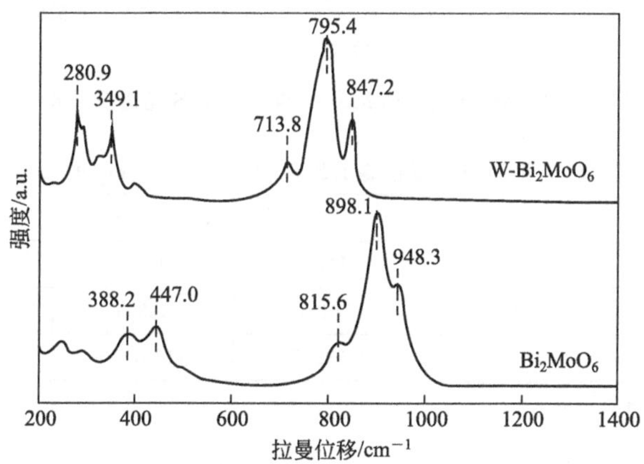

图 7-16 W-Bi_2MoO_6 和 Bi_2MoO_6 的拉曼光谱

7.4.1.6 木材模板调控光催化剂的表面缺陷

来自东北林业大学的学者利用 XPS 测试研究了木材模板对光催化剂表面缺陷的调控。如图 7-17 所示，在 W-Bi_2MoO_6 和 Bi_2MoO_6 的低结合能区和高结合能区分别拟合出晶格氧，标记为“$O_β$”，以及吸附在表面氧空位缺陷上的氧物种（O_2^-、O_2^{2-} 或 O^-），标记为“$O_α$”。W-Bi_2MoO_6 的 O_{1s} 结合能相比常规的 Bi_2MoO_6 略有降低，这表明在木材形貌的复制过程中可能向钼酸铋中引入了额外的表面氧空位：为了电荷平衡，氧空位的存在会使得局域的电子态密度升高，因此导致其 XPS 的价电子能级会相应减小。表 7-1 列出了两种钼酸铋相应的 O_{1s} 曲线中每个拟合峰的峰面积以及 $O_α$ 与 $O_总$ 的峰面积比，$A_{O_α}$: $A_{O_总}$ 的值对应于表面氧空位缺陷的相对含量比，其含量高低顺序如下：Bi_2MoO_6（45%）＜W-Bi_2MoO_6（57%）。该结果证明，相比常规的 Bi_2MoO_6，木材模板技术制备的光催化剂具有更高的表面缺陷含量。

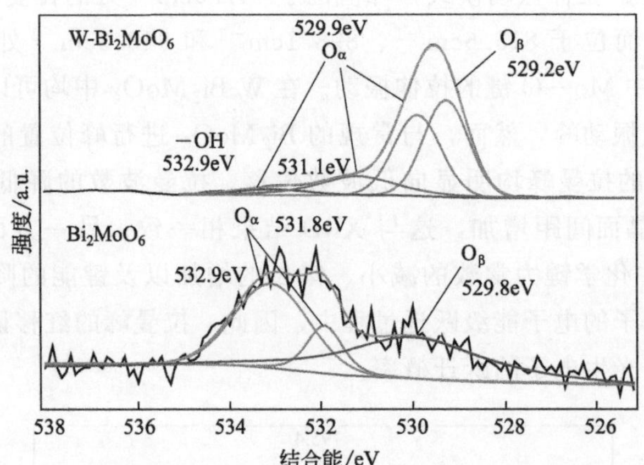

图 7-17 W-Bi_2MoO_6 和 Bi_2MoO_6 的 O_{1s} XPS 光谱及其拟合曲线

表 7-1 O_{1s} 曲线的相应拟合峰的峰面积以及 O_α 与 $O_{总}$ 的峰面积比

光催化剂	O 物种峰面积及峰面积比[a]			
	O_2^-	O_2^{2-}	O^{2-}	$(O_2^-+O_2^{2-})/O_{总}$
Bi_2MoO_6	520.5	184.1	868.4	0.45
W-Bi_2MoO_6	17945.5	36635.75	41681.05	0.57

[a] 根据 XPS 数据计算得出。

7.4.1.7 木材模板调控光催化剂的孔结构

来自东北林业大学的学者利用孔径分布和 BET 比表面积测试研究木材模板技术对光催化剂孔结构的影响。以钼酸铋为例，W-Bi_2MoO_6 和 Bi_2MoO_6 的 N_2 吸附-脱附等温线如图 7-18(a) 所示，很明显，两种钼酸铋显示出不同的吸附行为：常规的 Bi_2MoO_6 代表了典型的介孔材料，其吸附行为对应着Ⅳ型吸附等温线，具有 H3 型迟滞环，说明发生了毛细管凝聚现象；而 W-Bi_2MoO_6 则显示出大孔材料的特征，其吸附行为转变为Ⅱ型吸附等温线，这是由孔径大于 50nm 的大孔导致的，最显著的特征就是迟滞环几乎完全消失，很难观察到毛细管凝聚现象。根据 Seaton 的渗流理论，迟滞环是由孔的连通性导致的：孔的连通性越高，充满蒸汽的孔越容易形成簇，因此迟滞环越窄。此外，如图 7-18(b) 所示，W-Bi_2MoO_6 和 Bi_2MoO_6 的平均孔径分别集中在 5nm 和 13nm。以上结果证明，木材模板技术制备的光催化剂遗传了木材独特的孔结构，具有介-大孔分布以及较高的孔隙连通性，主要体现了大孔结构特征。

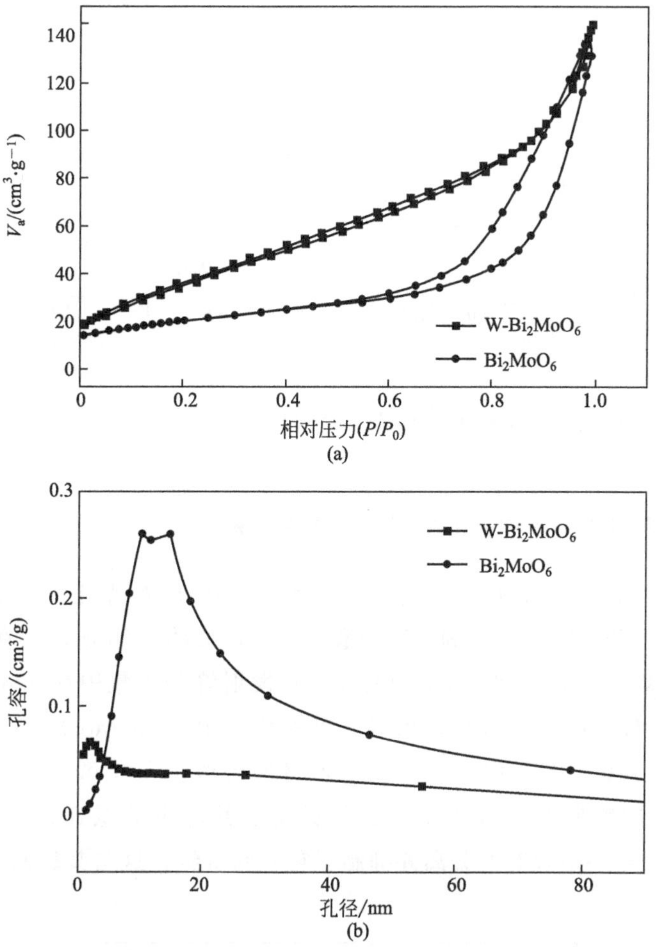

图 7-18 Bi_2MoO_6 和 W-Bi_2MoO_6 的 N_2 吸附-脱附等温线图（a）和孔径分布图（b）

7.4.1.8 木材模板调控光催化剂的光吸收性能

来自东北林业大学的学者利用紫外-可见漫反射光谱研究了木材模板对光催化剂光吸收性能的影响。以钼酸铋为例，如图 7-19 所示，两种钼酸铋的吸收带边缘均大于 400nm，这意味着它们均可以被可见光驱动，很明显，相比常规的 Bi_2MoO_6，W-Bi_2MoO_6 吸收带的最大吸收峰波长发生红移并且其带隙能降低了 0.28eV。结果证明，木材模板制备的 W-Bi_2MoO_6 具有改善的光吸收性能。

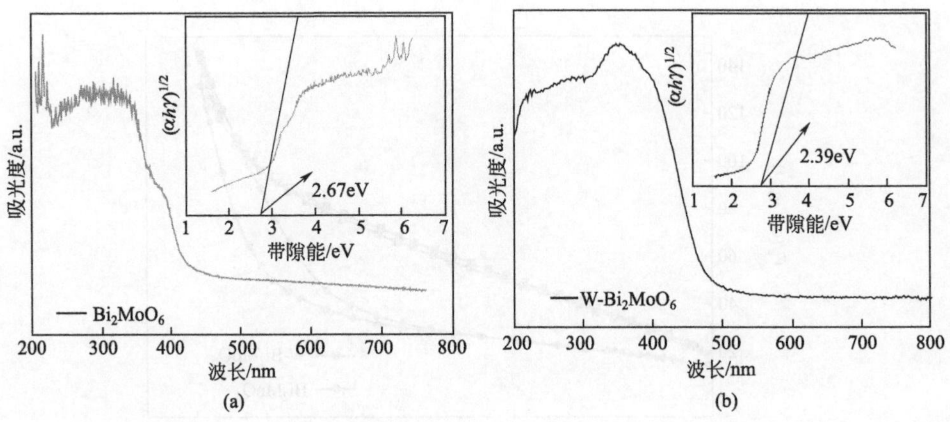

图 7-19 Bi_2MoO_6(a) 和 W-Bi_2MoO_6(b) 的紫外-可见漫反射光谱

7.4.1.9 木材模板调控光催化剂的载流子分离

来自东北林业大学的学者利用光致发光（PL）光谱研究了木材模板对光催化剂载流子分离能力的影响。以钼酸铋为例，如图 7-20 所示，在 320nm 的波长激发下，W-Bi_2MoO_6 和 Bi_2MoO_6 的 PL 发射峰分别集中在 426nm 和 411nm 处，并且 W-Bi_2MoO_6 的 PL 发射峰强度相比常规的 Bi_2MoO_6 明显降低，表明其载流子的分离速率更快。原因在于木材形貌改变了钼酸铋的电子结构，使 W-Bi_2MoO_6的禁带宽度减小了，因此提高了其电子的跃迁概率，促进了 W-Bi_2MoO_6 中电子-空穴对的分离并抑制了它们的重组，这与其较高的光吸收性能相对应。

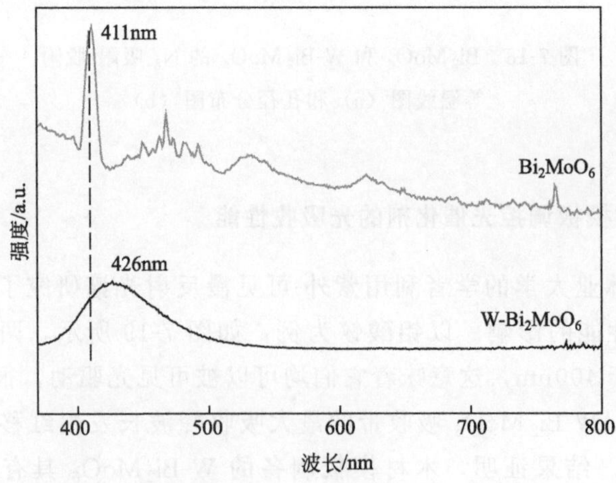

图 7-20 在 320nm 的波长激发下，Bi_2MoO_6 和 W-Bi_2MoO_6 的 PL 光谱

7.4.1.10 木材模板调控光催化剂的电化学性能

来自东北林业大学的学者利用光电流响应测试评估木材模板对光催化剂电化学性能的影响，较强的光电流响应信号同时也对应于较快的电子-空穴对分离速率。以钼酸铋为例，如图 7-21 所示，相比常规的 Bi_2MoO_6，W-Bi_2MoO_6 的光电流信号强度明显增强，这进一步证明了 W-Bi_2MoO_6 内部的电子-空穴对发生了快速分离，从而降低了输入光的时间响应。

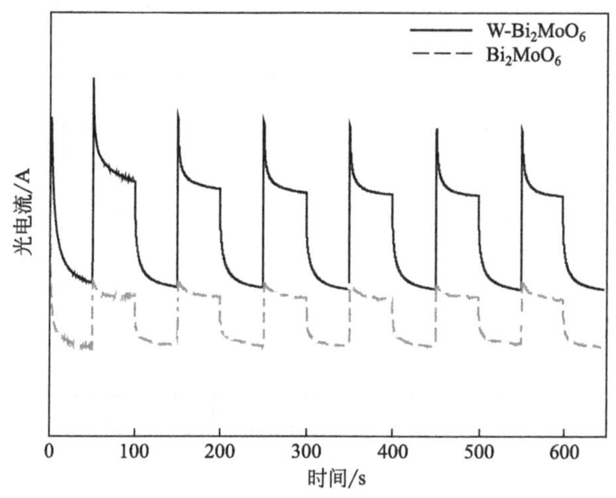

图 7-21 W-Bi_2MoO_6 和 Bi_2MoO_6 的光电流响应信号

7.4.1.11 木材模板调控光催化剂染料降解性能

来自东北林业大学的学者利用可见光催化降解有机染料罗丹明 B(RhB) 评估了木材模板对光催化剂净化有机染料废水的影响。以钼酸铋为例，如图 7-22(a) 所示，W-Bi_2MoO_6 在 90min 内对 RhB 染料的降解效率达到 94.3%，而常规的 Bi_2MoO_6 仅仅实现了 85.2%的降解效率。W-Bi_2MoO_6 的一级速率常数k 值计算为 0.03682min^{-1}，是常规 Bi_2MoO_6 的 1.7 倍 (0.02079min^{-1})，这证明了木材形貌对于光催化剂获得较高的 k 值非常有帮助。最后对光催化测试后的 W-Bi_2MoO_6 进行简单的过滤、回收和干燥，用于光催化循环测试，如图 7-22(c) 所示，经过四次循环测试，W-Bi_2MoO_6 并没有表现出明显的活性损失，证实了木材模板技术制备的光催化剂具有优异的稳定性，这对其实际应用很重要。

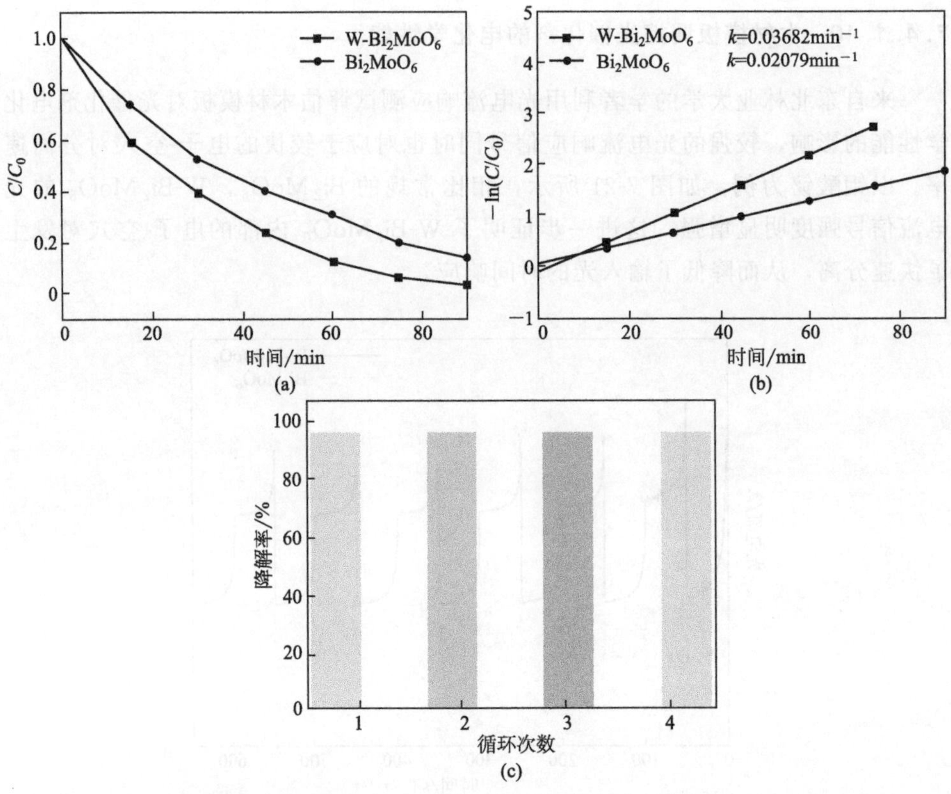

图 7-22　两种钼酸铋化合物光催化剂对罗丹明 B 的可见光催化降解性能（a）；降解曲线的动力学拟合（b）；W-Bi_2MoO_6 的四次光催化循环测试（c）

7.4.2　木材模板光催化剂的应用前景及挑战

过去几年来，由于环境友好性、特殊的结构和性能等优势，学者们在用于水环境中有机污染物光分解的木材和木材衍生催化剂的开发方面取得了重大进展。例如，万才超课题组[55]发表了一篇综述，他们总结了该领域的最新进展，主要集中在木材的层次结构和特征、使用木材或其复合体系设计新型光催化剂的策略以及有效的方法（包括金属元素掺杂、形貌控制和半导体偶联等方面），目的是提高光催化活性。多年来，经过许多研究人员的不懈努力，目前已经通过各种制备方法构建了多种木材衍生的光催化剂，毫无疑问，绿色、高性能和可回收型木材衍生光催化剂的开发仍将是未来研究的重点。尽管木材或其重组体（例如 1D 纤维、2D 薄膜和 3D 多孔凝胶）已成功地被应用于创建一系列用于降解有机污染物的高级光催化剂，但仍需要解决一些问题：

(1) 新型木材衍生的基材

基材的孔隙率及其表面基团含量严重影响纳米材料的负载和均匀性，这对于木材衍生的光催化剂的光催化活性、吸附能力和可回收性至关重要。因此，创建新的策略来调整木质基材的孔结构（如孔径和孔隙率）非常有意义。另外，还需要注意机械强度，而且，必要的改性处理（例如嫁接、共聚和和羧化作用）对于纳米材料在基材表面上的稳定性是有益的。

(2) 增强催化活性的新途径

可见光光催化活性在光催化剂的使用和普及中起着决定性的作用。除了列出的三种典型方法（即金属元素掺杂、形态控制和半导体耦合）以外，其他方法（例如引入氧缺陷和进行表面敏化）也可以通过以下方法来改善木材衍生的光催化剂的光催化活性，即减小半导体的带隙并降低电子-空穴的复合概率。

(3) 大规模生产

尽管光催化剂的合成在过去十年中已经成熟，但是木材衍生的光催化剂的制备仍处于实验室规模，目前仍然难以大规模生产具有高均匀性的木材衍生的光催化剂。因此，未来的工作应该更加重视开发新的方法和设备，以简化木质基材的合成过程以及随后与纳米材料的整合过程。更重要的是，所涉及的生产成本应尽可能降低到最低水平。

7.4.3 木材仿生脱硝催化剂大气污染净化功能

空气污染直接影响人类健康，全世界每年有数十万人因大气污染而丧生，其中，源自移动和固定污染源排放的氮氧化物（NO_x）是尤为严重的问题。氨气（NH_3）选择性催化还原 NO_x（NH_3-SCR）因具有环境友好、转化高效等优势被广泛应用于脱硝技术领域，常见的脱硝催化剂［例如 V_2O_5-WO_3（MoO_3）/TiO_2］虽然具有较好的脱硝性能，在工业中也得到了实际应用，然而，这类催化剂往往具有毒性，并且在低温下（300～400℃）活性较差，因此，目前迫切需要开发在低温条件下具有较高催化活性的环境友好型脱硝催化剂。

多孔结构的催化剂更可能拥有大的比表面积和丰富的表面氧空位缺陷，因此，脱硝催化剂的多孔结构在 NH_3-SCR 反应中起着关键的作用。受自然界的启发，使用生物模板法开发具有多孔结构的脱硝催化剂是新颖且有意义的，这是一种模仿天然生物独特结构和形态的人工偶联技术，也可以称为遗态转化工艺。在各种生物体中，天然木材因具有特殊的串-并联分级多孔结构、资源丰富、低成本、可再生等优势而成为一类适合大规模制备的模板材料，因此，基于木材模板制备的催化剂在催化领域具有广阔的应用前景。但是，直到 2000 年，这类研究才逐渐发展起来，例如，李坚院士课题组以杨木为模板制备了多孔结构的 TiO_2

光催化剂，相比常规的 TiO_2，这种多孔 TiO_2 具有更高的光催化活性；张迪等人以木材为模板合成了分级多孔结构的 Fe_2O_3，结果显示，相比常规的 Fe_2O_3，这类材料遗传了木材独特的孔结构，具有显著提高的气敏性能。然而，目前具有木材结构体系的脱硝催化剂在 NH_3-SCR 反应系统中的潜在应用依然鲜有报道。

7.4.3.1 木材模板技术制备脱硝催化剂

天然木材中的阔叶树材，其导管壁上具有纹孔结构（绝大多数树种为互列纹孔，如杨树），然而，这些纹孔通常被纹孔膜、侵填体、树胶等组织堵塞，严重影响了木材的网络连通性。来自东北林业大学的学者选择杨木木片为木材模板，首先对模板进行抽提预处理，目的是将纹孔中的杂质除去，在后续模板浸渍过程中提高溶液的流动性，对实验进行优化。其次，将预处理后的木材模板直接添加到铈锆复合氧化物的前驱体溶液中进行络合反应，通过模板来控制无机物前驱体晶粒的有序生长，得到铈锆复合氧化物/木材模板的复合体系，随后在氧气的气氛下焙烧，通过氧化作用去除木材模板，最后制备出具有木材分级多孔结构的铈锆复合氧化物 W-$Ce_{0.7}Zr_{0.3}O_2$（如图 7-23 所示）。随后利用一系列表征技术阐明了 W-$Ce_{0.7}Zr_{0.3}O_2$ 的形成机理，通过科学实验评估了 W-$Ce_{0.7}Zr_{0.3}O_2$ 与常规的 $Ce_{0.7}Zr_{0.3}O_2$ 在形貌、结构、表面性能、还原性能、储氧能力以及对反应气体吸附性能等方面的差异，重点讨论木材结构对脱硝性能的影响机制。

(a)

(b)

(c)

(d)

图 7-23 每个实验步骤的样品照片

7.4.3.2 基本表征技术

研究木材模板脱销催化剂的结构和性能基本表征技术包括：①扫描电子显微镜（SEM）；②场发射扫描电子显微镜（FESEM）；③X 射线光谱仪（EDAX）；④透射电子显微镜（TEM）；⑤热重分析（TGA）；⑥电感耦合等离子体光谱(inductively coupled plasma，ICP)；⑦X 射线衍射（XRD）；⑧傅里叶变换红外光谱仪（FT-IR）；⑨孔径分布和比表面积测试（BET）；⑩拉曼（Raman）光谱；⑪X 射线光电子能谱（XPS）；⑫电子自旋共振波谱（electron spin resonan，ESR）；⑬分别对 O_2、NH_3 以及 NO 进行程序升温脱附（temperature programmed desorption，TPD）测试；⑭ H_2 的程序升温还原（temperature programmed reduction，H_2-TPR）测试；⑮原位漫反射红外傅里叶变换光谱测试（in situ diffuse reflectance infrared Fourier transform spectroscopy，DRIFTS）。

在固定床石英微反应器中测量木材模板脱硝催化剂的 NH_3-SCR 性能，在每个测试中，均使用 0.3g、40～60 目脱硝催化剂。反应气体通常包含 $1000\mu L \cdot L^{-1}$ NO、$1000\mu L \cdot L^{-1}$ NH_3、3%O_2 和余量 N_2，总流速为 200mL/min，相应的气体体积空速（GHSV）为 $40000mL \cdot g^{-1} \cdot h^{-1}$，温度从 20℃升高到 400℃。在每个温度点，当达到稳定状态时记录数据，从质谱（QIC-20）中分别测量 NO、NH_3、N_2O 和 NO_2 的浓度，使用式(7-1) 和式(7-2) 计算 NO 转化率和 N_2 选择性：

$$\text{NO 转化率}(\%)=\frac{[\text{NO}]_{in}-[\text{NO}]_{out}}{[\text{NO}]_{in}}\times 100\% \tag{7-1}$$

$$\text{N}_2\text{ 选择性}(\%)=\frac{([\text{NO}]_{in}+[\text{NH}_3]_{in})-([\text{NO}_2]_{out}-2[\text{N}_2\text{O}]_{out})}{[\text{NO}]_{in}+[\text{NH}_3]_{in}}\times 100\% \tag{7-2}$$

7.4.3.3 预处理技术对模板的优化

在阔叶树材中，杨树的导管壁上具有大量的互列纹孔，这些纹孔是流体输送的重要途径。然而，由纤维素和半纤维素组成的天然孔膜以及由油脂等成分组成的浸没组织堵塞了纹孔，严重影响了木材的网络连通性。因此，去除纹孔中的内含物有利于提高浸渍过程中溶液的流通性，确保前驱体纳米粒子完全复制木材的结构。来自东北林业大学的学者以杨木木片为例，利用 SEM 和 FT-IR 测试研究了预处理技术对木材模板的优化。如图 7-24 所示，SEM 图像显示了预处理前［图 7-24(a) ～图 7-24(c)］后［图 7-24(d) ～图 7-24(f)］杨木导管壁上纹孔的形貌，很明显，预处理过程有效地去除了纹孔中的内含物，纹孔结构被打开，这为木材模板的后续浸渍过程提供了充足的准备。

利用 FT-IR 光谱分析预处理前后杨木木片在分子尺度上的差异。如图 7-25 所示，将预处理前后木片模板的红外谱线进行比较，主要观察到三个强度有明显变化的 IR 吸收峰：位于 $2896 \sim 2931cm^{-1}$ 处的 IR 峰可归因于 C—H 键的拉伸振动；位于 $1730 \sim 1738cm^{-1}$ 处的两个 IR 峰对应于 C ═O 键的振动；而位于 $1225 \sim 1243cm^{-1}$ 处的 IR 峰则归因于脂族醚 C—O—C 键的拉伸振动。很明显，相比原始木片，在预处理后样品的红外光谱中可以观察到这些 IR 峰的强度略有降低，表明在预处理过程中，稀氨水提供的碱性环境不但除去了纹孔中的内含物，并且没有破坏木材的原始结构。

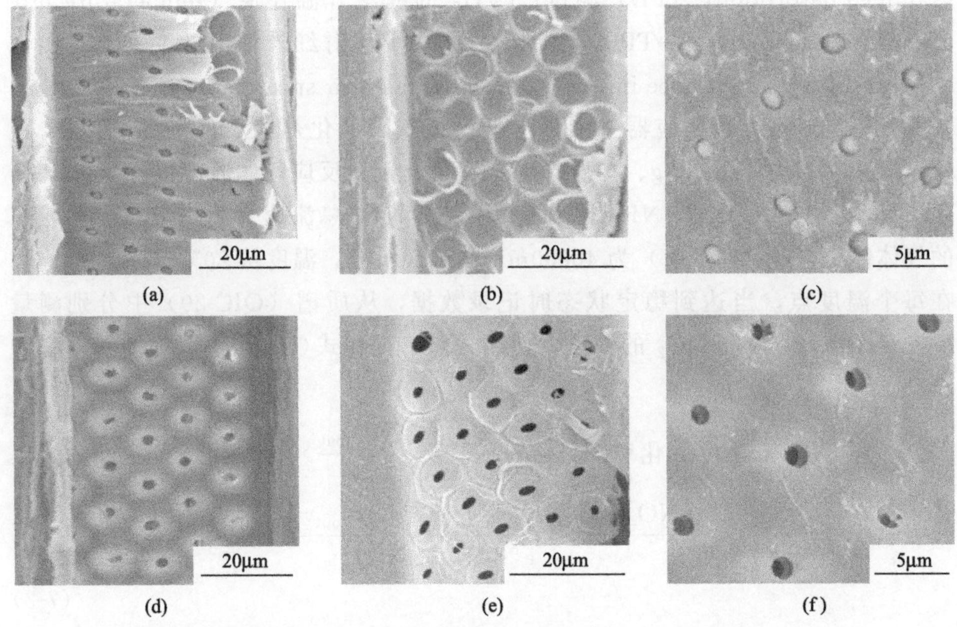

图 7-24　原始木片（a）～（c）和预处理木片（d）～（f）中纹孔的 SEM 图

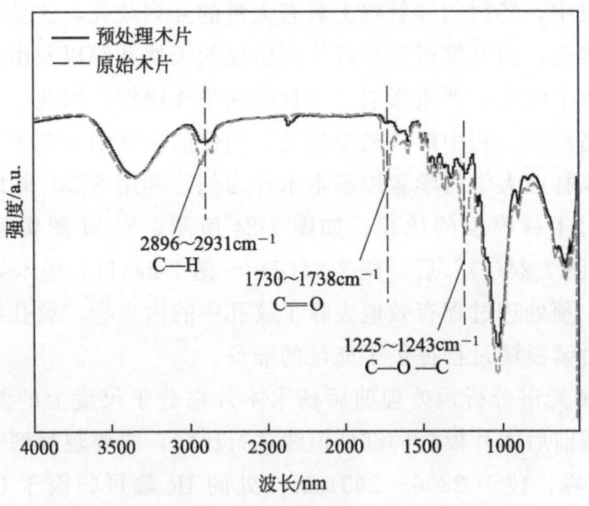

图 7-25　原始木片和预处理木片的 FT-IR 光谱

7.4.3.4　前驱体纳米粒子浸渍

来自东北林业大学的学者利用 SEM 和 FT-IR 测试研究了无机物前驱体纳米

粒子在木材模板中的浸渍。如图 7-26 所示，从图像可以清楚地观察到，在木材的导管壁上，包括上面的纹孔均被一层“物质”覆盖，检测到了碳、氧、铈和锆元素。

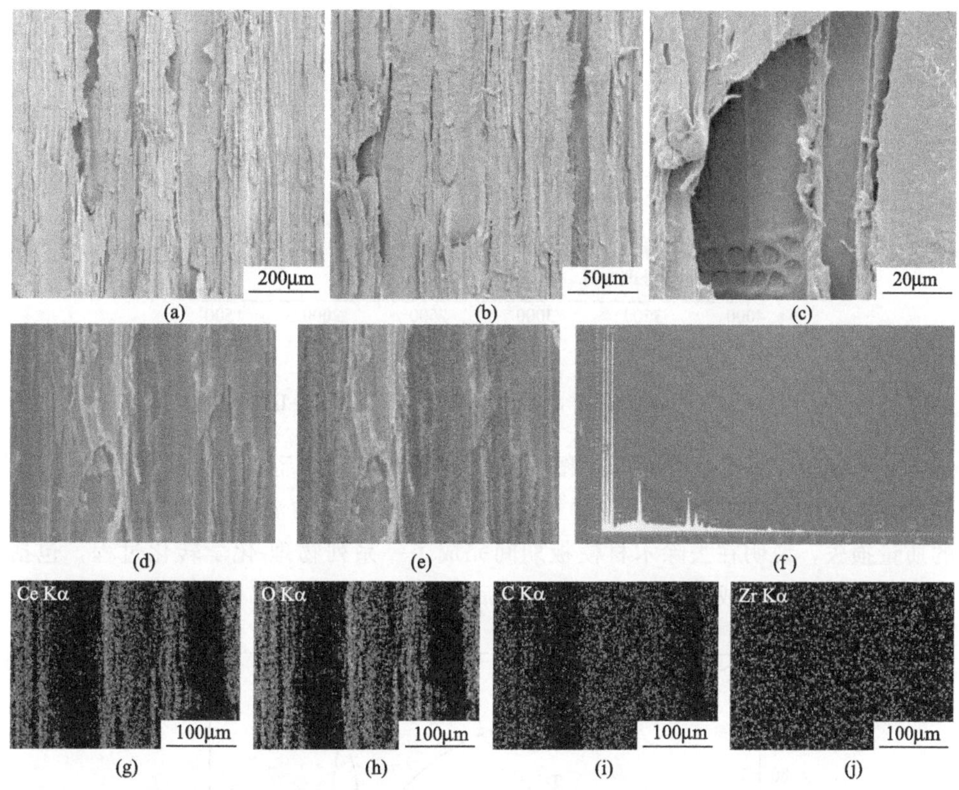

图 7-26 浸渍后样品的 SEM 图像（a）～（d）；浸渍后样品的 EDAX 映射：FESEM 图像（e）和 EDS 模式（f），包括 Ce Kα(g)、O Kα(h)、C Kα(i)、Zr Kα(j)

对预处理模板样品和浸渍后的样品进行 FT-IR 分析，结果示于图 7-27，两种样品均在 3300～3500cm^{-1}的范围内出现了一个 IR 吸收峰，属于分子中羟基的特征吸收，主要存在于纤维素、半纤维素和木质素中。相比预处理模板样品，浸渍后的样品中该 IR 峰的强度明显增加，这是因为附着在木材导管壁上的金属离子发生了化学反应，产物主要以碱的形式存在，因此引入了羟基。结果证明，木材模板浸渍后，无机物前驱体纳米粒子随后附着在木材的导管壁上，准备进一步转化成氧化物。

7.4.3.5 木材模板的去除

高温煅烧是去除木材模板的关键步骤，来自东北林业大学的学者通过热重测

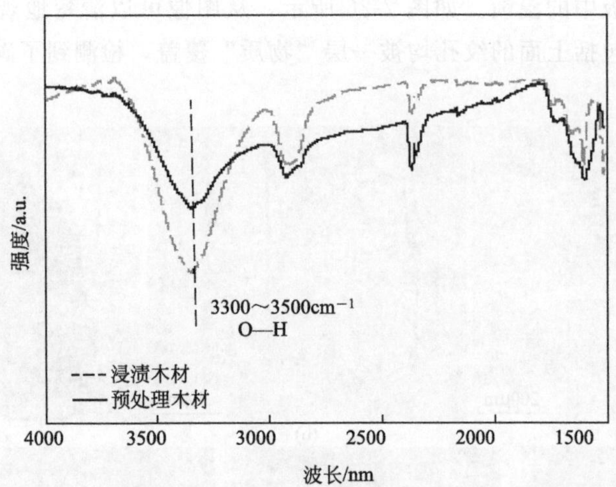

图 7-27　浸渍后样品和预处理模板样品的 FT-IR 光谱

试分析了木材模板的去除过程，图 7-28 显示了浸渍后样品从室温升高到 400℃期间的 TG-DTA 曲线。样品在 310℃左右（即木材燃点的温度范围）表现出很大的质量损失，说明在去除木材模板期间完成了一系列物理-化学转化过程，包括木材的脱水、原始成分的燃烧以及分解后气体的释放。

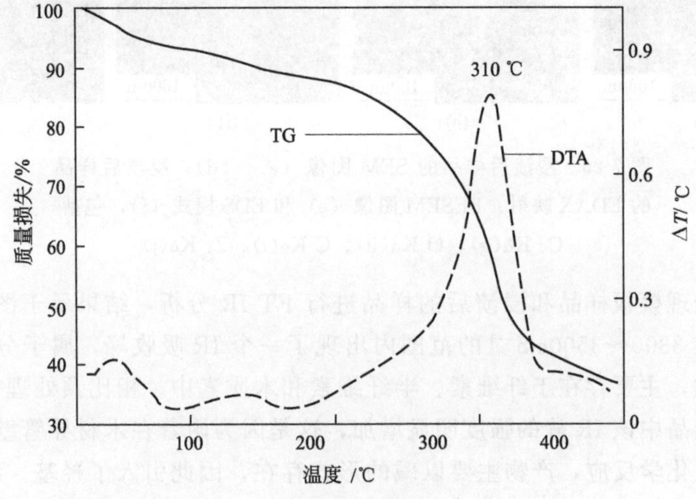

图 7-28　浸渍后样品的 TG-DTA 曲线

7.4.3.6　木材模板调控脱硝催化剂的微观结构

来自东北林业大学的学者通过 SEM 图像观察了木材模板对脱销催化剂微

观结构的调控，随后根据观察到的微观结构画出了结构模拟图。图 7-29 显示了 W-$Ce_{0.7}Zr_{0.3}O_2$ 的 SEM 图像，包括横截面［图 7-29(a) 和 (b)］和纵切面［图 7-29(c) 和 (d)］，很明显，可以观察到木材模板脱销催化剂具有两种孔结构，包括导管的管孔和导管壁上的互列纹孔，它们以串-并联的模式相互关联，形成分级多孔结构体系，呈现出高度周期性的均匀阵列，与木材相一致。结果表明，木材模板技术制备的脱硝催化剂不仅保留了木材的分级模式，而且还遗传了其多孔结构。

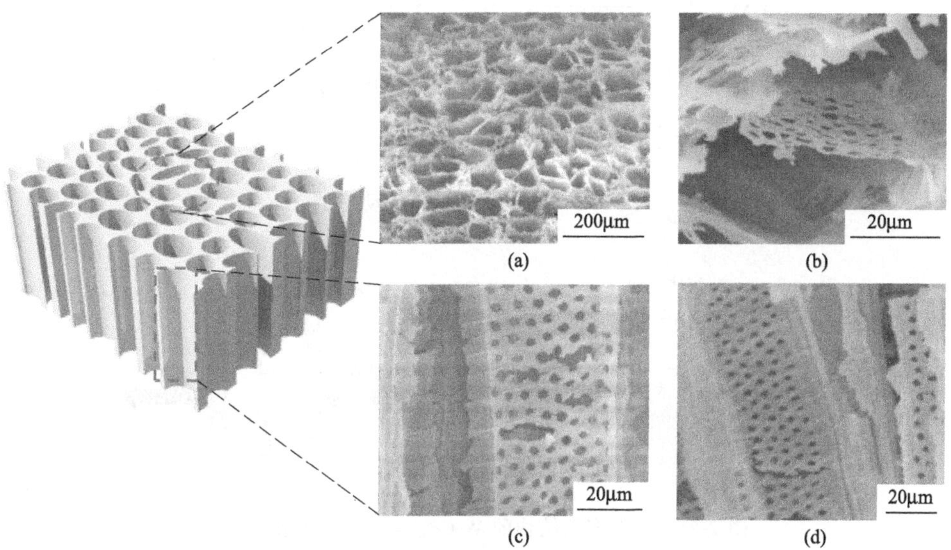

图 7-29 W-$Ce_{0.7}Zr_{0.3}O_2$ 的模拟图和 SEM 图像：横截面［(a) 和 (b)］和纵切面［(c) 和 (d)］

木材是自然生长的分级多孔有限膨胀胶体，具有两种类型的串联毛细管结构（图 7-30），包括细胞腔和纹孔的串联毛细管结构以及细胞腔和非连续细胞壁的瞬时毛细管串联结构，它们互相并联连接，形成一个统一的串-并联分级多孔结构，从而充当无机物前驱体溶液的流动“通道”。

7.4.3.7 木材模板技术制备脱硝催化剂的机理

来自东北林业大学的学者以铈锆复合氧化物为例，对木材模板技术制备脱硝催化剂的机理进行了分析讨论，如图 7-31 所示。当预处理后的木材模板完全浸入无机物前驱体溶液中时，流体在外部静压力梯度和内部毛细管力梯度的双重作用下向细胞腔流动。金属离子 Ce 离子和 Zr 离子首先沿着木材“通道壁”爬升，并逐渐填充“通道”中的空隙，然后通过次生壁和胞间层中的空隙渗入相邻的细胞壁中。

随着溶剂的蒸发，前驱体纳米晶粒在木材的细胞壁上有序生长并逐渐复制木材的形态与结构。随后，高温煅烧过程促进了铈锆复合氧化物的形成，并去除了木材模板，最终获得了具有木材分级多孔结构的 W-$Ce_{0.7}Zr_{0.3}O_2$。

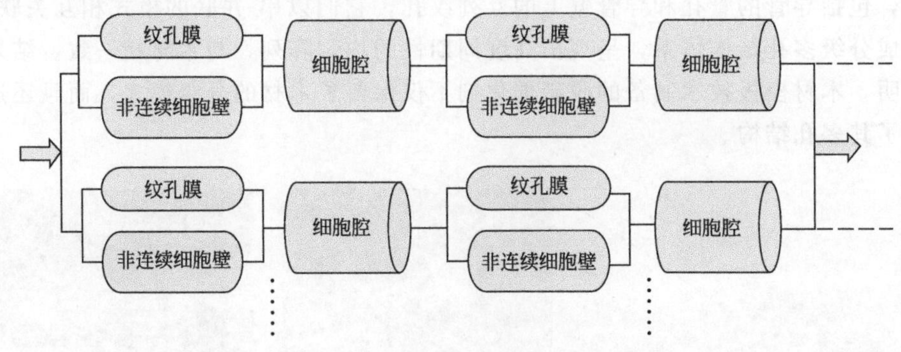

图 7-30　木材内的流体流动模型

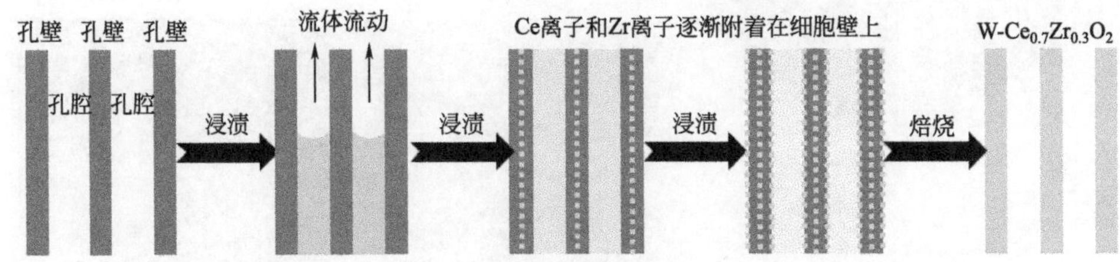

图 7-31　分级多孔结构的 W-$Ce_{0.7}Zr_{0.3}O_2$ 的形成机理

7.4.3.8　木材模板调控脱硝催化剂的 NH_3-SCR 性能

来自东北林业大学的学者利用 NH_3-SCR 反应研究了木材模板调控脱硝催化剂净化大气污染物 NO 的性能。如图 7-32(a) 所示，常规的 $Ce_{0.7}Zr_{0.3}O_2$ (C-CeZr) 在 350℃时获得了近 100%的 NO 转化率，在低温下表现出较差的脱硝性能。相比之下，木材模板技术制备的 W-$Ce_{0.7}Zr_{0.3}O_2$ (W-CeZr) 表现出显著增强的脱硝性能，其在 250～350℃低温范围内实现了 100%的 NO 转化率。此外，N_2 选择性的结果表明［图 7-32(b)］，W-$Ce_{0.7}Zr_{0.3}O_2$ 在整个测试温度范围内具有超过 80%的 N_2 选择性。生成的 NO_2 浓度曲线在图 7-32(c) 中示出，显然，当测试温度高于 250℃时，生成的 NO_2 浓度会随着温度的升高而逐渐增加。在相同的温度（>250℃）下，木材模板制备的铈锆复合氧化物生成的 NO_2 浓度大于常规的样品，这说明，木材模板制备的脱硝催化剂具有较强的将 NO 氧化为 NO_2 的能力。

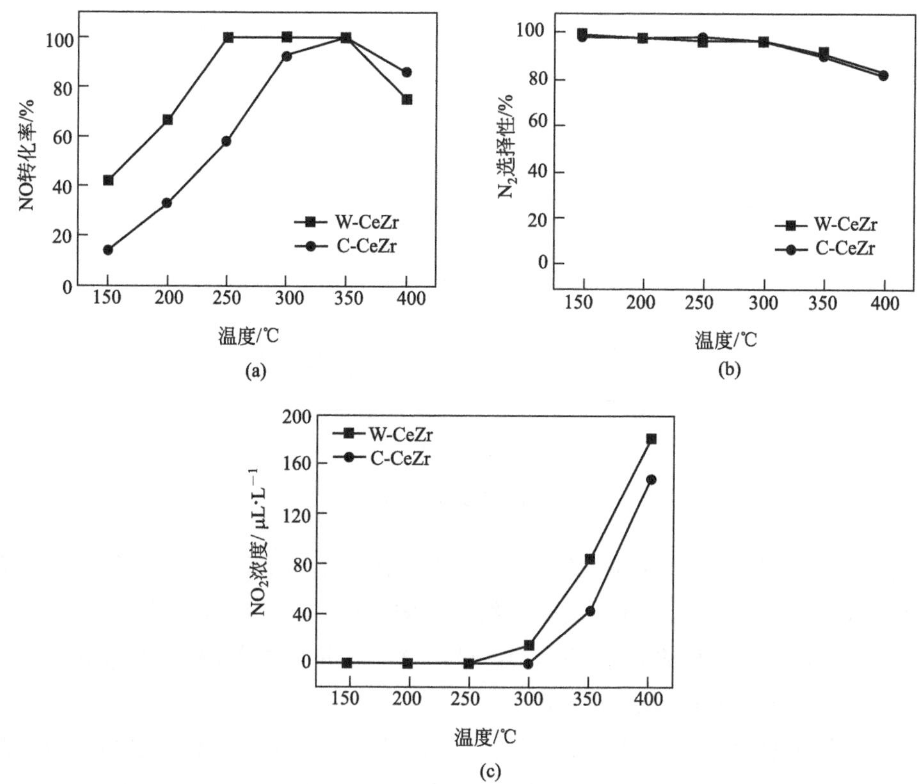

图 7-32 W-$Ce_{0.7}Zr_{0.3}O_2$ 和 $Ce_{0.7}Zr_{0.3}O_2$ 的 NH_3-SCR 性能：NO 转化率（a）、N_2 选择性（b）和 NO_2 浓度（c）

7.4.3.9 木材模板调控脱硝催化剂的表面缺陷

来自东北林业大学的学者利用拉曼光谱、XPS 和 ESR 测试研究了木材模板技术对脱硝催化机表面缺陷的影响。如图 7-33 所示，CeO_2 相的结构特征预示了在 W-$Ce_{0.7}Zr_{0.3}O_2$ 和 $Ce_{0.7}Zr_{0.3}O_2$ 的拉曼光谱中均存在两个典型的拉曼活性谱带：峰值位于 475.4 cm^{-1} 和 461.1 cm^{-1} 处的明显谱带归属于 F_{2g} 振动模式，可以分配给八面体配位的 Ce^{4+}—O^{2-} 键；以 623.5 cm^{-1} 和 615.5 cm^{-1} 为中心的弱峰与氧缺陷诱导模式有关，归属于 D 振动模式，主要是由电荷补偿机制产生的。显然，与常规的 $Ce_{0.7}Zr_{0.3}O_2$ 相比，木材模板技术制备的 W-$Ce_{0.7}Zr_{0.3}O_2$ 中 F_{2g} 模式的拉曼峰强度不仅降低，而且略微移至低波数区域。拉曼峰向低波数的位移可归因于 Ce—O 化学键力常数的降低、键长的增加以及键强度的降低，说明木材模板技术制备的脱硝催化剂表面形成了更多的氧空位缺陷。对 W-$Ce_{0.7}Zr_{0.3}O_2$ 和 $Ce_{0.7}Zr_{0.3}O_2$ 的拉曼光谱进行分峰，随后量化了每个拟合峰

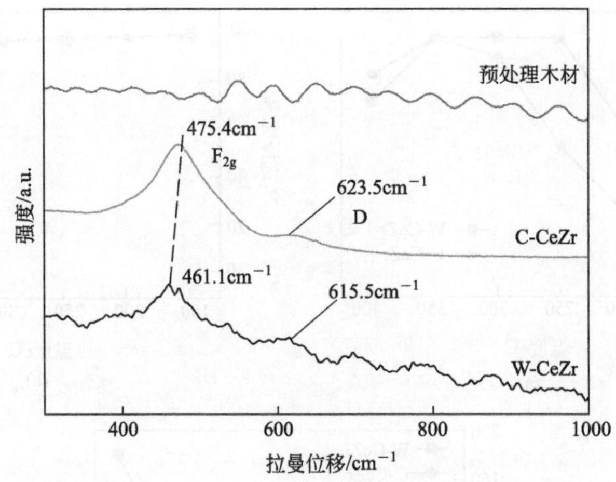

图 7-33　样品的拉曼光谱

的峰面积并计算了两种振动模式的相对峰面积比（$A_D:A_{F_{2g}}$），其比值对应于表面氧空位缺陷的相对含量比。由计算结果可知，W-$Ce_{0.7}Zr_{0.3}O_2$ 的 $A_D:A_{F_{2g}}$ 值（17.6%）远高于常规的 $Ce_{0.7}Zr_{0.3}O_2$(4.1%)，证明了木材模板技术有利于提高 W-$Ce_{0.7}Zr_{0.3}O_2$ 的表面氧空位缺陷。

如图 7-34(a) 所示，W-$Ce_{0.7}Zr_{0.3}O_2$ 和 $Ce_{0.7}Zr_{0.3}O_2$ 的不对称 O_{1s} XPS 谱图可以拟合出三个峰，分别位于较低的结合能（529.3～529.4eV）和较高的结合能（531.3～531.6eV 和 533.4～533.2eV）区域，前者归属于晶格氧（O^{2-}），标记为"O_β"；后者归属于化学吸附的活性氧物种（O_2^-、O_2^{2-} 或 O^{2-}），位于表面氧空位缺陷上，统一标记为"O_α"。将 O1s 曲线中每个拟合峰的峰面积以及 O_α 占 $O_总$ 峰面积的比值示于表 7-2 中，$A_{O_\alpha}:A_{O_总}$ 的值对应

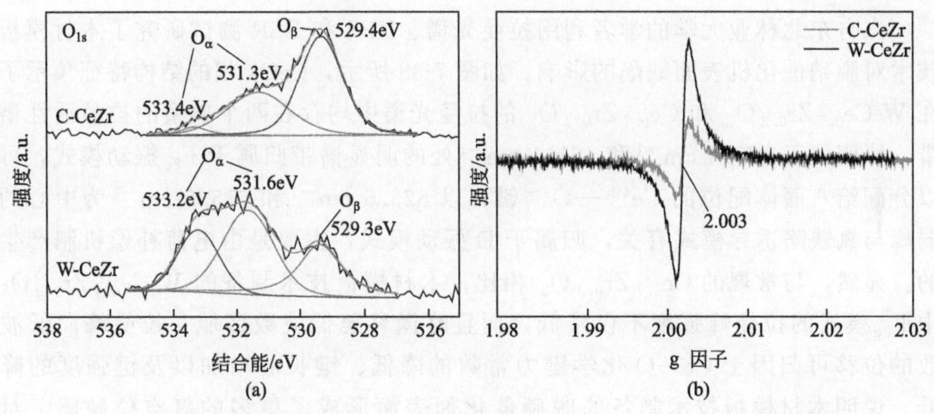

图 7-34　W-$Ce_{0.7}Zr_{0.3}O_2$ 和 $Ce_{0.7}Zr_{0.3}O_2$ 的 O1s XPS 光谱（a）及 ESR 光谱（b）

于表面氧空位缺陷的相对含量比。结果表明，与常规的 $Ce_{0.7}Zr_{0.3}O_2$ 相比，W-$Ce_{0.7}Zr_{0.3}O_2$ 的 A_{O_α} ∶ $A_{O_{总}}$ 比例明显增加了 59.5%。证明木材模板技术制备的脱硝催化机具有更丰富的表面活性氧物种。

表 7-2　表面元素 Ce 和 O 的峰面积以及峰面积比

催化剂	O 物种峰面积及峰面积比①				Ce 物种峰面积及峰面积比①
	O_2^-	O_2^{2-}	O^{2-}	$A_{(O_2^- + O_2^{2-})}/A_{O_{总}}$	$A_{Ce^{3+}}/A_{(Ce^{3+}+Ce^{4+})}$
W-$Ce_{0.7}Zr_{0.3}O_2$	978.4	1474.1	1186.2	0.67	0.16
$Ce_{0.7}Zr_{0.3}O_2$	419.9	3499.2	5447.1	0.42	0.10

① 从 XPS 结果计算得到。

利用电子自旋共振（ESR）测试进一步确认两种铈锆复合氧化物中表面氧空位缺陷浓度的差异，如图 7-34(b) 所示，可以将 g 因子为 2.003 的强信号分配给表面氧缺陷，很明显，W-$Ce_{0.7}Zr_{0.3}O_2$ 显示的信号强度远高于常规的 $Ce_{0.7}Zr_{0.3}O_2$，这证明了木材模板制备技术可以提供给脱硝催化剂更丰富的表面氧空位缺陷。

7.4.3.10　木材模板技术对脱硝催化剂孔结构的影响

来自东北林业大学的学者利用孔径分布和 BET 测试研究了木材模板制备技术对脱硝催化剂孔结构以及比表面积的影响。如图 7-35(a) 所示，根据 IUPAC 分类规则，常规 $Ce_{0.7}Zr_{0.3}O_2$ 的吸附行为归属于Ⅳ型吸附等温线，具有 H3 型迟滞环，该迟滞回线主要是由介孔毛细管发生的凝聚现象产生的。然而，木材模板 W-$Ce_{0.7}Zr_{0.3}O_2$ 的吸附行为转变成Ⅱ型吸附等温线，其特征表现为随着压力的增加，几乎不产生迟滞环，主要原因是大孔中不存在毛细管凝聚现象。根据 Seaton 的渗流理论，这个现象与孔隙的连通性有关，孔隙的连通性越高，充满蒸汽的孔越容易形成簇，因此迟滞环越窄，表明了木材模板 W-$Ce_{0.7}Zr_{0.3}O_2$ 具有较高的孔隙连通性。值得注意的是，与常规的 $Ce_{0.7}Zr_{0.3}O_2$ 相比，W-$Ce_{0.7}Zr_{0.3}O_2$ 的比表面积显著增加了 133.7%(表 7-3)。如图 7-35(c) 所示，孔径分布曲线图说明 W-$Ce_{0.7}Zr_{0.3}O_2$ 和 $Ce_{0.7}Zr_{0.3}O_2$ 的平均孔径分别集中在4 nm和 7 nm。因此，证明了木材模板技术制备的脱硝催化剂具有三维介-大孔分布、更大的比表面积以及更高的孔隙连通性，有助于其获得更优异的 NH_3-SCR 性能。

表 7-3　W-$Ce_{0.7}Zr_{0.3}O_2$ 和 $Ce_{0.7}Zr_{0.3}O_2$ 的结构参数

催化剂	比表面积/(m^2/g)①	孔容/(cm^3/g)①	平均孔径/nm①
W-$Ce_{0.7}Zr_{0.3}O_2$	122.2	0.11	3.69
$Ce_{0.7}Zr_{0.3}O_2$	52.3	0.09	7.07

①由 BET 数据得到。

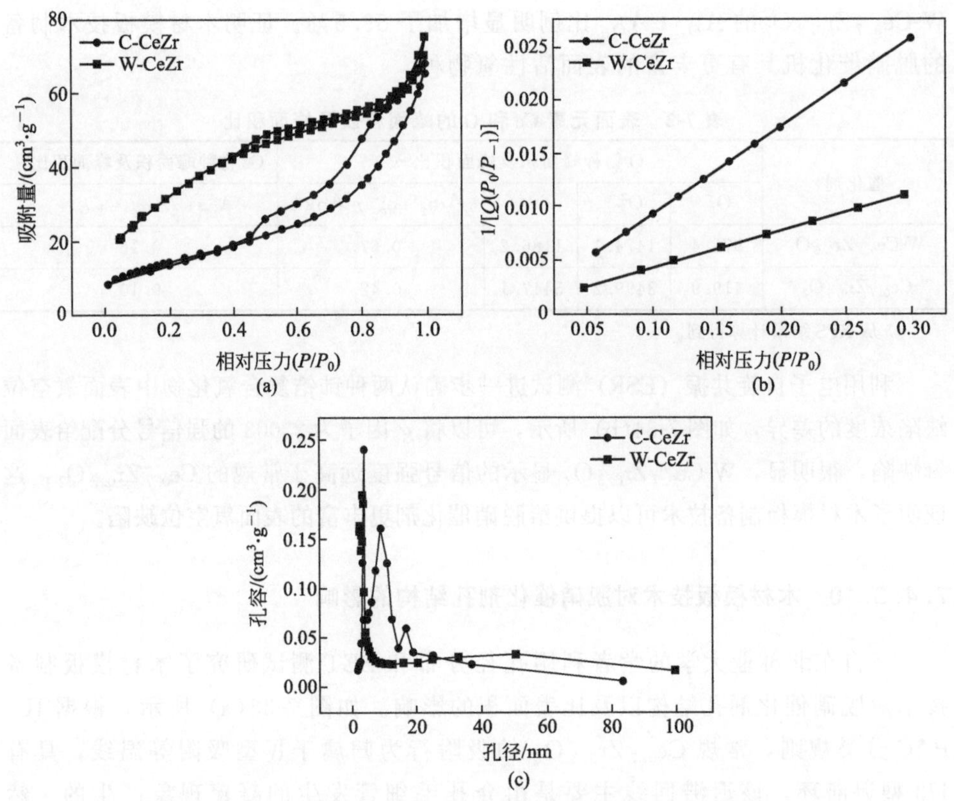

图 7-35 W-$Ce_{0.7}Zr_{0.3}O_2$（W-CeZr）和 $Ce_{0.7}Zr_{0.3}O_2$（C-CeZr）的 N_2 吸附-脱附结果：吸附等温线图（a）、比表面积图（b）以及孔径分布图（c）

7.4.3.11 木材模板调控脱硝催化剂的还原性能

脱硝催化剂的还原性能与其催化性能密切相关，因此，来自东北林业大学的学者利用 H_2-TPR 实验评估了木材模板技术对脱硝催化剂还原性能的影响。如图 7-36(a) 所示，除了不同的还原峰强度和还原温度，两种铈锆复合氧化物显示出相似的还原曲线：以 162℃和 171℃为中心的弱峰［在图 7-36(a) 中标记为“1”］可以归属为吸附在表面氧空位上的氧还原；位于 349～458℃和 405～482℃处的肩峰［在图 7-36(a) 中标记为“2”］可归因于表面上 Ce^{4+} 到 Ce^{3+} 的还原峰；集中在 531℃处的主峰［在图 7-36(a) 中标记为“3”］可归因于体相中 Ce^{4+} 到 Ce^{3+} 的还原峰。整个还原过程推测如下：

$$Ce_{0.7-x}^{4+}Ce_x^{3+}Zr_{0.3-y}^{4+}Zr_y^{3+}O_2+\frac{1-x-y}{2}H_2 \longrightarrow Ce_{0.7}^{3+}Zr_{0.3}^{3+}O_{2-\frac{1-x-y}{2}}+\frac{1-x-y}{2}H_2O \tag{7-3}$$

很明显，相比常规的 $Ce_{0.7}Zr_{0.3}O_2$，W-$Ce_{0.7}Zr_{0.3}O_2$ 的三个还原峰都移向更低的温度，这表明 W-$Ce_{0.7}Zr_{0.3}O_2$ 更容易被还原，这可能是因为它们存在更多可还原的位点。将每个还原峰的峰面积进行定量，并通过计算得到两种铈锆复合氧化物的 H_2 总消耗量［图 7-36(b) 和表 7-4］：W-$Ce_{0.7}Zr_{0.3}O_2$ 的 H_2 总消耗量大于常规的 $Ce_{0.7}Zr_{0.3}O_2$，特别是表面活性氧物种的 H_2 消耗量（88μmol・g^{-1} vs. 43.5μmol・g^{-1}），这与其较高的表面氧空位缺陷浓度有关。结果表明，木材模板技术能够改善脱硝催化剂的还原性能。

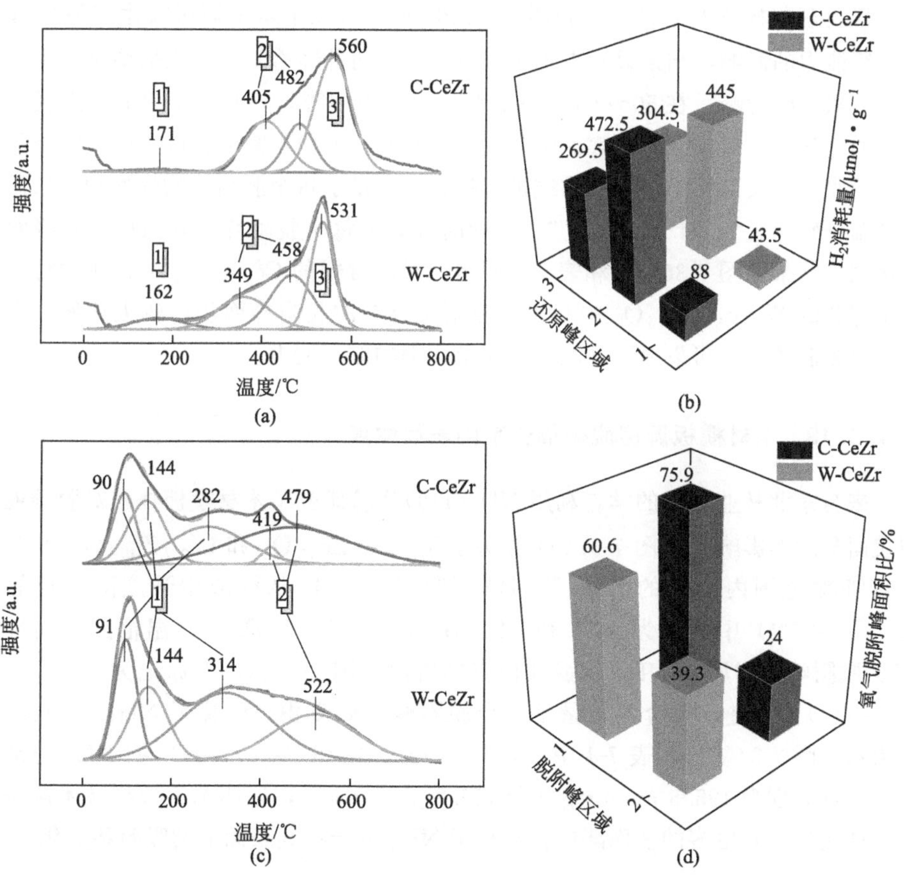

图 7-36 W-$Ce_{0.7}Zr_{0.3}O_2$ 和 $Ce_{0.7}Zr_{0.3}O_2$ 的 H_2-TPR 曲线（a）、H_2 消耗量（b）、O_2-TPD 曲线（c）和氧气脱附峰面积比（d）

表 7-4 $W-Ce_{0.7}Zr_{0.3}O_2$ 和 $Ce_{0.7}Zr_{0.3}O_2$ 的 H_2 消耗量、O_2 脱附峰面积比、NH_3 消耗量和 NO 脱附峰面积

催化剂	H_2 消耗量 /($\mu mol \cdot g^{-1}$)①	O_2 脱附峰面积比 /%②	NH_3 消耗量 /($\mu mol \cdot g^{-1}$)③	NO 脱附峰面积④
$W-Ce_{0.7}Zr_{0.3}O_2$	830	75.9	195.5	3880
$Ce_{0.7}Zr_{0.3}O_2$	793	60.6	156.8	1891

①根据 H_2-TPR 数据计算得出。

②由 O_2-TPD 结果计算得出。

③由 NH_3-TPD 结果计算得出。

④由 NO-TPD 结果计算得出。

7.4.3.12 木材模板调控脱硝催化剂的储氧能力

来自东北林业大学的学者利用 O_2-TPD 实验研究了木材模板技术对脱硝催化剂储氧能力的影响，结果显示在图 7-36(c) 中。两种铈锆复合氧化物均显示了三种类型的氧气脱附峰：在 50～350℃低温范围内出现的脱附峰归属于表面物理吸附氧或弱的化学吸附氧（统称为表面吸附氧）的脱附；而位于高温范围内的脱附峰与晶格氧的脱附有关。将 O_2-TPD 曲线进行拟合并定量了每个脱附峰的峰面积，从低温到高温分别标记为“1”“2”和“3”，同时计算了每个脱附峰的峰面积占总峰面积的比例，结果如图 7-36(d) 和表 7-4 所示，相比常规的 $Ce_{0.7}Zr_{0.3}O_2$，在木材模板技术制备的 $W-Ce_{0.7}Zr_{0.3}O_2$ 中与表面吸附氧有关的脱附峰面积占较大比例，表明木材模板制备技术可以显著地增强脱硝催化剂的储氧能力。

7.4.3.13 木材模板调控脱硝催化剂的表面酸度

来自东北林业大学的学者利用 NH_3-TPD 实验研究了木材模板技术对脱硝催化剂表面酸度的影响。如图 7-37(a) 所示，$W-Ce_{0.7}Zr_{0.3}O_2$ 和 $Ce_{0.7}Zr_{0.3}O_2$ 在 25～350℃低温范围内出现的 NH_3 脱附峰可归因于 NH_3 从弱或中强度酸位点的脱附［图 7-37(a) 中标记为“1”和“2”］；而在 250～500℃的高温范围内出现的 NH_3 脱附峰可归属于 NH_3 从强酸位点的脱附［图 7-37(a) 中标记为“2”］。将 NH_3-TPD 曲线进行拟合并定量了每个脱附峰的峰面积，计算了 NH_3 总消耗量，结果示于图 7-37(b) 和表 7-4 中，$W-Ce_{0.7}Zr_{0.3}O_2$ 和 $Ce_{0.7}Zr_{0.3}O_2$ 的 NH_3 总消耗量经计算分别为 195.5 $\mu mol \cdot g^{-1}$ 和 156.8 $\mu mol \cdot g^{-1}$，证明木材模板技术制备的脱硝催化剂具有更多的表面酸位，有利于 NH_3 分子在其表面上的吸附和活化。

7.4.3.14 木材模板调控脱硝催化剂的 NO 吸附性能

来自东北林业大学的学者利用 NO-TPD 实验研究了木材模板技术对脱硝催

化剂 NO 吸附性能的影响。如图 7-37(c) 所示，两种铈锆复合氧化物均出现了两个明显的 NO 脱附峰：位于 25～250℃低温范围内的 NO 脱附峰可归因于单齿配体硝酸盐物种［图 7-37(c) 中标记为“1”］；而在 300～500℃高温范围内出现的 NO 脱附峰主要是由于桥接硝酸盐物种和双齿硝酸盐物种的分解所致［图 7-37(c) 中标记为“2”］。将 NO-TPD 曲线进行拟合并定量了每个脱附峰的峰面积，结果如图 7-37(d) 和表 7-4 所示。与常规的 $Ce_{0.7}Zr_{0.3}O_2$ 相比，W-$Ce_{0.7}Zr_{0.3}O_2$ 的 NO 脱附峰面积更大，这与其更高的 NO 吸附量有关。因此可以证明，木材模板技术制备的脱硝催化剂对 NO 的吸附能力更强，在低温下有利于 NH_3-SCR 反应。

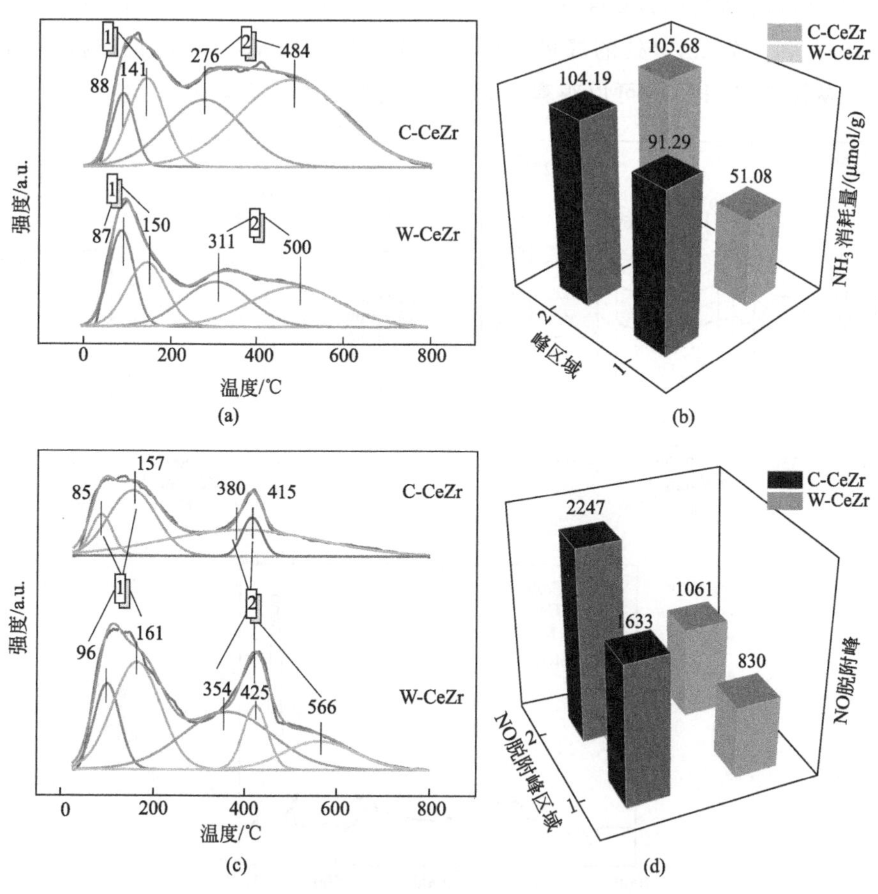

图 7-37　W-$Ce_{0.7}Zr_{0.3}O_2$ 和 $Ce_{0.7}Zr_{0.3}O_2$ 的 NH_3-TPD 曲线（a）、NH_3 消耗量（b）、NO-TPD 曲线（c）和 NO 脱附峰面积（d）

7.4.3.15 木材模板对脱硝催化剂消除 NO 性能的调控机制

来自东北林业大学的学者利用原位 DRIFTS 表征研究了木材模板技术对脱硝催化剂净化大气污染物 NO 的调控机制。图 7-38 显示了在不同时间以及 30min 后，NH_3 在 W-$Ce_{0.7}Zr_{0.3}O_2$ 和 $Ce_{0.7}Zr_{0.3}O_2$ 上吸附的 DRIFT 光谱。在 NH_3 的吸附过程中，W-$Ce_{0.7}Zr_{0.3}O_2$ 在 3365cm^{-1}、3249cm^{-1}、3152cm^{-1}、1696cm^{-1}、1603cm^{-1}、1254cm^{-1} 和 1171cm^{-1} 处分别出现了吸收峰［图 7-38(a)］，这可以归因于吸附的 NH_3 物种；位于 3365cm^{-1}、3249cm^{-1} 和 3152cm^{-1}的频带与配位 NH_3 的 N—H 拉伸振动区域有关；位于 1696cm^{-1}处的峰归属于布朗斯特（Brønsted）酸位点上的 NH_4^+ 种类；而位于 1603cm^{-1}、1254cm^{-1}和 1171cm^{-1}处的峰可归因于与路易斯（Lewis）酸配位连接的 NH_3 种类。从图 7-38(b) 中可以观察到，对于常规的 $Ce_{0.7}Zr_{0.3}O_2$，在 3370cm^{-1}、

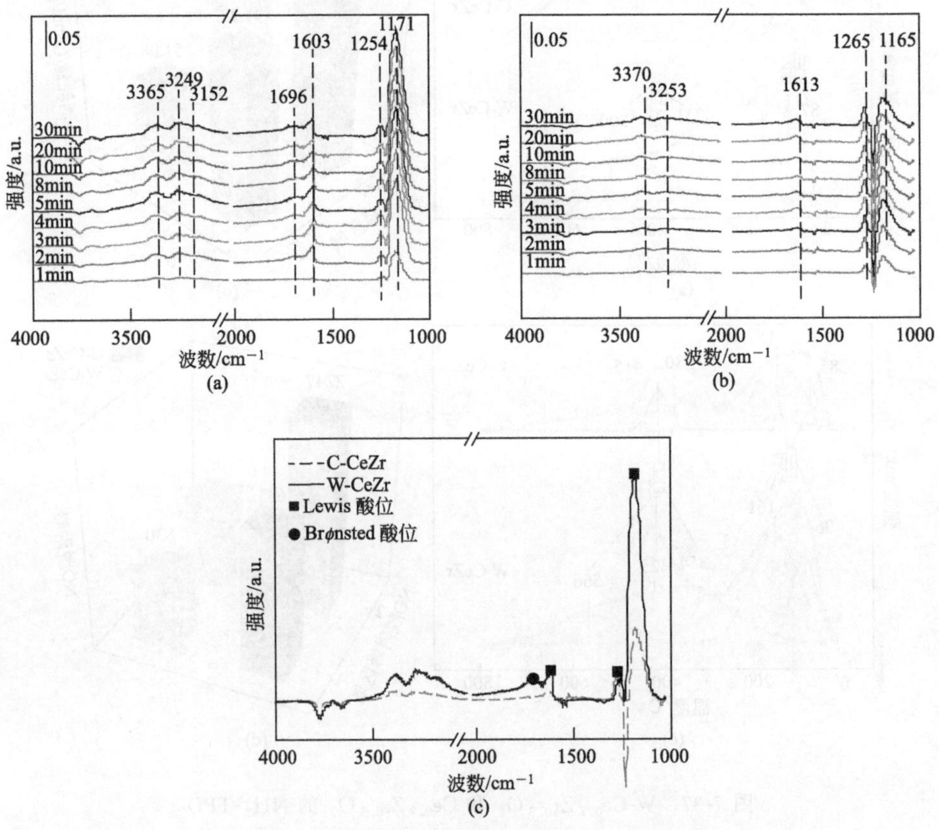

图 7-38 W-$Ce_{0.7}Zr_{0.3}O_2$(a) 和 $Ce_{0.7}Zr_{0.3}O_2$（b）在不同时间以及 30 min 后（c）的 NH_3 吸附的 DRIFT 光谱

3253cm^{-1}、1613cm^{-1}、1265cm^{-1}和 1165cm^{-1}处分别检测到了吸附的 NH_3 物种，然而，由于其归属于 Brønsted 酸位点上的 NH_4^+ 物种的峰太弱，因此无法观察到。此外，在 W-$Ce_{0.7}Zr_{0.3}O_2$ 的 DRIFT 光谱中出现的峰，其强度均显著高于常规的 $Ce_{0.7}Zr_{0.3}O_2$，证明在 W-$Ce_{0.7}Zr_{0.3}O_2$ 的表面上可以吸附和活化更多的 NH_3。在 NH_3 吸附 30min 后［图 7-38(c)］，观察到两种铈锆复合氧化物上吸附的 NH_3 物种主要是与 Lewis 酸位点配位连接的 NH_3 种类，并且木材模板技术制备的脱硝催化剂具有更多的 Brønsted 酸位，这是低温下 NH_3-SCR 反应的重要活性位。

图 7-39 显示了 W-$Ce_{0.7}Zr_{0.3}O_2$ 和 $Ce_{0.7}Zr_{0.3}O_2$ 在不同时间以及 30min 后 $NO+O_2$ 吸附的 DRIFT 光谱，以研究所存储的 NO_x 种类。在 $NO+O_2$ 吸附期间，两种铈锆复合氧化物的表面上均检测到几个明显的峰［图 7-39(a) 和图 7-39(b)］，可以分别归属于双齿硝酸盐—NO_2（1173cm^{-1} 和 1168cm^{-1}）、游离硝酸根离子（1245cm^{-1} 和 1204cm^{-1}）、桥接硝酸盐（1249cm^{-1}、1574cm^{-1}、1250cm^{-1}和 1562cm^{-1}）、单齿硝酸盐（1536cm^{-1}）、吸附的 NO_2

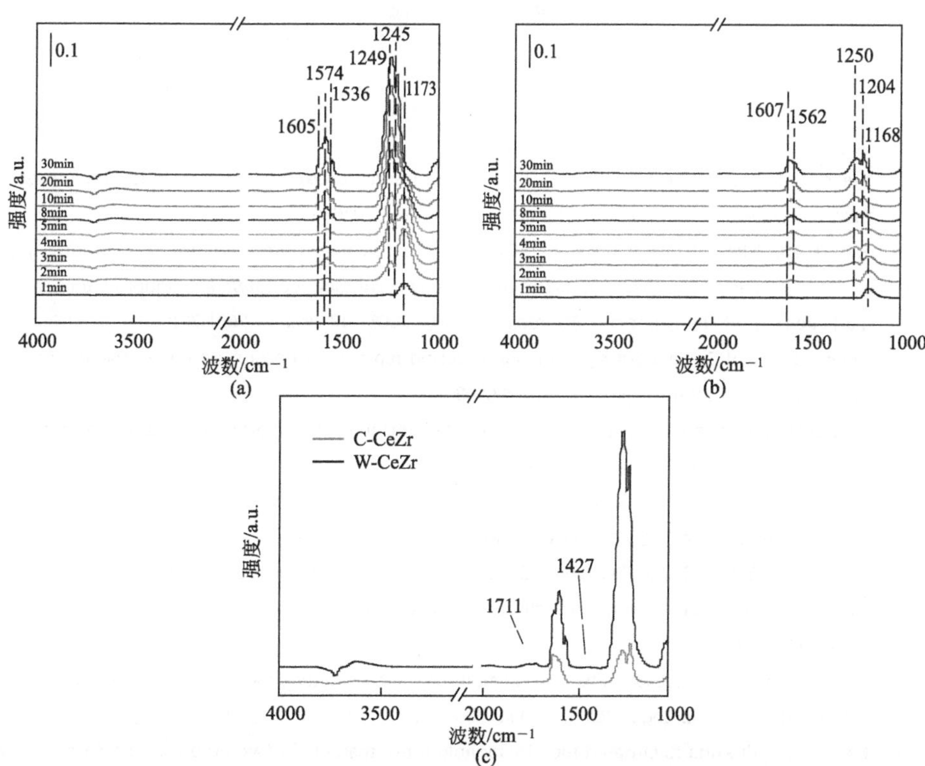

图 7-39 W-$Ce_{0.7}Zr_{0.3}O_2$(a) 和 $Ce_{0.7}Zr_{0.3}O_2$(b) 在不同时间以及 30min 后 (c) $NO+O_2$ 吸附的 DRIFT 光谱

物种（1605cm^{-1}和1607cm^{-1}）、顺式N_2O_4（1427cm^{-1}）以及弱的表面亚硝酰基（1711cm^{-1}）。从DRIFT光谱图中可以观察到，存储在两种铈锆复合氧化物上的NO_x种类很相似，然而，在常规的$Ce_{0.7}Zr_{0.3}O_2$上与单齿硝酸盐、顺式N_2O_4和表面亚硝酰基有关的峰因为太弱而无法检测到［图7-39(c)］。此外，在W-$Ce_{0.7}Zr_{0.3}O_2$的DRIFT光谱中出现的峰，其强度均显著高于常规的$Ce_{0.7}Zr_{0.3}O_2$，这表明在W-$Ce_{0.7}Zr_{0.3}O_2$的表面上吸附并活化了更多的NO，因此，W-$Ce_{0.7}Zr_{0.3}O_2$具有更强的NO吸附性能。经过NO+O_2吸附后，两种铈锆复合氧化物上的NO_x物种主要以硝酸盐形式存在，并且随着时间的流逝，桥接硝酸盐物种逐渐产生并变得更强，同时伴随着—NO_2物种的逐渐减弱和消失，这主要是由于脱销催化剂表面—NO_2物种发生了分解，产生了气态NO_2。此外，可以观察到在W-$Ce_{0.7}Zr_{0.3}O_2$上出现了更强的NO_2峰，证明木材模板技术制备的脱硝催化剂具有更强的NO_2生成能力。

参考文献

[1] Xie Y D, Kocaefe D, ChenC Y. et al. Review of research on template methods in preparation of nanomaterials [J]. Journal of Nanomaterials, 2016 (2016): 10.

[2] Kim T W, Kleitz F, PaulB, et al. MCM-48-like large mesoporous silicas with tailored pore structure: Facile synthesis domain in a ternary triblock copolymer-butanol-water system [J]. Journal of the American Chemical Society, 2005, 127 (20): 7601-7610.

[3] Nielsch K, Choi J, Schwirn K, et al. Self-ordering regimes of porous alumina: the 10 porosity rule [J]. Nano Letters, 2002, 2 (7): 677-680.

[4] Tamon H, Ishizaka H, Yamamoto T, et al. Preparation of mesoporous carbon by freeze drying [J]. Carbon, 1999, 37 (12): 2049-2055.

[5] Lamm M E, Li K, Qian J, et al. Recent advances in functional materials through cellulose nanofiber templating [J]. Advanced Materials, 2021: 2005538.

[6] Li S, Zhang Y M, Huang J G. Three-dimensional TiO_2 nanotubes immobilized with Fe_2O_3 nanoparticles as an anode material for lithium-ion batteries [J]. Journal of Alloys & Compounds, 2019, 783: 793-800.

[7] Ren N, Tang Y. Template-induced assembly of hierarchically ordered zeolite materials [J]. Petrochemical Technology, 2005, (34): 405-411.

[8] Masuda H, Fukuda K. Ordered metal nanohole arraysmade by a two-step replication of honeycomb structures of anodic alumina [J]. Science, 1995, 268 (5216): 1466-1468.

[9] Zhao J K, Shao Q, Ge S S. Advances in template prepared nano-oxides and their applications: Polluted water treatment, energy, sensing and biomedical drug delivery [J]. The Chemical

Record, 2020, 20 (7) : 710-729.

[10] Wang Z, Luan D, Chang M L, et al. Engineering nonspherical hollow structures with complex interiors by template-engaged redox etching [J] . Journal of the American Chemical Society, 2010, 132 (45) : 16271-16277.

[11] Wei L, Yan X, Bai J. Surface-modification-assisted construction of hierarchical double-walled MnO_2 hollow nanofibers for high-performance supercapacitor electrode [J] . ChemistrySelect, 2019, 4 (13) : 3646-3653.

[12] Roggenbuck J, Tiemann M. Ordered mesoporous magnesium oxide with high thermal stability synthesized by exotemplating using CMK-3 carbon [J] . Journal of the American Chemical Society, 2005, 127 (4) : 1096-1097.

[13] Roggenbuck J, Koch G, Tiemann M. Synthesis of mesoporous magnesium oxide by CMK-3 carbon structure replication [J] . Chemistry of Materials, 2006, 18 (17) : 4151-4156.

[14] Wang B, Di J, Zhang P, et al. Ionic liquid-induced strategy for porous perovskite-like $PbBiO_2Br$ photocatalysts with enhanced photocatalytic activity and mechanism insight [J] . Applied Catalysis B Environmental, 2017, 206: 127-135.

[15] Guo Y, Pu Y, Cui Y, et al. A simple method using citric acid as the template agent to improve photocatalytic performance of $BiFeO_3$ nanoparticles [J] . Materials Letters, 2017, 196 (6) : 57-60.

[16] Zhang K, Fu Q, Huang Y H, et al. Study on preparation of monodisperse polystyrene microshperes with designable size [J] . Ion Exchange and Adsorption, 2006, 22: 140-145.

[17] Lin L. Preparation of ZnS/CdS hollow spheres using poly- (styrene-acrylic acid) latex particles as template [J] . Liaoning Chemical Industry, 2008, 37: 739-741.

[18] Tamai H, Kakii T, Hirota Y, et al. Synthesis of extremely large mesoporous activated carbon and its unique adsorption for giant molecules [J] . Chemistry of Materials, 1996, 8 (2) : 454-462.

[19] Su R, Li Q, Chen Y, et al. One-step synthesis of Cu_2O@ carbon nanocapsules composites using sodiumalginate as template and characterization of their visible light photocatalytic properties [J] . Journal of Cleaner Production, 2019, 209: 20-29.

[20] Tian J, Shao Q, Zhao J, et al. Microwave solvothermal carboxymethyl chitosan templated synthesis of TiO_2/ZrO_2 composites toward enhanced photocatalytic degradation of Rhodamine B [J] . Journal of Colloid & Interface Science, 2019, 541: 18-29.

[21] Alkaim A F, Alrobayi E M, Algubili A M, et al. Synthesis, characterization and photocatalytic activity of sonochemical/hydration-dehydration prepared ZnO rod-like architecture nano/microstructures assisted by a biotemplate [J] . Environmental Technology, 2017, 38 (17-20) : 2119-2129.

[22] Zhao B, Shao Q, Hao L, et al. Yeast-template synthesized Fe-doped cerium oxide hollow microspheres for visible photodegradation of acid orange 7 [J] . Journal of Colloid & Interface Science, 2017, 511: 39-47.

[23] Fei J, Jia L, Cui X, et al. Hierarchical C-doped $BiPO_4$/ZnCoAl-LDO hybrid with enhanced photocatalytic activity for organic pollutants degradation [J] . Applied Clay Science, 2018, 162 (9) : 182-191.

[24] Yuan Y, Fu A, Wang Y, et al. Spray drying assisted assembly of ZnO nanocrystals using cel-

lulose as sacrifificial template and studies on their photoluminescent and photocatalytic properties [J] . Colloids and Surfaces A-physicochemical and Engineering Aspects, 2017, 522: 173-182.

[25] Kale G, Arbuj S, Kawade U, et al. Synthesis of porous nitrogen doped zinc oxide nanostructures using a novel paper mediated template method and their photocatalytic study for dye degradation under natural sunlight [J] . Materials Chemistry Frontiers, 2018, 2: 163-170.

[26] Burgert I, Cabane E, Zollfrank C, et al. Bio-inspired functional wood-based materials-hybrids and replicates [J] . International Materials Reviews, 2015, 60: 431-450.

[27] Temiz A, Terziev N, Jacobsen B, et al. Weathering, water absorption, and durability of silicon, acetylated, and heat-treated wood [J] . Journal of Applied Polymer Science, 2006, 102 (5) : 4506-4513.

[28] Lu J Z, Wu Q, Negulescu I I. Wood-fiber/high-density-polyethylene composites: Coupling agent performance [J] . Journal of Applied Polymer Science, 2010, 96 (1) : 93-102.

[29] Opdenbosch D V, Fritz-Popovski G, Paris O, et al. Silica replication of the hierarchical structure of wood with nanometer precision [J] . Journal of Materials Research, 2011, 26 (10) : 1193-1202.

[30] Zollfrank C, Sieber H. Microstructure and phase morphology of wood derived biomorphous SiSiC-ceramics [J] . Journal of the European Ceramic Society, 2004, 24 (2) : 495-506.

[31] Fritz-Popovski G, Op De Nbosch D V, Zollfrank C, et al. Development of the fibrillar and microfibrillar structure during biomimetic mineralization of wood [J] . Advanced Functional Materials, 2013, 23 (10) : 1265-1272.

[32] Fu Y, Zhao G. Dielectric properties of silicon dioxide/wood composite [J] . Wood Science & Technology, 2007, 41 (6) : 511-522.

[33] Kostova M H, Zollfrank C, Batentschuk M, et al. Bioinspired Design of $SrAl_2O_4$: Eu^{2+} phosphor [J] . Advanced Functional Materials, 2009, 19 (4) : 599-603.

[34] Kostova M H, Batentschuk M, Goetz-Neunhoeffer F, et al. Biotemplating of BaFBr: Eu^{2+} for X-ray storage phosphor applications [J] . Materials Chemistry & Physics, 2010, 123 (1) : 166-171.

[35] Ma Y L, Lv L, Guo Y, et al. Porous lignin based poly (acrylic acid) /organo-montmorillonite nanocomposites: Swelling behaviors and rapid removal of Pb (Ⅱ) ions [J] . Polymer, 2017, (128) : 12-23.

[36] Wen Z, Zhang Y, Cheng G, et al. Simultaneous removal of As (Ⅴ) /Cr (Ⅵ) and acid orange 7 (AO7) by nanosized ordered magnetic mesoporous Fe-Ce bimetal oxides: Behavior and mechanism [J] . Chemosphere, 2019, 218 (3) : 1002-1013.

[37] Zhu W, Ge S, Qian S. Adsorption properties of ZrO_2 hollow microboxes prepared using $CaCO_3$ cube as template [J] . Rsc Advances, 2016, 6 (85) : 81736-81743.

[38] Shao Y, Ren B, Jiang H, et al. Dual-porosity Mn_2O_3 cubes for highly efficient dye adsorption [J] . Journal of Hazardous Materials, 2017, 333 (7) : 222-231.

[39] Sun C, Tian P, Tian J, et al. Magnetic mesoporous γ-Al_2O_3/$ZnFe_2O_4$ micro-bowls realizing enhanced adsorption, separation and recycle performance towards waste water [J] . Microporous & Mesoporous Materials, 2018, 270: 120-126.

[40] Zhang P, Ouyang S, Li P, et al. Enhanced removal of ionic dyes by hierarchical organic three-

dimensional layered double hydroxide prepared via soft-template synthesis with mechanism study [J] . Chemical Engineering Journal, 2019, 360: 1137-1149.

[41] Bing X, Jian X, Chu J, et al. Hierarchically porous BiOBr/$ZnAl_{1.8}Fe_{0.2}O_4$ and its excellent adsorption and photocatalysis activity [J] . Materials Research Bulletin, 2018, 110: 1-12.

[42] Tomboc G, Tamboli A H, Kim H. Synthesis of Co_3O_4 macrocubes catalyst using novel chitosan/urea template for hydrogen generation from sodium borohydride [J] . Energy, 2017, 121: 238-245.

[43] Xu T, Wang S, Li L, et al. Dual templation synthesis of tri-Modal porous $SrTiO_3/TiO_2$@ carbon composites with enhanced photocatalytic activity [J] . Applied Catalysis A: General, 2019, 575: 132-141.

[44] Liao W, Li W, Tian J, et al. Solvothermal ion exchange synthesis of ternary cubic phase $Zn_2Ti_3O_8$ solid spheres as superior anodes for lithium ion batteries [J] . Electrochimica Acta, 2019, 302: 363-372.

[45] Huang H, Shi C, Fang R Y, et al. Bio-templated fabrication of MnO nanoparticles in SiOC matrix with lithium storage properties [J] . Chemical Engineering Journal, 2018, 359: 584-593.

[46] Seyed-Talebi S M, Kazeminezhad I, Motamedi H. TiO_2 hollow spheres as a novel antibiotic carrier for the direct delivery of gentamicin [J] . Ceramics International, 2018, 44: 13457-13462 .

[47] Li Y, Song K, Cao Y, et al. Keratin-templated synthesis of metallic oxide nanoparticles as MRI contrast agents and drug carriers [J] . ACS Appl Mater Interfaces, 2018, 10: 26039-26045.

[48] Chen L, Xu X, Cui F, et al. Au nanoparticles-ZnO composite nanotubes using natural silk fibroin fiber as template for electrochemical non-enzymatic sensing of hydrogen peroxide [J] . Analytical Biochemistry, 2018, 554: 1-8.

[49] Li X, Shao C, Lu D X, et al. Octahedral-like CuO/In_2O_3 mesocages with double-shell architectures: rational preparation and application in hydrogen sulfide detection [J] . ACS Applied Materials & Interfaces, 2017, 9: 44632-44640.

[50] Juybari S A H, Moghaddam H M. Facile fabrication of porous hierarchical SnO_2 via a self-degraded template and their remarkable photocatalytic performance [J] . Applied Surface Science, 2018, 457 (11) : 179-186.

[51] Wang X J, Song Y Q, Hou J Y, et al. Fabrication of BiOI hierarchical microspheres with efficient photocatalysis for methylene blue and phenol removal [J] . Crystal Research & Technology, 2017, 52 (7) : 1700068.

[52] Cai J, Wu X, Li Y, et al. Noble metal sandwich-like TiO_2@ Pt@ C_3N_4 hollow spheres enhance photocatalytic performance [J] . J Colloid Interface, 2018, 514: 791-800.

[53] Pan D, Ge S S, Zhang X Y, et al. Synthesis and photoelectrocatalytic activity of In_2O_3 hollow microspheres via a bio-template route using yeast templates [J] . Dalton Transactions, 2018, 47: 708-715.

[54] Mao D, Yu A, Ding S, et al. One-pot synthesis of BiOCl half-shells using microemulsion droplets as templates with highly photocatalytic performance for the degradation of ciprofloxacin [J] . Applied Surface Science, 2016, 389: 742-750.

[55] Liu X Y, Wan C C, Li X J, et al. Sustainable wood-based nanotechnologies for photocatalytic degradation of organic contaminants in aquatic environment [J]. Frontiers of Environmental Science & Engineering, 2021, 15 (4): 54.

[56] Zhu K, Hu G. Supercritical hydrothermal synthesis of titanium dioxide nanostructures with controlled phase and morphology [J]. Journal of Supercritical Fluids, 2014, 94: 165-173.

[57] Li Y, Hui B, Gao L, et al. Facile one-pot synthesis of wood based bismuth molybdate nano-eggshells with efficient visible-light photocatalytic activity [J]. Colloids and Surfaces A: Physicochemical and Engineering Aspects, 2018, 556: 284-290.

[58] Liu S, Yao K, Wang B, et al. Microwave-assisted hydrothermal synthesis of cellulose/ZnO composites and its thermal transformation to ZnO/carbon composites [J]. Iranian Polymer Journal, 2017, 26 (9): 681-691.

[59] Kapteijn F, Stegenga S, Dekker N J J, et al. Alternatives to noble metal catalysts for automotive exhaust purification [J]. Cheminform, 1993, 16 (2): 273-287.

[60] Bugnet M, Overbury S H, Wu Z L, et al. Direct visualization and control of atomic mobility at {100} surfaces of ceria in the environmental transmission electron microscope [J]. Nano Letters, 2017, 17 (12): 7652-7658.

[61] Liu Z, Fan T, Gu J, et al. Preparation of porous Fe from biomorphic Fe_2O_3 precursors with wood templates [J]. Materials Transactions, 2007, 48 (4): 878-881.